IPA-IAO

Forschung und Praxis

Band T 8

Berichte aus dem
Fraunhofer-Institut für Produktionstechnik
und Automatisierung (IPA), Stuttgart,
Fraunhofer-Institut für Arbeitswirtschaft
und Organisation (IAO), Stuttgart, und
Institut für Industrielle Fertigung und
Fabrikbetrieb der Universität Stuttgart

Herausgeber: H. J. Warnecke und H.-J. Bullinger

AF872104

Fraunhofer-Institut für Produktionstechnik
und Automatisierung (IPA), Stuttgart

Fortschritte in der Montage

Strategien, Methoden, Erfahrungen

19. IPA-Arbeitstagung
3./4. Februar 1988 in Stuttgart

Herausgegeben von Prof. Dr.-Ing. H. J. Warnecke

Springer-Verlag Berlin Heidelberg GmbH 1988

Dr.-Ing. H. J. Warnecke
o. Professor an der Universität Stuttgart
Fraunhofer-Institut für Produktionstechnik und Automatisierung (IPA), Stuttgart

Dr.-Ing. habil. H.-J. Bullinger
o. Professor an der Universität Stuttgart
Fraunhofer-Institut für Arbeitswirtschaft und Organisation (IAO), Stuttgart

ISBN 978-3-540-19032-5 ISBN 978-3-662-11767-5 (eBook)
DOI 10.1007/978-3-662-11767-5

Das Werk ist urheberrechtlich geschützt. Die dadurch begründeten Rechte, insbesondere die der Übersetzung, des Nachdrucks, der Entnahme von Abbildungen, der Funksendung, der Wiedergabe auf photomechanischem oder ähnlichem Wege und der Speicherung in Datenverarbeitungsanlagen bleiben, auch bei nur auszugsweiser Verwendung, vorbehalten. Die Vergütungsansprüche des § 54, Abs. 2 UrhG werden durch die „Verwertungsgesellschaft Wort", München, wahrgenommen.

© Springer-Verlag Berlin Heidelberg 1988
Ursprünglich erschienen bei Springer-Verlag Berlin Heidelberg New York 1988.

Die Wiedergabe von Gebrauchsnamen, Handelsnamen, Warenbezeichnungen usw. in diesem Werk berechtigt auch ohne besondere Kennzeichnung nicht zu der Annahme, daß solche Namen im Sinne der Warenzeichen- und Markenschutz-Gesetzgebung als frei zu betrachten wären und daher von jedermann benutzt werden dürften.

2362/3020-543210

Vorwort

Das Rationalisierungspotential der Zukunft liegt in der Montage. Daß diese Feststellung nach wie vor aktuell ist, zeigt sich schon allein in der Tatsache, daß die Montagekosten häufig immer noch den größten Teil der Herstellungskosten ausmachen. Es ist deshalb heute für jeden Betriebs- und Fertigungsleiter eine unabdingbare Forderung, die Montage durch Rationalisierung, Automatisierung und Umstrukturierung kostengünstiger zu gestalten. Dies trifft vor allem auf die vielen mittelständischen Unternehmen zu, für die bisher aufgrund geringer Stückzahlen bzw. Losgrößen und großer Variantenvielfalt eine durchgreifende Rationalisierung der Montage nicht möglich war. Besonders bei der Realisierung kurzer Durchlaufzeiten und gleichzeitig geringen Umlaufbeständen nimmt die Montage eine Schlüsselstellung ein. Flexible Montagesysteme schaffen die technischen Voraussetzungen zum Erreichen dieser Ziele, die organisatorischen Voraussetzungen sind durch die Einbindung der Montage in die CIM-Fabrik zu schaffen. Dies ist möglich durch die seit geraumer Zeit verfügbaren Neuentwicklungen im Bereich der Informationstechnologie, wie MAP oder LAN.

Die 19. Arbeitstagung des IPA unter dem Thema "Fortschritte in der Montage - Strategien, Methoden, Erfahrungen" wendet sich an Leiter in der Arbeitsvorbereitung, an Projekteure und alle diejenigen, die kompetente Antworten und praxisgerechte Lösungen zur flexiblen Montageautomatisierung suchen.

Die Referenten der Tagung, die durchweg über eine langjährige Praxiserfahrung verfügen, behandeln in ihren Vorträgen u.a. folgende Themenbereiche:

- Die informationstechnische Einbindung der Montage in die Fabrik der Zukunft
- Rechnerunterstützte Verfahren zur effizienten Planung moderner Montagesysteme
- Montagegerechte Produktgestaltung: Voraussetzung für eine rationelle Montage
- Neue Möglichkeiten der Montageautomatisierung in mittelständischen Unternehmen
- Neue Einsatzfelder der Montageautomatisierung.

Die Beiträge dieser Tagung geben somit richtungsweisende Impulse, die für die Entwicklung der Montagetechnologie in der gegenwärtigen und zukünftigen Wettbewerbssituation von entscheidender Bedeutung sind.

Der vorliegende Band gibt die Beiträge dieser Tagung wieder und faßt damit die Erkenntnisse und Erfahrungen zusammen, die heute zu den wichtigsten Brennpunkten im Montagebereich vorliegen. Die Bedeutung der Fragestellung und die Qualifikation der Autoren sichern diesen Beiträgen ein über die Tagung hinausgehendes Interesse.

Die Tagung wird veranstaltet vom Fraunhofer-Institut für Produktionstechnik und Automatisierung (IPA) in Zusammenarbeit mit dem Fraunhofer-Institut für Arbeitswirtschaft und Organisation (IAO), dem Verband für Arbeitsstudien und Betriebsorganisation e.V. (REFA), dem Rationalisierungskuratorium der Deutschen Wirtschaft (RKW), der VDI-Gesellschaft Produktionstechnik (ADB), der Fachgemeinschaft Montage, Handhabungstechnik und Industrieroboter im Verband Deutscher Maschinen- und Anlagenbau e.V. (MHI im VDMA) und dem Ausschuß für wirtschaftliche Fertigung e.V. (AWF).

Den mitveranstaltenden Organisationen, dem Verlag und in besonderer Weise den Autoren sei an dieser Stelle gedankt.

Stuttgart, Februar 1988 Hans-Jürgen Warnecke

Inhalt

Neue Anwendungsgebiete und Entwicklungstrends

Die Montage im CIM-Konzept

H.J. Warnecke

1 Einleitung

Das Ziel der Fabrik mit Zukunft ist, flexibel auf die sich rasch ändernden Anforderungen des Marktes wie kostengünstige Produkte, kurzfristige Problemlösungen und hohe Produktivität zu reagieren und gleichzeitig mit den berechtigten wirtschaftlichen Interessen des Unternehmens zu verbinden. Neben einer Verringerung der Durchlaufzeit und Verbesserung der Termintreue können diese Ziele vor allem auch durch erhöhte Produktqualität, minimierte Lagerbestände und größere Flexibiltität in der Planung und Fertigung erreicht werden. Hierzu sind sowohl durchgängige Konzepte, die Auswirkungen auf den Informations- und den Materialfluß innerhalb der Fabrik haben, als auch automatisierte Produktionseinrichtungen notwendig /1, 2/. So ist es zur Reduzierung der Durchlaufzeiten bei kleinen Losgrößen zwingend erforderlich, schnell umrüstbare Maschinen und Einrichtungen einzusetzen. Anstatt diese mechanisch umzubauen bzw. umzurüsten, müssen hierzu programmierbare Systeme wie z.B. Industrieroboter und automatisch umrüstbare Zuführeinrichtungen eingesetzt werden.

Weiterhin können dann große Einsparungspotentiale im Bereich des Informationsflusses genutzt werden, wenn es gelingt, bereits im Betrieb bekannte Daten durch Vernetzung der verschiedenen Fabrikbereiche mehrfach zu verwenden. Diese Möglichkeiten zur Verbesserung der Wirtschaftlichkeit werden seit geraumer Zeit unter dem Schlagwort CIM (Computer Integrated Manufacturing) zusammengefaßt.

Mitgetragen durch Innovationen in der Mikroelektronik und in der Informationstechnik werden Industriebetriebe somit immer mehr in die Lage versetzt, durch den Einsatz von modernen und leistungsfähigen Fertigungseinrichtungen und -verfahren, denen ein straff organisierter, rechnergestützter Informations- und Materialfluß zur Seite gestellt wird, die Produktion zu automatisieren und flexibler zu gestalten. Das Ziel der Minimierung der Durchlaufzeit und die gleichzeitig angestrebte Maximierung der Kapazitätsausnutzung der Fertigungssysteme ist aber nur dann zu erreichen, wenn traditionelle Fertigungsphilosophien neu überdacht und den geänderten Randbedingungen angepaßt werden. So werden die Teilsysteme einer Fertigung mit größeren Arbeitsinhalten versehen werden müssen, wobei mit der Dezentralisierung eine Reduzierung von Schnittstellen einhergeht (*Bild 1*).

FERTIGUNGSPHILOSOPHIE	
traditionell	bei flexiblen Systemen
ARBEITSTEILUNG	
So weitgehend wie möglich - einfache Arbeit mit möglichst niedriger Lohngruppe - geringer Arbeitsinhalt - viele Schnittstellen	So gering wie möglich - qualifizierte Arbeit mit möglichst hochqualifizierten Mitarbeitern - großer Arbeitsinhalt - wenige Schnittstellen
ARBEITSAUSFÜHRUNG	
- losweise - hintereinandergeschaltet - "Bringschuld" / auslastungsorientiert - nachgeschaltete Qualitätssicherung	- bedarfsgerecht - überlappend - "Holschuld" / ablauforientiert - integrierte Qualitätssicherung
AUSFÜHRUNGSZEIT	
- minimal je Arbeitsgang - maximale Ausbringung je Minute	- minimal je Auftrag - maximale Nutzung je Zeitperiode
MATERIAL- UND INFORMATIONSFLUSS	
- getrennte Betrachtung	- Integration

<u>Bild 1:</u> Fertigungsphilosophie - traditionell und bei flexiblen Systemen

In der mechanischen Teilefertigung sind diese Anstrengungen inzwischen in einigen Betrieben schon sehr weit gediehen. Im Bereich der Montage, die als letztes Glied im Fertigungsprozeß besonders stark unter den Auswirkungen erhöhter Variantenvielfalt und kurzer Produktlebenszeiten zu leiden hat, sind heutzutage höchstens Ansätze zur Einbindung in CIM-Konzepte erkennbar. Es lassen sich aber folgende Leitlinien erkennen:

VEREINFACHEN von Produkt- und Produktionsstrukturen, sowie containerisierten Materialfluß für wirtschaftliche Automatisierung

REDUZIEREN von Informationsmengen durch beherrschte Abläufe und Prozesse zum Senken von Zugriffszeit und DV-Kapazität

DEZENTRALISIEREN von Informationen, Entscheidungen und Verantwortung für beherrschbare und schnelle Regelkreise zum Steigern von Verfügbarkeit und Reaktionsgeschwindigkeit

INTEGRIEREN von Aufgaben und Funktionen für ganzheitliche Lösungen zum Senken von Schnittstellen und Gemeinkosten

2 CIM in der Montage der Zukunft

2.1 Rechnerintegration als Weg zu höherer Wettbewerbsfähigkeit

Durch konsequente Zusammenfassung von Stückzahlen und eine montagegerechte Produktgestaltung kann für Großserienprodukte der Automatisierungsgrad in der Montage wesentlich erhöht werden. Dies geschah bisher ohne einschneidende Änderungen im Materialfluß und in der Fertigungsorganisation.

Das Rationalisierungspotential, das sich durch die punktuelle Automatisierung einzelner Fertigungsinseln ergibt, ist heute in der Montage großer Serien weitgehend ausgeschöpft. Für mittlere und kleinere Serien ist eine punktuelle Automatisierung meist nicht wirtschaftlich realisierbar. Gegenüber der Höherautomatisierung werden deshalb Einsparungsmaßnahmen wie

- Durchlaufzeitreduzierung,
- Rüstzeitminimierung,
- Verkettung von Fertigungsinseln,
- Reduzierung der Vorratshaltung und
- Reduzierung der Nacharbeit (Reparaturen) durch bessere Prozeßüberwachung

rasch an Bedeutung gewinnen. Die Verwirklichung dieser Ziele bedeutet einen Umbruch in der Montage, die Rechnerintegration (CIM) nimmt dabei eine Schlüsselstellung ein (*Bild 2*).

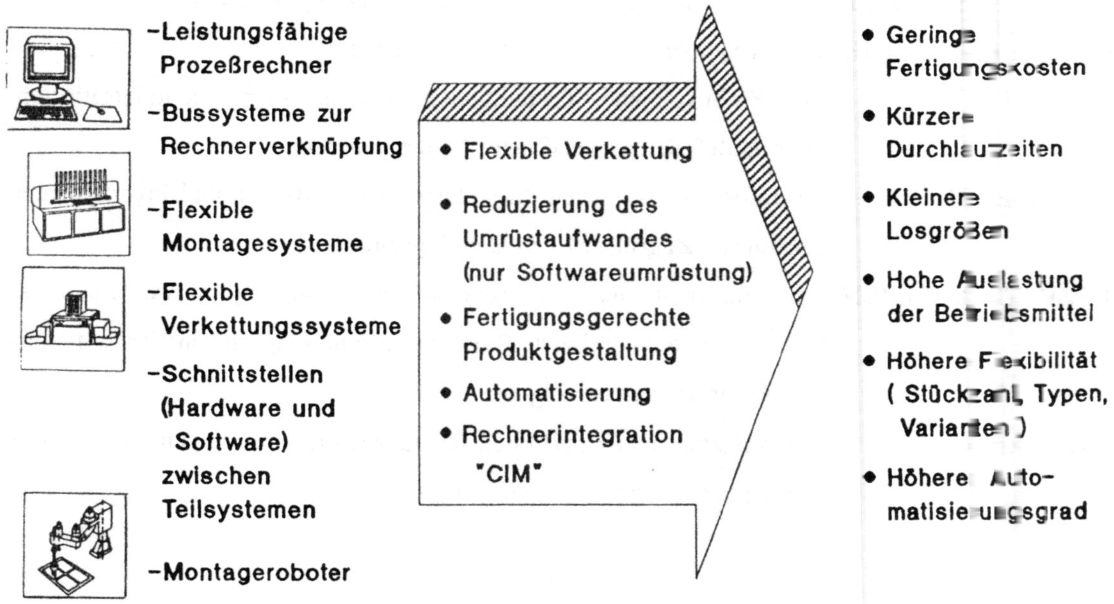

<u>Bild 2:</u> Fortschritte in der Montage: Mittel - Wege - Ziele

2.2 Definition von CIM

Der Werdegang eines Produktes wird von der ersten Idee des Herstellers bis zur Auslieferung an den Verbraucher von vielen Informationsströmen begleitet. Das Zusammenführen und Nutzbarmachen der Informationsströme aus den Bereichen

- Forschung,
- Entwicklung und Konstruktion,
- Produktion,
- Verwaltung und
- Marketing

muß daher als strategisches Langzeitkonzept verstanden werden. CIM beschreibt den integrierten EDV-Einsatz in allen mit der Produktion zusammenhängenden Bereichen /3/.

CIM ist der Versuch, dezentrale Datensysteme und DV-Verfahren kommunikationsfähig zu machen, d.h. zu integrieren.
In den seltensten Fällen ist mit einer CIM-Realisierung die Chance verbunden, eine integrierte Verfahrens- und Hardwarelandschaft auf der "grünen Wiese" neu aufzubauen. Bestehende, teilweise voneinander unabhängig entstandene Systeme müssen miteinander verbunden werden. Dies bedeutet für die Montage, daß ausgehend von der operativen Ebene

- Montagelinien,
- Montagezellen,
- Vormontage- und Endmontage sowie
- Lager und Puffer

miteinander zu einem rechnerintegrierten Fertigungsbereich verkettet werden müssen. Dies ist die Aufgabe von CIM in der Montage.

2.3 Voraussetzungen und Anforderungen

CIM bedeutet das vollständige informationstechnische Zusammenspiel von Rechnersystemen, die

- bei der Entwicklungs- und Konstruktionstätigkeit (CAD),
- bei der Arbeitsplanung, d.h. bei der auf Konstruktionsdaten aufbauenden Erstellung von Arbeitsplänen und Steuerinformationen für die Betriebsmittel (CAP),
- bei der technischen Steuerung und Überwachung der Betriebsmittel in der Fertigung (CAM),
- bei der Planung und Durchführung der Qualitätssicherung (CAQ) und
- bei der organisatorischen Planung, Steuerung und Überwachung der Produktionsabläufe (PPS)

eingesetzt werden. Voraussetzungen hierfür sind die horizontale Integration von Fertigungsprozessen, die Integration von Zeit- und Materialwirtschaft sowie ein durchgängiger Informationsfluß und dessen Synchronisation mit dem Materialfluß. Weiterhin beinhaltet CIM die vertikale Integration der verschiedenen Rechnerebenen und somit der organisatorischen Planungs-, Steuerungs- und Überwachungsfunktionen.

Legt man dieses Verständnis von CIM den weiteren Überlegungen zugrunde, so ergibt sich, daß CIM mehr ist, als vorhandene Organisationsstrukturen mit einem Rechnernetz zu durchdringen, um Informationen schneller zu transportieren. Das hat nur einen minimalen Produktivitätseffekt. Vielmehr ist die Aufbau- und Ablauforganisation zu überdenken, müssen Arbeitsinhalte neu gestaltet und Schnittstellen reduziert werden, bevor eine schrittweise Realisierung des CIM-Gedankens angegangen werden kann. Dabei ermöglicht CIM die intensive Zusammenarbeit der verschiedenen betrieblichen Bereiche.
Hemmnisse bei der Einführung von CIM existieren sowohl im menschlichen, organisatorischen als auch im technischen Bereich. Der Umstellprozeß auf der operativen Ebene ist besonders schwierig und nur stufenweise realisierbar, da auf bestehende Montageprozesse und Anlagen zurückgegriffen werden muß. Hierbei dürfen nicht nur einzelne Montagezellen und Verkettungsmittel betrachtet werden, sondern auch der Produktaufbau, da dieser entscheidenden Einfluß auf Montagesysteme hat (*Bild 3*).

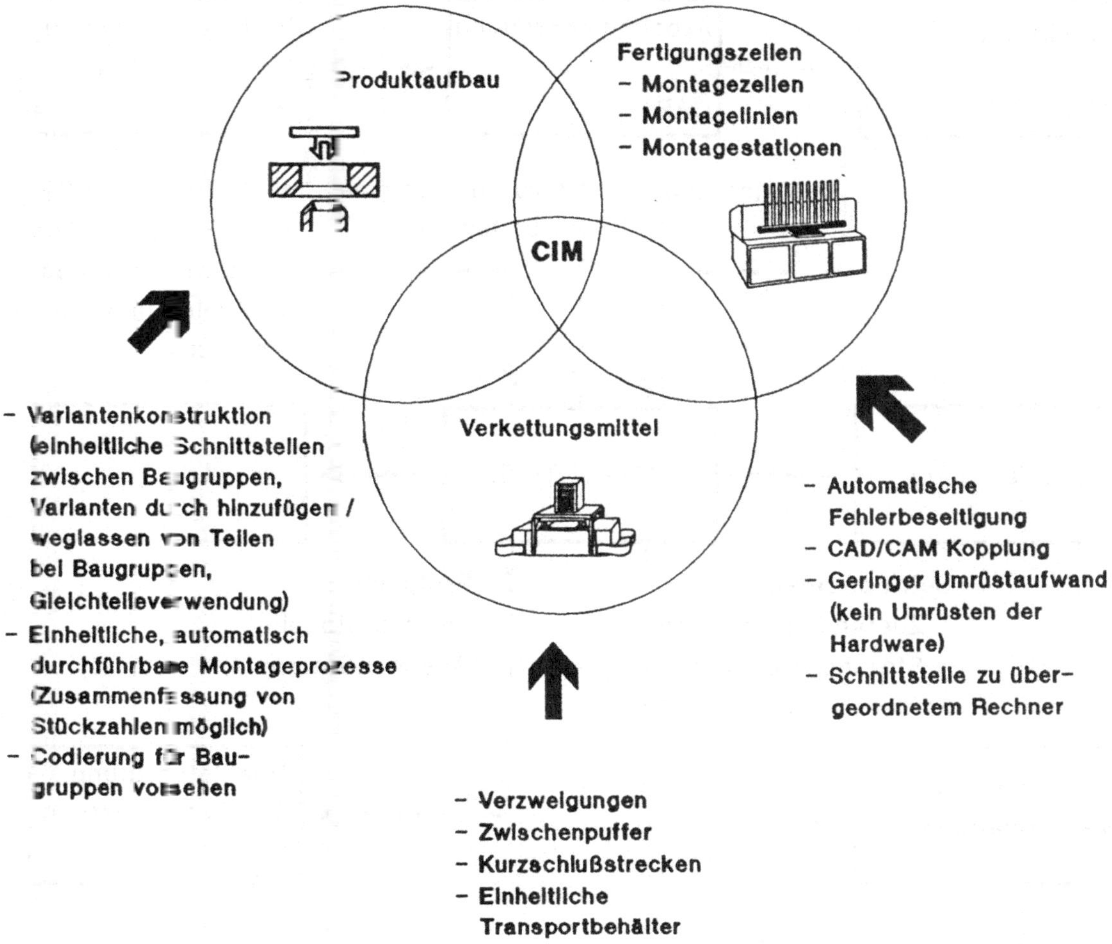

Bild 3: Voraussetzungen für ein rechnerintegriertes Montagesystem

3 Konzeption rechnergeführter Montagesysteme

Die Montage nimmt eine Schlüsselposition ein bei der Realisierung kurzer Durchlaufzeiten bei gleichzeitig geringen Umlaufbeständen, d.h. geringer Kapitalbindung. Flexible Montagesysteme schaffen die technischen Voraussetzungen zum Erreichen dieser Ziele, die organisatorischen Voraussetzungen sind durch die Einbindung flexibler Montagesysteme in das CIM-Gesamtkonzept zu schaffen.

Konzepte für flexible, in ein CIM-Gesamtkonzept integrierte Montagesysteme basieren auf der material- und informationsflußtechnischen Verknüpfung der Montage mit den anderen Unternehmensbereichen (*Bild 4*).

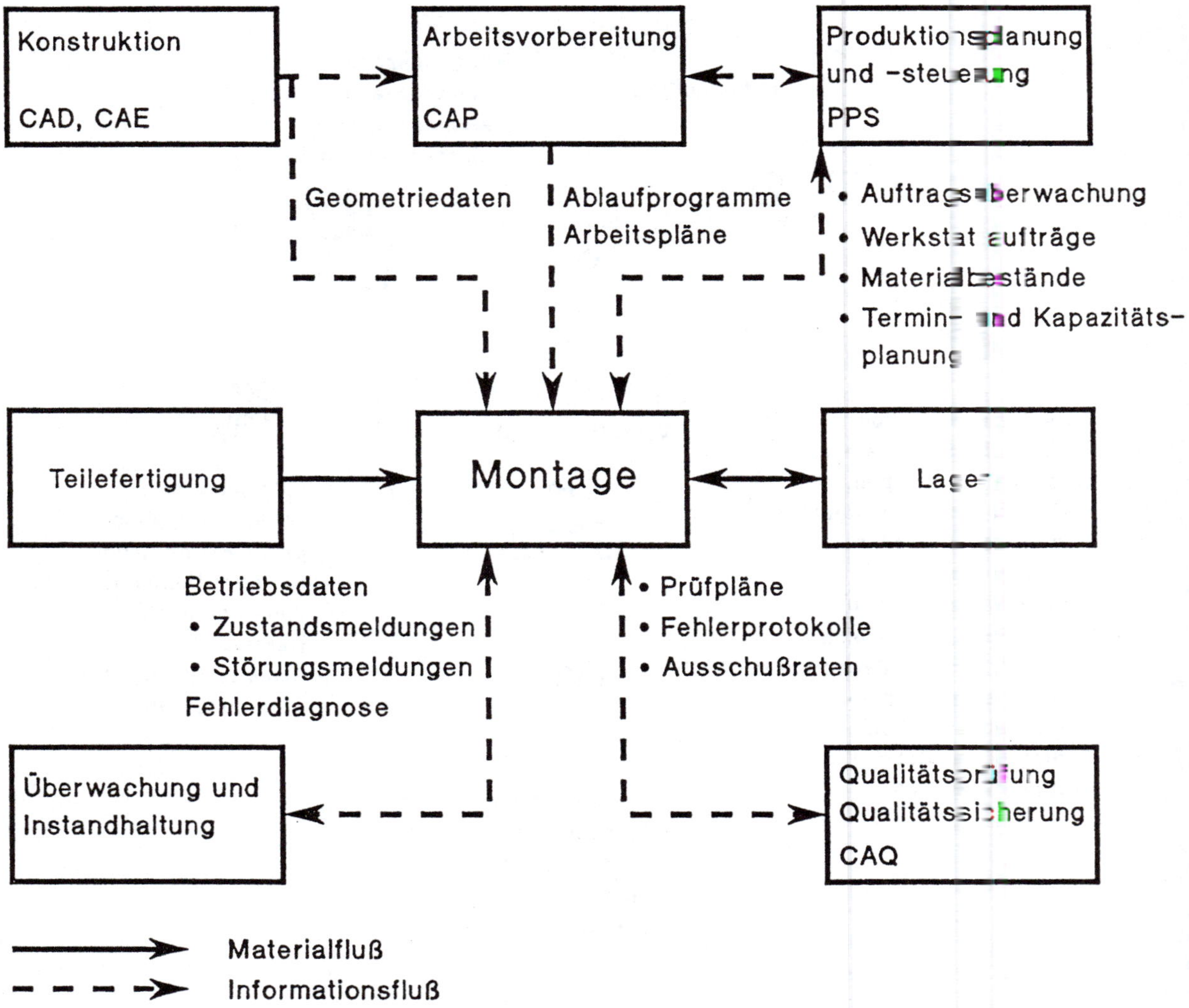

Bild 4: Material- und informationsflußtechnische Einbindung der Montage in die CIM-Fabrik

Die Steuerung der Montage, d. h. die Auftragserteilung und -überwachung, die Termin- und Kapazitätsplanung, erfolgt durch ein PPS-System. Durch Dezentralisierung von dispositiven Tätigkeiten können hier kleine und schnelle Regelkreise erzielt werden. Dies führt zur Erhöhung der Flexibilität und der Kapazitätsauslastung. Ablaufprogramme und Arbeitspläne für automatisierte bzw. manuelle Montagezellen werden termingerecht von der Arbeitsvorbereitung bereitgestellt. Geometriedaten, die für die automatisierte Montage benötigt werden, stehen in Form von CAD-Daten zur Verfügung.

Die Steuerung des Materialflusses erfolgt durch einen der Montage zugeordneten Leitrechner. Dieser sichert die termin- und mengengerechte Bereitstellung von Einzelteilen und Baugruppen, indem er die notwendigen Informationen z. B. an die Steuerung des Verkettungssystems, an Kommissionierzellen oder an den Fertigungsleitrechner übermittelt. Der Montageleitrechner steuert darüber hinaus auch die Bereitstellung der erforderlichen Werkzeuge an den

Montagestationen. Durch standardisierte Schnittstellen und exakte Bereitstellung der Werkzeuge können die Umrüstzeiten drastisch reduziert werden. Flexibilität, kurze Durchlaufzeiten, geringe Kapitalbindung können aber nur erreicht werden, wenn auch die systemtechnische Realisierung der Montagesysteme darauf abgestimmt ist. Das heißt unter anderem:

- Flexible Montagesysteme erfordern eine flexible Verkettung. Dies führt dazu, daß auch in der Montage verstärkt fahrerlose Transportsysteme (FTS) eingesetzt werden. FTS weisen im Gegensatz zu konventionellen Verkettungssystemen (Bänder) eine deutlich höhere Flexibilität auf.

- Beim Einsatz von Robotern in automatischen Montagezellen gilt: Der Roboter ist so flexibel wie seine Peripherie. Das bedeutet: Werkzeuge (z. B. Greifer), Teilebereitstellungs- und -zuführeinrichtungen sind so auszulegen, daß sie entweder die geforderte Flexibilität aufweisen oder auf einfache Weise schnell umgerüstet werden können. Umrüsten kann in diesem Sinn der komplette Austausch von Peripheriekomponenten bedeuten, was wiederum standardisierte Schnittstellen voraussetzt.

- Variantenspezifische Montagesysteme sind langfristig durch variantenneutrale, technologieorientierte Montagezellen zu ersetzen. Nur so kann eine hohe Flexibilität bei gleichzeitiger hoher Kapazitätsauslastung erzielt werden.

Flexible Montagesysteme in Verbindung mit CIM erlauben aber auch eine veränderte konstruktive Gestaltung der Produkte. Durch termingenaue Fertigung bzw. Anlieferung der Teile sowie termingenaue Vormontage und Bereitstellung von Baugruppen werden Durchlaufzeiten reduziert. Dies führt wiederum zur Verringerung von Lagerbeständen; damit ist aber auch keine Baugruppenbewirtschaftung erforderlich. Somit ist der Konstrukteur frei von organisatorischen Restriktionen, die bislang häufig zu einem modulartigen Produktaufbau zwangen, und kann dadurch die funktionellen, fertigungs- und montagetechnischen Anforderungen besser berücksichtigen.

4 Realisierte Lösungsansätze für CIM in der Montage

4.1 Montagezelle in der IPA-CIM-Fabrik

Am Fraunhofer-Institut für Produktionstechnik und Automatisierung (IPA), Stuttgart, wird derzeit eine CIM-Modell-Fabrik aufgebaut mit dem Ziel, das dort gewonnene Know-how schnell in reale Produktionsanlagen umzusetzen. Die CIM-Modell-Fabrik besteht aus einem Lagerregal und den folgenden 5 flexiblen Fertigungszellen:

- Bearbeitungszelle (4-Achsen-Fräsmaschine)
- Ordnungszelle für Teile
- Kommissionierzentrum für Elektronikbauteile
- 2 Montagezellen

Die Zellen sind materialflußtechnisch über ein FTS verkettet. Um heute bestehende Produktionsanlagen möglichst realistisch abzubilden, wurde für die CIM-Modell-Fabrik keine einheitliche Rechnerwelt eines Anbieters von CIM-Komponenten aufgebaut, sondern es wurden Rechner und Steuerungen verschiedener Hersteller mit unterschiedlichen Betriebssystemen über ein Local Area Network (LAN) miteinander gekoppelt. Das Demonstrationsprodukt, das in mehreren Varianten gefertigt wird, enthält unter anderem eine Leiterplatte, die in einer rüstflexiblen Bestückzelle komplett montiert wird. Diese Montagezelle besteht aus einem Portalroboter zur Handhabung der Leiterplatten und Bauteilmagazine und einem Horizontalknickarmroboter zum Bestücken und Löten der Leiterplatten. Die Zelle ist in der Lage in Losgröße 1 auf beliebige Leiterplatten mit vollständig differierenden Bauelementspektren vollautomatisch umzurüsten ohne daß die Taktzeit erhöht bzw. die Ausbringung verringert wird. Dies erfordert eine Einbindung in ein CIM-Konzept, rechtfertigt aber bei kleinen Losgrößen und hoher Variantenvielfalt den finanziellen Aufwand. Durch den Einsatz von Bildverarbeitung ist es möglich, in der Montagezelle die genaue Lage von Teilemagazinen nach dem automatischen Umrüsten zu lokalisieren und auch Bauelementtoleranzen während des Montageprozesses zu erkennen. Die Zelle ist über einen Zellenrechner mit dem zentralen Leitrechner gekoppelt. über diesen Leitrechner erhält die Bestückzelle alle notwendigen Daten (z. B. Roboterprogramme, Teilenummern, ...) und gibt alle wichtigen Daten an den Leitrechner zurück (Materialbestand, Fertigungszustand, ...), *Bild 5*.

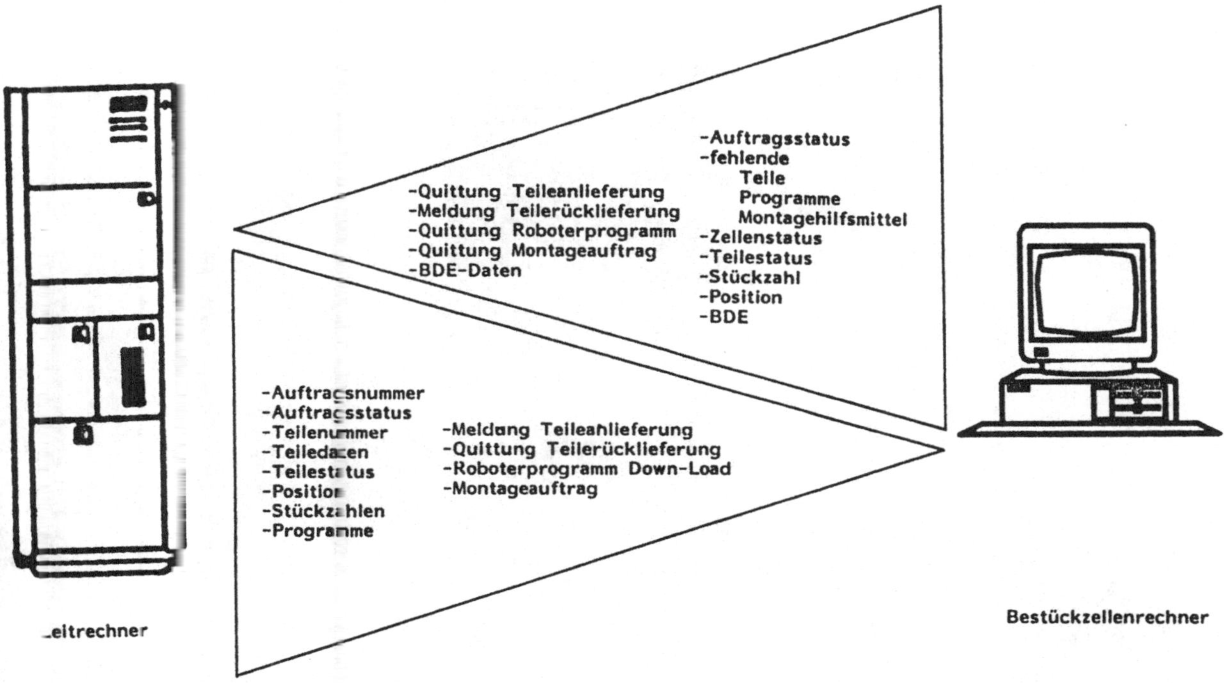

Bild 5: Informationsfluß zwischen Leitrechner und Bestückzellenrechner in der IPA-CIM-Fabrik

4.2 Vollautomatische, off-line-programmierte Montagezellen

Am IPA wurden beispielhaft zwei Insellösungen mit der Möglichkeit zur Einbindung in ein Montage-CIM-Konzept realisiert:

- Zelle zur vollautomatischen Montage von Kabelbäumen (*Bild 6*),
- Lötzelle mit einem robotergerechten Lötwerkzeuge.

Beide Montagezellen sind so aufgebaut, daß die Ablaufprogramme des Industrieroboters off-line erstellt werden können und so die Umprogrammierung in wenigen Minuten vonstatten geht. Hierzu wird an einem CAD-Arbeitsplatz mit Hilfe eines aufgabenspezifischen Programmpakets das Produkt (Kabelbaum bzw. Leiterplatte) konstruiert und aus diesen Daten direkt das jeweilige Roboterablaufprogramm generiert. Im Falle der Kabelbaummontagezelle rüstet der Industrieroboter vor der Fertigung des entsprechenden Loses auch alle Peripheriekomponenten vollautomatisch gemäß der programmierten Kabelbaumkonfiguration um. Diese Montagezellen sind damit auch der erste Schritt zu rüstflexiblen Systemen, die ohne manuellen Eingriff durch Anbindung an übergeordnete Rechner realisiert werden können /4, 5/.

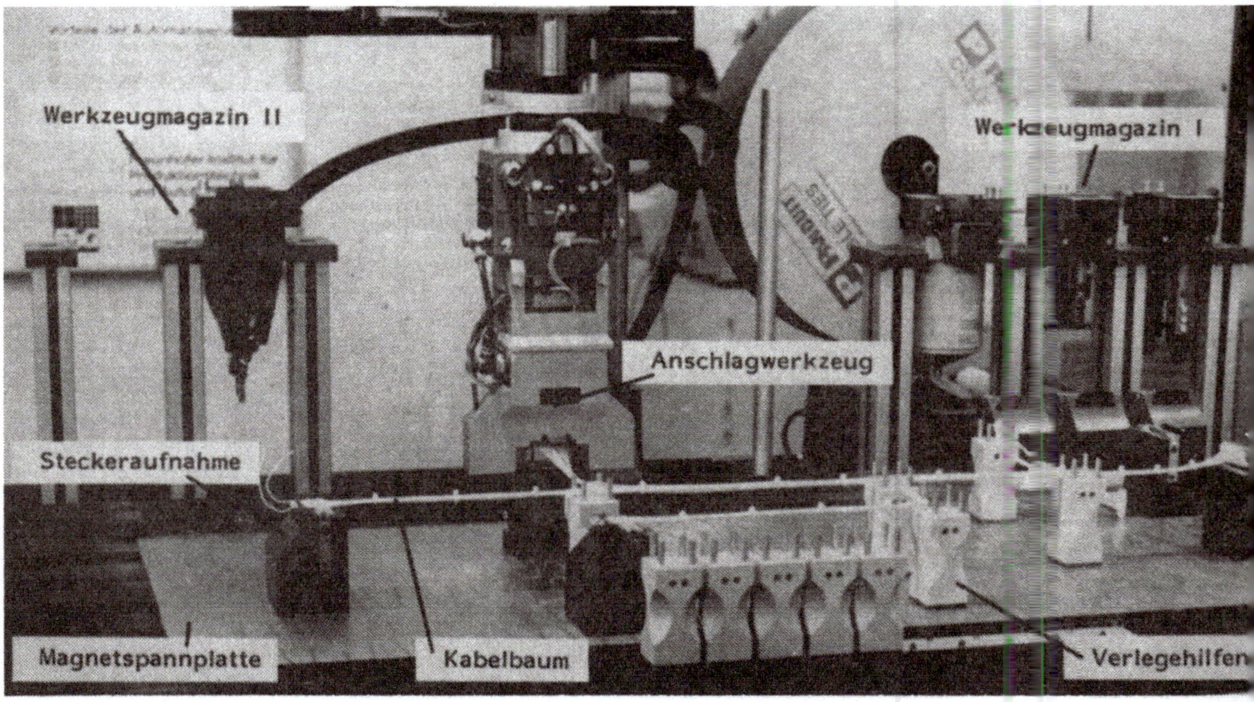

Bild 6: Pilotanlage zur vollautomatischen, off-line-programmierten Montage von Kabelbäumen

4.3 Flexible Leiterplattenbestückung

Innerhalb der Montage ist im Bereich Leiterplattenbestückung die Rechnerintegration am weitesten fortgeschritten. Die Einsparungspotentiale von CIM-Konzepten sind hier besonders hoch, da einerseits

- das Bestücken sehr arbeitsintensiv ist,
- eine hohe Zahl von Bauelementen bestückt werden muß,
- Bestückfehler bei manueller Bestückung oder häufiger Umrüstung von Automaten zu hohen Prüf- und Reparaturkosten führen und andererseits
- flexible Einrichtungen zum Bestücken und Löten am Markt verfügbar sind, d. h. auf der operativen Ebene sind hier viele Voraussetzungen heute bereits erfüllt.

Die meisten flexiblen Fertigungssysteme für Flachbaugruppen weisen deutliche Gemeinsamkeiten in der Steuerungsstruktur auf. Kommunikation, Datenhaltung und Datenverarbeitung werden über eine Systemarchitektur beherrscht, die sich in vier Ebenen gliedert:

- die Planungsebene mit einem Großrechner oder Rechenzentrum,
- die Leitebene mit einem Prozeßrechner hoher Leistungsfähigkeit,
- die Operations- oder Zellenebene zur Steuerung der Fertigungs- und Prüfzellen,
- die Prozeßebene mit rechnergesteuerten Transportsystemen, Fertigungs- und Prüfautomaten.

Im Planungsrechner werden die technischen Grunddaten, die aus dem CAD-System übertragen worden sind, gespeichert und aufbereitet. Hier laufen auch die Programme für die Produktionsplanung und -steuerung (PPS) sowie für die Fertigungs- und Prüfvorbereitung (CAP).

Der Leitrechner übernimmt täglich aus der Planungsebene Fertigungsaufträge, Arbeitspläne und Steuerprogramme für die Automaten. Er legt die Fertigungsreihenfolge fest, veranlaßt das Einschleusen der Leiterplatten in die erste Fertigungszelle und die Übertragung der NC-Programme in die Zellenrechner. Die Zellenrechner schließlich koordinieren die Steuerungen der Transport- und Handhabungssysteme sowie der Automaten innerhalb einer Zelle.
Während für die Kommunikation zwischen der Planungs-, der Leit- und der Zellenebene heute schon Local Area Networks (LAN) auf der Basis von Lichtwellenleitern oder Koaxialkabeln verwendet werden, bereiten die Schnittstellen der vielfältigen Steuerungen auf der Prozeßebene oft noch Probleme hinsichtlich ihrer Netzfähigkeit.

Große Erfahrungen im Aufbau und Betrieb von rechnerintegrierten Systemen zur kompletten Bestückung von Leiterplatten liegen bei Siemens vor /6/. An vielen Standorten sind bereits Systeme realisiert. Ein Beispiel ist das "Flexible Automatisierungslinienkonzept für Elektronikbaugruppen (FALKE)" im Siemens Werk für Systeme, wo eine Vielzahl von Leiterplattenvarianten im "Modell-Mix-Betrieb" (Losgröße 1) bestückt wird (*Bild 7*).

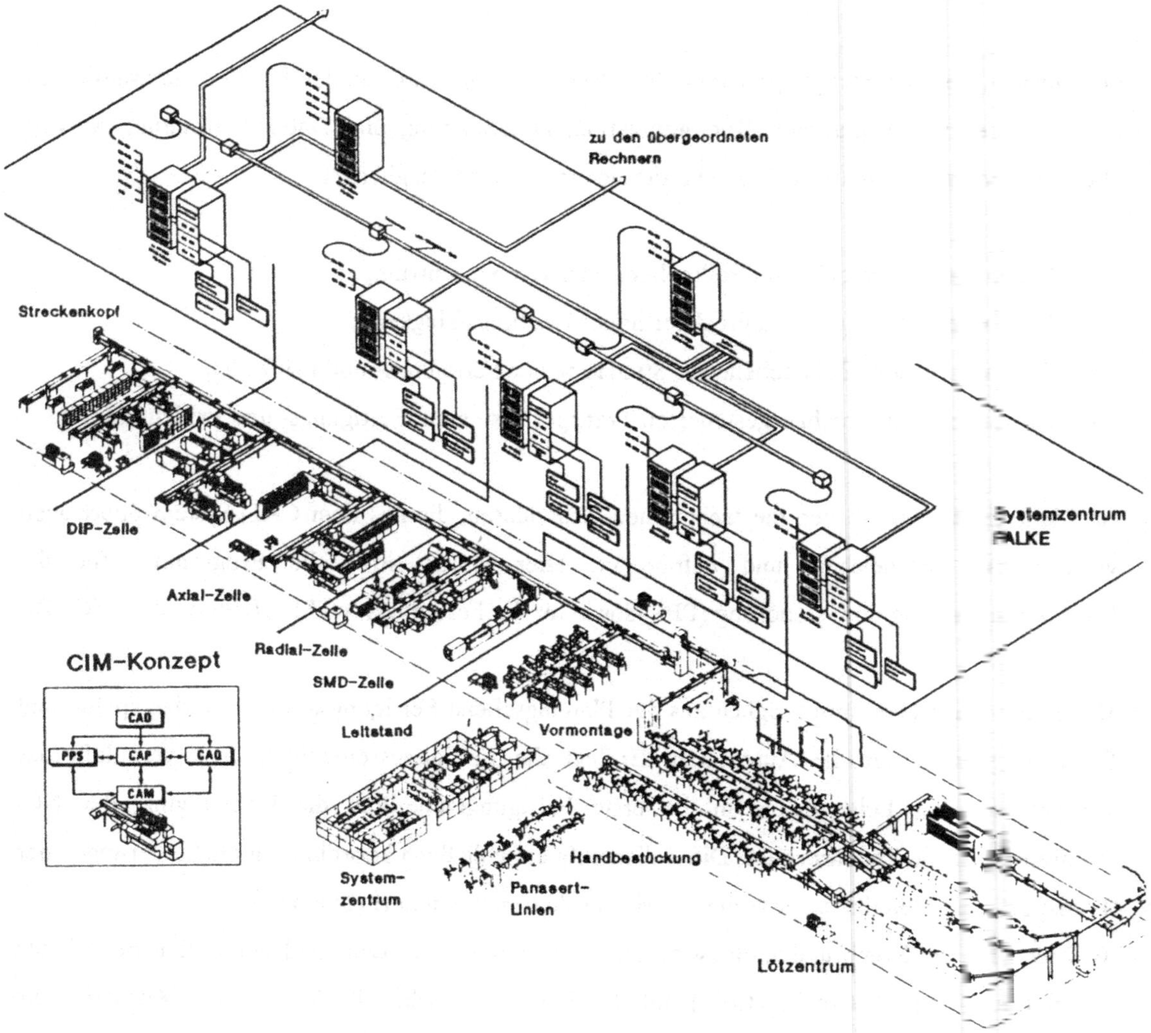

Bild 7: Flexible Flachbaugruppenfertigung für Datenverarbeitungssysteme /6/

Die Verkettung der einzelnen Bestückautomaten, durch den Wegfall größerer Puffer und die "Losgröße 1" konnte eine Durchlaufzeit von einem Tag realisiert werden, eine Verbesserung gegenüber dem Branchendurchschnitt um mehr als Faktor 10. Das Konzept wurde ermöglicht durch den Betrieb der Bestückautomaten und halbautomatischen Bestückplätze ohne Umrüsten der Bauelementbereitstellungen und eine verbrauchsorientierte Bauelementeversorgung.

4.4 Rechnerunterstützte Planung flexibler Montagesysteme als Baustein im CIM-Konzept

Kurze Produktlebenszyklen und die damit verbundene hohe Reaktionsgeschwindigkeit auf veränderte Marktsituationen führen nicht nur zu immer kürzer werdenden Innovationszyklen, sondern auch zu neuen Anforderungen an die Planung flexibler Fertigungs- und Montagesysteme. Dabei ist sowohl eine drastische Reduzierung des eigentlichen Planungszeitraums als auch eine deutliche Verbesserung der Planungsqualität erforderlich. Diese sich teilweise entgegenstehenden Ziele - Erhöhung der Planungsqualität führt im allgemeinen zu längeren Planungszyklen - läßt sich nur durch die Abkehr von traditionellen Vorgehensweisen und den Einsatz neuer Planungsmethoden erreichen. Solche Planungsmethoden basieren auf einer durchgehenden Rechnerunterstützung für den gesamten Planungsablauf. Damit läßt sich zum einen der Planungsaufwand reduzieren, indem der Planer von Routinetätigkeiten und allen algorithmierbaren Aufgaben befreit wird, zum anderen läßt sich auch die Planungsqualität erhöhen, da durch eine systematische, strukturierte Vorgehensweise alle relevanten Kriterien berücksichtigt werden, durch wissensbasierte Methoden Planungs-Know-how zur Verfügung gestellt wird und durch den Einsatz leistungsfähiger Rechner schnell Lösungsvarianten erzeugt und bewertet werden können. Höhere Planungsqualität wiederum führt zu kürzer werdenden Anlaufzeiten für neue Systeme bei höherer Planungssicherheit und damit sinkenden Kosten für die Inbetriebnahme.

Die durchgehende Rechnerunterstützung des Planungsprozesses erlaubt außerdem, die während der Planung erzeugten Informationen für die Simulation des geplanten Systems und die Steuerung des zu realisierenden Systems zu verwenden und auf der Basis der Plandaten Soll-Ist-Vergleiche durchzuführen.

Die Vorgehensweise bei der rechnerunterstützen Montageplanung ist in *Bild 8* dargestellt.

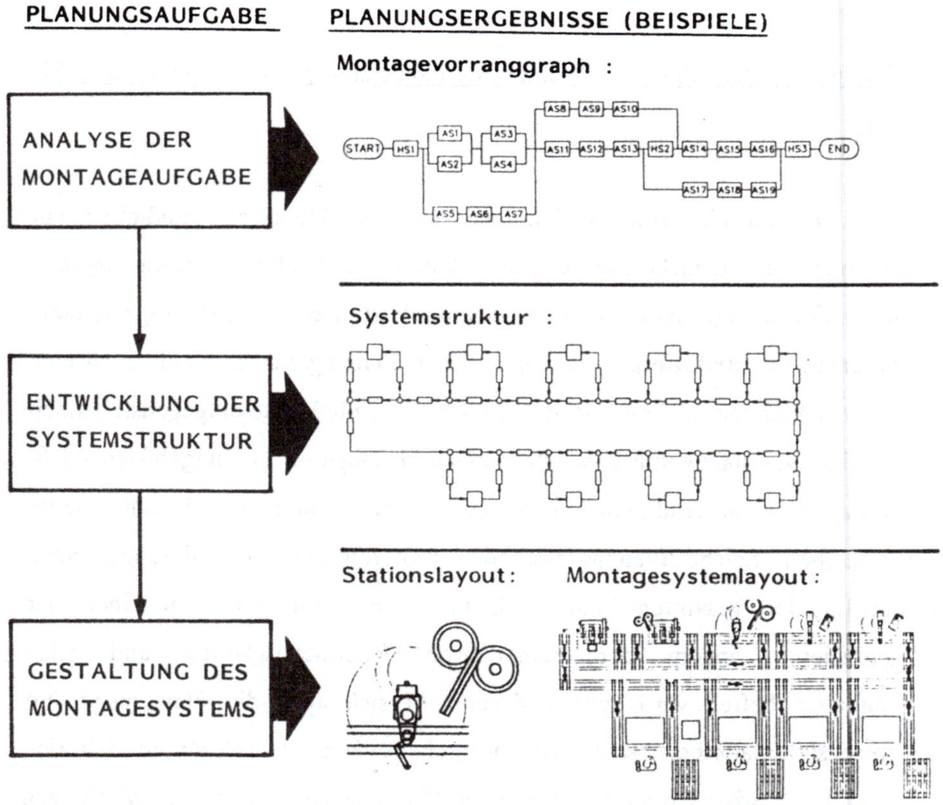

Bild 8: Ablauf bei der Montagesystemplanung

Damit können die folgenden Aufgaben rechnerunterstützt durchgeführt werden:

- Die Rechnerunterstützung in der Analysenphase umfaßt die Datenaufnahme, die Datenverarbeitung und die Ausgabe von Zwischenergebnissen (z. B. von Montagevorranggraphen) zur durchgängigen Dokumentation des Planungsprozesses.

- Die Ablaufplanung kann ebenso wie die Kapazitätsverteilung weitgehend durch den Rechner übernommen werden. Aufgabe des Planers ist dabei die Vorgabe entsprechender Strategien. Darauf aufbauend kann im Dialog die Systemstruktur, d. h. die Zuordnung von Montagevorgängen zu Montagestationen, erzeugt werden. Damit sind bereits in diesem Planungsstadium wichtige Informationen für die Steuerung des realen Montagesystems vorhanden.

- Die Materialflußsimulation als zunehmend wichtigeres Planungsinstrument liefert wesentliche Informationen zur Bewertung alternativer Systemstrukturen und für die weiteren Planungsschritte, insbesondere für die Auslegung des Materialflußsystems.

Durch den Zugriff auf die in der Systemstruktur enthaltenen und damit im Rechner bereits vorhandenen Informationen läßt sich der sonst hohe Zeitaufwand für die Erstellung des Simulationsmodelles drastisch reduzieren. Mit Hilfe parametrisierter Simulationsmodelle, wie den am IPA entwickelten Programmen SIMULAP oder SIMPLE lassen sich wichtige Aussagen über das dynamische Verhalten des geplanten Systems machen. Auf der Grundlage dieser Ergebnisse kann der Planer das Steuerungsprinzip weiter modifizieren und optimieren.

Mit der Erstellung des geometrischen Systemlayouts wird der Planungsprozess abgeschlossen. Dabei erfolgt unter Berücksichtigung der räumlichen Randbedingungen die Anordnung der Stationen, Pufferplätze und ggf. Verkettungsmittel.

5 Ausblick

Ganzheitlich in die Fabrik integrierte, rechnergeführte Montagesysteme können sicher nicht als Ganzes erworben werden oder über Nacht eingeführt werden. Derartige hochflexible Technologien werden vielmehr in den verschiedenen Branchen schrittweise heranwachsen, wobei die Reifeprozesse unter der Kenntnis des Gesamtkonzeptes gesteuert werden müssen. Wildwuchs würde hier die Schnittstellen undurchlässig machen.

Größte Sorgfalt wird bei der Planung von Material- und Informationsfluß erforderlich sein, um die erzielte und weiter zu erwartende Flexibilität der Montagesysteme nutzbar zu machen. Schon jetzt ist abzusehen, daß der relative Investitionskostenanteil für den Materialfluß bei künftigen CIM-Systemen in der Montage höher liegen wird. Dabei wird die Realisierung solcher CIM-Systeme schrittweise erfolgen müssen. Unter Berücksichtung des angestrebten Gesamtkonzepts sind zunächst bereits vorhandene Fertigungs- und Montageinseln und weiter die verschiedenen betrieblichen Bereiche informationstechnisch miteinander zu verknüpfen.

Da aber die Dividende eines Unternehmens an der Geschwindigkeit der Auftragsabwicklung hängt, sind diese Investitionen notwendig, um durch größtmögliche Anpassung an die Bedürfnisse des Marktes im Wettbewerb zu überleben.

6 Schrifttum

/1/ Recht, U.: CIM in der Praxis. in: Techno-Tip (1987) 10.

/2/ N.N.: CIM - was steckt dahinter? in: Industrieservice 11/87

/3/ Bullinger, H.-J.; Lay, K.; Warschat, J.: CIM in der Fabrik der Zukunft. in: 3. Internationaler Kongreß für techn. Automation, Essen, 15.-16. Mai 1986. Velbert: Online GmbH, 1986, Band IV.

/4/ Schraft, R.-D., Schlaich, G., Göhner, M.: The need for flexibility as demonstrated in wire harness assembly. in: International Conference on Assembly Automation, 31. März - 2. April 1987, Kopenhagen.

/5/ Warnecke, H.J.; Schweizer, M.; Wolf, E.: Integrated automatic insertion and soldering of non-standard components with assembly robots. in: 8th International Conference on Assembly Automation, 31. März - 2. April 1987, Kopenhagen, DK. Kempston: IFS-Publ., 1987, S. 79-88.

/6/ Horn, K.: Flexible Fertigungssysteme für Flachbaugruppen. in: Technische Rundschau 79 (1987) 36, S. 36-4[illegible]

Material- und Informationsfluß in flexiblen Montagesystemen - neue Logistikkonzepte

R. Jünemann

0. Zusammenfassung

Voraussetzung für flexible Montagesysteme ist eine ganzheitliche Betrachtungsweise des Materialflusses unter logistischen Gesichtspunkten in Verbindung mit einem verstärkten Rechnereinsatz zur Vernetzung der einzelnen Teilsysteme. Hilfestellung erhält die reine Montageautomatisierung von Seiten der Logistik in Form von rechnergestützten Planungshilfsmitteln und materialflußtechnischen Komponenten wie Transportsysteme für die flexible Verkettung von Montagestationen, montageintegierte Läger und Handlingbausteinen für den Einsatz vordringlich an Systemschnittstellen.

Die gerätetechnische Integration von mehreren Materialflußfunktionen z. B. Transport und Handling eröffnet neue Perspektiven für die Realisierung von bereichsübergreifenden Materialflußkomponenten und die Minimierung von Umschlag- und Handhabungsvorgängen.

1. Einleitung

Auslöser für die Forderung nach zukunftssicheren materialfluß-gerechten Montagesystemen sind die geänderten Rahmenbedingungen und Anforderungen der Absatzmärkte. An dieser Stelle sei nur auf wenige signifikante Trends und die hieraus abzuleitenden Folgerungen verwiesen:

- bei vielen Absatzmärkten ist ein hoher Sättigungsgrad erreicht - die zur Deckung des Ersatzbedarfes auftretende Nachfrage unterliegt starken und kurzfristig auftretenden Schwankungen
- die zunehmende Produktdifferenzierung führt zu einer enormen Variantenvielfalt verbunden mit einer Reduzierung der Losgrößen und der Produktlebensdauer
- innovative neue Technik im Gebrauchs- und Konsumgüterbereich muß schnell umgesetzt werden, um den Ansprüchen des Absatzmarktes zu genügen
- steigender Konkurrenzdruck zwingt zur Nutzung und Belieferung auch "unbequemer" Marktssegmente

Diese sicherlich nicht umfassende Analyse skizziert die Problemstellungen und die Notwendigkeit einer Antwort auf die veränderten Anforderungsprofile in Form von flexiblen Montagesystemen. Die traditionell eingesetzten Montagesysteme zeigen sich aufgrund der eingesetzten Technik und den vorherrschenden Organisationsformen den Forderungen nach

- Reduzierung der Montagekosten
- hohe Qualität der Produkte
- kurzen Durchlaufzeiten
- hohe Termintreue
- hohe Flexibilität (Stückzahl 1!)
- max. Kapazitätsausnutzung

nicht gewachsen. Zudem kann die Pufferfunktion von Lagerbereichen gegenüber Marktschwankungen bei der Variantenvielfalt aus wirtschaftlichen Gründen meist nicht aufrecht erhalten werden.

Gefragt ist die bedarfsgerechte, kostengünstige Fertigung und Montage bei Sicherstellung der Lieferbereitschaft und reduzierten Lagerbeständen.

Der übergreifende Betrachtungsansatz der Logistik stellt die Grundlage dar für die benötigten flexiblen Fertigungs- und Montagesysteme unabhängig aller wie auch gearteter technischer Lösungen. Wesentliche Lösungsansätze sind

- die Einführung eines ganzheitlichen Systemgedankens angefangen vom Wareneingang bis zum Versand
- das Infragestellen althergebrachter Planungsgrundsätze
- die Schaffung eines transparenten Betriebsablaufes durch EDV-gestützte Informationssysteme
- die Einbeziehung des gesamten Systemumfeldes, d. h. keine Beschränkung auf reine Montageautomatisierung

Hilfsmittel und Komponenten für die Gestaltung flexibler Montagesysteme bietet die Logistik in Form von Planungs- und Organisationsmitteln, materialflußtechnischen Komponenten zur Erfüllung der Grundfunktionen Lagern, Transportieren, Umschlagen, Handhaben, Bereitstellen sowie Informationssysteme zur Vernetzung von einzelnen Materialflußsystemen.

Voraussetzung für die Realisierung von flexiblen Montagesystemen ist eine automatisierungsgerechte Konstruktion der Erzeugnisse, einwandfrei beherrschbare Füge-, Verfahrens- und Prüftechniken sowie ein gezieltes Auslösen und Verfolgen aller Materialflußbewegungen durch Integration von Material- und Informationsfluß.

Die alten Grundsätze der Logistik

- eine einmal geschaffenen Ordnung so lange wie es sinnvoll ist beizubehalten
- sowie das richtige Teil zur richtigen Zeit am richtigen Ort in der richtigen Menge vorzuhalten

sind auch angesichts der Schlagwörter wie Just-in-Time, MAP, CIM noch hochmodern, wie die Praxis oft genug beweist.

2. Computerintegrierte Logistik

Die Logistik beinhaltet die ganzheitliche unternehmerische Führung und Kontrolle aller Bewegungs- und Lagerungsprozesse von realen Gütern.

Um den wachsenden Anforderungen der Zukunft entsprechen zu können, muß sich in den Unternehmen auf dem Gebiet der Logistik verstärkt eine ganzheitliche Betrachtungsweise der Informations- und Materialflüsse von einer logistikgerechten Gestaltung der Aufbau- und Ablauforganisation über eine computerunterstützte Vernetzung der Einzelsysteme bis hin zu Fahrzeugen, die für einen integrierenden Einsatz in mehreren Unternehmensbereichen geeignet sind oder mehrere logistische Grundfunktionen kombinieren, durchsetzen. Das statistische Management und die strategische Planung der Logistik müssen einen festen Platz im CIM-Konzept zukunftsorientierter Unternehmen erhalten, um durch Einsatz modernster Rechner- und Kommunikationstechnik konsequent zu einer computerintegrierten Logistik (CIL) zu kommen (Bild 1).

Die Einführung des CIL-Gedankens muße eine zentrale Rolle spielen, denn eine forcierte Automation auf allen Ebenen der Steuerungshierarchie von Materialflußssystemen ist nur durch den Einsatz von Mikroprozessoren und entsprechender Datenkommunikation zu verwirklichen.

3. Entwicklung neuer Komponenten für die flexible Verkettung

Anhand von exemplarischen Beispielen sollen Lösungen für die Realisierung der logistischen Grundfunktionen Lagern, Transport und Handhabung in flexiblen Montagesystemen aufgezeigt werden.

Beispiel 1: Vollautomatisches Verschieberegalsystem für Kleinteilebehälter

Die Verknüpfung von einzelnen manuellen oder automatisierten Montageeinrichtungen erfordert als logische Konsequenz eine automatisierte und in das Montagesystem integrierte Versorgungslogistik. Das bedeutet, daß neben den Vorratslägern, die die Funktion der Versorgung der den Montageprozeß vorgelagerte Komponenten übernehmen, maschinennahe in den Montage- bzw. Fertigungsprozeß integrierte automatische Läger notwendig sind. Diesen Lägern obliegt die Aufgabe, sowohl die Bereitstellung von Werkstücken und Werkzeugen als auch eine Pufferung von Halb- und Fertigprodukten am Bedarfsort zu gewährleisten (Bild 2). Das zu lagernde Artikelspektrum erstreckt sich in der Regel auf Teile mit geringem Volumen und geringen bis mittleren Gewichten, weshalb diese Läger auch als automatische Kleinteileläger bezeichnet werden.

Aus diesem Umfeld erwachsen verschiedene Anforderungen, die fertigungsintegrierte Kleinteileläger erfüllen müssen:

- Vollautomatisierung der Lagertechnik
- Anbindungsmöglichkeit an automatische Transportsysteme
- Normierte Lastträger für Werkzeuge und Werkstücke
- Raumsparende Lagertechnik

Beispiel 2: Fahrerlose Flurförderzeuge (FTS) in Modulbauweise

Für die flexible Verkettung in der Montage bieten sich fahrerlose Flurförderzeuge an. Die Konstruktion dieser Fahrzeuge erfolgte bisher in der Regel auftragsbezogen, was in einem anlageorientiertem Design und zu einer geringen Kompatibilität der Fahrzeuge untereinander geführt hat. Vor diesem Hintergrund wurde ein Baukastensystem entwickelt, aus dessen modularen Standardbausteinen fahrerlose Flurförderzeuge je nach Anforderungsprofil zusammengesetzt werden können (Bild 3). Die Modularisierung erstreckt sich auf alle Fahrzeugkomponenten von Maschinenbau,

Antrieben und Steuerung. Der Konzeption lag als oberstes Prinzip die Bildung von kompletten Funktionseinheiten zugrunde, damit durch Hinzufügen oder Wegnahme eines einzigen Modules, wie beispielsweise Antriebsmoduls der Lastaufnahmemittel, das Fahrzeug umgerüstet werden kann.

Beispiel 3: Handling- und Montagegeräte im erweiterten Baukastenprinzip

Für die Realisierung von flexiblen Montagesystemen werden technische Lösungen für automatisierte Handhabungs- und Verkettungseinrichtungen benötigt. Voraussetzung hierfür ist eine definierte und lagerichtige Bereitstellung, unabhängig davon, ob es sich um größere Transporteinheiten wie automatisierungsgeeignete Paletten oder um die Zuführung von Einzelteilen handelt. Für die automatische Handhabung werden in Abhängigkeit von der Aufgabenstellung eine angepaßte Anzahl von Handhabungsachsen bzw. unterschiedlich aufwendige Robotersysteme benötigt. Ein Beispiel für einen flexibel einsetzbaren Industrieroboter, ist der in einem erweiterten Baukastenprinzip realisierte Industrieroboter MONRO (Bild 4). Die Entwicklung dieses Gerätes erfolgte, da Geräte mit hinreichend technischer Eignung hinsichtlich Genauigkeitsanforderungen, Zykluszeiten, Arbeitsraum sowie entsprechenden Achskonfigurationen für die spezielle Montageaufgabe - es handelt sich um die Handhabung von biegeschlaffen Teilen - nicht am Markt erhältlich waren.

Die Realisierung des Gerätes in einem erweiterten Baukastenprinzip erlaubt die Austauschbarkeit einzelner Komponenten, die Längenvarianten der Grundachsen und mehrfache Kombinationsmöglichkeiten der Handachsen. Hierdurch kann eine aufgabenspezifische Anordnung und Ausführung der Roboterachsen zur technischen und wirtschaftlichen Optimierung der Handhabungsvorgänge erreicht werden.

4. Integration von mehreren Logistikfunktionen

Zukünftig werden verstärkt technische Lösungen eingesetzt werden, die eine Integration von mehreren Materialflußfunktionen wahrnehmen können. Diese integrierten Systeme können bevorzugt an Schnittstellen und zur Minimierung von Umschlagvorgängen zum Einsatz kommen. Insbesondere für die Integration von Transport- und Handhabung seien hier einige richtungsweisende Beispiele aufgezeigt.

Beispiel 4: Integration von Transport- und Handhabungsfunktion

In der Montagehalle eines Großunternehmers der Elektronikindustrie werden die angelieferten Teile je nach Größe im Wareneingang in Behälter einer neu eingeführten Behälterfamilie mit definierten Reichweiten eingefüllt, zu einem Zwischenlager transportiert und von dort an die Montageplätze befördert (Bild 5).
Alle Vorgänge erfolgen automatisch, die Teile werden nicht mehr manuell gehandhabt und bleiben in den Behältern.
Vorher notwendige Kommissioniervorgänge in der Lagervorzone können entfallen, da die Behälter mit definierten Reichweiten befüllt sind. Um auch die kleinsten Behälter in einer einheitlichen Lagertechnik unterbringen zu können, werden als Hilfsmittel Tablare eingesetzt.
Dies erfordert eine spezielle Kombination von Transport- und Handhabungstechnik, zum Ausziehen der Tablare und zur Entnahme der Behälter, die man durch eine Verknüpfung eines konventionellen Regalförderzeuges mit einem Handhabungsgerät erreicht hat.

Beispiel 5: Materialflußhandlingsystem (MHS)

Der gleiche Grundgedanke einer verbindenden, flexiblen und leistungsfähigen Technik wurde mit dem Zusammenführen von Transport und Handhaben bei den Materialflußhandlingsystem (MHS) verwirklicht.

Im Mittelpunkt dieser Entwicklung stand der Wunsch, einen konventionellen Roboter flurfrei an bestehenden Elektrohängebahnen quasi als Zusatzelement für Sonderaufgaben anzukoppeln (Bild 6). Eine Entwicklung einer eigenen, stabileren Schiene wurde unter dem Aspekt der erforderlichen Nachrüstbarkeit in bestehende Systeme verworfen. Die notwendige Stabilität für seine Handhabungsvorgänge erhält der Roboter mit Hilfe einer Klemmvorrichtung, die sich an speziellen Stationen auf ein Zusatzprofil abstützt.
Das eigentlich Neue dieser Entwicklung ist das Fahrwerk, das so ausgebildet wurde, daß man verschiedene Handhabungsgeräte oder Roboter je nach Anforderung ankoppeln kann, womit der geforderten Anpassungsfähigkeit hervorragend entsprochen wird (Bild 7).

Beispiel 6 Automatische-Verteilfahrzeug-System (AVFS)

Neben vollautomatischen Kleinteilelagern kommt der Entwicklung von automatischen Systemen zur montageintegrierten Palettenlagerung besondere Bedeutung zu. Das Automatische-Verteilfahrzeug-System AVF kann dabei als Alternative zu konventionellen Regalförderzeugen gesehen werden (Bild 8).

Neben ihrem Operationsgebiet Verschieberegal übernehmen diese automatischen Verteilfahrzeuge unter Minimierung der Umschlagvorgänge auch die Verknüpfung des Lagers und der angrenzenden Montagebereiche. Infolge der Infrarot-Datenüberwachung von der Leitstelle bereitet die Führung solch eines integrierten Gesamtsystems keine unlösbaren Probleme mehr.

Während bei Regalförderzeugen in der Regel ein Förderzeug pro Gasse vorgegeben ist - eine Ausnahme bilden kurvengängige Regalförderzeuge, die in mehreren Gassen operieren können -, bietet das Automatische-Verteilfahrzeug-System die Möglichkeit, entsprechend der geforderten Umschlagsleistung ein Fahrzeug für mehrere Gassen oder mehrere Fahrzeuge für eine Gasse einzusetzen. Die Fahrzeuge verfahren dabei in der Regalgasse auf Schienen, die auf den jeweiligen Lagerebenen an den Regalen angebracht sind und dort gleichzeitig als Palettenauflage dienen.

Auf die jeweilige Ebene und vor die jeweils gewünschte Gasse werden die Verteilfahrzeuge durch Trägersysteme, entweder orthogonal zu den Gassen verfahrbare Regalbediengeräte oder entsprechende Aufzugsysteme, befördert.

Ein Trägersystem kann dabei mit mehreren Verteilfahrzeugen kooperieren, da diese infolge einer eigenen Energieversorgung und einer drahtlosen Datenkommunikation mit der Leitstelle völlig unabhängig vom Regalbediengerät arbeiten können.

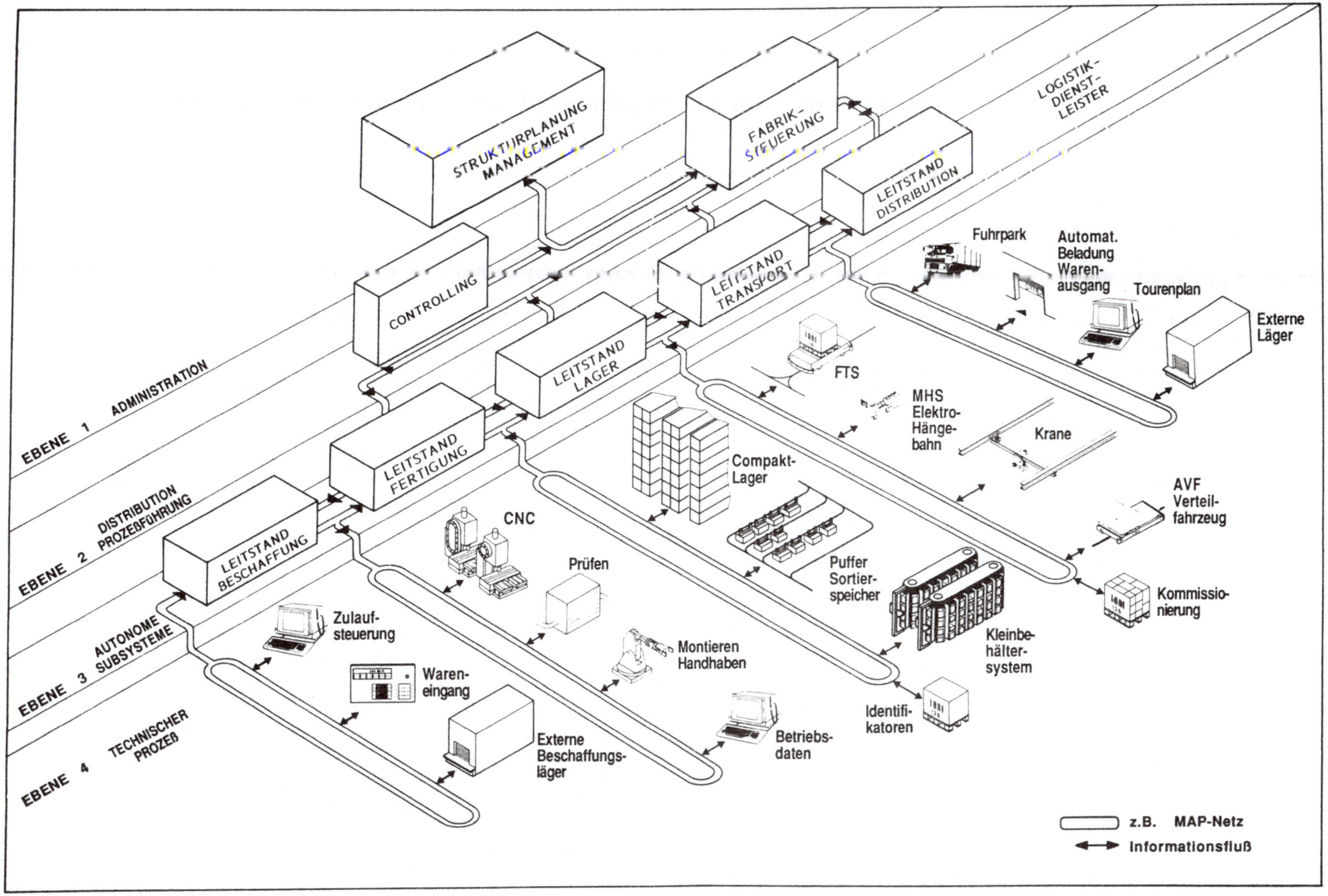

Bild 1: Kommunikationsnetzwerk der Fabrik der Zukunft

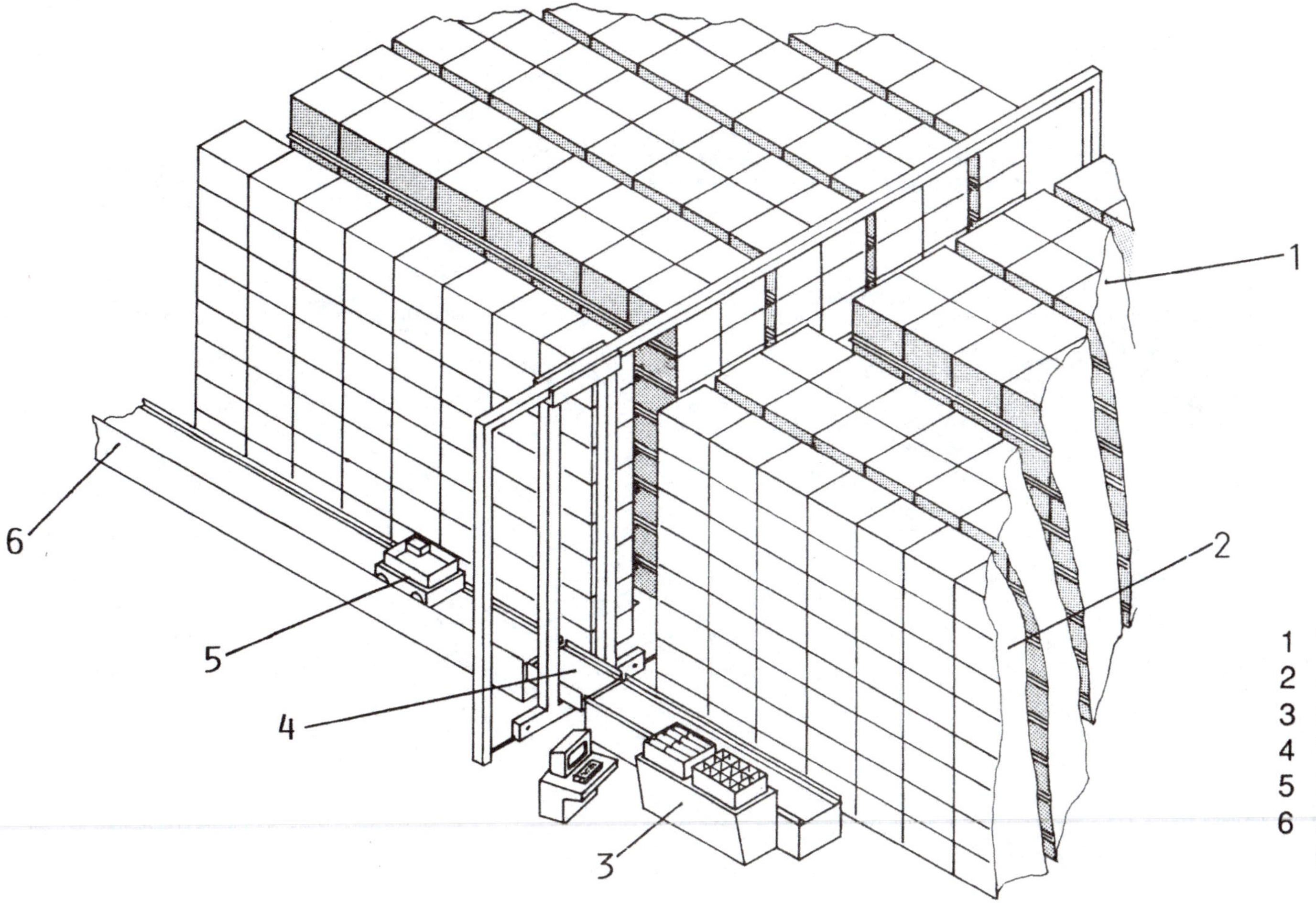

1 Verschieberegal
2 Endregal
3 Kommissionierstation
4 Trägerfahrzeug
5 Bedienfahrzeug
6 Anschluß an Verteil-fahrzeugsystem

Bild 2: Vollautomatisches Verschieberegalsystem für Kleinteilebehälter

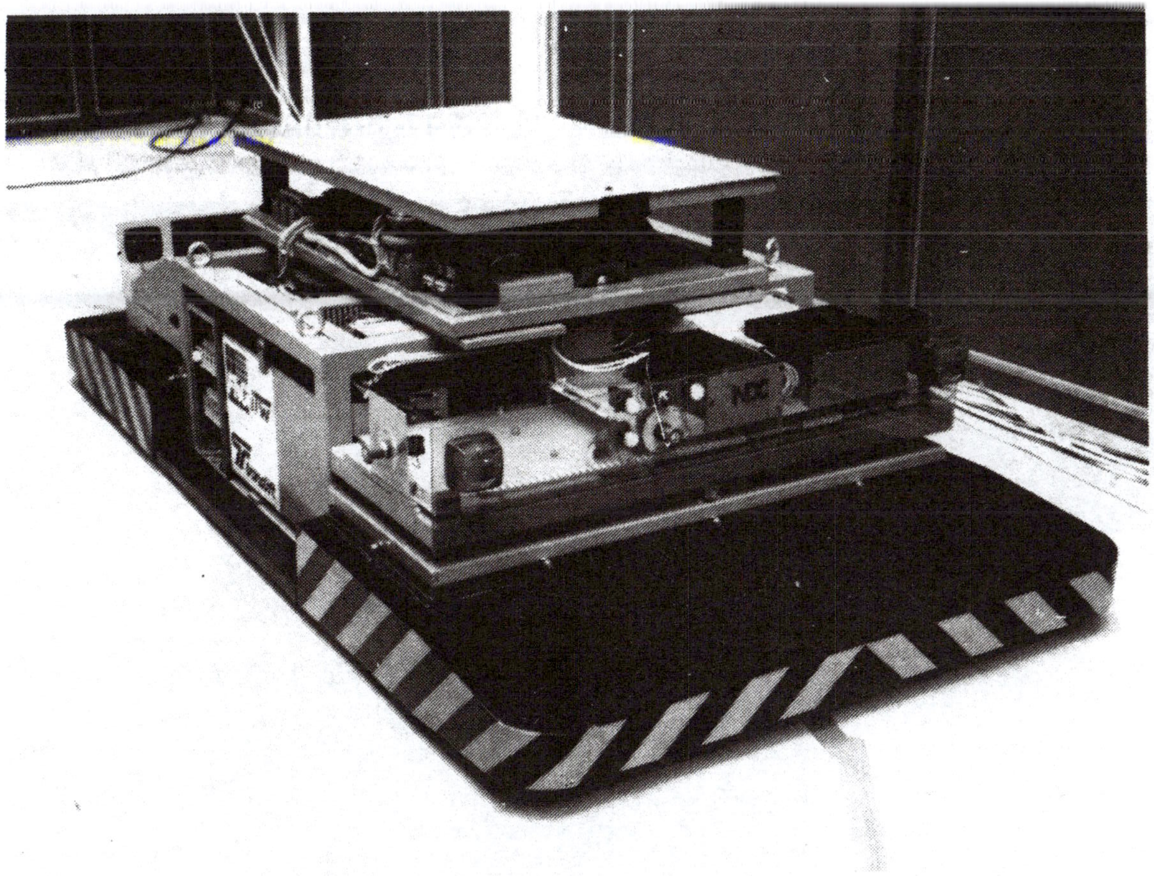

Bild 3: Prototyp eines Fahrerlosen Flurförderzeuges (FTS) in Modulbauweise

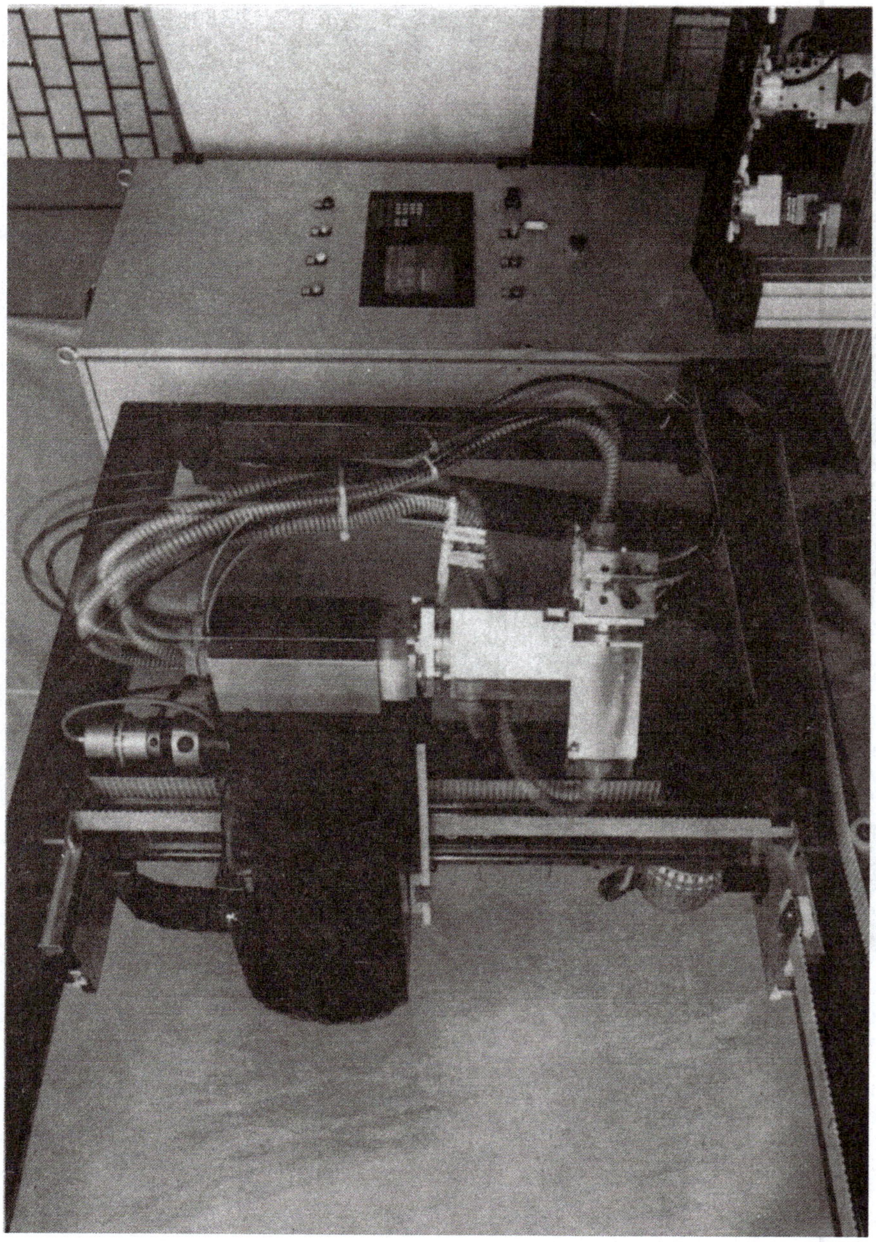

Bild 4: Industrieroboter in erweitertem Baukastenprinzip

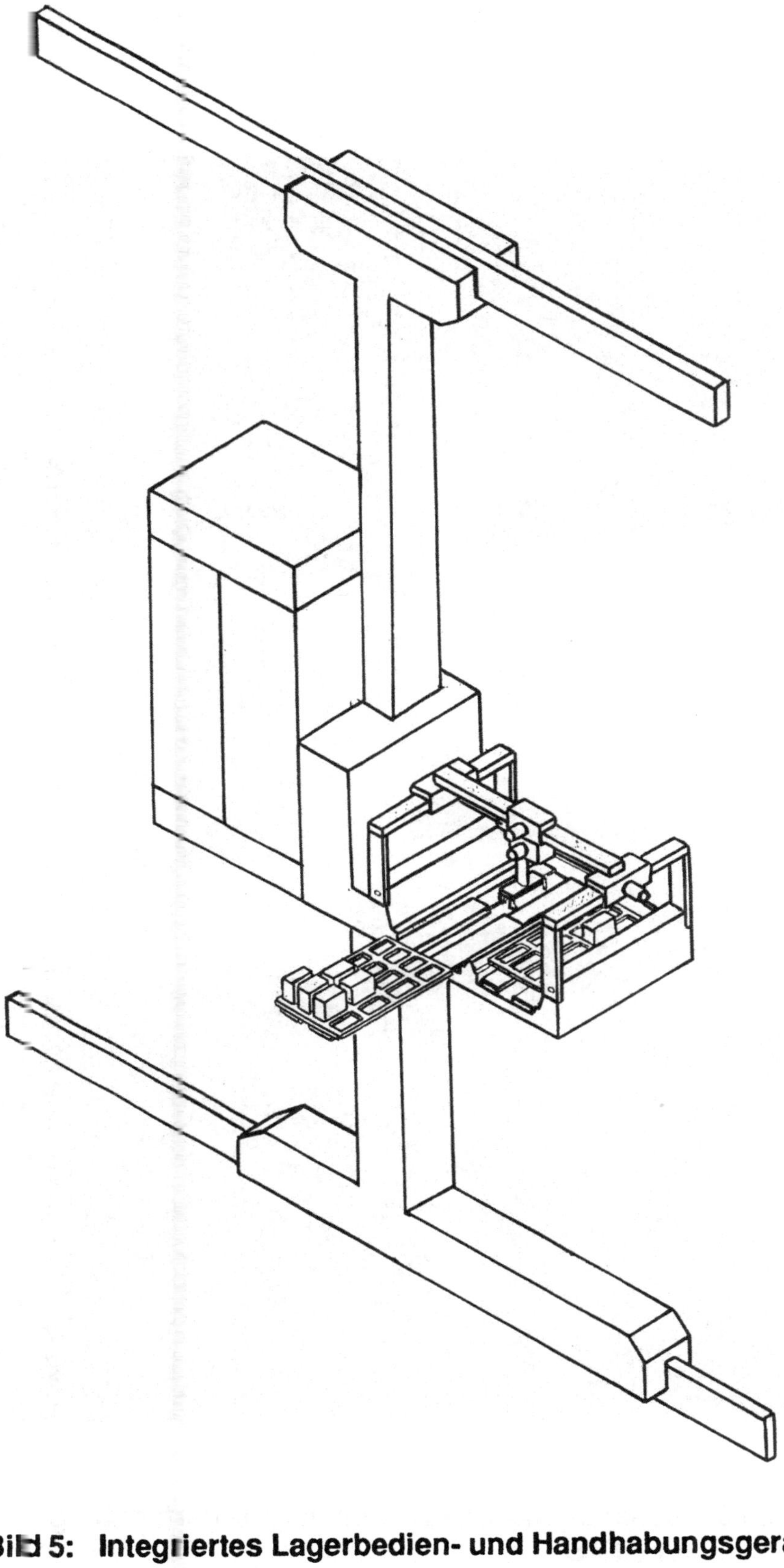

Bild 5: Integriertes Lagerbedien- und Handhabungsgerät

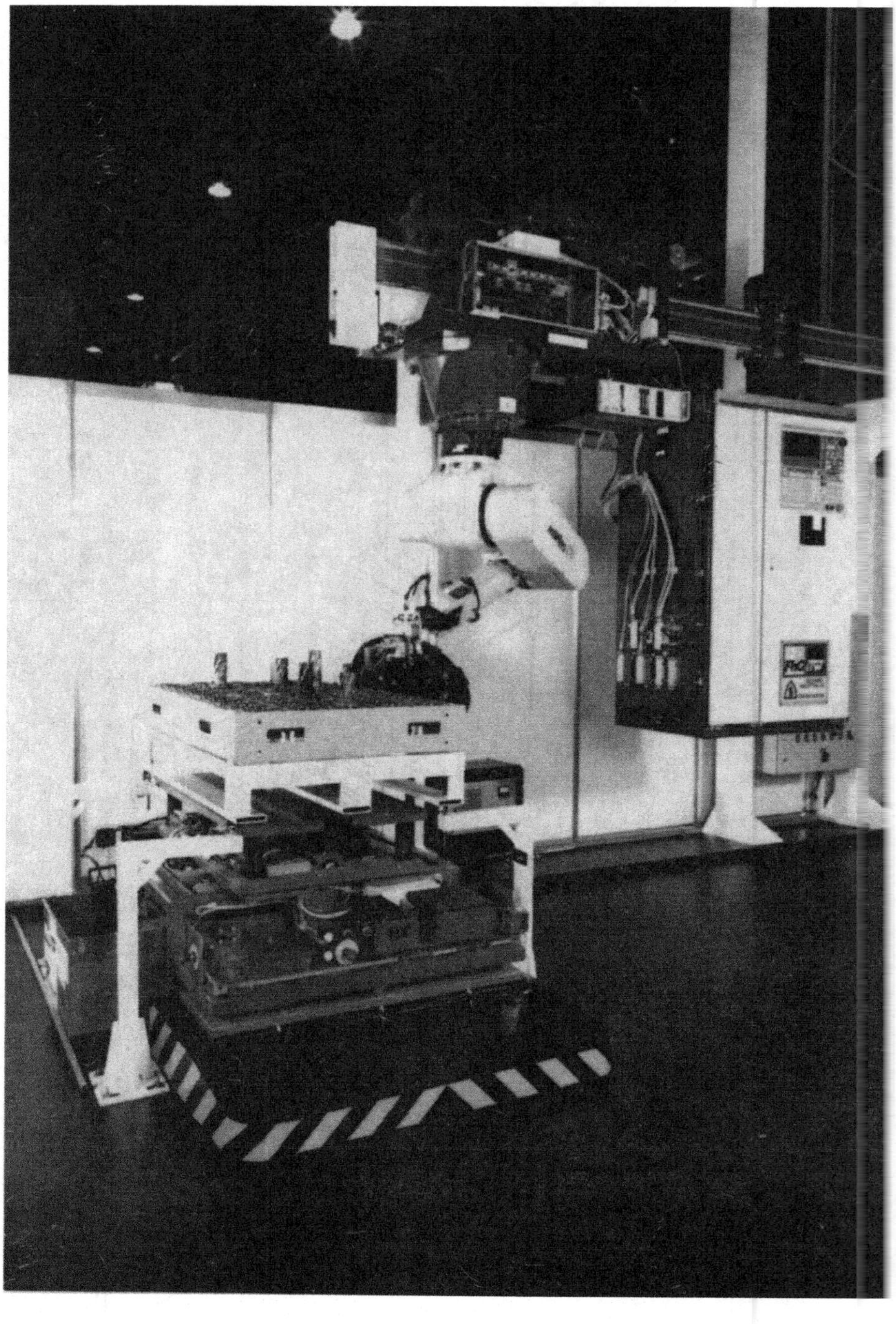

Bild 6: Zusammenarbeit zwischen Roboterfahrzeug und FTS

MHS — MATERIALFLUSS-HANDLING-SYSTEM							
Freiheitsgrade	0	1	2	3	4	5	6
Prinzipskizze (Beispiel)	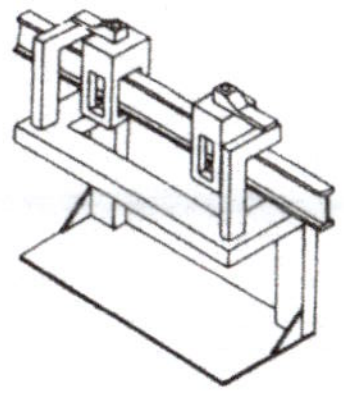	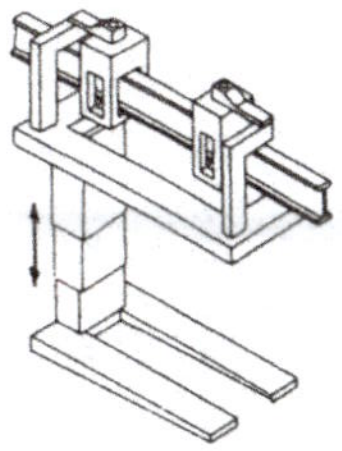	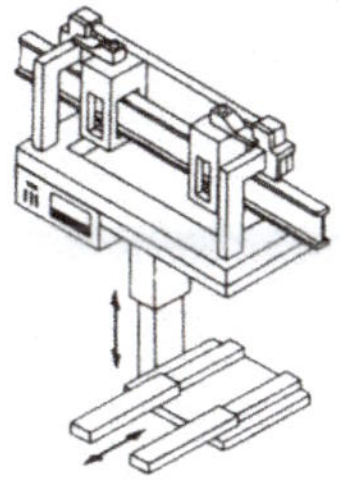	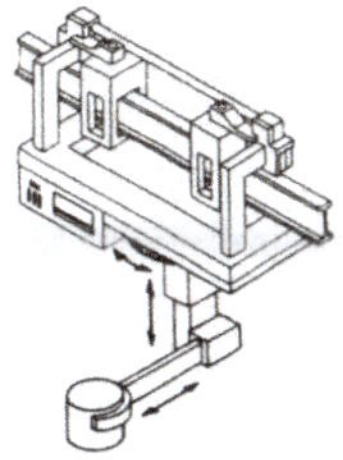	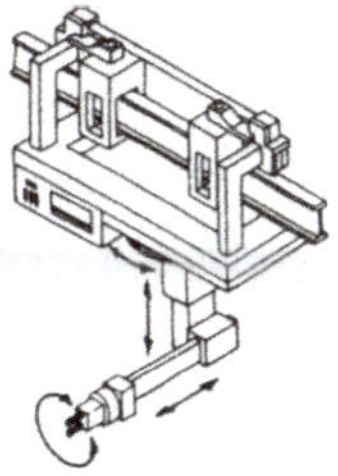	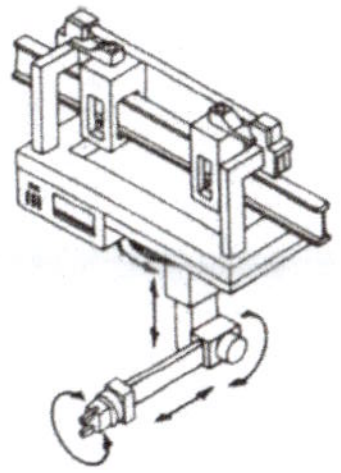	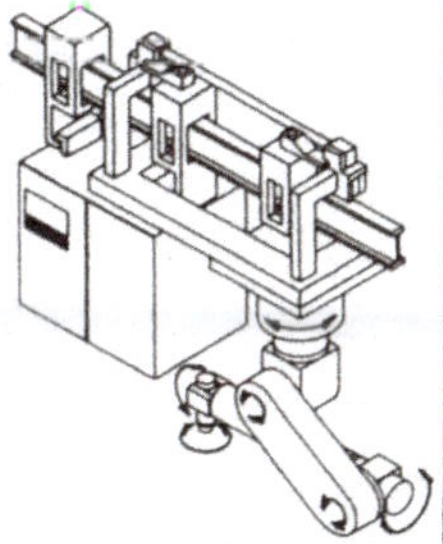
Hauptfunktion	Fördern	Fördern	Fördern	Fördern	Handhaben	Handhaben	Handhaben
Nebenfunktion	—	Handhaben	Handhaben	Handhaben	Fördern	Fördern	Fördern
Merkmale	wie konventionelle EHB, Klemmvorrichtung i.d.R. nicht erforderlich		Integration mehrachsiger Handhabungstechnik, Klemmvorrichtung i.d.R. erforderlich				
	externe Übergabeeinrichtung erforderlich	Handhabungsgerät zum Umschlagen von Ladeeinheiten auf das bzw. von dem Fahrzeug		Kein Transport von Ladeeinheiten zwischen einzelnen Stationen, sondern i.d.R. Durchführung von Handhabungsaufgaben an den Stationen			

Bild 7: Prinzipielle Darstellung unterschiedlicher Handhabungstechnik für modifizierte Elektrohängenbahnen

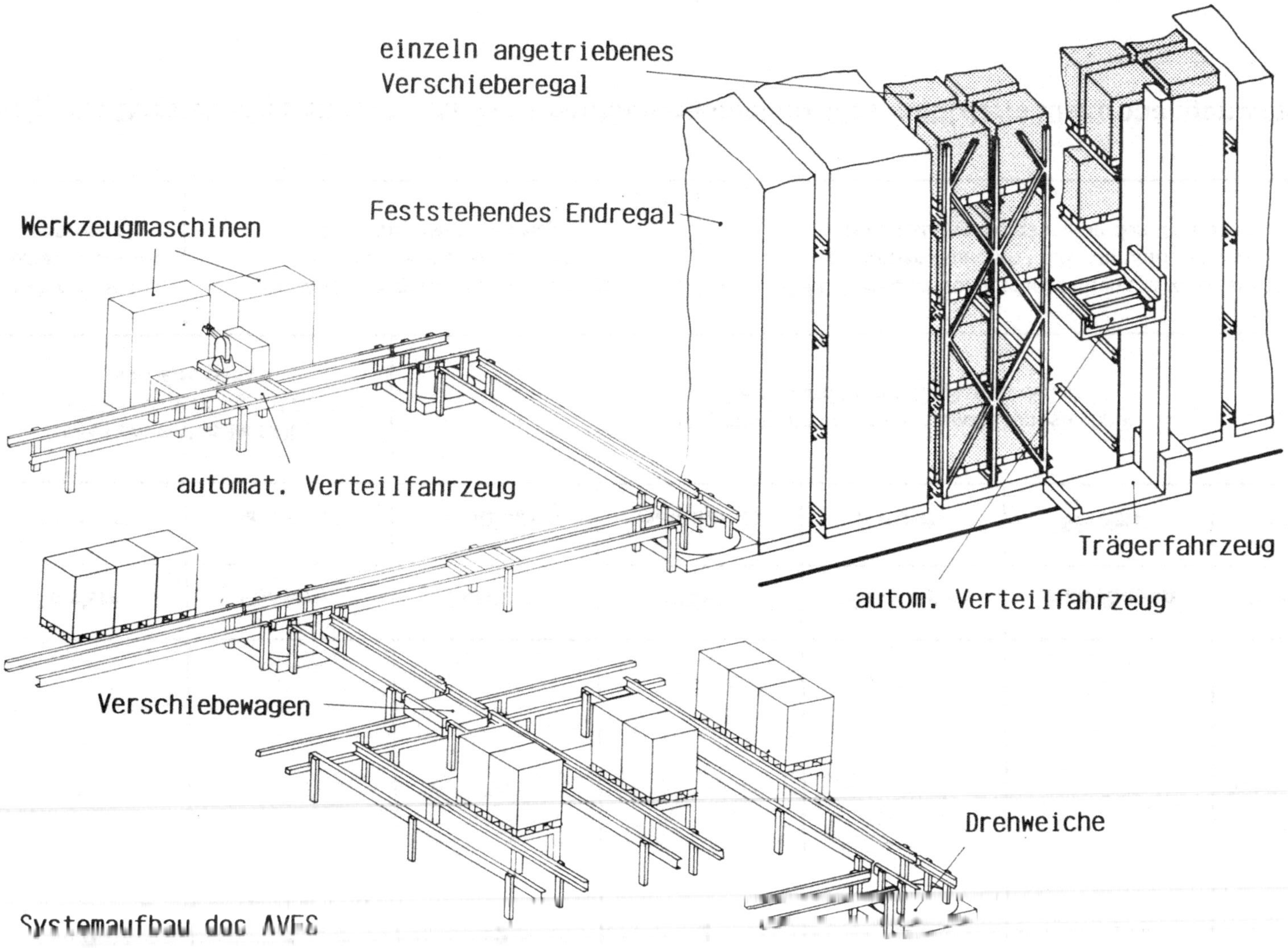

Bild 8: **Systemaufbau eines Lager- und Transportsystems mit einem automatischen Verschieberegal-Fahrzeug (AVF)**

Europäische Kooperation in der Montageautomatisierung - Chancen und Möglichkeiten

H. Bertuleit

1. Einleitung

Die europäische Zusammenarbeit zwischen Forschungseinrichtungen und Industrieunternehmen ist ein wichtiger Beitrag zur Förderung und Beschleunigung der europäischen Integration. Sie trägt dazu bei, die innovativen Kräfte Europas zu entfalten.

Grenzüberschreitende Zusammenarbeit und der damit verbundene zusätzliche Aufwand kann nicht Selbstzweck sein, sondern muß sich aus der Zielsetzung und Erfolgserwartung heraus rechtfertigen. Entscheidendes Kriterium für gemeinsame Projekte muß sein, daß die Zusammenlegung finanzielle und personeller Ressourcen aus mehreren Ländern Vorteile i Vergleich zu einer rein nationalen Durchführung erwarten läßt. Dies wird in der Regel für solche Vorhaben zutreffen die weit in die Zukunft weisen und wesentliche technische Neuerungen sowie breite Anwendungsmöglichkeiten erwarten lassen. Besonders bedeutsam sind Projekte, in denen gleichzeitig mit neuer Technik auch gemeinsame Normen und Infrastrukturen geschaffen oder Beiträge zur Lösung grenzüberschreitender Probleme erarbeitet werden.

Eine besondere Chance für solche Kooperationen bietet die Initiative EUREKA.

2. Stand von EUREKA

Ziel von EUREKA ist, durch verstärkte Zusammenarbeit von Unternehmen und Forschungsinstituten auf dem Gebiet der Hochtechnologien die Produktivität und Wettbewerbsfähigkei der Industrien und Volkswirtschaften Europas auf dem Weltmarkt zu steigern und damit die Grundlage für dauerhaften Wohlstand und Beschäftigung zu festigen. EUREKA wird Europ in die Lage versetzen, die für seine Zukunft wichtigen Technologien zu beherrschen und zu nutzen und seine Leistungsfähigkeit in wichtigen Bereichen zu steigern (aus EUREKA-Grundsatzerklärung 1985).

Industrie, Wissenschaft und Verbände zeigen an EUREKA ein zunehmendes Interesse. Unterstrichen wird dies auch durch die wachsende Zahl von Unternehmen, die sich auch ohne finanzielle Zuschüsse der Bundesregierung an EUREKA-Projekten beteiligen. Die Dynamik, die sich in der zunehmenden Anzahl von Projekten zeigt, verdankt EUREKA seinem pragmatischen Ansatz und seiner flexiblen Organisationsstruktur: Projekte entstehen durch Initiative der Kooperationspartner aus Industrie und Wissenschaft und durch Zustimmung der Regierungen derjenigen Länder, aus denen diese Partner kommen.

Der Stand von EUREKA (September 1987) kann zahlenmäßig wie folgt beschrieben werden:

Es gibt 165 Projekte mit einem Gesamtaufwand von 8,3 Mrd DM (Laufzeit 4 - 5 Jahre). An den Projekten sind etwa 150 Forschungsinstitutionen und etwa 350 Unternehmen (darunter ca. 100 kleine und mittlere Unternehmen) beteiligt.
Die Beteiligung einzelner Länder an den Projekten (um nur die am stärksten beteiligten Länder zu nennen) zeigt folgende Übersicht:

	beteiligt an Projekten
Frankreich	82
Großbritannien	55
Bundesrepublik Deutschland	50
Italien	43
Spanien	41
Niederlande	39
Schweden	30

Von den 50 Projekten mit <u>deutscher Beteiligung</u> sind

- 44 Projekte industrielle Kooperationen,
- 4 Projekte zur Lösung grenzüberschreitender Probleme,
- 2 Projekte zur Schaffung moderner Infrastruktur.

An den Projekten sind 75 Unternehmen, 10 Hochschulen und 20 andere Forschungseinrichtungen beteiligt. Rund 20 der Unternehmen sind dem mittelständischen Bereich zuzurechnen.
- Die Projekte mit deutscher Beteiligung umfassen insgesamt

ein Finanzvolumen von etwa 3,2 Mrd DM. Dieses Finanzvolumen bezieht sich auf die privaten und öffentlichen Beiträger aller Länder, die an den Projekten beteiligt sind, und über die gesamten Laufzeiten. Der deutsche Finanzierungsanteil an diesen Projekten beträgt etwa 1 Mrd DM.

Finanzierungsquellen der deutschen Beiträge:

- 16 Projekte: Kosten trägt Industrie zu 100 Prozent
- 25 Projekte: BMFT-Förderung für Industrie-Beiträge
- 3 Projekte: Industrie-Förderung durch das Land Baden-Württemberg
- 1 Projekt : Kosten der Universitätsforschung trägt das Land Nordrhein-Westfalen

Bei weiteren 5 Projekten gibt es z.Zt. noch keine Industriebeiträge; die Aufwendungen der beteiligten Forschungseinrichtungen werden aus öffentlichen Mitteln finanziert.

3. Kooperation im Bereich flexibel automatisierte Montagesysteme (FAMOS)

Ein besonders wichtiger technologischer Bereich, der unsere industrielle Wettbewerbsfähigkeit wesentlich bestimmt, ist die Fertigungstechnik. Eine besondere Schlüsselrolle spielt hierbei die Montage.

In vielen Bereichen der industriellen Fertigung liegen die Montagekosten zwischen 20 und 50 % der Herstellkosten mit steigender Tendenz. Der Automatisierungsgrad in der Montage ist noch gering. Die Montage ist somit in der industriellen Fertigung der Bereich mit dem größten Modernisierungspotential.

Die Montageautomatisierung erfordert eine integrative Anwendung von Spitzentechnologien, wie z.B. Robotertechnologie, Computer Aided Engineering (CAE), industrielle Netzwerke, Bildverarbeitung und künstliche Intelligenz. Die flexible Montageautomatisierung ist somit die technologische Herausforderung für die europäische Fertigungstechnik der 90er Jahre.

Die Wettbewerbsfähigkeit der europäischen Industrie wird wesentlich bestimmt durch eine beschleunigte zukunftsorientierte Lösung der Montageprobleme. Eine europäische Kooperation auf diesem Gebiet hat somit höchste Priorität.

Um konkrete zukunftsorientierte Projekte im vorwettbewerblichen Bereich in diesem komplexen Gebiet starten zu können, ist ein intensiver Vorbereitungs- und Konsensbildungsprozeß erforderlich; dies gilt sowohl hinsichtlich der Inhalte als auch der Partner für eine europäische Kooperation. Um hierfür über eine fundierte Informations- und Entscheidungsgrundlage zu verfügen, wurde Mitte 1986 mit einer Voruntersuchung über Möglichkeiten einer europäischen Kooperation im Bereich flexibel automatisierte Montagesysteme begonnen.

An dieser Voruntersuchung beteiligten sich die Länder Bundesrepublik Deutschland, Frankreich, Großbritannien, Italien, Österreich, Schweden und Spanien. In Deutschland lag die Federführung beim Fraunhofer Institut für Produktionstechnik und Automatisierung (IPA), Institutsleiter: Prof. Dr.-Ing. H.-J. Warnecke, Nobelstr. 12, 7000 Stuttgart 80, Projektleiter: Prof. Dr.-Ing. R.D. Schraft, Tel.: 0711/ 686 82 00.

Die Voruntersuchung ist abgeschlossen. Ausgehend von einer Analyse des gegenwärtigen Standes der Montageautomatisierung und einer Abschätzung des Marktpotentials werden besonders vordringliche Forschungs- und Entwicklungsaufgaben beschrieben. Hierbei werden vor allem Vorstellungen und Bedarf von industriellen Anwendern und Herstellern von Montagesystemen sowie von Forschungseinrichtungen berücksichtigt, die diese in zahlreichen Workshops und in Expertengesprächen einbrachten. Folgende Entwicklungsschwerpunkte werden in der Untersuchung behandelt:

- **Montageplanung**
  z.B. montagegerechte Produktgestaltung sowie Konzeption, Projektierung und Layoutgestaltung eines Montagesystems, Arbeitsplatzgestaltung/Mitarbeiterqualifikation

- **Montagesysteme**
  z.B. Programmierung und Steuerung von Montagesystemen, Systemintegration, Qualitätskontrolle und Störungen
- **Montagetechnologien**
  z.B. Handhabungssysteme, flexible Greifsysteme, Sensorik, Zuführtechniken, Fügetechnologien

Die Ergebnisse der Voruntersuchung sind zusammengefaßt im Bericht KfK-PFT 135 (September 1987); der Bericht kann erworben werden von der Kernforschungszentrum Karlsruhe GmbH, Postfach 3640, 7500 Karlsruhe 1.

Im Oktober 1987 wurde das erste FAMOS-Projekt mit deutscher Beteiligung gestartet. Die Firmen Bosch GmbH, Waiblingen, und Bassani Ticino S.P.A., Bodio Lomnago (Varese), haben mit einer Definitionsphase zu dem Projekt "FAMOS - CIM ASSEMBLY PILOT PLANTS" begonnen.

4. Informationshilfen, Kontaktstellen

In Brüssel wurde ein EUREKA-Sekretariat eingerichtet. Es hat die Aufgabe einer Clearing-Stelle zur Sammlung und Verbreitung von Informationen über EUREKA-Projekte und Projektvorschläge. Darüberhinaus unterstützt es nach Möglichkeit Unternehmen und Institute, Kontakte zu potentiellen Partnern für EUREKA-Projekte herzustellen.

Das Sekretariat stützt sich bei der Erfüllung seiner Aufgaben auf eine Datenbank, die auch der Öffentlichkeit mit den Mitteln der technischen Kommunikation zugänglich ist. Es bedient sich dabei des von der Kommission der Europäischen Gemeinschaften in Luxemburg betriebenen Informationssystems ECHO, das über das DATEX-P-Netz anzuwählen ist.

Adresse des Sekretariats:

EUREKA-Sekretariat
19 H, Avenue des Arts
B - 1040 Brüssel
Telefon: 00322 / 21 700 30
Telefax: 00322 / 21 879 06
Telex : 29 340

Zur kontinuierlichen Weiterführung und Beschleunigung des begonnenen Kooperationsprozesses im FAMOS-Bereich haben die beteiligten 7 Länder vereinbart, für einen Zeitraum von zwei Jahren ein besonderes Informations- und Kommunikationsnetz zu schaffen. Zu diesem Zweck benennt jedes Land eine Institution und eine verantwortliche Person. Diese Institutionen haben folgende Aufgaben:

1. Sie informieren nationale Interessenten über laufende und geplante Kooperationsprojekte.

2. Sie unterstützen Interessenten des In- und Auslandes beim Finden von Kooperationspartnern.

3. Die Institutionen in den einzelnen Ländern arbeiten eng zusammen, indem sie
   - sich über Projektplanungen, Projektergebnisse und Kooperationswünsche aktuell informieren,
   - Gespräche zwischen Interessenten vermitteln,
   - im Bedarfsfall Workshops und Fachgespräche organisieren.

Hiermit sollen Hilfestellungen zum Finden von Kooperationspartnern und Kooperationsprojekten - vor allem auch für kleine und mittlere Unternehmen - angeboten werden. Entsprechend den EUREKA-Grundsätzen ist es allerdings Sache von Industrieunternehmen und Forschungsinstituten selbst, europäische Kooperationspartner zu finden und eine Zusammenarbeit für konkrete Projekte vorzubereiten und zu vereinbaren.

In der Bundesrepublik Deutschland werden die oben genannten Aufgaben wahrgenommen von

Herrn Dr.-Ing. D. Stams
Projektträger Fertigungstechnik
Kernforschungszentrum Karlsruhe
Postfach 3640
7500 Karlsruhe 1
Tel.: 07 247 / 82 52 80

Eine Liste der Kontaktstellen in den sieben Ländern ist als Anlage beigefügt.

5. Finanzierung, Finanzierungshilfen

Nach der EUREKA-Grundsatzerklärung gilt: Die an einem EUREKA-Projekt beteiligten Unternehmen/Forschungsinstitute finanzieren das Projekt aus Eigenbeträgen oder unter Inanspruchnahme des Kapitalmarkts sowie gegebenenfalls unter Einbeziehung der ihnen zur Verfügung gestellten öffentlichen Mittel. Um den EUREKA-Status für ein Projekt zu erlangen, muß eine förmliche Übereinkunft der Teilnehmer auch hinsichtlich der Finanzierung vorliegen.

Öffentliche Finanzierungshilfen sind von den Bundesländern, dem Bund und der Kommission der Europäischen Gemeinschaften denkbar.

Für den FAMOS-Bereich werden solche Finanzierungshilfen nachstehend diskutiert im Rahmen des Programms Fertigungstechnik des Bundesministeriums für Forschung und Technologie und im Rahmen von ESPRIT der EG-Kommission.

Programm Fertigungstechnik

Die hier vorgesehenen Finanzmittel sind begrenzt. Es ist jedoch beabsichtigt, einen "Finanzkorridor" zu schaffen, der es erlaubt, besonders wichtige Kooperationsprojekte zu realisieren. Um solche Projekte unter inhaltlichen und finanziellen Aspekten sorgfältig und realistisch vorbereiten zu können, soll zunächst jeweils stets eine Projektdefinitionsphase vorgeschaltet werden. Dieses Verfahren gibt allen Partnern die Möglichkeit, ihre Vorstellungen, Interessen, Ziele und Ressourcen besser erkennen und bewerten zu können.

Ansprechstelle zur Vorbereitung solcher Projekte ist der Projektträger Fertigungstechnik, Kernforschungszentrum Karlsruhe.

ESPRIT

Das ESPRIT-Programm (Europäisches Strategisches Programm für Forschung und Entwicklung im Bereich der Informationstechnologien) enthält auch Förderungsmaßnahmen für den Bereich

"Computerintegrierte Fertigung (CIM)". Hier werden angesprochen Forschungs- und Entwicklungsarbeiten auf den Gebieten

- CIM-Architektur und -Kommunikationen
- Entwurf und Implementierung von Fertigungssystemen
- Systeme zur Konstruktion und Analyse von Produkten
- Management und Steuerung von Fertigungsprozessen
- Industrieroboter und Flurfördersysteme

Die Förderungsmaßnahmen werden jährlich im Amtsblatt der Europäischen Gemeinschaften bekanntgegeben.

In der Bundesrepublik Deutschland hat der Projektträger Fertigungstechnik für den Bereich CIM die Aufgabe einer Informations- und Kontaktstelle übernommen. Durch zeitnahe Information und Beratung von deutschen Interessenten soll vor allem auch kleinen und mittleren Unternehmen die aktive Mitwirkung an europäischen Kooperationsprojekten erleichtert werden.

6. Zusammenfassung

Die herausragende Bedeutung der Montage mit ihrem großen Modernisierungspotential in der industriellen Produktion ist unbestritten. Die Lösung der mit der flexiblen Montageautomatisierung verbundenen Probleme ist die technologische Herausforderung für die europäische Fertigungstechnik der 90er Jahre. Chancen und Möglichkeiten für europäische Kooperationen auf diesem Gebiet sind vorhanden; sie sollten verstärkt genutzt werden.

FAMOS-Kontaktstellen

Bundesrepublik Deutschland

Dr.-Ing. D. Stams
Kernforschungszentrum Karlsruhe GmbH
Postfach 3640
7500 Karlsruhe 1

Tel.: (07 247) 82 52 80
Telex: 17 724 716

Frankreich

Mr G. Giralt
Directeur de Recherche au CNRS
7, Avenue du Colonel Roche
31077 Toulouse Cedex

Tel.: 61.33.63.48
Telex: 520 930 F
Telefax: 61.55.35.77

Großbritannien

Mr J. Gillis
Department of Trade and Industry
Ashdown House
123 Victoria Street
London SW 1E 6 RB

Tel.: 01 212 0654
Telex: 88 13 148

Italien

Mr S. Bevilacqua
ENEA/TIB/ATESP
C.R.E. CASACCIA
Via Anguillarese 301
00060 Roma

Tel.: 6-304 842 26
Telex: 613 296 ENEACA I.
Telefax: 6-304 847 29

Österreich

Mr G. Meyer
Österreichisches Forschungszentrum Seibersdorf GmbH
A-2444 Seibersdorf

Tel.: 022 54-80 Ext. 2200, 2201
Telex: 014-353 fzs
Teletex: 61-322 2545 - FZS

S c h w e d e n

Mr L. Stahl
STU, Swedish National Board
for Technical Development
Box 43 200
100 72 Stockholm

Tel.: 46 8 775 43 57
Telex: 10 840 swedstu s
Telefax: 19 68 26

S p a n i e n

Mr J.L. Fernandez de Arroyabe
IKERLAN, P.O. Box 146
20500 Mondragon

Tel.: 34.43.794 811
Telex: 388 62 IKE

Flexible Montagesysteme und Prüfzellen als Bausteine in der rechnerunterstützten Fabrik

U. Schmidt-Streier

1 Der Wandel in der Weltwirtschaft und in der Produktionstechnik

In den letzten Jahren haben sich die Marktbedingungen wesentlich geändert. Der wachsende Wettbewerbsdruck und die nachlassende Käufernachfrage hat zu einem Wechsel vom Anbieter- zum Käufermarkt geführt. Der Kunde ist König. Er findet fast immer einen Anbieter, der ihm ein Produkt entsprechend seinen Wünschen liefert. Als Folge dieser Entwicklung sind kleiner werdende Losgrößen bei steigender Produktvielfalt höheren Qualitätsansprüchen und kürzeren Produkteinführungsphasen zu verzeichnen.

Diese Randbedingungen können mit herkömmlichen Fertigungslinien mit hoher Arbeitsteilung nicht mehr erfüllt werden. Hier muß ein Umdenken in Richtung überschaubarer, möglichst autarker Fertigungszellen mit hohen Arbeitsinhalten einsetzen. Der Taylorsche Grundsatz der möglichst weitgehenden Arbeitsteilung ist für kundenorientierte Fertigungen nicht mehr anwendbar. Zudem ist er auch im Hinblick auf die geänderten Ansprüche der Arbeitnehmer an Arbeitsplatzgegebenheiten, Arbeitsumfänge und Inhalte nicht mehr zeitgemäß.

Die Bildung überschaubarer, weitgehend selbständiger Einheiten erleichtert darüber hinaus wesentlich den Weg zu der rechnerintegrierten Fabrik. So ermöglichen Fertigungen, die in Zellenstrukturen organisiert sind, eine deutliche Reduzierung der logistischen Schnittstellen und bieten die Möglichkeit, Teilaufgaben der Fertigungsplanung, Fertigungssteuerung sowie Prozeßkontrolle an die Mitarbeiter der Zelle zu delegieren. Es werden so kurze Regelschleifen geschaffen, die einen aktuellen Überblick über den Fertigungsistzustand (Menge, Qualität, Termintreue) bieten und aufgrund dieser Daten und der Entscheidungskompetenz vorort ein schnelles Reagieren auf Veränderungen ermöglichen.

Das Funktionieren entsprechender Zellenstrukturen ist jedoch an drei wesentliche Voraussetzungen geknüpft:

- Das Qualifikationsniveau der Mitarbeiter muß den gehobenen Ansprüchen angepaßt sein.

- Die Schnittstellen zu dem übergeordneten EDV-System müssen klar definiert sein.

- Die Systemgrenzen müssen mit wesentlichen Fertigungsabschnitten übereinstimmen.

2 Lösungen für die integrierte Fertigung sowohl zentral als auch dezentral erarbeiten.

Das konsequente Denken in Zellenstrukturen bietet die Möglichkeit, komplexe Problemstellungen in kleine überschaubare Einheiten zu unterteilen und schrittweise einer Lösung zuzuführen. Hierdurch kann das wirtschaftliche Risiko reduziert werden und der Engineeringaufwand den vorhandenen Ressourcen angepaßt werden. Diese Vorgehensweise birgt jedoch die Gefahr, daß die Zellen nur noch isoliert betrachtet werden und die Verknüpfung zu einem Gesamtsystem vernachlässigt wird. Deshalb muß im Interesse der Erzielung eines Gesamtoptimums gelten:

- Zunächst zentral den übergreifenden Informations- und Materialfluß definieren, dann dezentral geeignete Lösungen für die Fertigungszellen erarbeiten.

Um eine hohe Ausfallsicherheit des Gesamtsystems zu erreichen und die Transaktionen zwischen den einzelnen Teilsystemen auf ein Minimum zu reduzieren, sollte der Informationsfluß mehrstufig, hierarchisch organisiert sein. Die Anzahl der einzurichtenden Stufen ist dabei in Abhängigkeit von der Firmengröße, Fertigungstiefe, des aufkommenden Datenvolumens sowie der vorhandenen Organisationsstruktur zu wählen. In Bild1 ist ein Beispiel für den Aufbau der Rechnerstruktur in einer computerintegrierten Fertigung dargestellt.

Der Weg zur rechnerintegrierten Fabrik ist lang. Er kann nur in einem überschaubaren Zeitrahmen bewältigt werden (hier sprechen wir stets von Zeiträumen von mehreren Jahren), wenn parallel verschiedene Aufgaben bearbeitet werden. Sowohl der Lösungsweg "von oben nach unten" (Top down) als auch der entgegengesetzte Ansatz (Buttom up) sind zeitlich nicht vertretbar. Es muß an beiden "Fronten" gleichzeitig gearbeitet werden. Es sind parallel zueinander der übergeordnete integrierte Informationsfluß auf den oberen Ebenen zu realisieren und an der Basis Fertigungsstrukturen und -zellen entsprechend den oben diskutierten Anforderungen zu schaffen.

Die Teilaufgaben, die bei der Realisierung des übergeordneten Informationsflusses zu bewältigen sind, sind bereits häufig in Vorträgen und Veröffentlichungen vorgestellt worden. In Bild 2 sind sie nochmals zusammengefaßt dargestellt. Jeder Anbieter von CIM-Lösungen und jeder Lehrstuhl, der sich diesem Arbeitsgebiet widmet, hat eigene Darstellungsformen zur Verdeutlichung des Integrationsgedankens gewählt. In der Grundaussage sind jedoch alle gleich:

Computer integrated manufacturing (CIM)

bezeichnet die integrierte Informationsverarbeitung der vornehmlich betriebswirtschaftlichen Aufgaben wie

- Produktionsprogrammplanung und
- Produktionsplanung und -steuerung

und der mehr technischen Aufgaben wie

- Entwicklung
- Konstruktion
- Qualitätssicherung
- Fertigungsplanung und
- Fertigung

Die nachfolgenden Darlegungen konzentrieren sich auf die "unterste" CIM-Stufe:

die Ausführungsebene (Bild 3).

Es werden beispielhaft einzelne Prüf- und Montagezellen vorgestellt, die für die Integration in ein CIM-Gesamtsystem ausgelegt wurden.

3 Programmierzelle für EPROM's

3.1 Ausgangssituation

Eine Vielzahl von elektronischen Modulen, die in Produkte unseres Hauses einfließen, werden mit anwendungs- bzw. kundenspezifischen Programmspeichern ausgerüstet. Hierzu werden entsprechend den Stückzahl- und Flexibilitätsanforderungen PROMs oder wieder löschbare EPROMs eingesetzt.

Während für die Programmierung und Prüfung von PROMs Einzweckautomaten mit integrierten Handlingseinrichtungen auf dem Markt angeboten werden, fehlen entsprechende Einrichtungen für den Bereich der EPROMs. Hier ist es Stand der Technik, daß Bedienpersonen die zu programmierenden EPROMs in Programmiergeräte einlegen. So stellte sich die Situation auch in unserem Hause dar.

Sechs Mitarbeiter waren durchschnittlich damit beschäftigt, unseren Bedarf an EPROMs (ca. 850.000 Stück/Jahr) zu erstellen. Hierbei beschränkte sich die Tätigkeit nicht nur auf die Bedienung der Programmiergeräte, sondern es kamen noch folgende Aufgaben hinzu:

- Archivierung der als Programmiervorlage dienenden Master-PROMs
- Auftragsbezogene Bereitstellung der Master-PROMs
- Aussortieren fehlerhafter EPROMs
- Typspezifisches Etikettieren und Verpacken der erstellten EPROMs

Die angeführten Aufgaben waren auf die einzelnen Mitarbeiter verteilt. Aus diesem Grunde war es verständlich, daß es öfters zu Unstimmigkeiten zwischen dem geschossenen EPROM-Inhalt, dem gewünschen Release-Stand und der entsprechenden Etikettierung kam. Diese Ausgangslage bewog uns, für diesen Fertigungs- und Prüfschritt eine integrierte Lösung zu erarbeiten, bei der neben den Handhabungstätigkeiten auch die Programmarchivierung und Auftragverwaltung vollautomatisch ablaufen.

3.2 Eingesetzte Systemkomponenten

Nach einer detaillierten Analyse des gesamten Teilespektrums und Überprüfung der vorhandenen Anlagenkomponenten auf eine mögliche Weiterverwendung wurde eine Lösung ausgearbeitet, die etwa 85% des gegebenen Teilespektrums abdeckt. Ihre wesentlichen Systemkomponenten sind:

- 3 EPROM-Programmiergeräte mit je 20 Aufnahmesockeln (wurden aus dem Istzustand übernommen)
- 3 Rundtaktmagazine mit Vereinzelungsvorrichtungen für Rohware
- 1 Fertigteilmagazin mit Übergabe- und Vereinzelungseinheit
- 1 Industrieroboter mit Fünffachgreifer
- 1 Etikettierstation
- 1 Archivrechner
- 1 Leitrechner

In Bild 4 ist das Gesamtlayout der Fertigungszelle dargestellt. Die Bilder 5 und 6 zeigen eine Teilansicht der realisierten Lösung sowie den eingesetzten Fünffachgreifer im Detail.

3.3 Funktionsablauf im automatisierten Zustand

Die in die EPROM-Bausteine zu ladenden Programme werden mit Kommentaren aus der Entwicklungsabteilung in das Archiv des Fertigungsrechners übertragen. Das Bedienpersonal führt die Feinplanung der Auftragsreihenfolge für die vom PPS-System vorgegebenen Aufträge durch. Im Archivrechner werden die eingeplanten Aufträge auf Freigabe überprüft und dem Bediener alternative EPROM-Typen zur Programmierung vorgegeben. Entsprechend diesen Vorgaben befüllt der Bediener die Rohteilmagazine und spezifiziert am Leitrechner die pro Typ verwendeten Magazinstangen. Diese Vorgänge können parallel zur Bearbeitung anderer Aufträge erfolgen. Kommt der Auftrag zur Ausführung, so wird das entsprechende Programm mit speziellen Bearbeitungsparametern vom Archivrechner in den Speicher des Programmiergerätes geladen. Ebenfalls werden die speziellen Etikettentexte an das Etikettiergerät übertragen.

Im Rohteilmagazin werden jeweils 5 EPROMs vereinzelt. Diese übernimmt der Industrieroboter mit seinem Fünffachgreifer und legt sie in die zuvor freigemachten Sockel eines Programmiergerätes ab.

Dieser Vorgang wird bis zu viermal wiederholt, da jedes Programmiergerät bis zu 20 EPROMs aufnehmen kann. Anschließend schließt der Industrieroboter die Programmiersockel. Nun beginnt der eigentliche Programmiervorgang. Während dieses Vorganges überprüft das Programmiergerät die Bausteine auf Fehler.

Nach Abschluß des Programmiervorganges teilt das Programmiergerät dem Leitrechner Anzahl und Ort der fehlerhaften Bauteile mit. Der Industrieroboter, der zwischenzeitlich die Be- und Entladung der anderen beiden Programmiergeräte durchgeführt hat, öffnet nach Abschluß des Programmiervorganges die Sockel, entnimmt die EPROMs und legt sie in die Ablage des Fertigteilmagazins. Dort werden die defekten Teile automatisch aussortiert, die Gutteile mit dem typenspezifischen Etiketten versehen und in den entsprechenden Magazinschacht abgelegt.

Im Leitrechner liegt stets der aktuelle Stand der Auftragsbearbeitung vor. Weiterhin kann ständig Auskunft über die aktuelle Fehlerrate und ihre Verteilung auf die einzelnen Typen gegeben werden.

Das Gesamtsystem wurde in unserem Unternehmen eigenständig konzipiert und realisiert. Die Gesamtkosten belaufen sich auf ca. 1,2 Mio DM. Die Wirtschaftlichkeit dieser Automatisierung begründet sich im wesentlichen nicht auf die Einsparung von Lohnkosten, sondern mehr auf die Verbesserung der Qualität und die Verkürzung der Durchlaufzeiten.

4 Prüfzelle für bestückte Leiterplatten

4.1 Ausgangssituation

Am Ende der Leiterplattenmontage werden die Leiterplatten zu 100% einem Incircuit-Funktionstest unterzogen. Bei diesem Test werden einerseits die Leiterbahnen auf Kurzschlüsse und Unterbrechungen getestet, andererseits wird überprüft, ob die Leiterplatten richtig bestückt sind und die eingesetzten Bauteile fehlerfrei sind. Als Testmittel werden spezielle Automaten eingesetzt, die über einen Nadelbettadapter die Leiterplatten an allen relevanten Prüfpunkten kontaktieren.

Die Bedienung dieser Prüfautomaten geschah bislang manuell. Hierbei beschränkte sich der Bediener nicht nur auf das Be- und Entladen der Prüfautomaten, sondern er versuchte auch beim Auftreten von Fehlern diese weiter zu lokalisieren bzw. direkt zu beheben. Nicht sofort behebbare Fehler wurden über ein Fehlerprotokoll den speziell eingerichteten Reparaturplätzen mitgeteilt.

Diese Arbeitsweise führte zu einer relativ schlechten Nutzung des teuren Testmittels. Aus diesem Grunde wurde eine automatisierte Lösung angestrebt, bei der das manuelle Handling der Leiterplatten entfiel und die Weiterleitung von Fehlermeldungen an die Reparaturplätze und den übergeordneten Prüffeldleitrechner automatisch geschieht.

Weiterhin sollte diese Zelle weitgehend unabhängig von den vor- und nachgelagerten Arbeitsplätzen betrieben werden können, um ein möglichst hohen Nutzungsgrad sicherzustellen. Hierzu waren umfangreiche Materialpuffer in der Zelle vorzusehen.

4.2 Eingesetzte Systemkomponenten

Nach Analyse des Leiterplattenspektrums wurde eine Prüfzelle konzipiert, die die Bearbeitung der 3 am häufigsten anzutreffenden Leiterplattenformate ermöglicht. Ihre wesentlichen Komponenten sind:

- 1 Prüfmaschine (Incircuit-Funktionstester)
- 1 Industrieroboter
- 1 Doppelgreifer mit programmierbarer Backenpositionierung und automatischem Kollisionsschutz
- 1 Strichcode-Lesestation
- 3 Magazintürme mit Zentrierstation
- 1 Leitrechner zur Koordination des Systems

Das Gesamtlayout der Prüfzelle zeigt Bild 7.
In den Bildern 8 und 9 sind eine Gesamtansicht des Systems sowie eine Detailansicht (Doppelgreifer und ICFT-Adapter) dargestellt.

4.3 Funktionsablauf im automatisierten Zustand

Im normalen Betrieb werden während der Tagesschicht in einem der 3 Magazintürme bis zu 6 mal 20 Leiterplattenkasetten mit den zu prüfenden Leiterplatten befüllt. Eine Leiterplattenkassette kann entweder eine Leiterplatte des Normalformates (etwa DIN A4-Format) aufnehmen oder 2 bzw. 4 der kleineren Formate. Die beiden anderen Magazintürme sind mit Leerkassetten versehen, die während des Prüfvorganges entweder mit geprüften guten oder defekten Leiterplatten gefüllt werden.

Am Terminal des Leitrechners trägt der Bediener ein, welche Leiterplattentypen sich in den einzelnen Magazinschächten befinden. Das entsprechende Testprogramm wird in den Prüfautomaten geladen und die Richtigkeit des eingebauten Testadapters intern überprüft. Der Industrieroboter nimmt aus dem Rohteilmagazin die oberste Kassette und legt sie in die entsprechende Zentrierstation ein. Hierzu greift der Industrieroboter mit seinem freiprogrammierbaren Zweibackengreifer in zwei Aussparungen an der Innenseite der Kassettenseitenwände. Anschließend wird der Zweibackengreifer weiter zusammengefahren und es wird nun die in der Kassette über Stifte fixierte Leiterplatte an ihren Außenkonturen gegriffen.

Der Prüfling wird dann aus der Kassette entnommen und unter einen Strichcodeleser (Laser-Scanner) geschwenkt. Sämtliche Prüflinge sind mit einem Barcode-Etikett versehen, welches u. a. die Typ- und Seriennummer enthält. Nach erfolgter Lesung des Barcodeschildes prüft der Leitrechner, ob der im Robotergreifer befindliche Leiterplattentyp mit dem geladenen Prüfprogramm übereinstimmt. Bei positivem Prüfergebnis schwenkt der Industrieroboter weiter zu dem Prüfadapter, entnimmt dort zunächst mit einer Hälfte seines Doppelgreifers eine bereits geprüfte Leiterplatte, dreht dann den Doppelgreifer um 180° und legt die zu prüfende Leiterplatte auf den Prüfadapter. Anschließend werden die Greiferbacken weiter zusammengefahren und durch sie die Außenkonturen der Leiterplatte gegen die Gummidichtlippen des Vakuumprüfadapters gedrückt. Sobald das Vakuum aufgebaut ist, schwenkt der Industrieroboter entsprechend dem Prüfergebnis zu dem Gut- oder Schlechteilemagazin. Dort legt er den Prüfling in eine bereits vorher bereitgestellte Kassette ab.

Der Bediener der Anlage kann während des Betriebes die Magazintürme befüllen und entleeren. Die Anlage ist lediglich für einen Tausch des Prüfadapters stillzusetzen. Ein anfangs angedachter automatischer Adapterwechsel wurde aus Kostengründen fallengelassen.

Nach dem Prüfvorgang übergibt der Prüfautomat einen Prüfdatensatz für jede zuvor identifizierte Leiterplatte an den Prüffeldrechner. An diesem sind auch die nachgeschalteten Reparaturplätze angeschlossen. Die Mitarbeiter an diesen Plätzen lesen mittels eines Lichtgriffels das Barcode-Etikett auf der zu reparierenden Leiterplatte und bekommen dann auf einem Display die vom Prüfautomaten registrierten Fehler aufgelistet.

Durch die ständige Erfassung von Anzahl und Typ der geprüften Leiterplatten und der festgestellten Fehler haben die Fertigung und das Qualitätswesen stets einen Überblick über den Stand der Auftragsbearbeitung und der aktuellen Fertigungsqualität.

Für den bedienerlosen Betrieb nach Feierabend wurde noch eine andere Betriebsart realisiert. In diesem Fall werden zwei Magazintürme mit zu prüfenden Leiterplatten befüllt. Die als gut geprüften Leiterplatten werden in die Kassetten zurückgelegt, aus denen sie vom Industrieroboter entnommen wurden. Die fehlerhaften Prüflinge werden weiterhin in das gesonderte Schlechteilemagazin abgelegt. Auf diese Art ist ein 4 bis 5-stündiger Betrieb über den Feierabend hinaus bei Leiterplatten des Normalformates möglich. Bei kleineren Formaten kann sogar mehr als 8 Stunden bedienerlos gearbeitet werden.

Die beschriebene Prüfzelle hat Investitionskosten von ca. 500.000 DM erfordert. Die Wirtschaftlichkeit dieser Zelle ergibt sich außer durch die Einsparung von Lohnkosten durch die wesentlich bessere Nutzung des Prüfautomaten und die schnellere Auftragsabwicklung.

5 Integrierte Montage- und Prüflinie für Tastaturen

5.1 Ausgangssituation

Unser Unternehmen produziert jährlich ca. 150.000 Tastaturen. Die Tastaturen verteilen sich im wesentlichen auf drei unterschiedliche Typenreihen, wobei jede Typenreihe wieder eine größere Anzahl von Varianten umfaßt. Ca. 90% der Tastaturen werden in unserem Werk in Singapur gefertigt und montiert.

Im Rahmen des Neubaus unseres Produktionsgebäudes in Singapur sollte die Tastaturfertigung und -montage neu gestaltet werden, mit der Zielrichtung einer weiteren Rationalisierung der Abläufe und Stabilisierung der Fertigungsqualität.

5.2 Systemkomponenten

Mit Ausnahme der Herstellung von Kunststoffspritzgießteilen wurden sämtliche Fertigungs-, Montage- und Prüfschritte im Rahmen der Tastaturherstellung örtlich zusammengefaßt. Auf diese Weise ist der ständige Informationsaustausch zwischen allen am Herstellungsprozeß beteiligten Stellen sichergestellt.

Die Herstellung der Tastaturen wurde in die folgenden fünf Fertigungsbereiche aufgeteilt:

- Kunststoffspritzerei
- Leiterplattenbestückung und -prüfung
- Automatisierte Montage von Vielfachverwendungsteilen (z.B.: Tastengehäuse, Ringkerne ...)
- Baugruppenmontage und Endmontage mit Funktionsprüfung

Für die Tastaturendmontage wurde ein Doppelgurtbandsystem in Karreebauweise gewählt. An dem Doppelgurtbandsystem sind 18 manuelle, ergonomisch gestaltete Montage- und Prüfarbeitsplätze sowie drei Automatikstationen angeordnet. Das gesamte Montagesystem einschließlich der Automatikstationen und Werkstückträger wurde so ausgelegt, daß die drei stückzahlstärksten Tastaturtypen mit ihren verschiedenen Varianten darauf gefertigt werden können. In direkter Nachbarschaft zu der Endmontagelinie sind die Baugruppenvormontageplätze angeordnet. Die Mitarbeiter in der Vormontage legen die fertigen Baugruppen in Magazine ab und geben diese direkt an die Linie. Das Gesamtlayout der Montagelinie ist in Bild 10 dargestellt.

Zur Systemsteuerung wird ein zweistufiges Rechnersystem eingesetzt. Während auf der unteren Ebene die eigentliche Ablaufsteuerung über speicherprogrammierbare Steuerungen erfolgt, dient der darüber angeordnete Leitrechner zur Werkstückträgerverfolgung, zur typenspezifischen Programmzuweisung an die Automatikstationen sowie zur Auftragsverfolgung und Fehlerstatistik.

Die Automatikstationen bestehen in einem freiprogrammierbaren Handhabungsgerät zur Tastaturprüfung sowie zwei Industrieroboterzellen zur Tastenknopfbestückung.

Während zur Tastenknopfbestückung zwei Standard-Horizontal-Knickarmroboter eingesetzt werden, stellt der Tastaturprüfautomat eine Sonderkonstruktion dar. Seine wesentlichen Komponenten sind:

- 2 NC-Linearachsen
- 1 Kopf mit 3 Miniaturzylindern zur Betätigung der Tastenstößel und des EIN/AUS-Schalters sowie einem Photoelement zur Funktionsprüfung der LED's
- 1 automatische Steckeradaptionseinheit
- 1 Kollisionsschutzeinrichtung
- 1 Prüfrechner (8870)

<u>Bild 11</u> zeigt die Gesamtansicht des Tastaturprüfautomaten.

5.3 Funktionsablauf an der teilautomatisierten Montagelinie

An dem ersten Montagearbeitsplatz komplettiert der Mitarbeiter entsprechend der vom Produktionsplanungssystem vorgegebenen Auftragsreihenfolge die typenspezifische Basis-Baugruppe (Trägerplatte für Tastengehäuse) und legt diese in den Werkstückträger. Gleichzeitig gibt er am Terminal des Leitrechners den entsprechenden Tastaturtyp ein.

Jeder Werkstückträger ist mit einem ladbaren Identifikationssystem ausgerüstet. In dieses wird induktiv die am Terminal eingegebene Typenspezifikation übertragen.

Die Basisbaugruppe bestimmt eindeutig den nachfolgenden Montagevorgang. Aus diesem Grunde müssen den anderen Montagemitarbeitern keine typenspezifischen Informationen übermittelt werden. Die Automatikstationen benötigen jedoch diese Informationen. Hier werden über Lesestationen die entsprechenden Daten auf dem Identifikationssystem ausgelesen.

An den manuellen Arbeitsplätzen wird die Tastatur mit Ausnahme der Tastenknopfbestückung komplett montiert. Die Tastatur wird dann in den Tastaturprüfautomaten eingefahren. Nach automatischer Steckeradaption beginnt der typspezifische Test. Zunächst wird die Tastatur automatisch eingeschaltet. Dann werden mittels zweier Miniaturzylinder nacheinander sämtliche Tastenknöpfe betätigt und der jeweils erzeugte Code auf Richtigkeit geprüft. Anschließend werden über das gleichfalls verfahrbare Photoelement sämtliche in der Tastatur eingebaute LED's auf ausreichende Lichtstärke geprüft.

Bei positivem Prüfergebnis gelangt die Tastatur anschließend zu den Roboterzellen, wo sie automatisch mit sämtlichen Standardknöpfen bestückt wird. Abschließend werden noch Sondertastenknöpfe manuell bestückt. Die fertig montierte Tastatur wird dann aus dem Werkstückträger entnommen und auf ein einfaches Gurtband, welches die Tastatur weiter zur Endkontrolle und Verpackung transportiert, gelegt.

Bei negativem Ausgang der Prüfung durchläuft die Tastatur eine Reparaturschleife. In dieser ist ein Platz für die Reparatur elektronischer Fehler und ein Platz für die Behebung mechanischer Fehler angeordnet. Als Reparaturhinweis bekommt das Personal die vom Prüfautomaten registrierten Fehler auf einem Display angezeigt. Nach erfolgter Reparatur wird die Tastatur wiederum zum Prüfautomaten transportiert.

Sämtliche Fehlermeldungen des Prüfautomaten werden im Leitrechner gespeichert und statistisch ausgewertet. Daneben registriert der Leitrechner sämtliche Anlagenstörungen. Auf diese Weise wird den Fertigungsverantwortlichen stets eine aktueller Überblick über den Stand der Auftragsbearbeitung, Fertigungsqualität und Zuverlässigkeit der eingesetzten Produktionsmittel gegeben.

6 Ausblick

CIM ist kein fertiges EDV-Paket, welches am Markt gekauft werden kann. CIM ist ein strategisches Unternehmensziel, welches nur in einem evolutionären Prozeß über mehrere Jahre erreicht werden kann. Wesentliche Voraussetzung für den Erfolg ist eine enge Partnerschaft zwischen Anwenderfirma, EDV-Hersteller und Maschinen- bzw. Anlagenlieferanten. Der potentielle CIM-Anwender muß sich dabei bewußt sein, daß er auch selber erhebliche Planungskapazitäten bereitstellen muß, um die für seine Belange maßgeschneiderte Lösung zu bekommen.

Die Realisierung von CIM ist mit dem Überdenken gegebener Abläufe und Strukturen untrennbar verbunden. Schon aus diesem Grunde darf auf Anwenderseite diese Aufgabe nicht einer einzelnen Abteilung überlassen werden. Hier muß zumindest für die Konzepterarbeitung ein Team aus Fachleuten aller relevanten Unternehmensbereiche gebildet werden. Das Top-Management ist in diese Konzeption ständig miteinzubeziehen.

Als Ergebnis der Konzeptionsphase ist ein Generalplan zu erstellen, der schrittweise ausgeführt werden kann. Hierzu können verschiedene Schritte auf unterschiedlichen Ebenen der Informationsverarbeitung durchaus parallel angegangen werden.

So können auf den oberen Ebenen betriebswirtschaftliche oder technische EDV-Pakete eingeführt bzw. angepaßt werden und gleichzeitig an der Basis die Voraussetzung für eine quasi on-line-Prozeßsteuerung und -überwachung geschaffen werden. Bei der Einführung neuer Fertigungszellen oder -linien sind entsprechende Maßnahmen direkt vorzunehmen.

Die CIM-Fabrik darf nicht zu einer Entmündigung der Mitarbeiter führen. Vielmehr muß sie die Entscheidungskompetenz vorort stärken. Hierzu müssen dem Mitarbeiter über das integrierte Informationssystem permanent alle entscheidungsrelevanten Daten angeboten werden.

CIM hat Auswirkungen auf die Arbeitsbedingungen aller direkt oder indirekt im Produktionsprozeß tätigen Mitarbeiter. Hier sind sowohl der Manager, als auch der Planer oder der Maschinenbediener betroffen. Die erfolgreiche CIM-Einführung wird daher auch wesentlich davon abhängen, inwieweit es dem potentiellen Anwenderbetrieb gelingt, seine Mitarbeiter auf die neuen Aufgaben und Strukturen vorzubereiten. CIM ist somit weit mehr als eine EDV-Aufgabe.

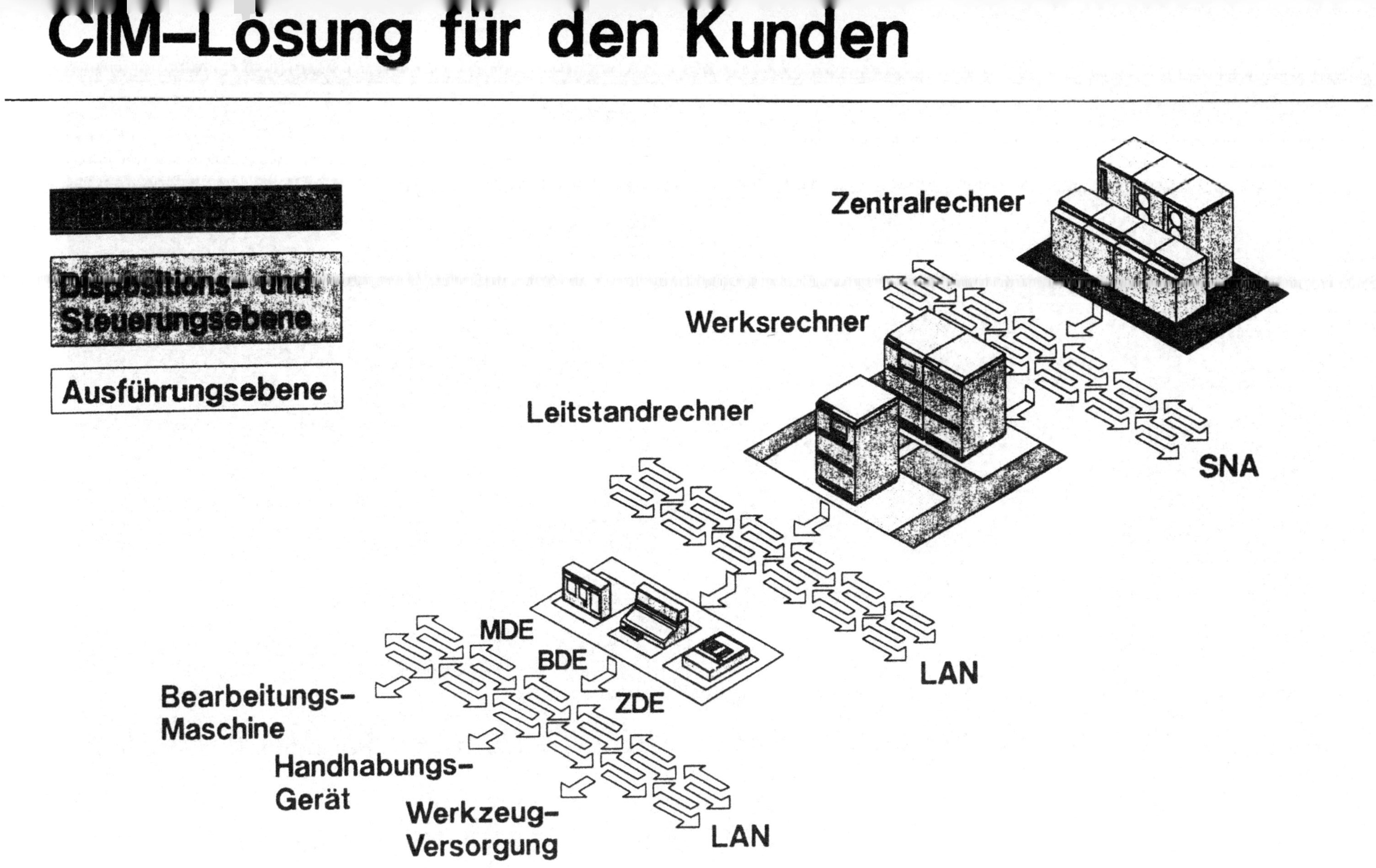

Bild 1 Rechnerstruktur in der computerintegrierten Fabrik

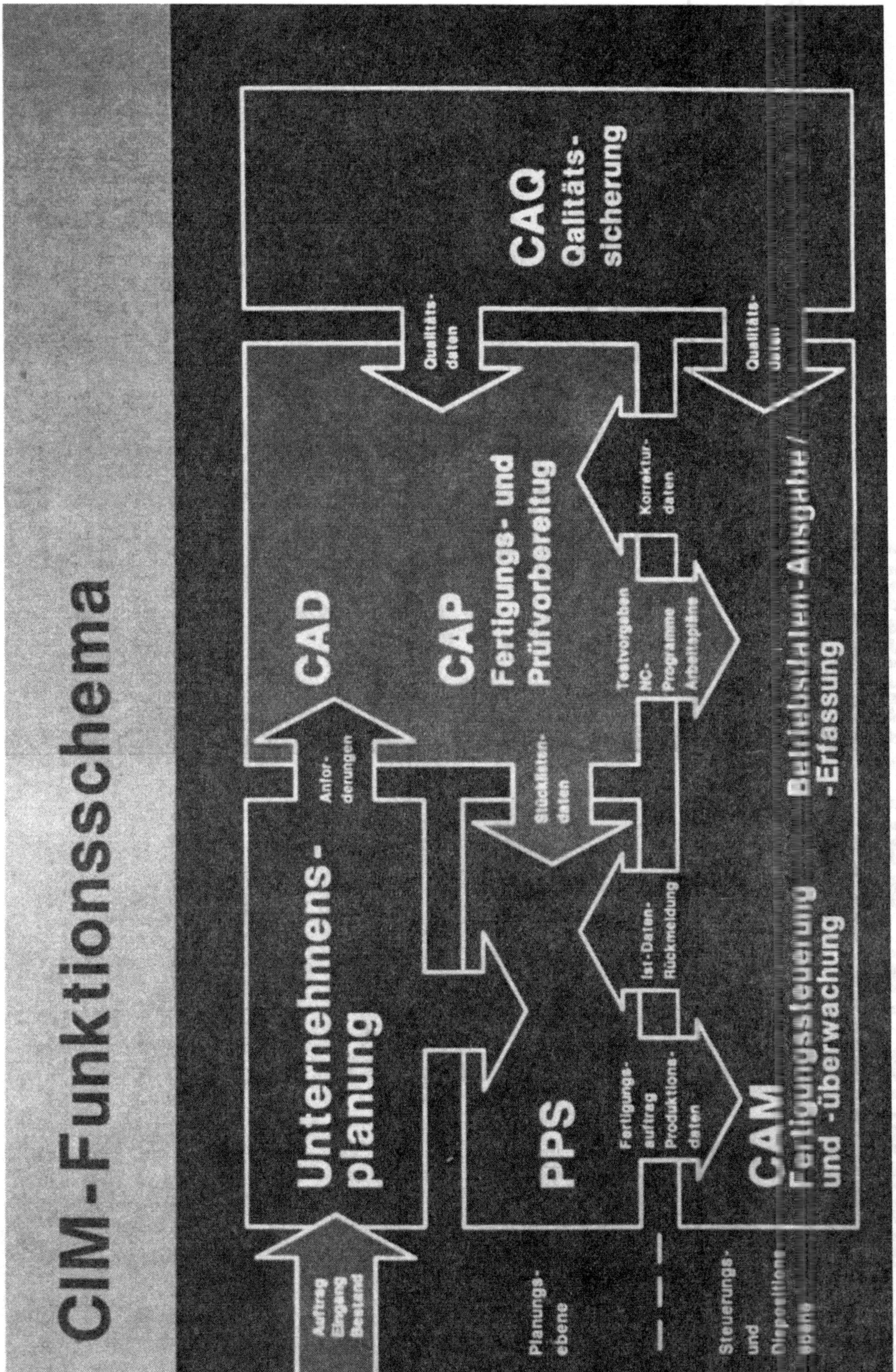
CIM-Funktionsschema
Auftrag
Eingang
Bestand
Unternehmens-
planung
Anfor-
derungen
CAD
CAP
Fertigungs- und
Prüfvorbereitug
Qualitäts-
daten
CAQ
Qalitäts-
sicherung
Planungs-
ebene
PPS
Stücklisten-
daten
Fertigungs-
auftrag
Produktions-
daten
Ist-Daten-
Rückmeldung
Testvorgaben
NC-
Programme
Arbeitspläne
Korrektur-
daten
Steuerungs-
und
CAM
Fertigungssteuerung
und -überwachung
-Erfassung
Qualitäts-

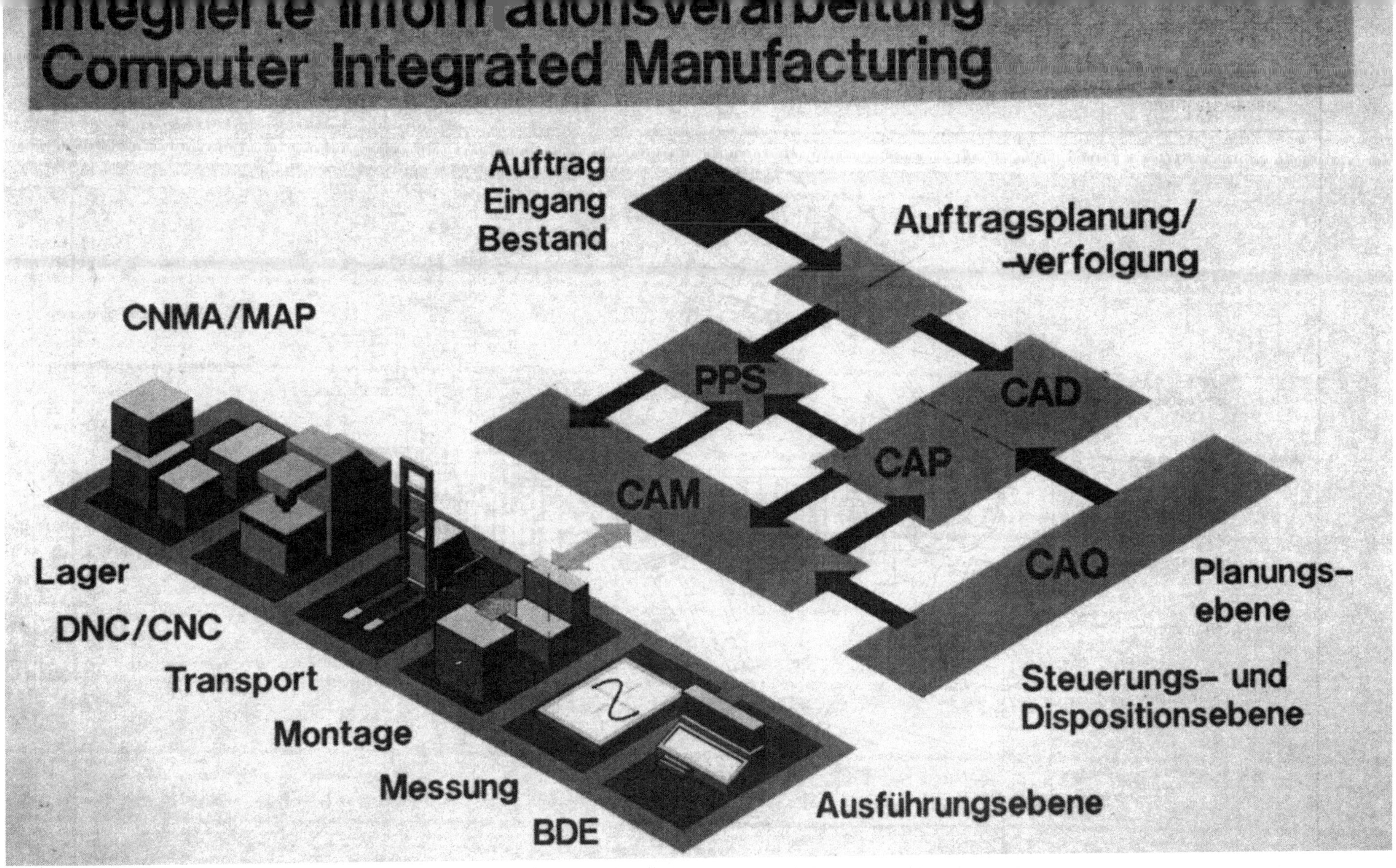

Bild 3 Teilsysteme in der computerintegrierten Fabrik

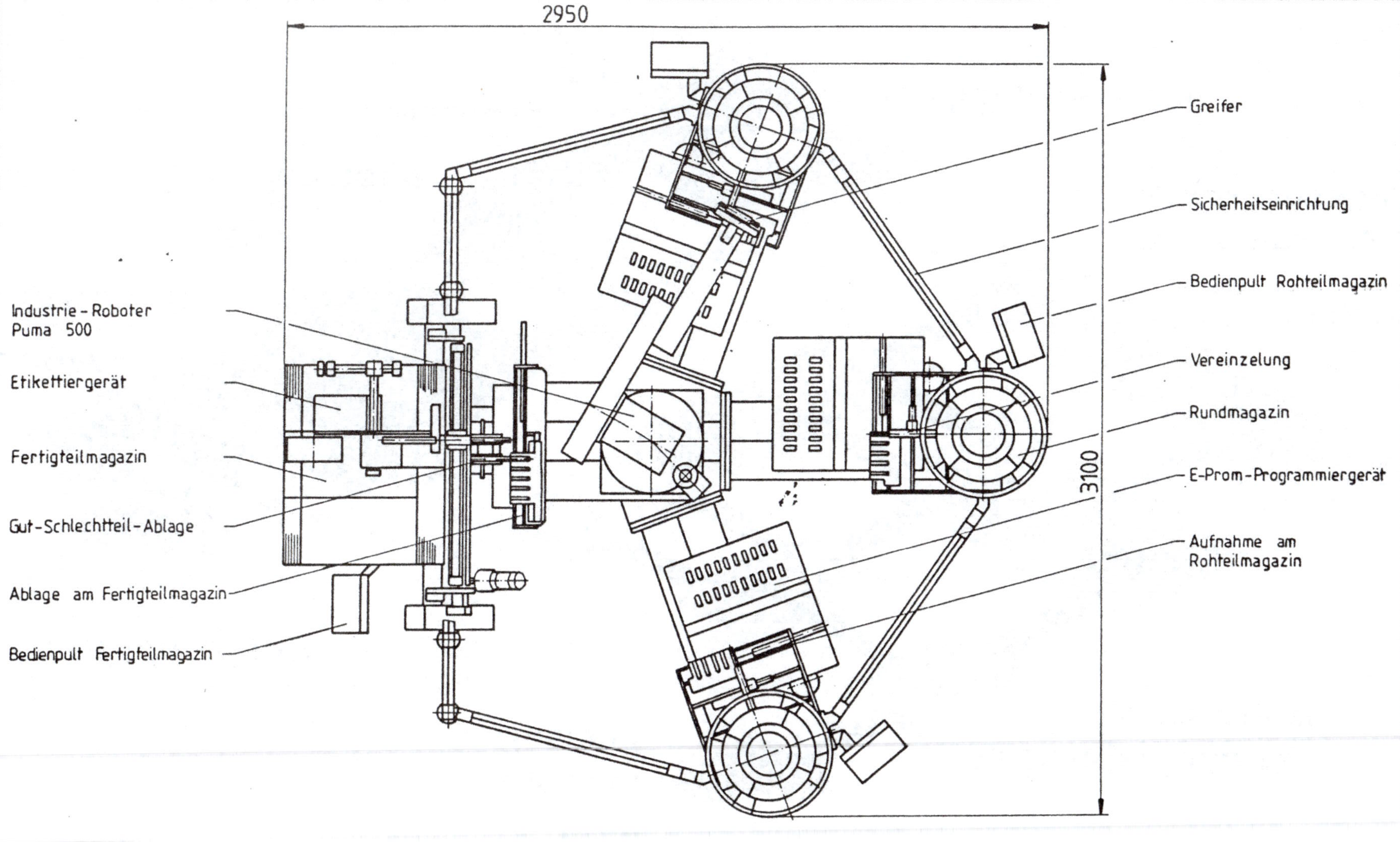

NIXDORF COMPUTER	Handlingsystem für E - Prom - Programmierung - Maschinengrundriß -	Qualitätswesen Automatisierung 01.87

Bild 5 Teilansicht der Fertigungszelle zur EPROM-Programmierung

BI 28

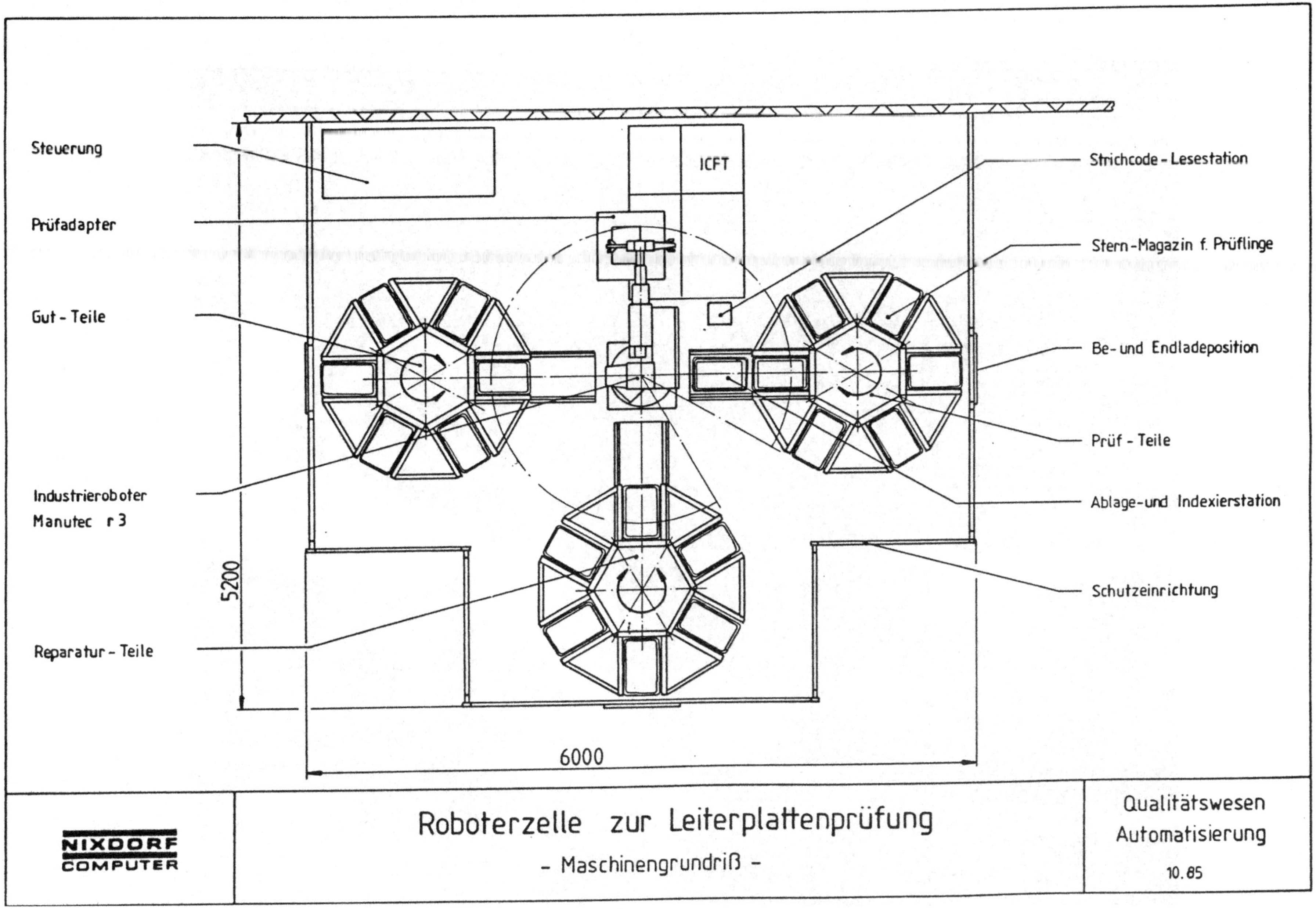

Bild 7 Layout der Prüfzelle für bestückte Leiterplatten

Bild 9 Teilansicht der Prüfzelle für bestückte Leiterplatten

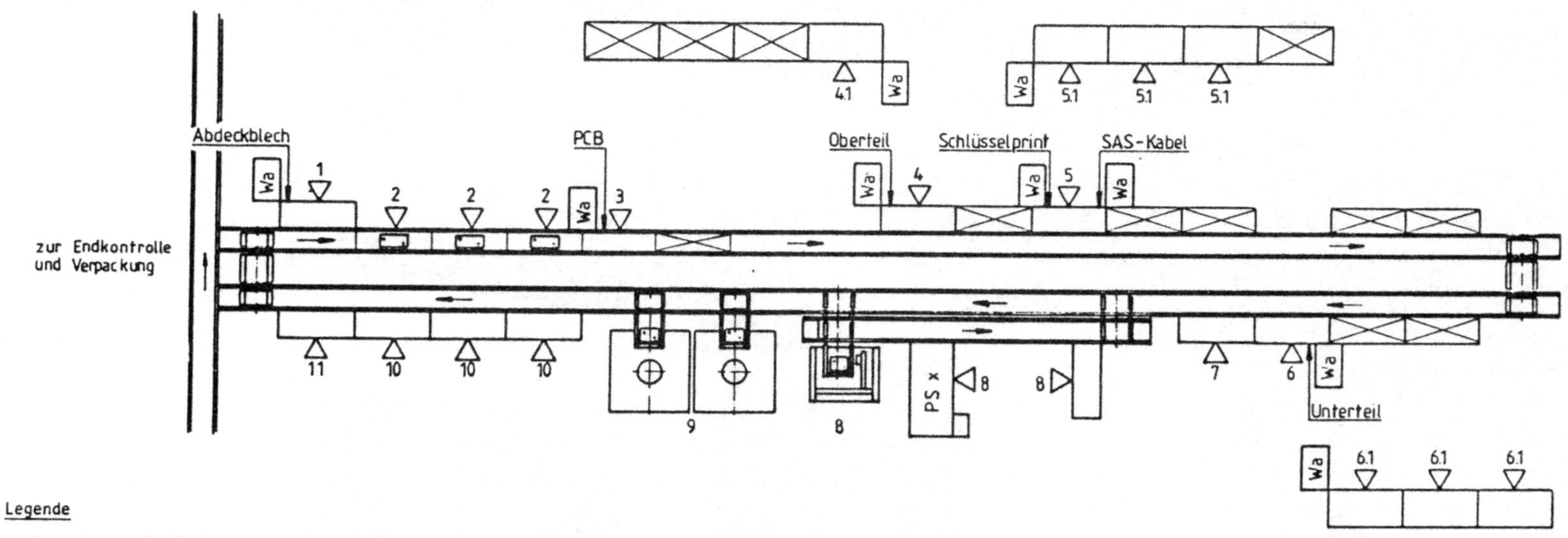

Legende

I. Arbeitsablauf der Tastatur-Montage Typ CT-xx

1: Montage Modulschild an Abdeckblech
Eingabe LFI-Nr.
2: Montage Abdeckblech
3: Montage Abdeckblech mit PCB ≙ "G1"
4: Montage "G1" mit Oberschale
5: Montage Schlüsselbank
Montage SAS-Kabel
6: Aufsetzen Unterteil mont.
7: Funktionstest Schlüsselbank
8: Funktionstest autom.
Reparatur
9: Tastaturbestückung mit Tastenknöpfen autom.
10: Tastaturbestückung mit Tastenknöpfen manuell
11: Endmontage

II. Arbeitsablauf der Tastatur-Vormontage Typ CT-xx

4.1: Vormontage Oberschale
5.1: Vormontage Schlüsselprint
6.1: Vormontage Unterschale

III. ☒ Erweiterung für Tastatur-Typ 669

COMPUTER

Montagelinie für Tastaturen

Qualitätswesen
Automatisierung
8 87

Bild 10 Layout der Tastaturmontagelini…

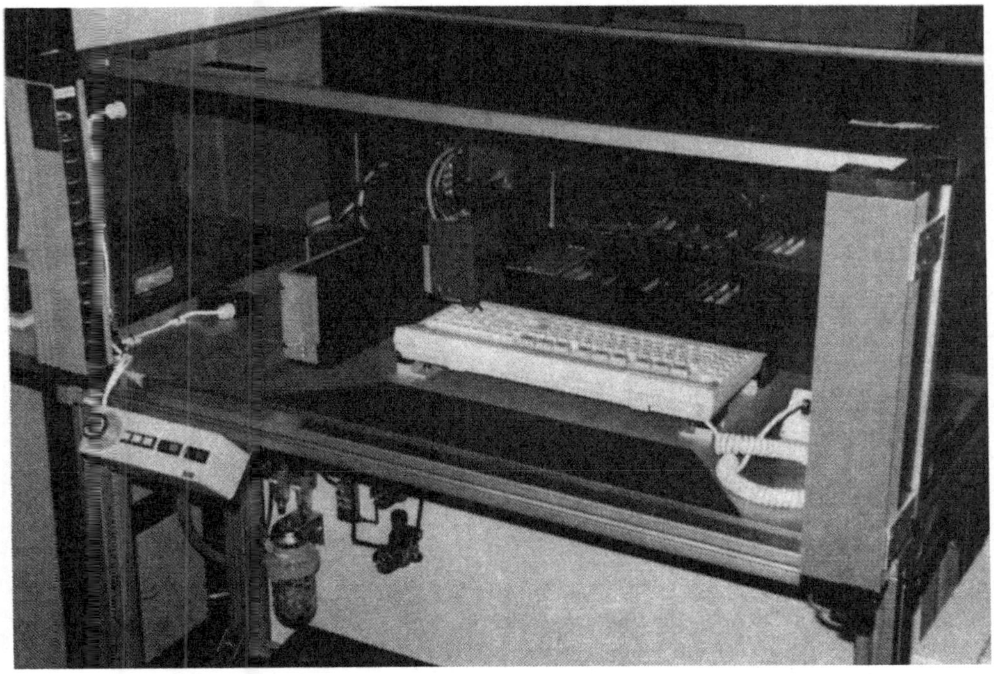

Bild 11 Tastaturprüfautomat

Die Automobilindustrie und ihre Zulieferer im CIM-Verbund

W. Jacobi

DIE AUTOMOBILINDUSTRIE UND IHRE ZULIEFERER IM CIM-VERBUND

1 Einführung

2 Umfeld der Automobilindustrie

2.1 Entwicklungstendenzen
2.2 Anforderungen an die Automobilindustrie
2.3 Zielsetzung eines CIM-Verbundes mit Zulieferern

3 Strategie zur CIM-Realisierung

3.1 Definition CIM
3.2 Ausgangspunkt für eine CIM-Realisierung
3.3 Entwicklungsschwerpunkte

4 CIM-Funktionskreise

4.1 CIM-Funktionskreis Produktentwicklung/Serienvorbereitung
4.2 CIM-Funktionskreis Produktionslogistik

5 Ausblick

IE AUTOMOBILINDUSTRIE UND IHRE ZULIEFERER IM CIM VERBUND

Einführung

n Beispiel der Pkw-Fertigung der Daimler-Benz AG sollen einige rundzüge der CIM-Entwicklung aufgezeigt werden. Diese gelten eitgehend auch für andere Automobilunternehmen, jedoch treten anche Vorteile eines CIM-Verbundes bei einem Hersteller echnologisch und qualitativ hochwertiger Fahrzeuge deutlicher zu age. Von Anfang an wurden unsere Steuerungs- und ogistikkonzepte darauf aufgebaut, daß wir nur Aufträge in die roduktion einplanen, die bereits mit einem Kundenauftrag belegt nd mit dem Kunden im Detail abgestimmt sind. Dies erfordert chon die große Palette an Sonderwünschen, Farben und usstattungsvarianten (Bild 1). Das hat zur Folge, daß bei nserer Produktion von ca. 600 000 Fahrzeugen pro Jahr so gut wie ein Fahrzeug mit dem anderen identisch ist.

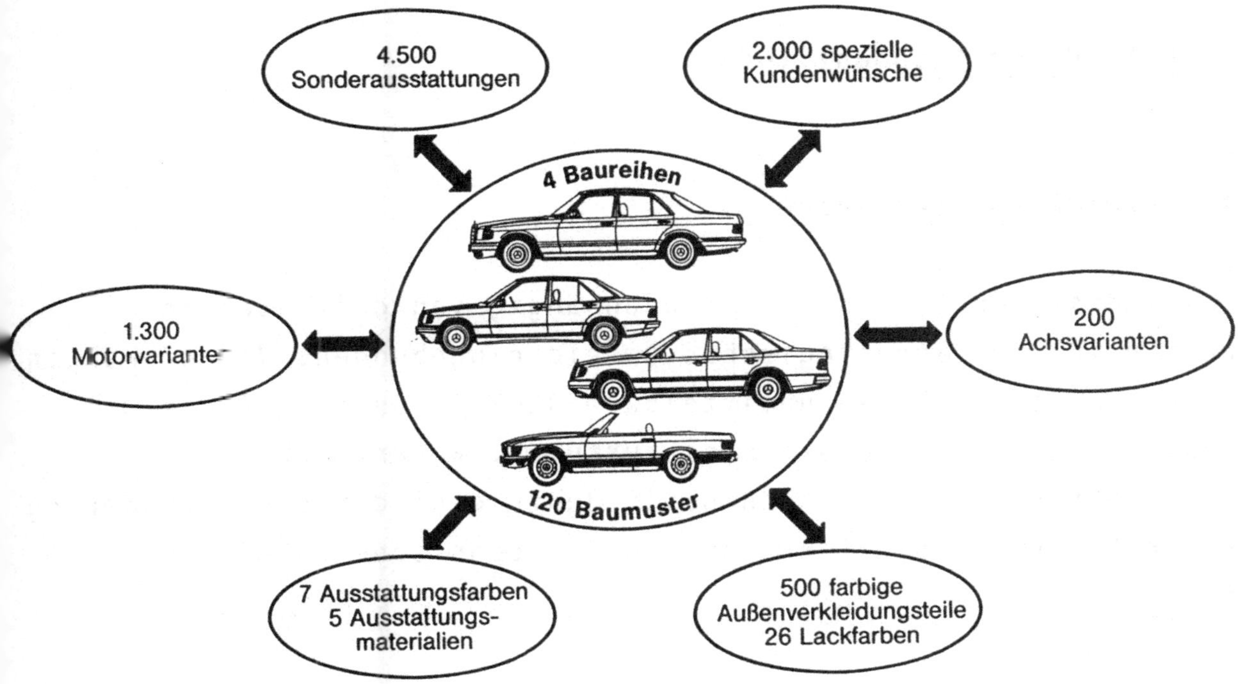

ild 1: Variantenspektrum in der Fahrzeugmontage des Werkes Sindelfingen

In der durch die Komplexität des Produktes "Automobil" bedingten weitgehenden Arbeitsteilung zwischen Fahrzeugwerk, Zulieferwerken und externen Lieferanten kommt dem am Ende des Fertigungsablaufs stehenden Fahrzeugwerk die Leitfunktion der Kundenaufträge für die vorgelagerten Bereiche zu. Das Fahrzeugwerk ist somit im Logistikkonzept der "Auftraggeber" für alle anderen Daimler-Benz-Werke sowie für unsere 3500 Lieferanten von Serienteilen.

Von den beiden Fahrzeugwerken Sindelfingen und Bremen hat Sindelfingen als Stammwerk mit der größten Kapazität im Montagebereich traditionell auch heute noch die Leitfunktion für die Pkw-Produktion. Die Produktionsaufgabe umfaßt neben der reinen Karossenfertigung - von der Herstellung der Preßteile bis hin zur Endmontage der Fahrzeuge - auch eine Reihe von Zulieferumfängen wie die Produktion von Sitzen und Innen-Ausstattungsteilen. Weiterhin ist im Werk Sindelfingen die Aufbauentwicklung sowie die Vorbereitung der Serienproduktion einschließlich Modellbau und der Großteil der Werkzeugfertigung angesiedelt.

2 Umfeld der Automobilindustrie

2.1 Entwicklungstendenzen

Jedes Industrieunternehmen ist unabhängig von der internen Struktur in ein technologisches Umfeld eingebunden. Veränderungen auf diesem Gebiet haben unmittelbare Rückwirkungen auf die Produkte sowie die Produktionsstrukturen. Wesentliche Einflußfaktoren für die Automobilindustrie bilden die Veränderung des Marktes sowie die fortschreitende technische Entwicklung (Bild 2).

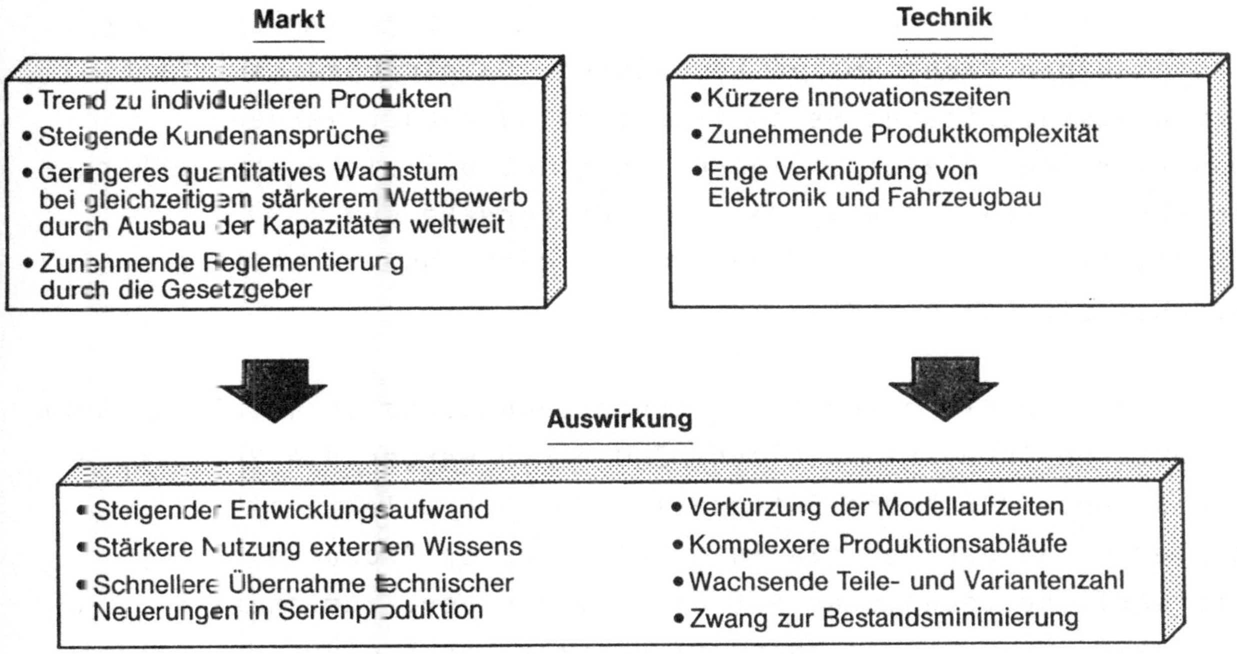

Bild 2: Umfeld der Pkw-Produktion

Die Marktentwicklung ist seit einigen Jahren durch eine ständig steigende Differenzierung der Anforderungen der Kunden gekennzeichret: Der in allen Lebensbereichen zu beobachtende Trend zu mehr Individualität zeigt sich in verstärktem Maße im Markt der mit höheren Prestigewert behafteten Mittel- und Oberklasse-Fahrzeuge. Da heute der Besitz eines Autos kein Statussymbol mehr darstellt, erwartet der Käufer von einem gewissen Niveau an kein uniformes Massenprodukt, sondern ein nach seinen Anforderungen gebautes, sichtbar individuelles Fahrzeug. Zu dieser kundenseitig gewünschten Produktdifferenzierung kommen zunehmend länderspezifische staatliche Reglementierungen, die von unterschiedlichen Richtlinien für das Emissionsverhalten über spezielle Beleuchtungsvorschriften bis hin zur Kennzeichnung von Fahrzeugen und Baugruppen reichen.

Parallel zu dieser Marktsegmentierung, die letztendlich weiter steigende Variantenzahlen und damit höheren Material- und Steuerungsaufwand zur Folge hat, ist aufgrund der in den Industrieländern erreichten Marktsättigung eine Verlangsamung des mengenmäßigen Wachstums zu beobachten. Da gleichzeitig die Fertigungskapazitäten weltweit weiter ausgebaut werden, resultiert aus diesem steigenden Angebot bei sinkender Nachfrage ein höherer Kostendruck, der eine Weitergabe der Kostensteigerungen immer schwieriger macht und zu weiterer Rationalisierung zwingt.

Die immer schneller fortschreitende technische Entwicklung führt zu kürzeren Innovationszeiten. Zum einen werden die Produkte - insbesondere durch die Integration der Mikroelektronik - komplexer und der für die Entwicklung neuer Produkte erforderliche technische Aufwand immer höher, zum anderen verkürzen sich mit den Innovationszeiten auch die Modellzyklen.

2.2 Anforderungen an die Automobilindustrie

Die beschriebenen Veränderungen des Umfeldes haben in erster Linie Auswirkungen auf

- Produktentwicklung,
- Produktionsstrukturen und
- Logistik.

Produktentwicklung

In der Produktentwicklung ist trotz zunehmender Produktkomplexität und steigendem Entwicklungsaufwand eine Verkürzung der Zeit bis zum Serieneinsatz erforderlich. Möglich wird dies durch die Nutzung externer Kapazitäten wie etwa durch die frühzeitige Einbeziehung von Zulieferern in den Entwicklungsprozeß sowie durch gemeinsame Entwicklungsprojekte von Automobilherstellern mit Lieferanten, so z. B. für Elektrik und Elektronik, Vergaser- und Einspritzsysteme, Getriebe,

Kupplungen, Heizungen und Federungselemente, um nur einige zu nennen. Die Einbeziehung von Zulieferern und Herstellern von Betriebsmitteln in den Entwicklungsprozeß dient durch das Parallelschalten von Arbeitsgängen ebenfalls der Verkürzung der Serienvorbereitungszeit.

Produktionsstrukturen

Kürzere Modellaufzeiten in Verbindung mit zunehmenden Änderungen aufgrund neuer technischer oder gesetzlicher Entwicklungen sowie immer stärker differierende Bearbeitungsumfänge als Resultat der beschriebenen Marktsegmentierung erfordern flexiblere Produktionsstrukturen. Am Beispiel der heute noch allgemein verbreiteten Bandmontage wird deutlich, daß diese Struktur den künftigen Anforderungen in vielen Bereichen nicht mehr gerecht werden kann.

Voraussetzung für den durch Henry Ford initiierten Übergang von der Werkstatt- zur Fließfertigung mit umfassender Arbeitsteilung war eine weitgehende Produktstandardisierung.
Henry Ford's Bemerkung, "Jeder kann meine Autos in seiner Lieblingsfarbe haben, vorausgesetzt sie ist schwarz", ist symptomatisch für die damalige Produktionsphilosophie. Dieser Standardisierung steht die zukünftige Produktdifferenzierung gegenüber; schon bei dem heutigen Variantenspektrum läßt sich die Bandmontage nur mit erheblichem Steuerungsaufwand wirtschaftlich gestalten. So ergibt sich ein Trend zu einer Auflösung dieser starren Bandabläufe hin zu einer wieder mehr werkstatt-orientierten Fertigung in autonomen Inseln. Beispielsweise werden die mit großen Spreizungen bei den Fertigungszeiten behaftete Arbeitsgänge, z. B. die Montage von Kabelsätzen oder der Einbau von Seitenscheiben bei Coupé-Ausführungen, in Fertigungsinseln ohne feste Taktzeitbindung durchgeführt.

Logistik

Um trotz steigender Teile- und Variantenzahl eine weitere Zunahme der Materialbestände zu verhindern, ist ein durchgängiges von der Teilefertigung bis zum Einbauort in der Montage reichendes Logistikkonzept erforderlich. Die Notwendigkeit von Bestandsverminderungen sowie das dadurch realisierbare Ratio-potential werden durch die Tatsache verdeutlicht, daß ca. 50 % der Gesamtleistung unseres Unternehmens Materialaufwendungen darstellen. Ziel muß deshalb sein, zukünftig vermehrt Material "Just-In-Time" zu beziehen. Auf diesem Gebiet hat die japanische Automobilindustrie mit dem Kanban-System für die europäische und amerikanische Industrie deutliche Wegbereiterfunktion gehabt.

2.3 Zielsetzung eines CIM-Verbundes mit Zulieferern

Während die Veränderung der Produktionsstrukturen unternehmensintern zu lösen ist, sind auf den Gebieten Logistik und Produktentwicklung Erfolge nur in Zusammenarbeit mit den Zulieferern erzielbar. Voraussetzung für eine Einbindung externer Unternehmen in diese organisatorischen Abläufe ist deren Integration in die innerbetriebliche Informationsstruktur. Dies bedeutet aber nichts anderes als den Aufbau eines über das Unternehmen hinausreichenden CIM-Verbundes. Zielsetzung eines derartigen CIM-Verbundes mit Zulieferern ist damit über die Teilziele Bestandssenkung, Verkürzung der Serienvorbereitungs-zeiten sowie die Nutzung externen KNOW-HOW's letztendlich die langfristige Sicherung der Wettbewerbsfähigkeit (Bild 3). Damit erhält die schon bisher vorrangig unter strategischen Gesichtspunkten notwendige Einführung von CIM eine zusätzliche Qualität: Im Rahmen der Entwicklung eines CIM-Konzeptes ist von Beginn an die Einbeziehung externer Unternehmen zu berücksichtigen.

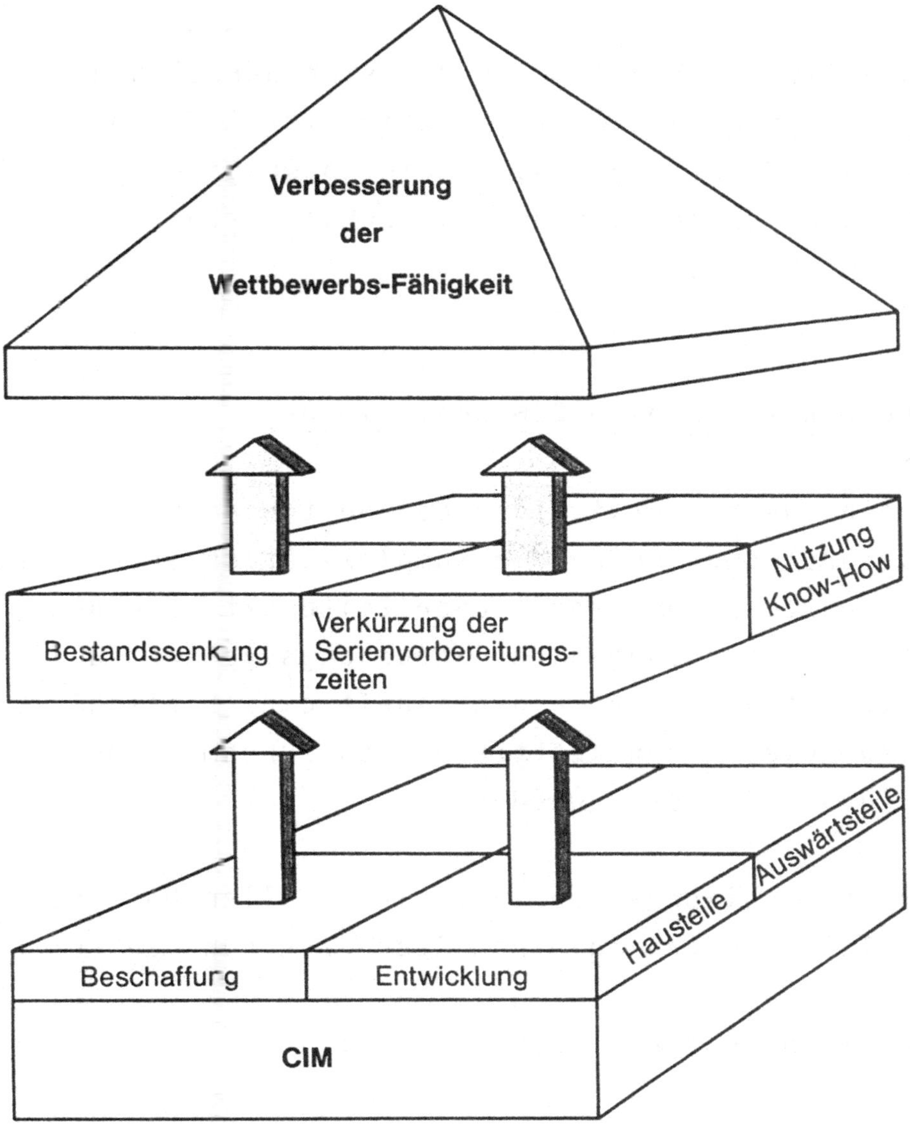

Bild 3: Ziele eines CIM-Verbundes mit Zulieferern

3 Strategie zur CIM-Realisierung

3.1 Definition CIM

Unter CIM ist im folgenden die "Informationstechnische Verknüpfung aller rechnerintegrierten Arbeits- und Informationssysteme des Unternehmens mit dem Ziel einer durchgängigen Nutzung der vorhandenen Daten in allen betroffenen Bereichen" zu verstehen. CIM bedeutet also nicht nur die Verbindung einzelner Rechnersysteme sondern eine durchgängige Integration aller Unternehmensfunktionen unter Einbeziehung externer Zulieferer.

Vor dem beschriebenen Hintergrund der sich wandelnden Anforderungen an die Automobilproduktion ist CIM somit kein Selbstzweck oder Modetrend sondern ein notwendiges Hilfsmittel die Produktionsaufgaben, die uns die Zukunft stellt, wirtschaftlich zu lösen.

3.2 Ausgangspunkt für eine CIM-Realisierung

CIM stellt eine Weiterentwicklung der bestehenden Rechnerstrukturen dar. Durch die Komplexität unserer Fahrzeuge waren wir schon zu einem sehr frühen Zeitpunkt gezwungen, rechnerunterstützte Lösungen für Steuerungssysteme zu finden. Daraus resultierten in der Vergangenheit eine Vielzahl von Insellösungen, die in den letzten Jahren zunehmend durch Rechnerkopplungen vernetzt wurden.

CIM ist ein strategisches Konzept, die in allen Unternehmen vorhandenen Teillösungen in einem Rechnerverbund zu verknüpfen.

Die grundsätzliche Aufgabe lautet somit:

- Rechnerintegration der Informationsflüsse innerhalb des Unternehmens

- Rechnerverbindung mit Fremdfirmen

Vor diesem Hintergrund wird deutlich, daß eine CIM-Realisierung auf der "Grünen Wiese", d. h. die Einführung einer "monolithischen" CIM-Software, wie sie teilweise propagiert wird, nicht möglich ist. CIM wird statt dessen aus dem Zusammenwachsen der bereits im Einsatz befindlichen Insellösungen, die teilweise schon untereinander vernetzt sind, entstehen. So gesehen stellt sich die Realisierung eines CIM-Konzeptes als eine schrittweise Überführung bestehender und neu hinzukommender Rechneranwendungen in eine übergeordnete CIM-Struktur dar.

.3 Entwicklungsschwerpunkte

ie zu vollziehende Rechnerintegration läßt sich schematisch nhand des Y-Modells (Bild 4) darstellen.

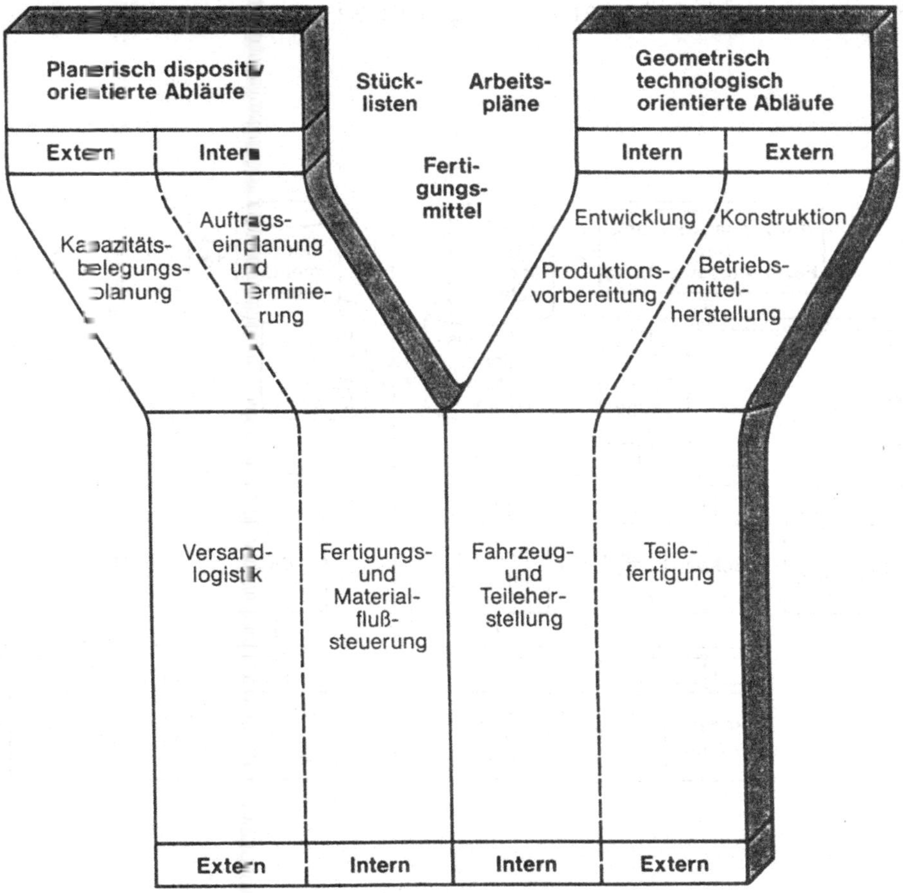

Bild 4: Y-Modell eines Produktionsverbundes mit externen Zulieferern (nach Prof. Scheer)

Im Vorfeld der Produktion existiert eine strikte Trennung in planerisch-dispositive und geometrisch-technologisch orientierte Abläufe. Die Informationsflüsse innerhalb der beiden Äste, d. h. entlang des funktionalen Ablaufes, sind weitgehend rechnerunterstützt realisiert. Probleme ergeben sich bei horizontal verlaufenden Informationsflüssen sowohl zwischen den beiden Funktionsbereichen als auch zu externen Unternehmen. Eine durchgängige Rechnerunterstützung für diese Abläufe ist z. Zt. erst in modellhaften Ansätzen realisiert.

Die Aussage des Y-Modells findet sich in der Rechnerhierarchie wieder (Bild 5): Es existieren vollständig getrennte Rechnersysteme für die Bereiche Entwicklung und Produktion. Während die Rechnerstrukturen innerhalb der Bereiche an den Informationsflüssen ausgerichtet sind, wird an einer Verbindung der beiden "Rechnerwelten" derzeit gearbeitet.

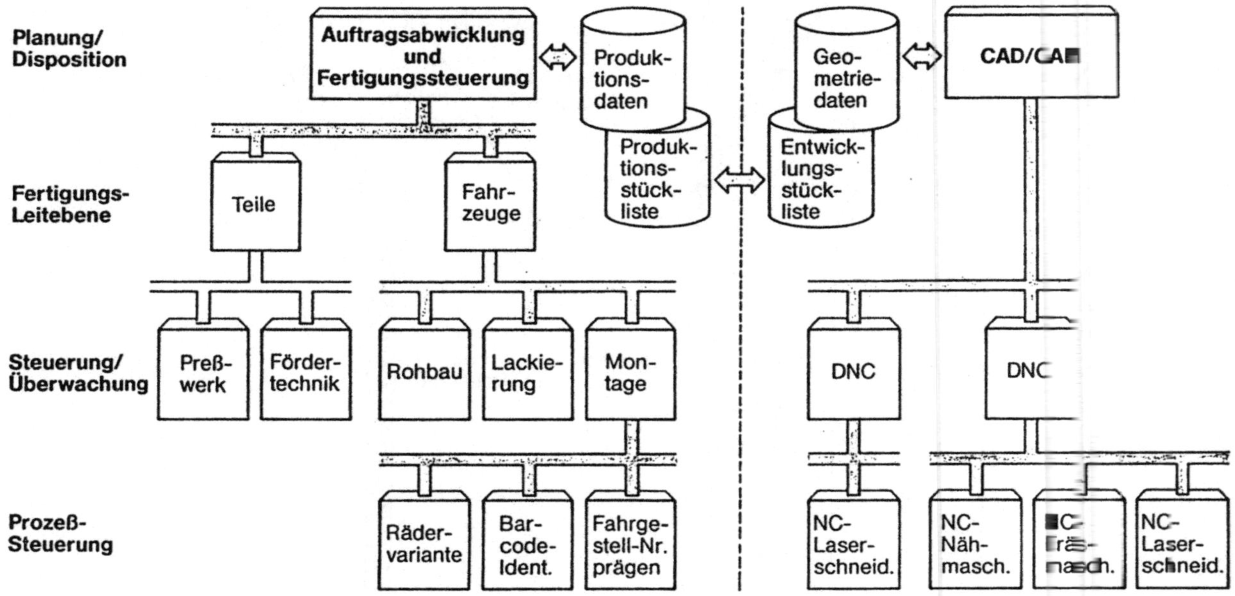

Bild 5: Hierarchisches Rechnerkonzept des Werkes Sindelfingen

Die Notwendigkeit einer solchen Verbindung zeigt die real existierende Informationsstruktur, also die Verbindungen zwischen Datenerzeugern und Datennutzern. Schon bei einer sehr groben Detaillierung (Bild 6) wird die Vielzahl der bereichsüberschreitenden Informationsbeziehungen deutlich, die z. Zt. noch teilweise außerhalb der Rechnerstruktur manuell abgewickelt werden müssen. Die Vernetzung dieser Teilbereiche wird im Rahmen von Systemneuentwicklungen und -erweiterungen schrittweise fortgesetzt.

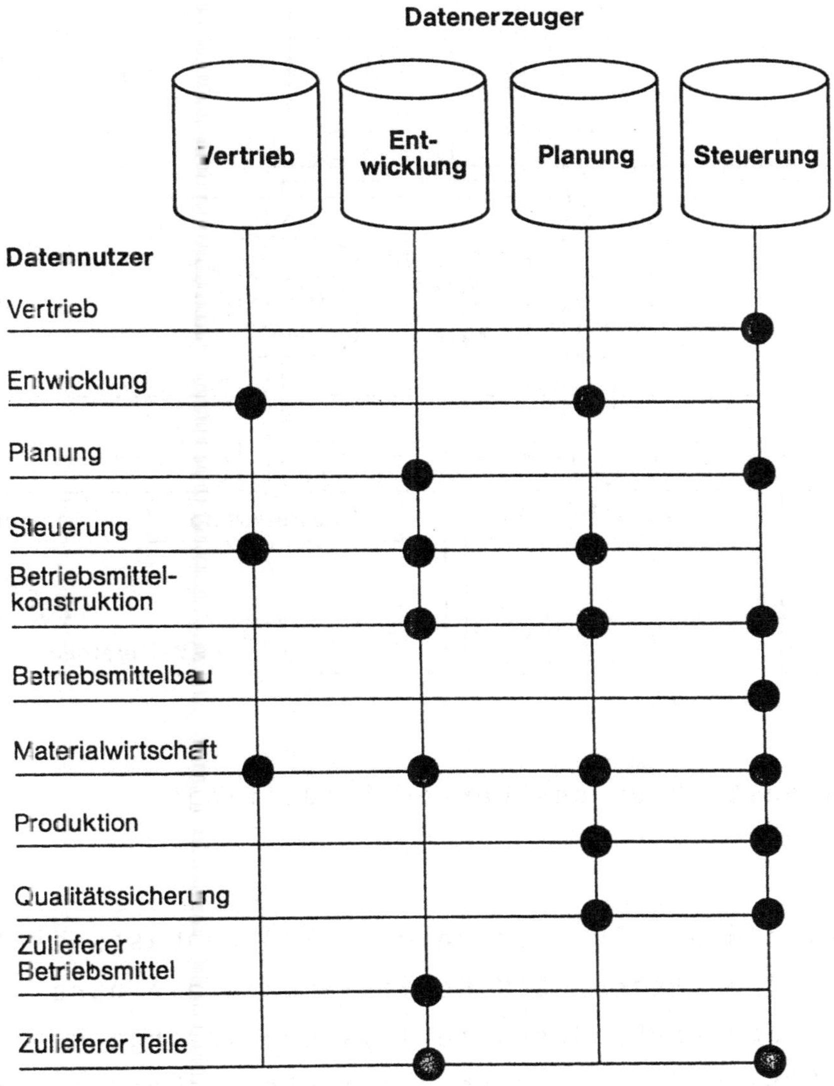

ild 5: Informationsstruktur des Werkes Sindelfingen

:IM-Datenstruktur

trategie für eine CIM-Realisierung muß letztendlich die ntegration der getrennten Bereiche über gemeinsame Basisdateien ein, so daß die durchgängige Verwendung der gleichen Grunddaten ichergestellt ist (Bild 7).

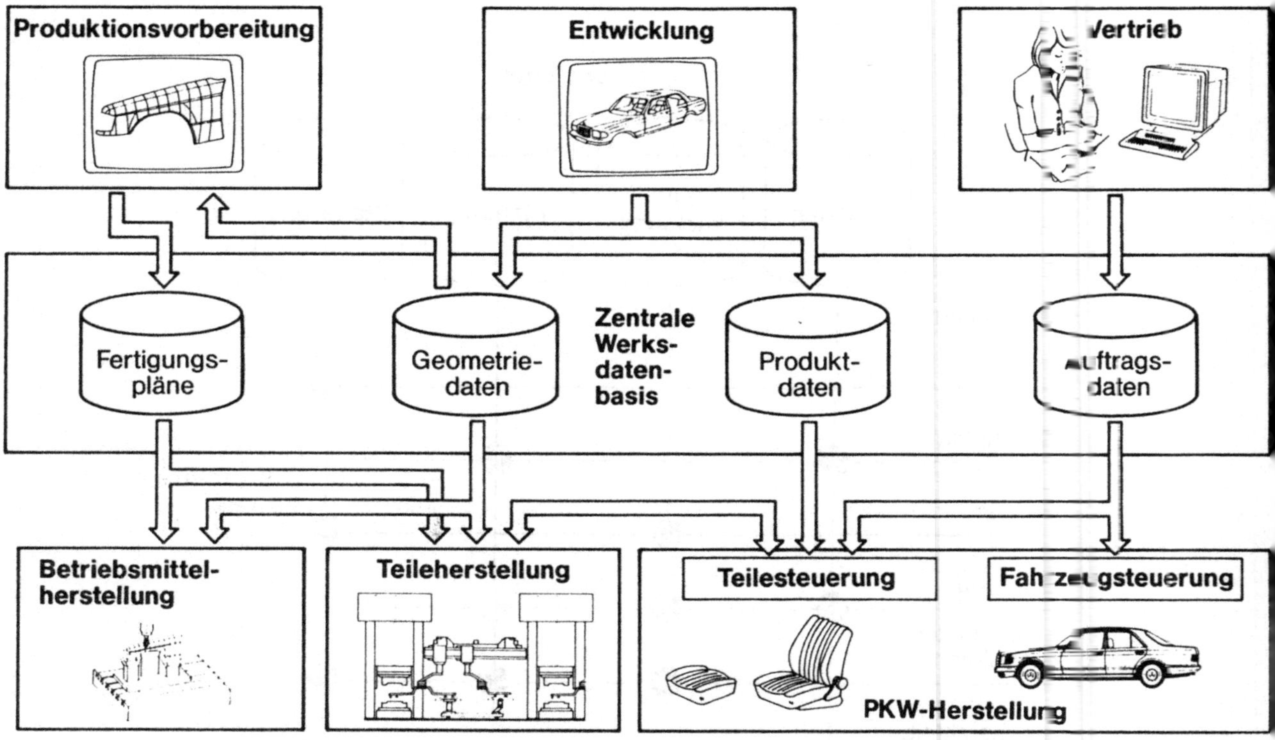

Bild 7: CIM-Datenstruktur des Werkes Sindelfingen

Diese Integration über eine zentrale Werksdatenbasis bildet das Ziel einer fortschreitenden CIM-Realisierung, die parallel zu dem weiteren Ausbau der vorhandenen Teilsysteme vorangetrieben wird. Im Zuge einer CIM-Einführung müssen dementsprechend sowohl die vorhandenen Systeme weiterentwickelt und vernetzt als auch die Rechnerkopplungen mit Fremdfirmen und deren informatorische Einbindung in das CIM-Konzept weiter ausgebaut werden.

4 CIM-Funktionskreise

Grundlage für eine derartige schrittweise Weiterentwicklung ist die Untergliederung des gesamten CIM-Komplexes in einzelne funktional zusammengehörende Abläufe. Für derartige Teilfunktionen wird in der Literatur vielfach der Begriff "CIM-Prozeßkette" verwendet. Diese Terminologie trifft nicht den Kern des Konzeptes, da CIM keinen Prozeß, sondern die Integration mehrerer logisch zusammengehöriger Funktionen beschreibt iese Integration erfolgt nicht in Form einer Kette, sondern in orm eines Netzes. Aus diesem Grund wird im folgenden von CIM-Funktionskreisen" gesprochen: Ein CIM-Funktionskreis ist eine eilfunktion im gesamten CIM-System, in dem die Abläufe eines eschlossenen, funktional zusammengehörenden Aufgabengebietes echnerintegriert realisiert sind.

olche CIM-Funktionskreise sind beispielsweise:

- CIM-Funktionskreis Produktentwicklung/Serienvorbereitung
- CIM-Funktionskreis Vertrieb/Versandlogistik
- CIM-Funktionskreis Produktionslogistik
- CIM-Funktionskreis Produktqualität
- CIM-Funktionskreis Kundendienst/Ersatzteilwesen

im folgenden sollen die bereits angesprochenen, im engen Verbund nit der Zulieferindustrie stehenden Funktionskreise

- Produktentwicklung/Serienvorbereitung und
- Produktionslogistik

betrachtet werden.

4.1 CIM-Funktionskreis Produktentwicklung/Serienvorbereitung

(Bild 8) zeigt schematisch den Datenfluß im Funktionskreis Produktentwicklung/Serienvorbereitung bezogen auf die Betriebsmittel-Erstellung. Der Informationsfluß innerhalb dieses Teilsystems wird durchgängig rechnerintern über die zentrale Geometriedatenbank abgewickelt:

In der Stilistik wird die äußere Form des Fahrzeuges anhand von Modellen entwickelt und als Linienriß in der Datenbank abgelegt. Von der Konstruktion werden diese Konturen detailliert, der Einbau von Aggregaten und Komponenten festgelegt sowie die Detailkonstruktion der Einzelteile durchgeführt. Aus der Außenhautgeometrie werden NC-Daten für den Modellbau, die

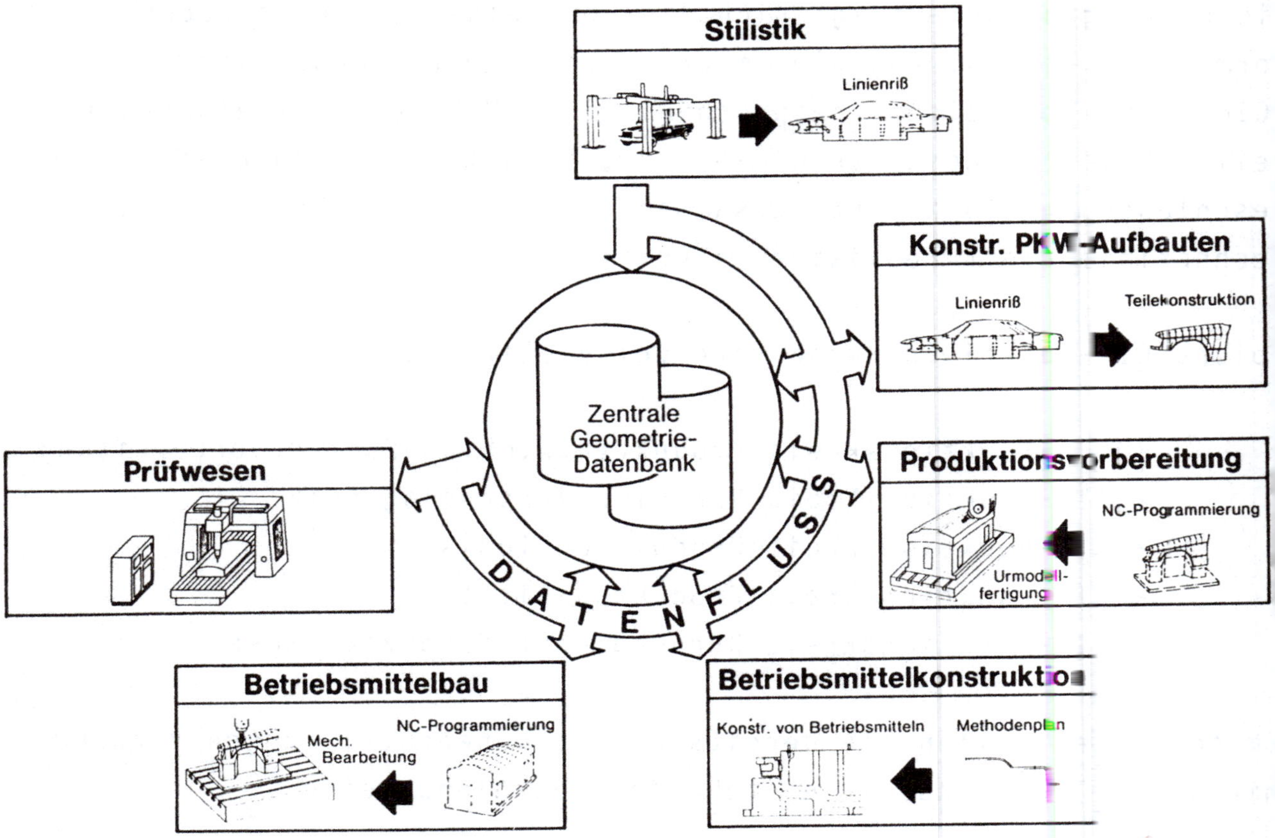

Bild 8: Datenfluß im CIM-Funktionskreis Produktentwicklung/ Serienvorbereitung

Geometrie der Preßwerkzeuge sowie abschließend die NC-Programme für die Werkzeugfertigung abgeleitet. Für die Abnahmeprüfung der Werkzeuge stehen dem Prüfwesen wiederum die ursprünglichen Geometriedaten zur Verfügung. Innerhalb dieses gesamten Ablaufs findet keine Mehrfacheingabe derselben Daten statt; jede einmal erzeugte Information steht durchgängig allen nachfolgenden Bereichen zur Verfügung, ggf. erforderliche Umsetzungen auf andere Datenformate erfolgen voll maschinell. Somit wird der Datenbestand in jedem Bearbeitungsschritt nur um die dort relevanten Informationen ergänzt.

In dem Bereich Entwicklung/Betriebsmittelerstellung ist teilweise eine durchgängige CAD/CAM-Prozeßkette realisiert. Anknüpfend an diese Prozeßkette existieren auf allen Bearbeitungsstufen bereits Verbundsysteme zu Fremdfirmen (Bild 9).

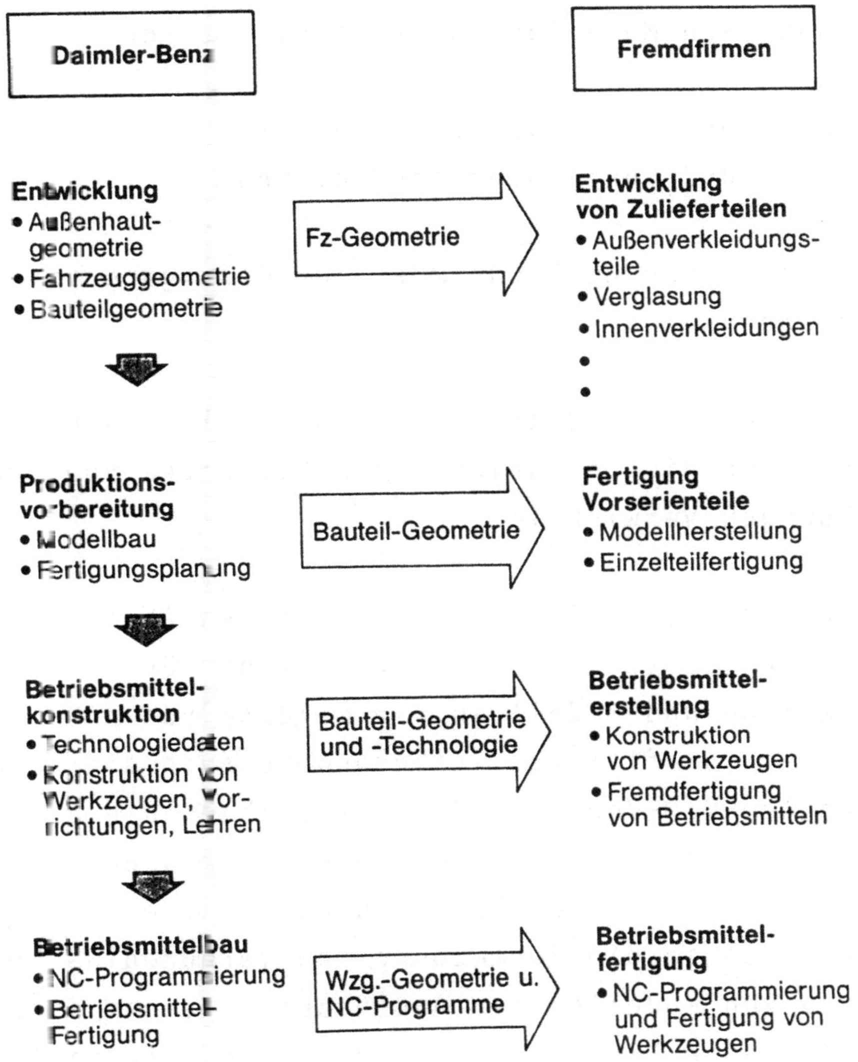

ild 9: CAD/CAM-Datenverbund mit externen Unternehmen

ach dem Abschluß der Formgebung erfolgt die Vergabe von ntwicklungsaufträgen an Zulieferer von Baugruppen, die insichtlich ihrer Bauform voll in die Außenhaut des Fahrzeugs ntegriert sind. Beispiele sind die Leuchteneinheit oder die erglasung. Im Rahmen dieser Entwicklungsaufträge werden den ulieferern CAD-Daten der Außenhautgeometrie zur eiterverarbeitung in eigenen Systemen übergeben.

Im Rahmen der Betriebsmittel-Erstellung sind folgende Datenübertragungen zu Fremdfirmen realisiert:

- Übergabe von Bauteilgeometrie und NC-Programmen zur Fertigung von Modellen und Vorserienteilen

- Übergabe von Bauteilgeometrie und Technologiedaten zur Werkzeug- und Vorrichtungserstellung

- Übertragung von NC-Programmen zur Fertigung von Werkzeugen.

Während rechnerintegrierte Datenflüsse innerhalb des Unternehmens die Regel sind, sind die beschriebenen Anbindungen von Fremdfirmen erst in Teillösungen verwirklicht.

Neben den generellen Vorteilen einer derartigen Abwicklung wie kürzere Entwicklungszeiten, geringerer Aufwand für Zeichnungserstellung und Modellbau, Vermeidung von Übertragungsfehlern profitieren insbesondere auch die beteiligten Lieferanten von dem CIM-Verbund. Er bietet ihnen die Möglichkeit, durch den Einsatz neuer Technologien ihre Strukturen in den Bereichen Entwicklung und Produktion zu modernisieren. Beispielsweise erfolgte die Formgebung von Verbundglasscheiben früher ausgehend von Modellen der Außenhaut in einem iterativen Prozeß: Es wurden eine Vielzahl von Prototypen gefertigt und auf optische Eigenschaften, Festigkeit etc. geprüft. Das Ersetzen der Modelle durch CAD-Daten bot den Zulieferern die Möglichkeit, ausgehend von diesen Daten neben der Konstruktion auch die Fertigungsplanung sowie die Analyse der optischen und mechanischen Eigenschaften der Scheiben rechnerintern durchzuführen, wodurch nicht nur der Entwicklungsaufwand reduziert, sondern auch die Zeit bis zum Produktionsanlauf verkürzt werden konnte. Ohne die automatische Übernahme der Außenhautgeometrie in das CAD-System wäre dieser Ablauf kaum wirtschaftlich realisierbar gewesen. Für viele Zulieferer ist die Investition in die Zukunftstechnologien CAD und CAM erst durch Abnahmeverträge mit Großkunden wie der Automobilindustrie mit vertretbarem Risiko möglich gewesen.

bschließend sei noch bemerkt, daß Teile- und Betriebsmittel-ersteller, die in der Lage sind, in einem CIM-Verbund mit den utomobilherstellern zu arbeiten, kostengünstiger und schneller iefern können als konventionell arbeitende Mitbewerber. Es eichret sich bereits heute ab, daß Lieferanten, die noch nicht in ie CAD-Nutzung eingetreten sind, in Zukunft nicht mehr ettbewerbsfähig sein werden.

.2 CIM-Funktionskreis Produktionslogistik

er Datenfluß des CIM-Funktionskreises Produktionslogistik Bild 10) gibt den Auftragsdurchlauf von der Übergabe der Aufträge urch den Vertrieb bis zur Fertigstellung der Fahrzeuge wieder. er Datenfluß dieses Funktionskreises ist ebenfalls durchgängig echnerintegriert realisiert.

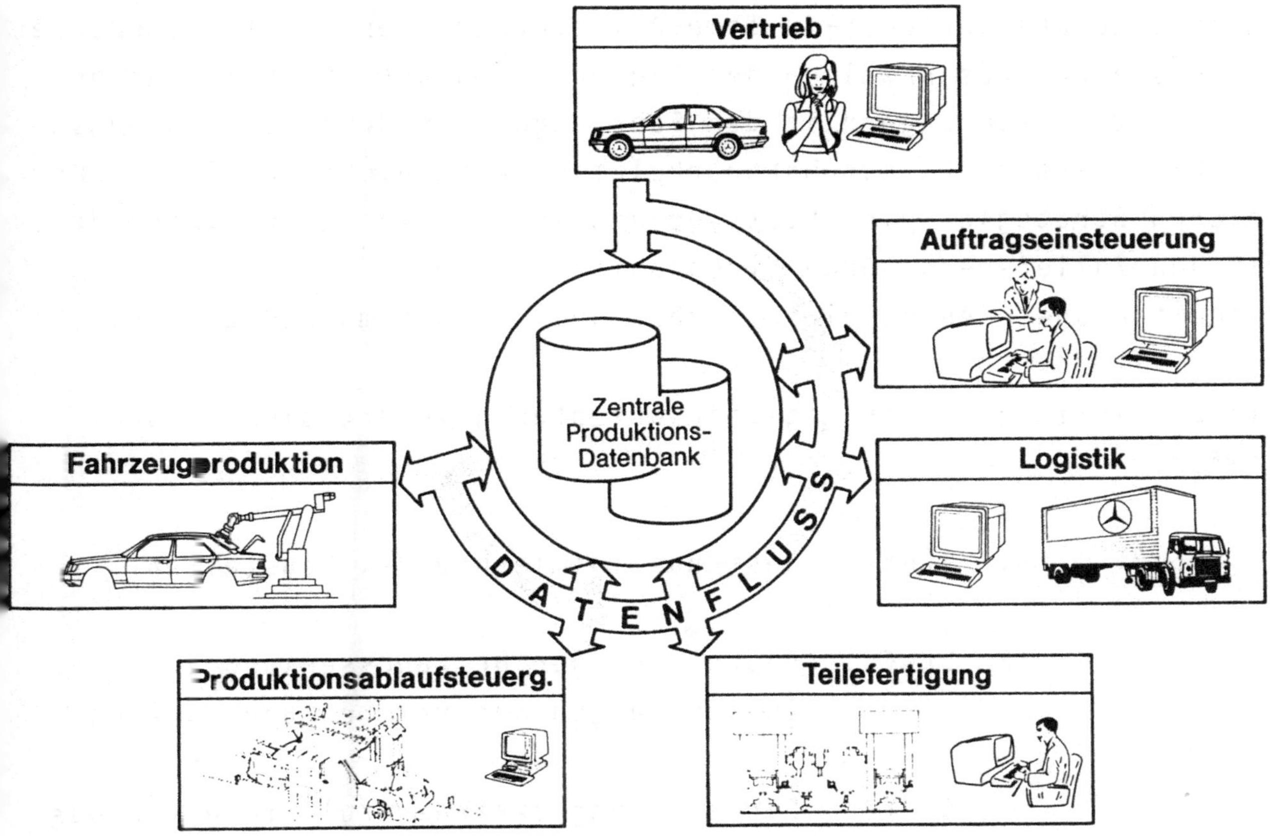

Bild 10: Datenfluß im CIM-Funktionskreis Produktionslogistik

Vom Vertrieb werden die Aufträge blockweise für zehn Kalendertage (Dekade) in die Auftragsdatenbank des Werkes übergeben. Diese bildet zusammen mit der Produktdatenbank die zentrale Produktionsdatenbasis dieses Funktionskreises. Im Rahmen der Auftragseinsteuerung werden die Aufträge gemäß den Erfordernissen der Produktionsbereiche zur Fertigung eingeteilt und mit verbindlichen Fertigstellungsterminen versehen. Die um diese Termininformationen ergänzten Auftragsdaten werden über die Produktdatenbank bis auf die Teileebene aufgelöst und daraus der Materialbedarf über der Zeit ermittelt. Der Fertigungsfortschritt der Fahrzeuge wird während ihres gesamten Durchlaufs von der Produktionsablaufsteuerung gesteuert, überwacht und auf der Produktionsdatenbank dokumentiert. Von dieser werden auch sämtliche für die Fahrzeug- und Teileherstellung benötigten Fertigungsinformationen bereitgestellt.

Die hauptsächlichen Schnittstellen zu externen Systemen bilden die Materialabrufe zur Just-In-Time-Anlieferung. Just-In-Time bedeutet für uns nicht das Abwälzen der Lagerhaltung auf die Lieferanten: Das Ersetzen von Lagern in den Fahrzeugwerken durch Lkw-Kolonnen der Lieferanten auf Autobahnparkplätzen kann nicht das Ziel einer solchen Strategie sein. Statt dessen wollen wir in Zusammenarbeit mit den Zulieferern durch Synchronisation des Produktionsgeschehens die Lagerbestände insgesamt reduzieren.

Die Entwicklung dieses Logistikkonzeptes gliedert sich in drei Stufen:

1. Stufe: Bestandsminimierung bei Hausteilen

2. Stufe: Ausweitung der Bestandssenkung auf Zulieferungen aus Daimler-Benz Werken

3. Stufe: Einbeziehung externer Zulieferer in das Konzept der Direktanlieferung.

ünde für diese Vorgehensweise waren:

1. Es sollte sichergestellt sein, daß die Abläufe beherrschbar sind, bevor sie auf Fremdfirmen übertragen werden.

2. Die räumliche Verteilung der Zulieferumfänge (Bild 11) zeigt, daß der wertmäßig größte Anteil unserer Werkslieferungen auf Baden-Württemberg entfällt, was auf die Aggregateanlieferung aus dem Werk Untertürkheim zurückzuführen ist. Es war daher naheliegend, zuerst die hier durch eine Bestandssenkung erzielbaren Rationalisierungen auszuschöpfen. So ist es gelungen, den Motorenbestand in Sindelfingen auf etwa 1800 Einheiten zu senken. Bei täglich 1760 produzierten Fahrzeugen entspricht dies einem durchschnittlichen Umlaufbestand von einer Tagesproduktion.

3. Eine Direktanlieferungs-Abwicklung setzt ein besonderes Vertrauensverhältnis zu dem Lieferanten voraus. Dies gilt sowohl für die Liefertreue wie auch ganz besonders für die Qualitätssicherung. Aufgrund der kurzen Zeitspanne zwischen Anlieferung und Einbau ist eine konsequente Eingrenzung der Überwachung auf kritische Qualitätsmerkmale sowie rasches Reagieren im Fall von Abweichungen erforderlich.

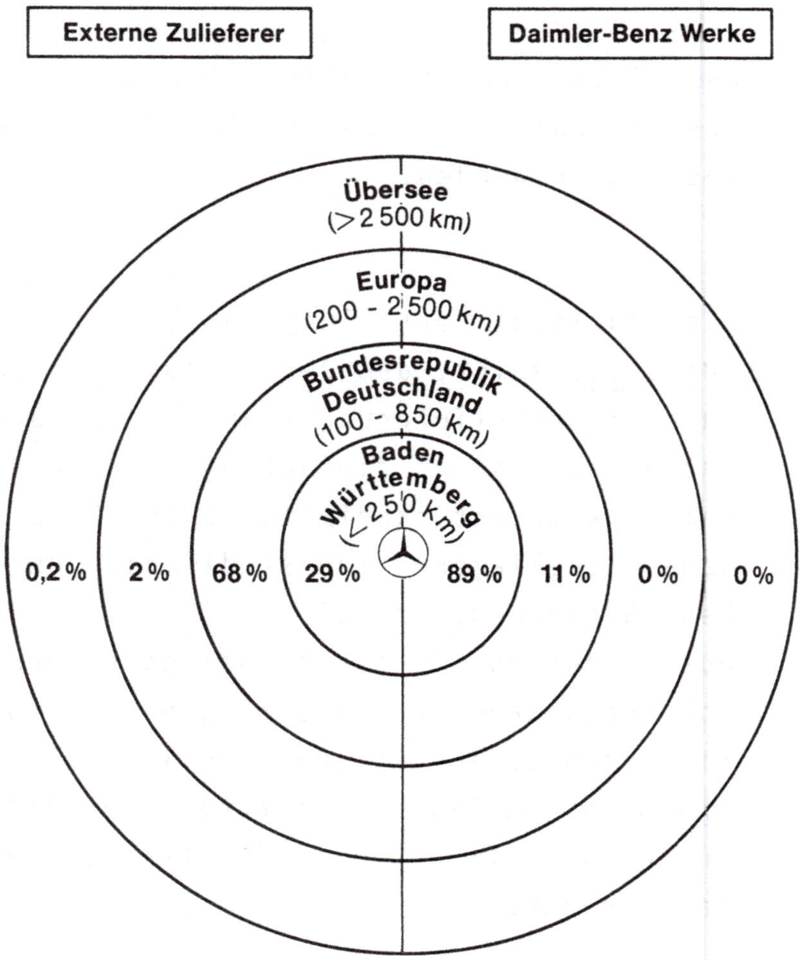

Bild 11: Zulieferungen in das Werk Sindelfingen in Prozent des Wertes

Grundlage jeder Direktanlieferungs-Strategie ist es, dem Lieferanten einen detaillierten Einblick in die Notwendigkeiten der eigenen Fertigung zu verschaffen, um ihm so die Möglichkeit zu geben, seine Produktionsgegebenheiten darauf abzustimmen und zu synchronisieren. Den Ausgangspunkt bilden längerfristige Bedarfsabschätzungen, anhand derer der Lieferant seine Vorbetriebe beauftragen kann. Für die Feinsteuerung der Anlieferung im Montagewerk werden an festen Punkten des Produktionsablaufs die Fahrzeugdaten automatisch erfaßt und identifiziert (Bild 12). Diese Terminimpulse werden als auftragsbezogene Materialabrufe an die Lieferanten weitergeleitet.

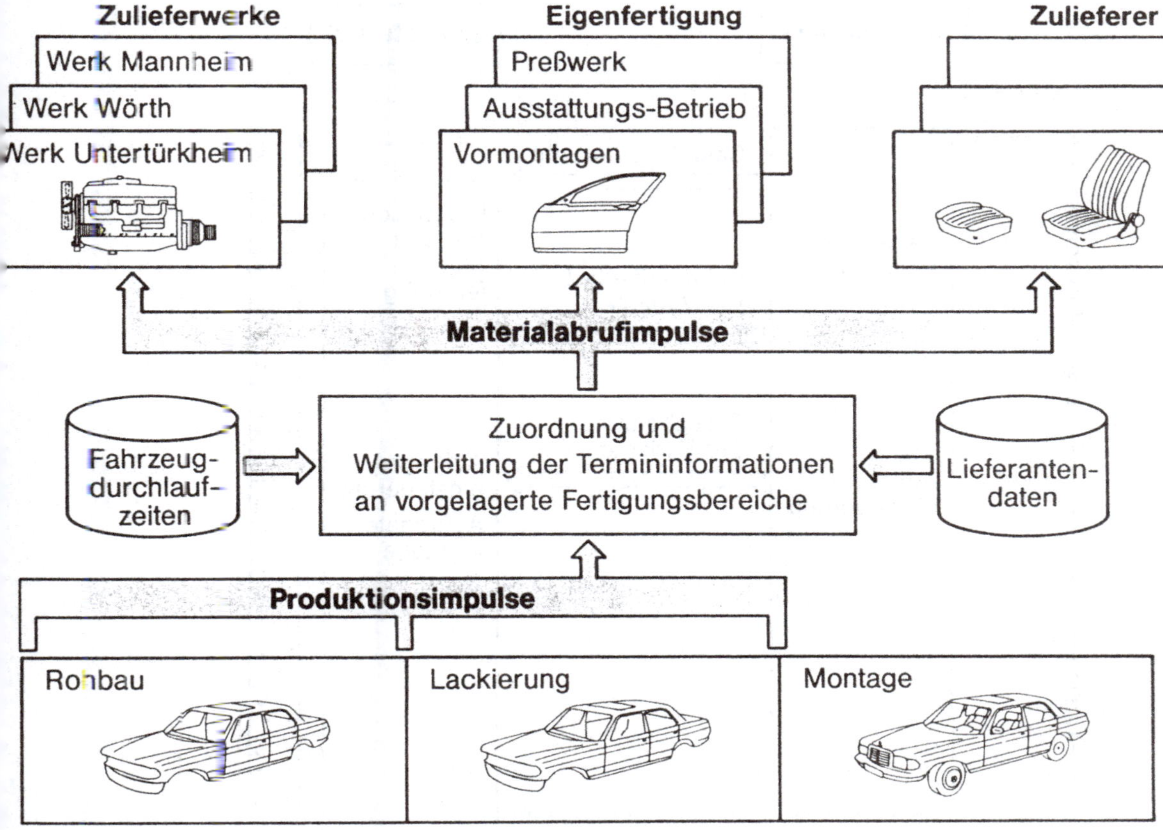

ild 12: Abruf nach Produktionsimpulsen

ür die bereits angesprochene Direktanlieferung der Aggregate ist n (Bild 13) der organisatorische Ablauf im Detail dargestellt. ufgrund der langen Vorlaufzeiten der Aggregateproduktion erfolgt ie Teilefertigung auf der Basis des geplanten Produktions- rogrammes, das mit zunehmender Genauigkeit der Produktionsplanung n den Montagewerken schrittweise bis auf die Tagesbedarfe pro ariante detailliert und an das Aggregatewerk übertragen wird. ieser Bedarf wird nach der Einplanung eines Tagesvolumens, d. h. er verbindlichen Festlegung des zeitlichen Produktionsdurchlaufs er Fahrzeuge, elf Tage vor der planmäßigen Fertigstellung ibermittelt. Der endgültige, fahrzeugspezifische Lieferabruf rfolgt schließlich mit der Fertigstellung der Karossen im Rohbau nit einem Vorlauf von drei Schichten vor dem Einbauzeitpunkt. Die Anlieferung aus dem Aggregatewerk erfolgt etwa um eine Schicht versetzt. Da in den Montagewerken noch die Komplettierung und Aufrüstung der Motoren erfolgt, was einen Produktionsvorlauf von

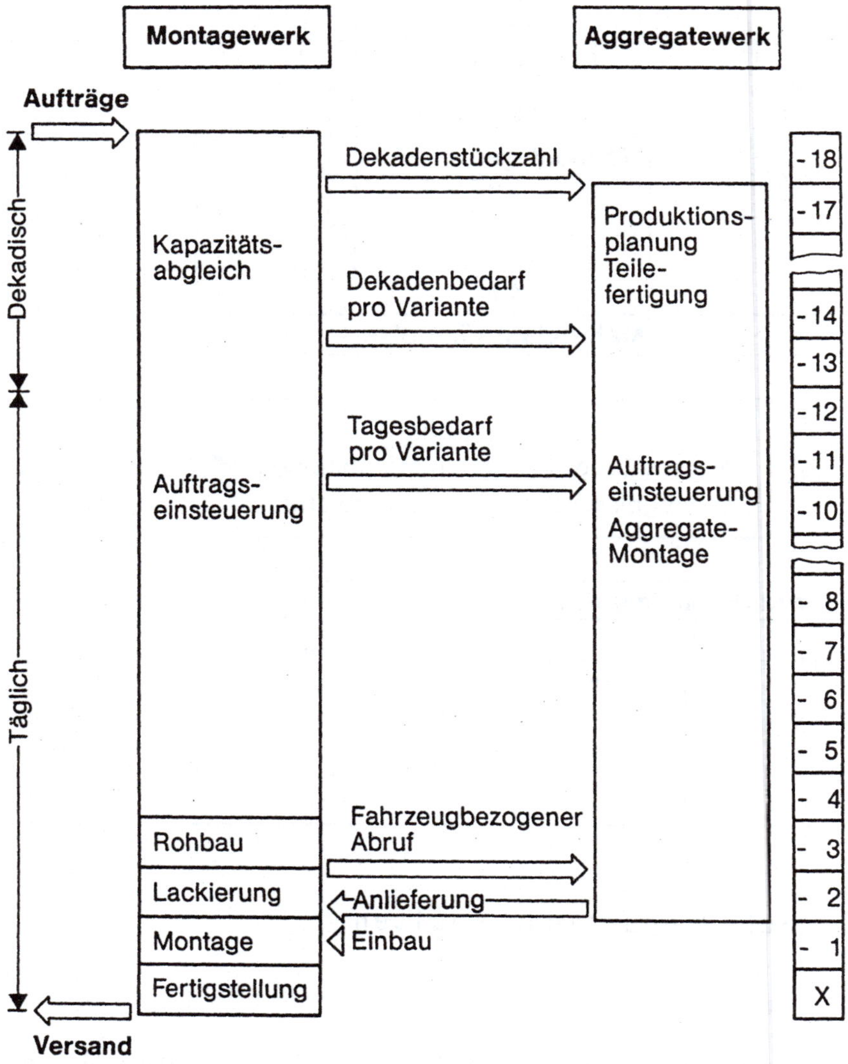

Bild 13: Auftragsabwicklung mit Aggregatewerk

100 Minuten notwendig macht, ergibt sich ein Lagerbestand von ungefähr einem Arbeitstag, der sich bei einzelnen, häufig benötigten Varianten auf 0,3 Arbeitstage reduziert.

Aufgrund der guten Erfahrungen mit dieser zeitgerechten Anlieferung der Aggregate, wurde der Ablauf sinngemäß auf andere Lieferumfänge wie etwa farbige Innenverkleidungsteile übertragen (Bild 14). Diese werden sowohl von unserem Werk Wörth als auch von externen Lieferanten hergestellt. Für ihre langfristige Produktionsplanung werden den Zulieferern monatlich die voraussichtlichen Bedarfszahlen auf Variantenebene für die

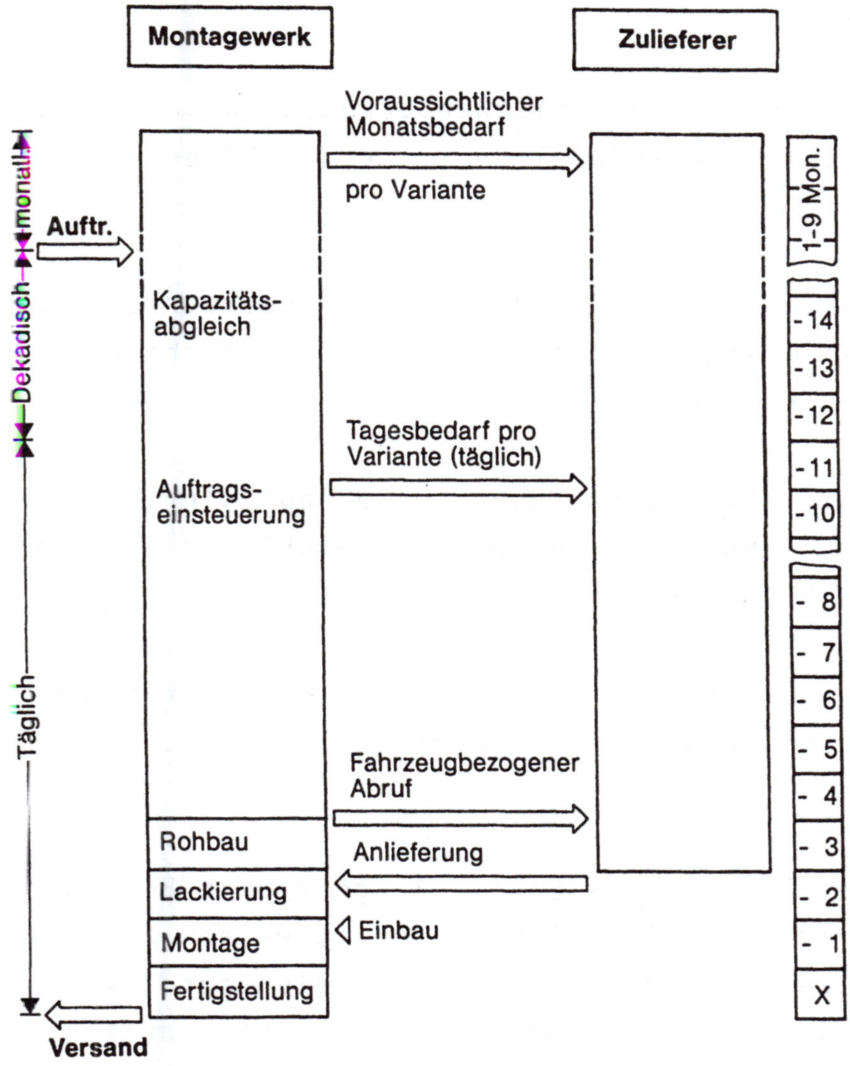

ild 14: Auftragsabwicklung Verkleidungsteile mit Zulieferer

ächsten Monate übermittelt. Die Teilefertigung erfolgt losweise ntsprechend dem nach der Auftragseinplanung im Montagewerk bermittelten Tagesbedarf. Der auftragsspezifische Lieferabruf ird durch den Fertigungsbeginn der Fahrzeuge im Rohbau ausgelöst. m den verfügbaren Transportraum optimal zu nutzen und leichzeitig den Handlingsaufwand bei den Herstellern zu inimieren, erfolgt die Anlieferung abhängig von der Stückzahl nur in- bis zweimal täglich. Aus der Optimierung der Zielsetzungen estandsminimierung, Handlingsaufwand und Transportraumausnutzung rgibt sich ein Bestand von ein bis drei Schichten in Abhängigkeit on der Häufigkeit der Varianten sowie den fahrzeugspezifischen urchlaufzeiten von Rohbau-Beginn bis zum Einbauort.

5 Ausblick

Das generelle Ziel ist der flächendeckende Ausbau der bisher realisierten Teile-Abläufe. Im einzelnen gehören dazu:

- Durchgängiger rechnerinterner Geometriedaten-Austausch mit allen Lieferanten ohne zusätzliche Ausgabe von Zeichnungen

- komplett rechnerintegrierte Abwicklung der Betriebsmittel-Erstellung sowohl unternehmensintern als auch extern

- Ausweitung der Direktanlieferungs-Strategie auf räumlich weiter entfernte Zulieferer.

Übergeordnetes Ziel muß es sein, die generelle Beziehung "Lieferant-Kunde" in einer Partnerschaft weiter zu entwickeln, um eine Basis sowohl für gemeinsame Entwicklungsprojekte als auch für die Realisierung eines für beide Seiten vorteilhaften Produktionsverbundes zu schaffen.

Die realisierten Beispiele zeigen, daß dies der richtige Weg ist. Das Zusammenführen der Produktionsgegebenheiten der Automobilindustrie und der Zulieferer durch den Einsatz moderner Technologien in einem Rechnerverbund erfolgt in beiderseitigem Interesse, da nur so eine durchgehend bestandsarme Fertigung zu erreichen ist. Je mehr es gelingt durchgängige CIM-Konzepte zu realisieren, desto eher bietet sich auch für die Zulieferindustrie die Chance, ihre Kosten zu optimieren und die Fertigungsqualität zu verbessern. In diesem Zusammenhang müssen nicht nur die Zulieferer in der Bundesrepublik gesehen werden; auch die europäischen Zulieferer sind zum Teil heute schon in einen grenzübergreifenden Logistikverbund einbezogen.

ie Leistungsfähigkeit der deutschen Automobilindustrie beruht eben der Kompetenz der Fahrzeughersteller selbst, in sehr starkem aße auch auf dem hohen technischen Standard der ulieferindustrie. CIM bietet sowohl der Automobil-Industrie als uch den Zulieferern die Möglichkeit, ihren technologischen orsprung weiterzuentwickeln. Es stellt eine Chance zur ationalisierung des gesamten Produktionsprozesses dar und kann amit helfen die Nachteile, die wir als Hochlohnland haben, zu ermindern. Damit schafft CIM die Grundlage, auch zukünftig im nternationalen Wettbewerb bestehen zu können.

Rechnerunterstützte Entwicklung flexibel automatisierter Montageprozesse

J. Milberg

1. Situationsanalyse im Fertigungsbereich Montage

Die flexible Automatisierung der Montage bleibt trotz vielfältiger Anstrengungen in den letzten Jahren weiterhin ein vordringliches unternehmerisches Ziel (vergl. [1]). Zum Teil ist bei der Einführung der neuen, flexiblen Montagetechnologien in den verantwortlichen Bereichen Resignation festzustellen, weil die erhofften wirtschaftlichen Ziele bislang kaum erreicht werden konnten und weil sich natürlich auch für hochflexible, automatische Montagesysteme gegenüber der manuellen Montage die Flexibilität verringert. Der Automatisierungsgrad im Fertigungsbereich Montage hat sich in den letzten Jahren nur wenig erhöht (vergl. [2]). Weiterhin hängt er gegenüber anderen Aufgabenfeldern der Auftragsabwicklung zurück.

Zurückzuführen ist dies auf verschiedene Randbedingungen. Zum einen sind die Aufgabenstellungen bei der Montage wesenlich komplexer als in den Fertigungsbereichen. Während dort nur jeweils ein Teil im Fertigungsprozeß zu betrachten ist, sind es in der Montage eine Vielzahl von Teilen bei unterschiedlichen Prozessen, über die bislang nur wenig Grundlagenwissen oder Anwendungserfahrung vorliegt. Dabei ist die Strukturierung der zum Teil komplexen Baugruppen, ebenso wie die Gestaltung hinsichtlich günstiger Montageeigenschaften nur unzureichend. Die zu entwickelnden Montagesysteme werden durch diese Randbedingungen sehr komplex, was zu vergleichsweise geringen Verfügbarkeiten führt. Die geforderte Planungsgenauigkeit ist im Vergleich zur manuellen Montage wesentlich höher. Für Industrieroboter muß die Planung wesentlich stärker detailliert werden als für selbstdenkende Menschen. Eine Vielzahl von Eventualitäten, denen der Werker mit seinem Geschick und seinem Problemlösungsvermögen begegnet, sind für den Industrieroboter im Voraus zu berücksichtigen.

Der Automatisierung stehen damit eine Reihe von Hemmnissen entgegen. Dennoch sind bei sorgfältiger Vorgehensweise in der Planung wirtschaftliche, flexible Montagesysteme möglich, wie eine Reihe von Beispielen zeigen. Aus einer Analyse der zu bewältigenden Automatisierungsaufgaben können die vordringlichen Ziele abgeleitet werden, um die flexible Automatisierung der Montage voranzutreiben.

2. Analyse der Automatisierungsaufgabe

Die Montage flexibel zu automatisieren, ist eine Aufgabe, die sich grundsätzlich von herkömmlichen Aufgaben der Arbeitsvorbereitung unterscheidet. Schon die eingangs dargestellten Rahmenbedingungen zeigen dies. Vor allem die Vernetzung unterschiedlicher Planungsaufgaben mit der Konstruktion unter dem Schlagwort "montagegerechte Gestaltung" kennzeichnet die Automatisierungsaufgabe (Bild 1). Die einzelnen Aufgaben, wie die Entwicklung der automatischen Verfahren, die Planung der Arbeitsreihenfolgen, die Auswahl und Konstruktion der Betriebsmittel und die Erstellung der Steuerdaten greifen stark ineinander; in Teilaufgaben getroffene Entscheidungen können andere Aufgabenbereiche erheblich beeinflussen. Der Planungsvorgang läßt sich deshalb nicht sinnvoll als einfaches Ablaufdiagramm darstellen. Beinahe alle Aufgabenstellungen werden von der Gestalt des Bauteils beeinflußt. Konstruktion und Arbeitsplanung stellen sich damit als vernetzte Struktur dar, in der Produkt und Produktionsanlage entwickelt werden müssen (vergl. [3]). Geignete Vorgehensweisen, die diesen Konstruktions-Planungsprozeß im Ablauf steuern, sowie geeignete Werkzeuge zur Bearbeitung von Teilaufgaben bestehen bislang nur ansatzweise (vergl. [4]).

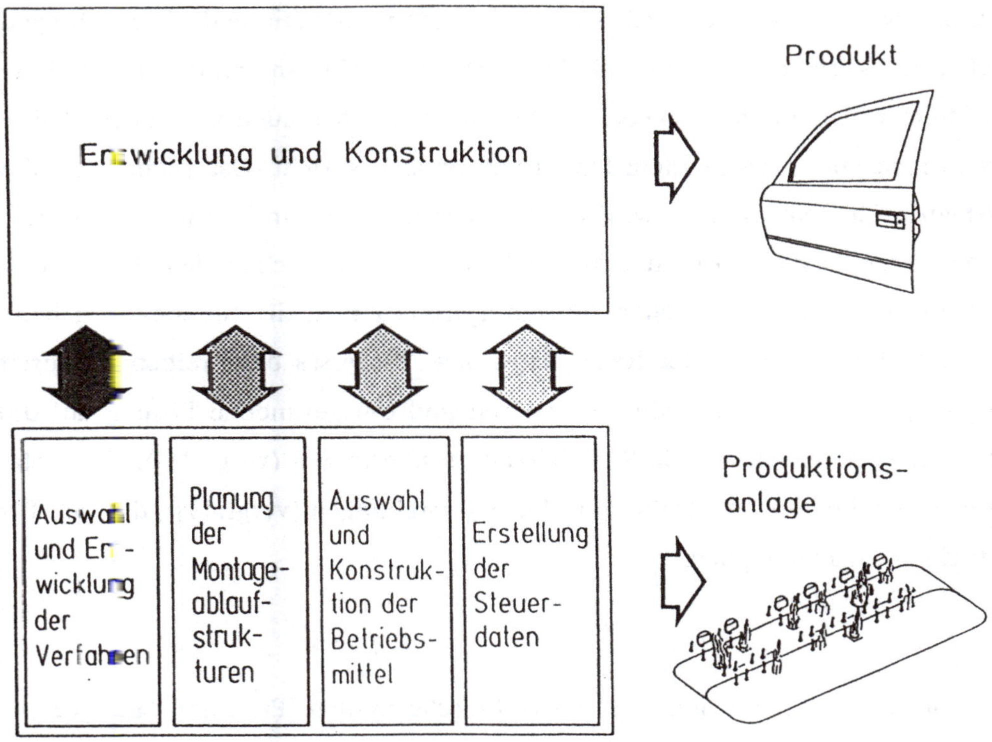

Bild 1. Aufgaben der Arbeitsplanung für die Montage

Um die Anforderungen an zu schaffende Werkzeuge zu analysieren sind zunächst die Begriffe Montagesystem, Montageprozeß und montagegerechte Gestaltung zu klären:

Für den Begriff System finden sich in [5] 24 unterschiedliche Definitionen aus der Literatur, die sich für verschiedene Aufgabenstellungen und Zielsetzungen als zweckdienlich erwiesen haben. Als Systembegriff für das Entwickeln und Konstruieren kann die Definition der VDI Richtlinie 2221 [6] gelten: Ein technisches System ist eine Gesamtheit von der Umgebung abgrenzbarer, geordneter und verknüpfter Elemente, die mit dieser durch technische Eingangs- und Ausgangsgrößen in Verbindung stehen. Sowohl die Montageanlage als auch das durch sie zu montierende Produkt sind als solches zu sehen.

Die Gesamtheit der Vorgänge in einem System, durch die Materie, Energie oder Information umgeformt, transportiert oder gespeichert wird, wird als Prozeß bezeichnet [7]. Wenn die physikalischen Größen durch technische Mittel erfaßt und beeinflußt werden können, spricht man von einem technischen Prozeß. Der Montagevorgang ist damit ein technischer Prozeß, der sich im Montagesystem vollzieht.

Bei der Gestaltung von Prozessen und Systemen werden abstrahierende Darstellungen für Eigenschaften, Verhalten oder Gestalt benötigt. Diese abstrahierenden Darstellungen heißen Modelle. Die oben angegebenen Definitionen haben auch für Modelle Gültigkeit, so daß man vom Modellsystem bzw. Prozeßmodell spricht. Das Modell hat die Aufgabe, Abläufe im Realsystem bzw. Prozeß zu beschreiben, ein bestimmtes Verhalten abzubilden oder Sachverhalte zu erklären (vergl. [7]). Zwischen dem Realsystem bzw. Prozeß und dem Modell bestehen Abbildungsfunktionen, die für die Aufgabenstellung relevante Eigenschaften des Realsystems bzw. Prozesses beschreiben. Dadurch wird es möglich, ein Problem im Modell zu lösen und die gefundene Lösung auf die existierende oder noch zu schaffende Wirklichkeit zu übertragen (vergl. [8]). Für technische Systeme bestehen eine Vielzahl von Modellvorstellungen (vergl. [9]), die sich für unterschiedliche Aufgaben eignen.

Montagegerecht gestalten heißt nun, daß das technische System "Produkt", "Baugruppe" oder "Bauteil" in seiner Geometrie, Struktur oder seinem Werkstoff so festgelegt wird, daß für einen ausgewählten Montageprozeß, der in einem spezifischen Montagesystem abläuft, hinsichtlich bestimmter Zielkriterien (Wirtschaftlichkeit, Flexibilität) ein Optimum erzielt werden kann.

Wesentlich ist die Feststellung, daß es nicht unbedingt eine "Montagegerechte Konstruktion" eines Produkts gibt, sondern daß diese davon abhängt, mit welchen Montagemitteln (manuell, flexibel automatisiert, starr automatisiert), also mit welchem Montagesystem das Produkt montiert werden soll. Eine Gestaltung, die zum Beispiel für ein flexibel automatisiertes Montagesystem montagegerecht ist, kann unter Umständen in einem manuellen Montageprozeß nicht mehr montierbar sein. Die in *Bild 2* dargestellte Klebefolie zur Türabdichtung ist nur automatisch zu montieren, da bei manueller Montage der Klebstoffauftrag nicht in der geforderten Geschwindigkeit erfolgen könnte. Die Konzeption der Abdichtung mit einer Kleberaupe ist also montagegerecht für die spezifische, im Bild dargestellte Montagezelle.

Bild 2 Flexibel automatisierte Folienmontage

Verdeutlicht man sich diese Zusammenhänge, wird klar, daß eine montagegerechte Gestaltung ohne die genaue Kenntnis des spezifischen, ausgewählten Montageprozesses nicht möglich ist. Erst profunde Kenntnisse und Erfahrungen über Montageprozesse und über die derzeitigen Leistungsmöglichkeiten von Montagesystemen erlauben eine - immer anlagenspezifische - montagegerechte Gestaltung. Da dieses erforderliche Wissen - zumindest für flexible Montagesysteme - bislang kaum verfügbar ist (vergl. [10]), wird derzeit häufig iterativ ein Produkt konstruiert und die zugehörigen Montagesysteme werden entwickelt. Diese vorgehensweise ist zeit- und kostenintensiv und führt nur selten zu technisch und wirtschaftlich optimalen Lösungen. Abhilfe kann nur durch eine möglichst realitätsnahe Simulation von Montageprozessen erzielt werden.

3. Möglichkeiten der Rechnerunterstützung

Verwendet man für die Planungs- und Konstruktionsaufgaben rechnerintern darstellbare Modelle für Produkt, Montageprozeß und Montageanlage, so lassen sich die Entwicklungsaufgaben mit rechnergestützen Methoden durchführen und aufeinander abstimmen. Eine Anpassung der Methoden zwischen Konstruktion und Planung ist dabei ebenso möglich wie der Zugriff auf gemeinsame und deshalb jederzeit aktuelle Modelle. Mit unterschiedlichen Simulationsmodellen, die den Montageprozeß mit bestimmten Zielsetzungen abbilden, können Einflüsse der Produktgestaltung auf die Zielkriterien des Prozesses ermittelt werden. Diese Möglichkeit ist als Voraussetzung dafür zu sehen, daß Prozeß und Produkt ohne aufwendige Versuchsaufbauten zu einem gemeinsamen Optimum entwickelt werden können.

Wesentliche Möglichkeiten der Rechnerunterstützung ergeben sich also durch (1.) die Anwendung von geeigneten rechnerinternen Modellen für das Produkt und die Montageanlage, die sowohl von der Planung als auch der Konstruktion benutzt werden und (2.) durch Simulationsmodelle mit denen der Montageprozeß, der sich im Montagesystem vollzieht, abgebildet werden kann. Diese Prozeß- und Systemmodelle können dann (3.) mit geeigneten rechnergestützten Methoden und Werkzeugen wie zum Beispiel Expertensysteme oder Optimierungsverfahren bearbeitet werden *(Bild 3)*. Mit dieser Möglichkeit können wesentliche Produktivitätssteigerungen im Planungsbereich erzielt werden (vergl. [11]).

Möglichkeiten der Rechnerunterstützung

Werkzeuge, Methoden

- Editoren
- Expertensysteme
- Vektoroptimierungsverfahren
- Analytische Methoden

Modelle

- Produktmodelle
- Montagesystemmodelle
- Prozeßmodelle

Bild 3 Möglichkeiten der Rechnerunterstützung für die Planung flexibel automatisierter Montageprozesse

4. Modelle für Produkt und Montagesystem

Hervorstechende Eigenschaft flexibel automatisierter Montagesysteme ist ihre hohe Komplexität. Durch geeignet strukturierte Modelle läßt sich diese Komplexität Auflösen. Im allgemeinen wird dazu ein hierarchisches Systemkonzept angewandt. Das hierarchische Systemkonzept betont den Umstand, daß die Elemente eines Systems wiederum Systeme enthalten und das System selbst als Element eines umfassenderen Systems angesehen werden kann. Bewegt man sich in dieser Hierarchie abwärts, so erhält man eine detailliertere Erklärung des Systems, während man, wenn man sich in der Hierarchie aufwärts bewegt, ein tieferes Verständnis seiner Bedeutung gewinnt (vergl. [12]). Das hierarchische Systemkonzept wird aufgrund dieser Merkmale im allgemeinen für komplexe Planungs- und Entwicklungsaufgaben verwendet (Beispiele: [13, 14, 15]).
Nicht nur aus der Sicht der Planungsaufgabe, sondern auch aus betriebstechnischer Sicht ist es zweckmäßig, Subsysteme geringerer Komplexität abzugrenzen, die möglichst wenige Beziehungen zu anderen Teilsystemen aufweisen. Erst durch informations- und materialflußtechnisch weitgehend autarke Teilsysteme kann eine hohe Verfügbarkeit des Gesamtsystems gewährleistet werden (vergl. [16]). In [17] wird deshalb die komplexe Anlage in Fertigungs- oder Montagezellen unterteilt. In *Bild 4* ist

die hierarchische Strukturierung des technischen Systems "flexibel automatisierte Montageanlage" in einer Einteilung nach [18, 19] dargestellt. Das Planungsobjekt "Montageanlage" wird in die Subsysteme Montagezelle (Maschinen-, Geräte-, Aggregategruppe) und später tiefer gegliedert.

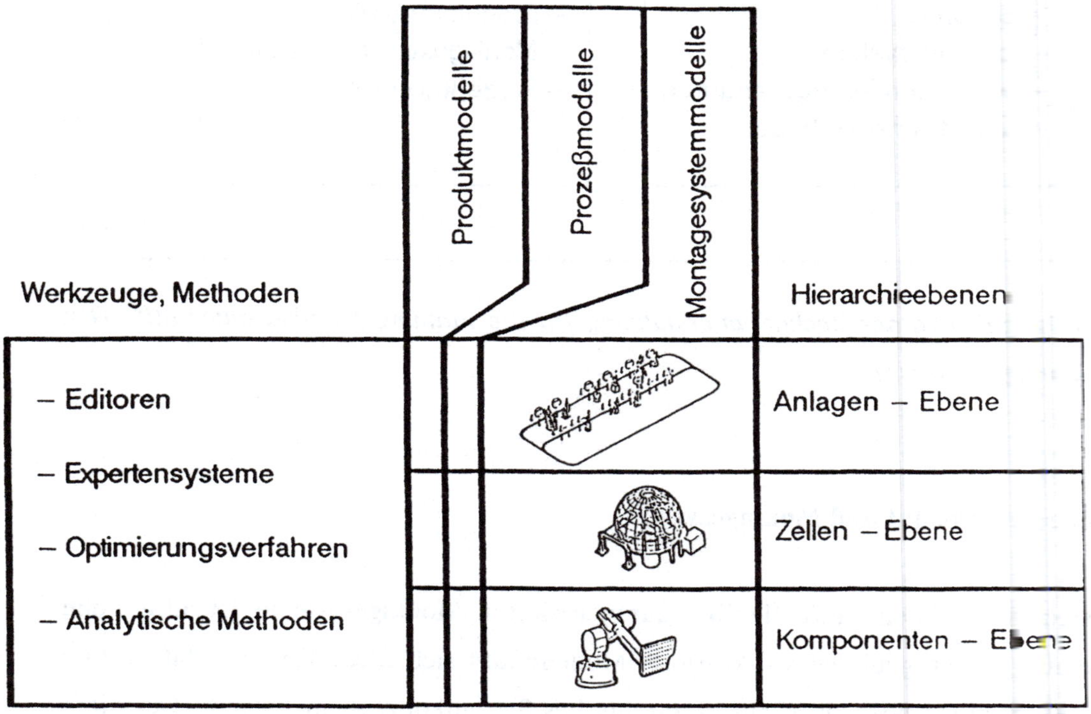

Bild 4 Hierarchische Strukturierung von Modellen für die Planung

Im wesentlichen sind die drei Komplexitätsstufen "automatisierte Montageanlage", "Montagezelle" und "Montagegerät" oder "-maschine" (zum Beispiel Industrieroboter, Fügevorrichtung) abzugrenzen.

Modelle sind im einfachsten Fall grafische Modelle für die Anlagen und Komponenten sowie für die Produkte. Konventionelle CAD-Systeme erlauben eine interaktive Bearbeitung der Modelle und können - wie allgemein bekannt - erhebliche Effektivitätsvorteile gegenüber einer konventionellen Planung, die sich auf meist zweidimensionale Zeichnungsunterlagen stützt erbringen. Es ist offensichtlich, daß für unterschiedliche Hierarchieebenen verschiedene Modelle verwendet werden müssen, um bei steigender Detaillierung die Bearbeitbarkeit der Modelle mit vertretbarem Rechneraufwand zu gewährleisten. Sowohl für die (montagegerechte) Gestaltung der Produkte als auch zur Layoutplanung für Montageanlagen lassen sie sich einsetzen wie die Beispiele in den *Bildern 5 und 6* zeigen. In *Bild 5* ist die montagegerechte Konstruktion einer Frontendbaugruppe eines PKW mit CAD dargestellt. Die Abgrenzung derartiger Vormontage–Baugruppen führt zu neuen Möglichkeiten bei der Strukturierung von Montagesystemen. Volumenorientierte CAD–Systeme bieten die Möglichkeit, schon während verschiedener Phasen des Konstruktionsvorganges immer wieder Einbauuntersuchungen durchzuführen. Die dabei entstandenen Modellle können von der Planung bei der Auslegung der Anlagen weiterverwendet werden. *Bild 6* zeigt das Layout einer Zelle zur flexiblen Montage dieser Baugruppe.

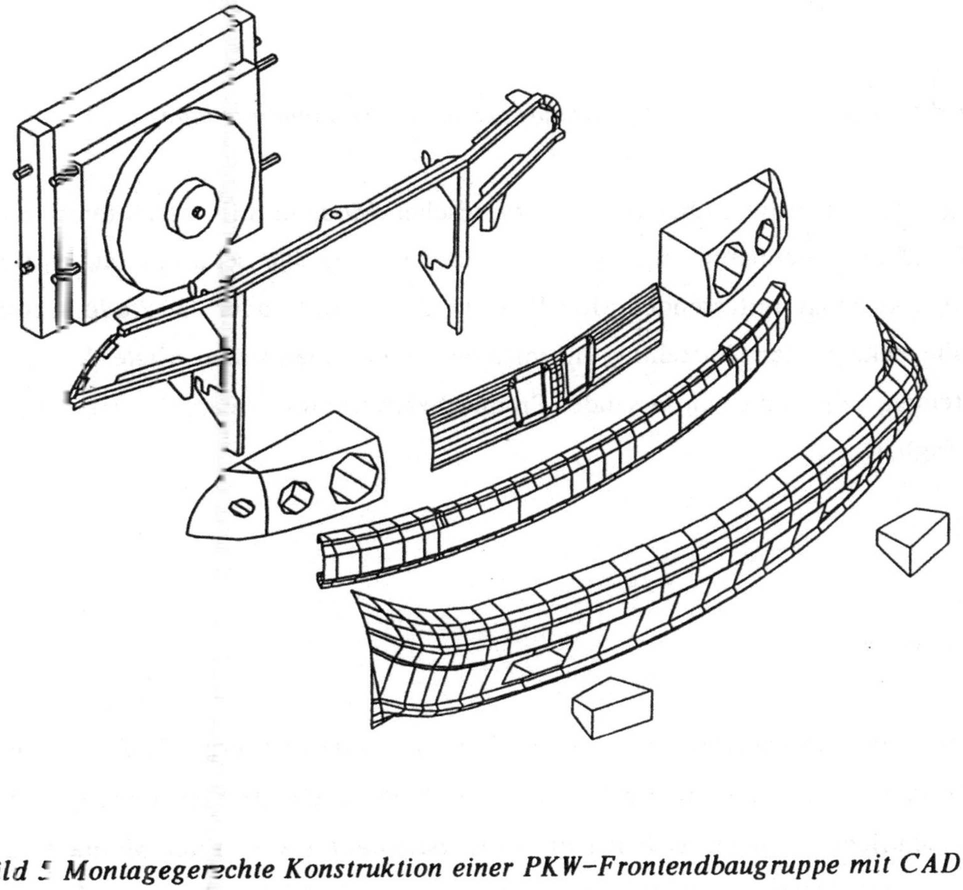

Bild 5 Montagegerechte Konstruktion einer PKW–Frontendbaugruppe mit CAD

Bild 6 Layout einer flexiblen Montagezelle zur Frontendmontage

Bestrebungen, diese bislang überwiegend graphischen Modelle mit Attributen wie z.B. Werkstoff, Oberflächenbeschaffenheit oder Handhabungseigenschaften zu ergänzen (vergl. [18]) führen zu umfassenden Modellen, die das Produkt oder die Produktionsanlage für alle Belange der Herstellung hinreichend beschreiben sollen. Erste Ansätze zu CAD-Systemen, die eine umfassende Produktbeschreibung zulassen, sind bereits marktverfügbar.

5. Prozeßmodelle

Gliedert man das Montagesystem hierarchisch in Teilsysteme (vergl. *Bild 4*), so ist es offensichtlich auch sinnvoll für die Prozesse verschiedene Hierarchieebenen einzuführen. Im wesentlichen ergeben sich für die Prozeßsimulation wie in der Montageanlage drei Ebenen. In der höchsten Komlexitätsstufe sind die Verfahren der Ablaufsimulation ein wesentliches Hilfsmittel, Prozesse in komplexen Fertigungs- oder Montagestrukturen abzubilden. In der nächst niedrigeren Komplexitätsebene gilt es Prozesse, die innerhalb von flexiblen Montagezellen ablaufen, zu beschreiben. Auf der untersten Ebene müssen relevante Teilprozesse wie Greif- oder Fügevorgänge mit Simulationsmodellen abgebildet werden.

Die Ablaufsimulation ist ein Hilfsmittel zum Vergleich verschiedener Systemstrukturen oder Steuerungsstrategien. Im Mittelpunkt steht dabei meist der Materialfluß. Zum Beispiel können erforderliche Pufferstrecken oder eine optimale Anzahl von Flurförderfahrzeugen für eine bestimmte Aufgabe ermittelt werden. Bislang werden Systemstrukturen mit speziellen Simulationssprachen (zum Beispiel GPSS-FORTRAN) nachgebildet *(Bild 7)*. Der Nachteil dabei ist, daß neue oder auch nur wenig veränderte Anlagenstrukturen jeweils Programmieraufwand erfordern. Wissensbasierte Simulationsansätze erlauben beliebige Kombinationen von Lösungsalternativen und versprechen damit eine wesentlich verbesserte Handhabbarkeit.

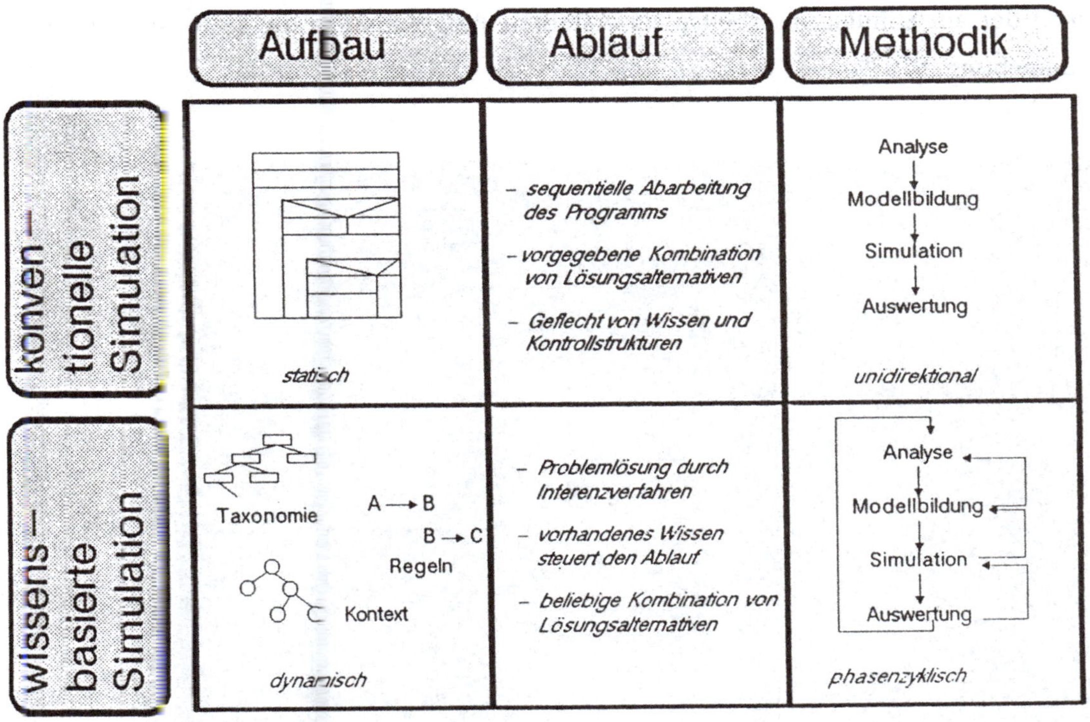

Bild 7 Vergleich von konventioneller und wissensbasierter Systemstruktursimulation

Weitere Simulationsaufgaben ergeben sich durch Prozesse, die in flexiblen Montagezellen ablaufen. Ziel ist es das Einwirken mehrerer Komponenten der Montagezelle und der Teile oder Baugruppen aufeinander zu beschreiben. Schwerpunkt in diesem Bereich sind Bewegungssimulationsmodelle für Industrieroboter, die einen beachtlichen Leistungsstand erreicht haben und für komplexe Planungsaufgaben wie zum Beispiel die im *Bild 8* dargestellte Zelle zur Dämmattenmontage nicht zu ersetzen sind. Mit dem graphischen Simulatinssystem ist es zum Beispiel möglich, zu untersuchen, ob ein Industrieroboter der an einem Portal verfahrbar angebracht ist, mit einem Mehrfachgreifer für Dämmatten kollisionsfrei in eine Automobilkarosse einfahren kann. Mit rein zweidimensionalen Hilfsmitteln könnten derartige Aussagen nicht mit der erforderlichen Sicherheit getroffen werden. Mit ausgereiften, benutzerfreundlichen Systemen (vergl. z.B. [24]) ist es möglich, Roboterbewegungen mit Drahtmodellen in Echtzeit darzustellen, automatische Kollisionskontrollen und Bahnoptimierungen durchzuführen und die Steuerprogramme für die Montagezellen off-line zu erstellen. Entwicklungsziele sind in diesem Bereich eine verbesserte Abbildung des realen dynamischen Roboterverhaltens oder die Einbeziehung kraftschlüssiger Roboterbewegung sowie eine verbesserte Übertragbarkeit der am Simulationsarbeitsplatz erstellten Programme in die reale Industrieroboterumgebung.

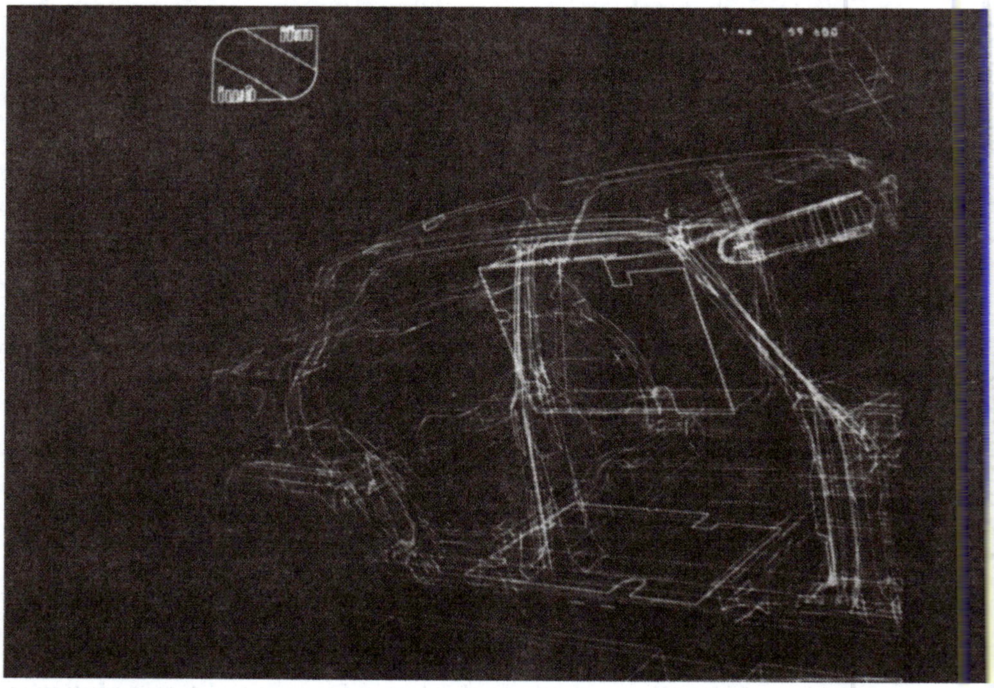

Bild 8 Bewegungssimulation für eine Zelle zur Dämmattenmontage

Auf der untersten Prozeßebene bietet sich als weitere Modellbildungsmöglichkeit die Simulation des Bauteilverhaltens durch Aufteilung in diskrete, berechenbare Elemente an. Bei der Finite-Elemente-Methode (FEM) wird das technische Kontinuum komplizierter Gestalt durch ein verhaltensgleiches Netzwerk berechenbarer Elemente ersetzt. Die in den Elementknoten angreifenden Zustandsgrößen werden schrittweise in der Struktur berechnet und übertragen.

Im allgemeinen Fall ist die Aufgabenstellung der Simulation von Fügeprozessen bedingt durch große Verschiebungen, Reibung und durch zum Teil komplexe Materialgesetze nichtlinear zu behandeln. Nichtlineare Aufgabenstellungen können mit FE-Methoden in Verbindung mit Iterationsverfahren gelöst werden. Die Kräfte, die den Fügevorgang bewirken, können schrittweise aufgebracht werden, und für jeden Schritt können mit Näherungsverfahren die Gleichgewichtsbedingungen zwischen äußeren und inneren Lasten erfüllt werden. Prinzipiell können dabei auch dynamische Fragestellungen (falls Trägheitskräfte relevant sind) oder Wärmeeinflüsse berücksichtigt werden. Mit FE-Methoden sind damit sowohl Füge- als auch Greif- oder Handhabungsprozesse physikalisch weitgehend beschreibbar. Im *Bild 9* ist beispielhaft die Simulation eines Fügeprozesses für ein Schnellbefestigungselement dargestellt. Das Finite-Elemente-Modell des Schnellbefestigungselementes (im Bild links zur besseren Überschaubarkeit als dreidimensionales Modell dargestellt) wird schrittweise mit den Fügekräften belastet. Das Gegenstück des Befestigungselements - eine Bohrung in einem Stahlblech - wird als nichtdeformierbare Oberfläche idealisiert. In der linken Bildreihe sind die Verformungen des Befestigungselements während des Fügevorganges im Vergleich zur Ausgangsgeometrie bei nicht ideal zentrischem Fügen dargestellt, rechts davon sind die auftretenden Vergleichsspannungen im Bauteil hervorgehoben.

Mit diesem Werkzeug wird es möglich, zum Beispiel zu erwartende Fügekräfte oder zulässige Positionierfehler zu Beginn des Fügevorganges abzuschätzen. Weiterhin können Aussagen über das Verformungsverhalten und auftretende Spannungen bei verschiedenen auftretenden Belastungen im Bauteil während des Prozesses getroffen werden.

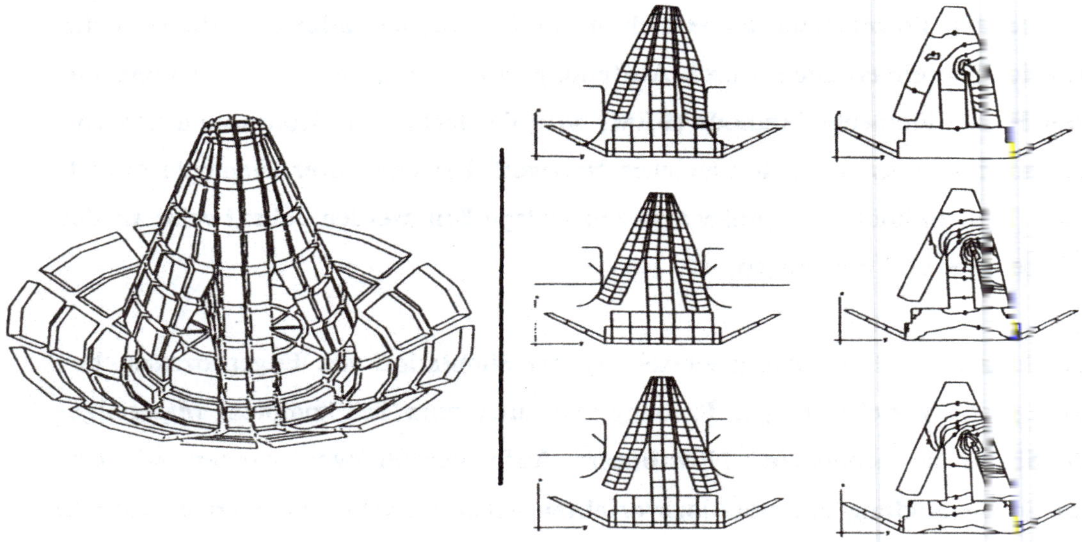

Bild 9 Simulation des Fügevorganges für ein Schnellbefestigungselement

Zusammenfassend kann man festhalten, daß prinzipiell eine Vielzahl von Modellen für Montagesysteme und -Prozesse für die unterschiedlichen Hierarchieebenen zur Verfügung stehen. Aufgabe der Planung ist es nun, diese unterschiedliche Modelle für den Prozeß und das Montagesystem soweit zu bearbeiten, daß sie in die konkrete Anlage umgesetzt werden können, in der das Produkt gefertigt beziehungsweise montiert wird. Durch weitere Verbesserungen können diese Modelle mittelfristig zu Grundbausteinen einer leistungsfähigen "Entwicklungsumgebung für flexibel automatisierte Montageprozesse" werden.

6. Rechnerunterstützte Methoden

Während die Modelle sinnvollerweise in *verschiedene* Hierarchieebenen gegliedert werden, bieten sich Methoden mit denen die Modelle bearbeitet und optimiert werden für *alle* Hierarchieebenen an. So können beispielsweise Vektoroptimierungsverfahren (vergl. [11]) auf verschieden Ebenen der Prozeßplanung, aber auch für parametrisierbare Konstruktionsaufgaben eingesetzt werden. Auch die prinzipielle Vorgehensweise beim Einsatz von Expertensystemen läßt sich auf verschiedene Ebenen übertragen.

Bild 10 zeigt zum Beispiel einen Versuchsaufbau zur Anwendung von Vektoroptimierungsverfahren zur automatischen Generierung optimaler Fügebewegungen für Schlauchverbindungen. Das Bewegungsprogramm des Industrieroboters wird dabei als kubische Splinekurve mit Parametern beschrieben. Diese Parameter werden von Optimierungsalgorithmen so beeinflußt, daß sich nach einer Reihe von Experimenten für ein bestimmtes Zielkriterium ein Optimum ergibt. Zielkriterien können minimale Fügekräfte (diese werden von einer Kraft-Momentensensorik ermittelt), eine möglichst geringe Fügezeit oder ein möglichst großer zulässiger Positionierfehler zu Beginn des Fügevorganges sein. Die verschieden Zielsetzungen können durch Wichtungsfaktoren

Bild 10 Automatische Optimierung von Fügevorgängen

Rechnergestützte Methoden wie numerische Optimierungsverfahren oder auch Expertensysteme können zu wesentlichen Produktivitätssteigerungen bei Planungsaufgaben führen, da sie die Modelle zum Teil ohne direkte Eingriffe des Planers hinsichtlich bestimmter, vorgegebener Zielkriterien verändern können.

7. Zusammenfassung

Ausgehend von einer Analyse der derzeitigen Situation im Fertigungsbereich Montage und einer Analyse der Automatisierungsaufgabe werden Möglichkeiten der Modellbildung für Montagesysteme und Montageprozesse dargestellt. Dabei werden für drei unterschiedliche Hierarchieebenen Modelle für den Montageprozess und die Montageanlage anhand von beispielhaften Anwendungen erörtert. Letztlich werden Methoden (beispielhaft Vektoroptimierungsverfahren) zur Bearbeitung der Modelle verschiedener Hierarchieebenen aufgezeigt.

Literatur:

1 *Milberg, J., Bürstner, H.:* Montageautomatisierung, ein wirksamer Wettbewerbsfaktor. Planung und Produktion 35 (1987) 3. S.6-15.

2 *Milberg, J.:* Sammelbecken aller Fehler: Die Montageautomatisierung kommt nur langsam voran. Moderne Fertigung (1987) 6. S.32-39

3 *Milberg, J., Diess, H.:* Optimierung der Montagetechnik durch rechnerunterstützte Planungssysteme. ZwF 82 (1987) 4. S.190-195.

4 *Barthelmeß, P.:* Montagegerechtes Konstruieren durch die Intergration von Produkt- und Montageprozeßgestaltung. Springer: Berlin Heidelberg New York Tokyo. 1987.

5 *Klir, G.J.:* An Approach to General Systems Theory. New York: Van Nostrand Reinhold Company 1969.

6 *o.V.:* VDI 2221 (10.86) Methodik zum Entwickeln und Konstruieren technischer Systeme und Produkte.

7 *o.V.:* DIN 66201 T1 (3.81) Prozeßrechensysteme

8 *Stachowiak, H.:* Allgemeine Modelltheorie. Wien New York: Springer 1973.

9 *Ropohl, G.:* Eine Systemtheorie der Technik. München Wien: Hanser 1979.

10 *Milberg, J., Diess, H.:* Computer-aided Planning of Flexible Automated Assembly Processes. Annals of the CIRP Vol. 36/1/1987. S.1-4.

11 *Diess, H.:* Rechnerunterstützte Entwicklung flexibel automatisierter Montageprozesse. Springer: Berlin Heidelberg New York Tokyo 1988.

12 *Mesarovic', M.D., Macko, D., Takahara, Y.:* Theory of Hierarchical Multilevel Systems. New York London: Academie Press 1970.

13 *Milberg, J., Diess, H.:* Rechnerunterstützte Planung flexibel automatisierter Montageanlagen. VDI-Z 128 (1986) Nr.11. S.443-449.

14 *Hubka, V.:* Theorie technischer Systeme. Berlin Heidelberg New York Tokyo: Springer 1984.

15 *Baumann, H.G., Looschelders, K.-H.:* Rechnerunterstütztes Projektieren und Konstruieren. Berlin Heidelberg New York: Springer und Düsseldorf: Stahleisen 1982.

16 *Milberg, J., Reithofer, N.:* Einflüsse auf die Nutzungsdauer von Maschinen. Industrieanzeiger 46 (1986) 108. S. 58-63.

17 *Milberg, J., Groha, A.:* Der Zellengedanke als Strukturierungsprinzip im Informations- und Materialfluß flexibler Fertigungssysteme. ZwF 81 (1986) 12. S.682-687.

18 *Spur, G.:* Geometrische Methoden- und Modellbank. Forschungsbericht 1984 - 1987. Teilprojekt A1 des SFB: Rechnergestützte Konstruktionsmodelle im Maschinenwesen. TU-Berlin 1987.

19 *Milberg, J., Wrba, P.:* Roboter- Einsatzplanung und Off-line Programmierung mit USIS. ZwF 81 (1986) 9. S.484-488.

Beispiele realisierter, automatisierter Montagesysteme

P. Konold

1. Einleitung

In der Fertigung von Mittel- und Kleinserien wird aufgrund der Marktsituation eine zunehmende Flexibilität der Systeme gefordert. Maßgebende Ursachen dieser Anforderungen sind z.B.:

- Typenvarianz der Erzeugnisse
- stark schwankende Losgrößen
- kurze Reaktionszeiten auf Fertigungs-, Verfahrens- und Materialänderungen
- neuer Material- und Informationsfluß

Hieraus resultieren Anforderungen an die Flexibilität wie z.B.:

- technologische Flexibiltät der Anlage
- universell einsetzbar
- wieder verwendbar
- kurzfristig umrüstbar (auf andere Erzeugnistypen)
- optimale Durchlaufzeit
- Transparenz zu den umgebenden Steuerungen und Leitsystemen
- frei programmierbare Bewegungen und Abläufe

Intelligente Systeme bieten die erforderliche Flexibilität und sind gegenüber starren Einrichtungen u.a. vielfach nutzbar. Hierfür sind relativ hohe Investitionen zu tätigen. Daher besteht für den Unternehmer ein wirtschaftlicher Zwang zur Erweiterung des Fertigungssystems bzgl. der Einsatzmöglichkeiten und der maximalen Nutzung, möglichst rund um die Uhr. Ein Baustein innerhalb solcher Systeme ist der Bosch-Schwenkarmroboter, welcher die gestellten Anforderungen nach Flexibilität weitestgehend erfüllt.

2. Planung von Applikationen mit Robotern

Die Planung von Fertigungssystemen - z.B. einer hochautomatisierten Fertigungszelle oder einer flexiblen Gesamtanlage - bedarf des Einsatzes moderner Planungsmethoden und -hilfsmittel.

Die Projektierung eines oder mehrerer Roboter als relevanter Baustein in derartigen Systemen sollte daher systematisch z.B. nach Überprüfung folgender Kriterien erfolgen:

- o Tragkraft
- o Arbeitsraum
- o Taktzeit
- o Anzahl erforderlicher Freiheitsgrade
- o Positioniergenauigkeit
- o Informationsverarbeitung
- o Greifer
- o Manuelle Zugänglichkeit
- o Programmierung
- o Mitarbeiterqualifikation
- o Arbeitssicherheit

Hierbei ist ein besonders maßgebendes Auswahlkriterium für den Roboter die erreichbare Taktzeit. Für eine aussagekräftige Bestimmung bietet die Fa. Bosch für alle 3 Baugrößen von Schwenkarmrobotern geeignete Hilfsmittel an.

Ausgangspunkt für eine Taktzeitaussage ist der Arbeitsraum des Roboters (Bild 1) mit den ablaufbedingten Bewegungspositionen, ergänzt durch die jeweiligen Prozeßzeiten (z.B. für Schrauben, Greifer öffnen und schließen).

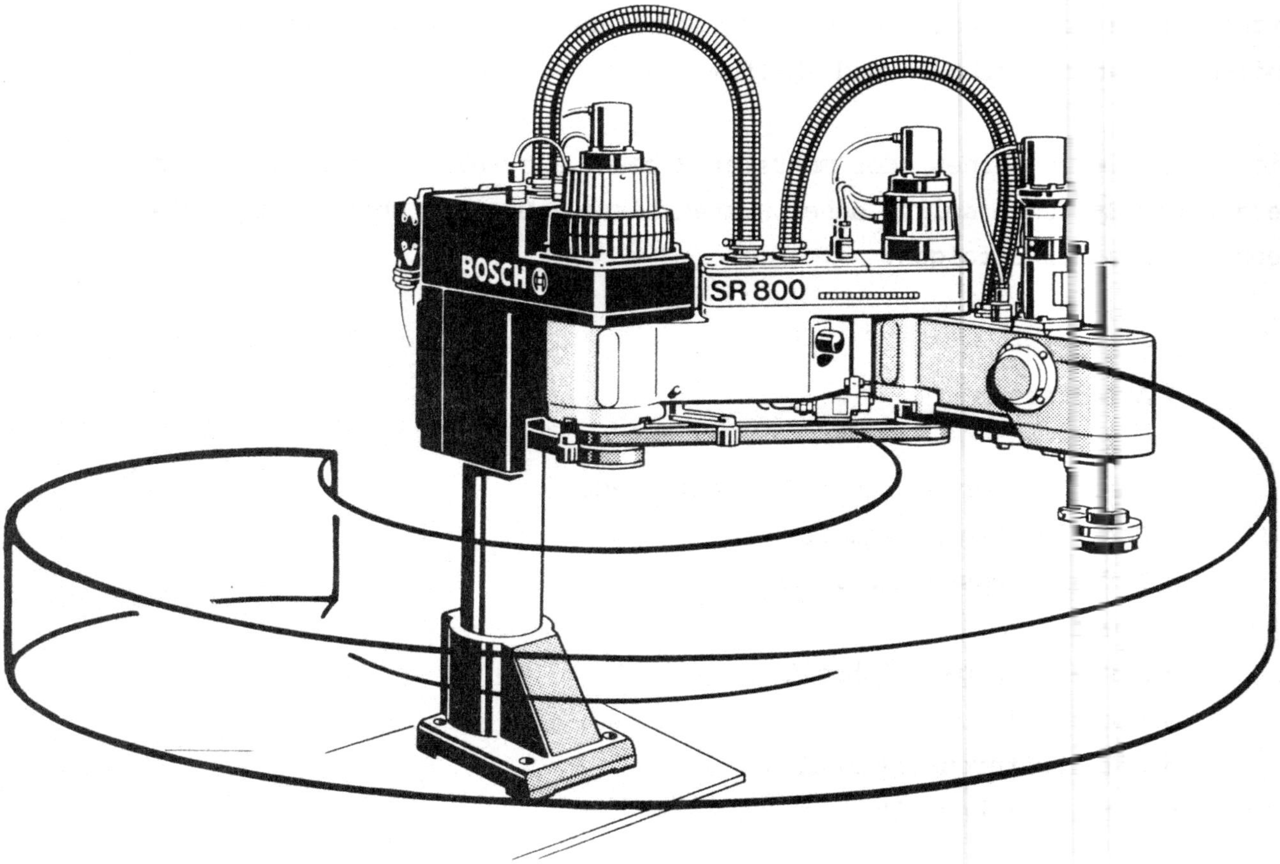

Bild 1: Arbeitsraum des Schwenkarm-Roboters

Bei einer einfachen manuellen Taktzeitermittlung dienen die aus der Projektierungszeichnung und über die Roboterschablone ermittelten Winkel- und Hubveränderungen des Schwenkarms beim Bewegungsablauf zur Ermittlung der Taktzeit. Mit diesen Werten werden aus einem Weg-Zeit-Diagramm Einzelzeiten abgelesen und in ein Formblatt eingetragen. Die aufaddierten Zeiten lassen schnell und sicher die tatsächlichen Taktzeiten bestimmen. (Bild 2)

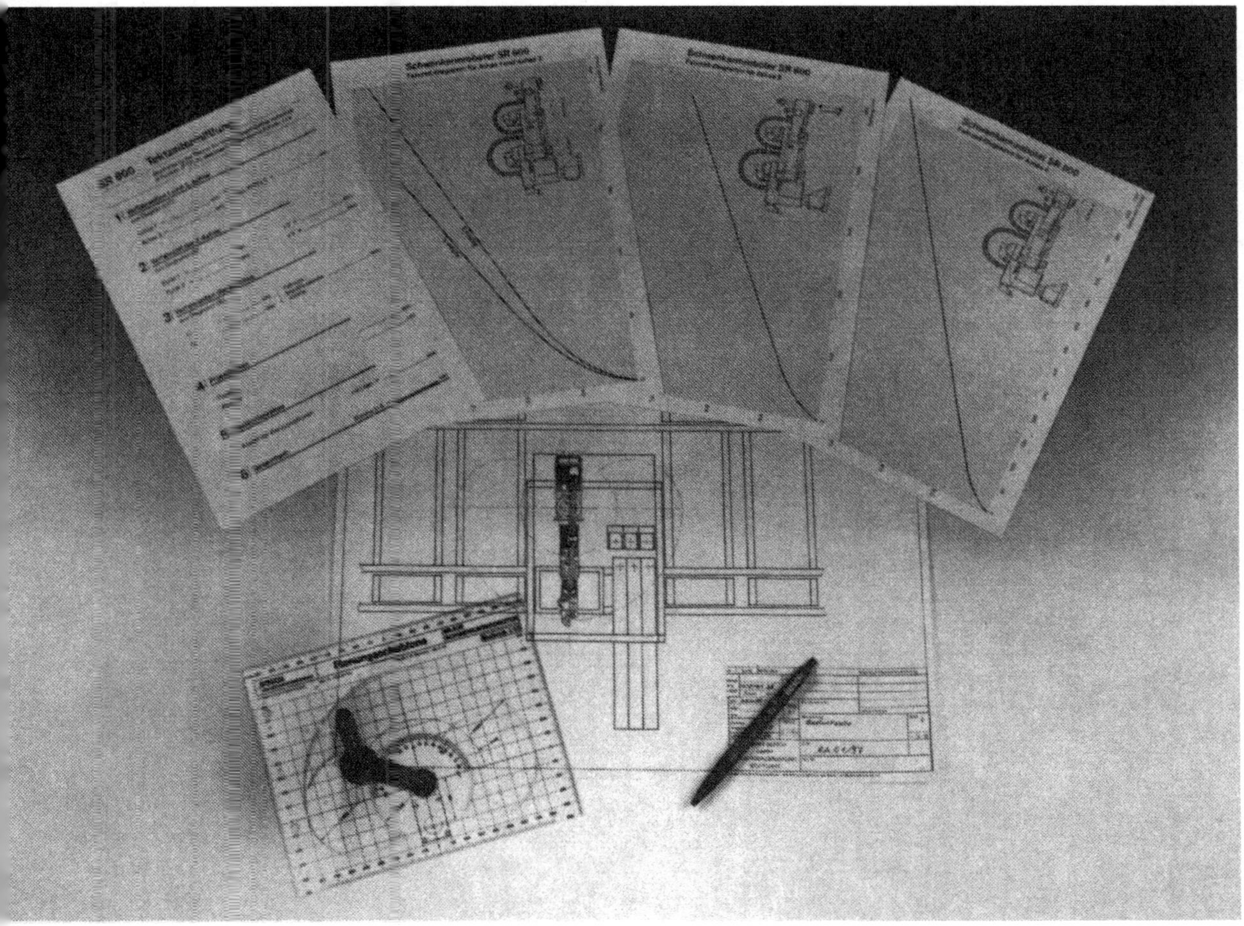

Bild 2: Planungsschablone, Taktzeitdiagramme und Formblatt zur Taktzeitermittlung von Schwenkarmrobotern

Wie auch in anderen Bereichen kann auch hier die EDV sinnvoll arbeitsunterstützend eingesetzt werden. Neuentwickelte Programmierungs- und Planungshilfsmittel als Software auf PC's ermöglichen in der Planungsphase und bei der Off-Line Programmierung den effizienten Einsatz unserer Robotersysteme.

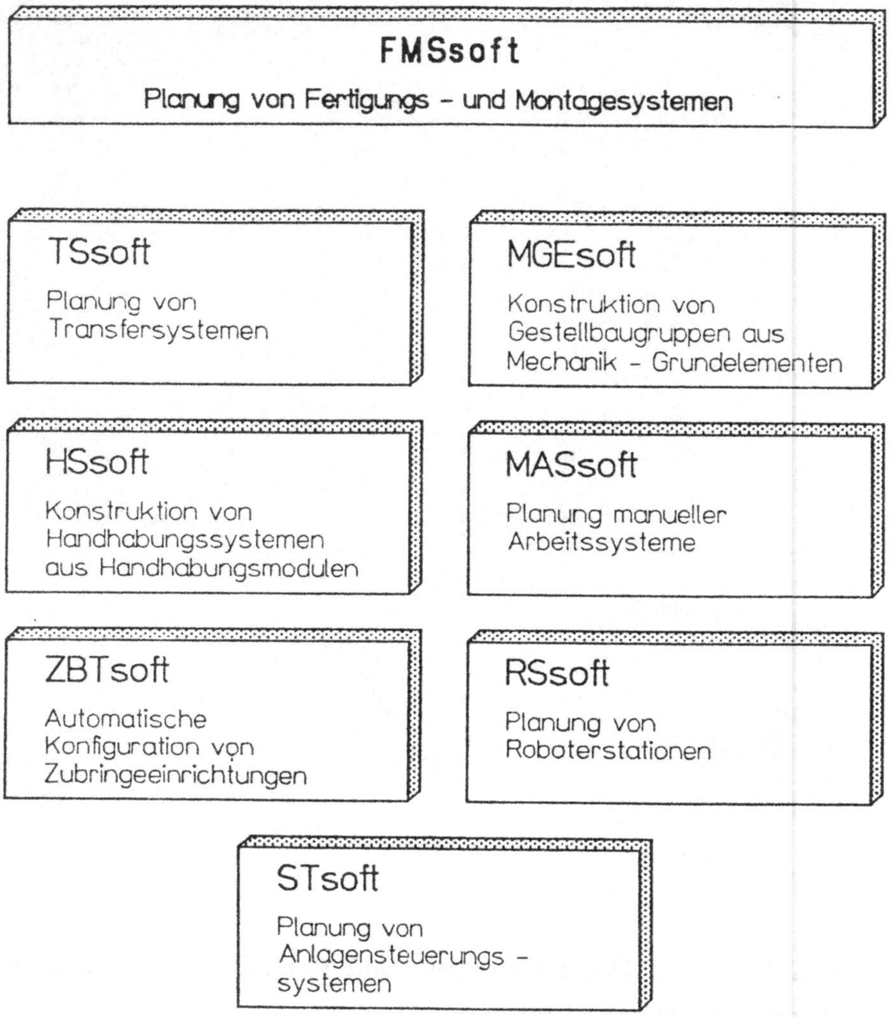

Bild 3: FMS-Planungssoftware (Bosch)

Die Planungssoftware FMSsoft ist ein Baukasten aus integrierbaren Programmpaketen, die eine einfache Planung von Fertigungssystemen, insbesondere von Montage- und Handhabungssystemen, ermöglichen. Die verschiedenen Programmpakete von FMSsoft decken dabei komplett die Inhalte des FMS-Baukastensystems für Fertigungssysteme ab. Einen Überblick über die FMSsoft-Programmpakete gibt Bild 3:

Mit der Planungssoftware RSsoft und einem PC werden über die Fenstertechnik die periphere Systemkonfiguration wie z. B. Werkstückträger, Transportbänder, Paletten o.a.) eingespielt und die Arbeitspositionen des Roboters zur Taktzeitermittlung eingegeben. Nach Festlegung der Bewegungsabläufe wird die Taktzeit ausgegeben (Bild 4):

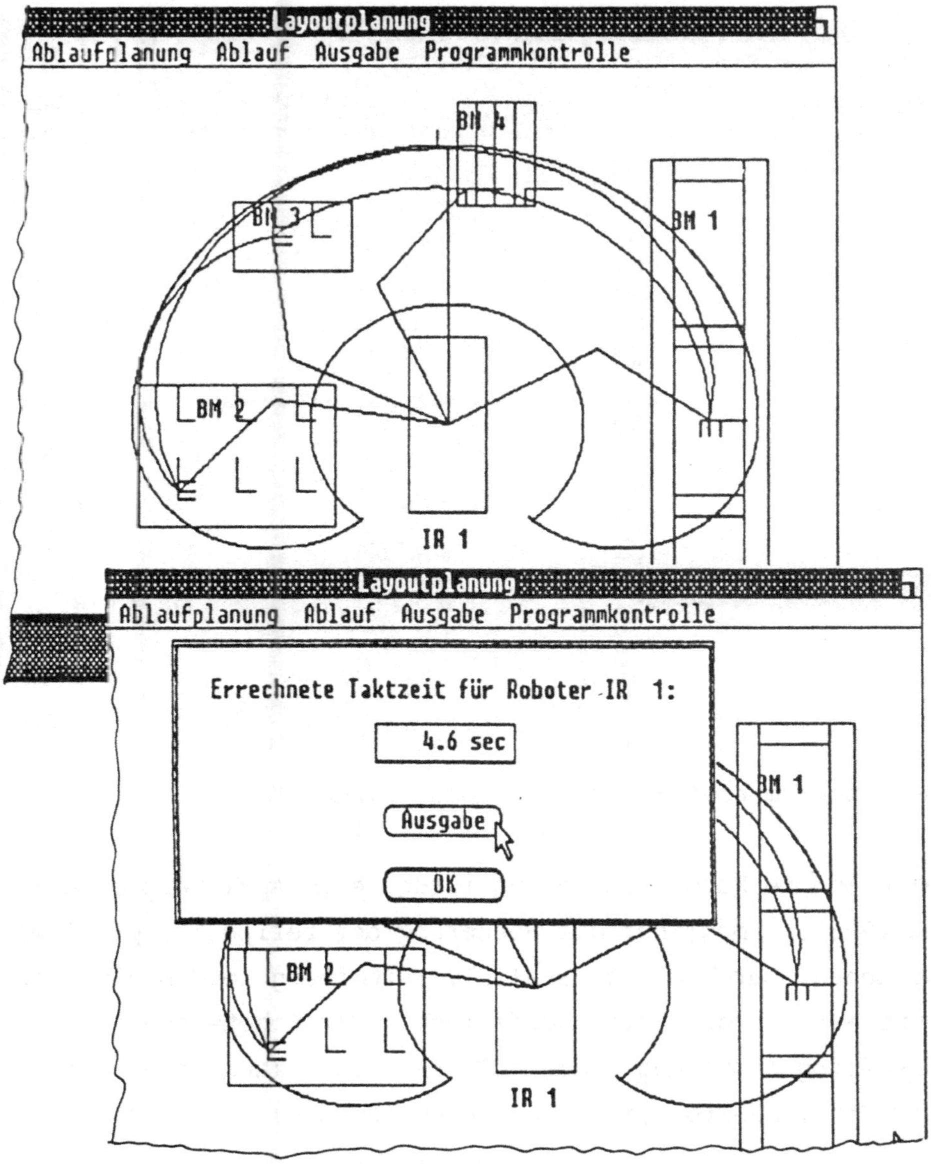

Bild 4: Systemaufbau Roboter-Bewegungs-Darstellung und Taktzeitausgabe

Auch bei einer beliebigen räumlichen Variation der Roboteraufgabe stehen sofort Taktzeit und Bewegungssimulation am PC zur Verfügung. Die graph. gezeigten Bewegungsabläufe des Ind.-Roboters liefern außerdem Erkenntnisse über die Armstellungen beim Anfahren von Positionen, Schutzraumabmessungen für die Anlage u.a.

Ziel ist es bei Off-Line-programmierten Schwenkarm-Robotern direkt den Bewegungsablauf und das Programm am Bildschirm zu kontrollieren und zu optimieren.

Mit dem Off-line Festprogrammiersystem "Robot-Windows" ist es möglich Bewegungs- und Ablaufprogramme in Fenstertechnik auf einem Arbeitsrechner (z.B. IBM AT mit Festplatte, Graphikkarte und Maus) ohne wesentliche Vorkenntnisse elegant zu erstellen (Bild 5).

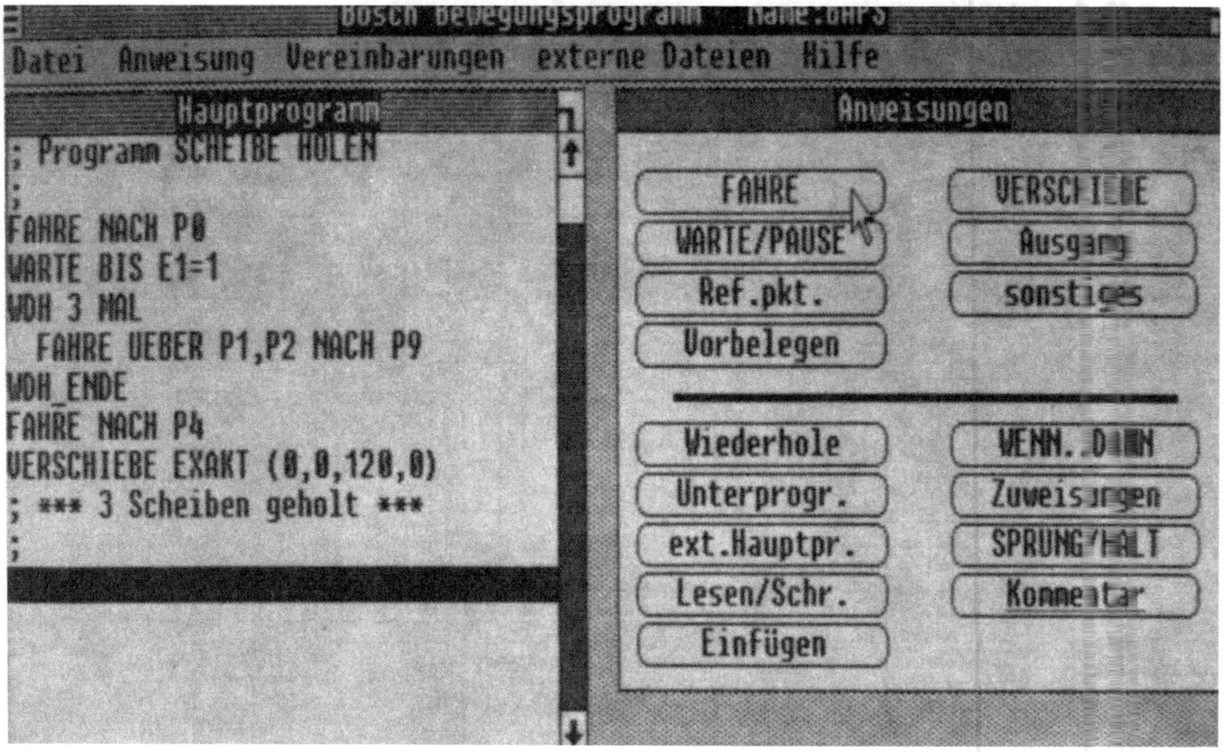

Bild 5: Bewegungsprogrammerstellung mit "Robot-Windows"

Die PIC 200, eine in die Robotersteuerung integrierte speicherprogrammierbare Steuerung (SPS), ermöglicht die Steuerung der Peripherie parallel zu den Roboterbewegungen. Durch diese Parallelverarbeitung werden die Reaktionszeiten reduziert und die Leistungsfähigkeit der Roboterstation erhöht. Die Ablaufprogrammierung dieser SPS (PIC 200) kann ebenfalls über Robot-Windows im Off-line-Programmierverfahren (Bild 6) erfolgen.

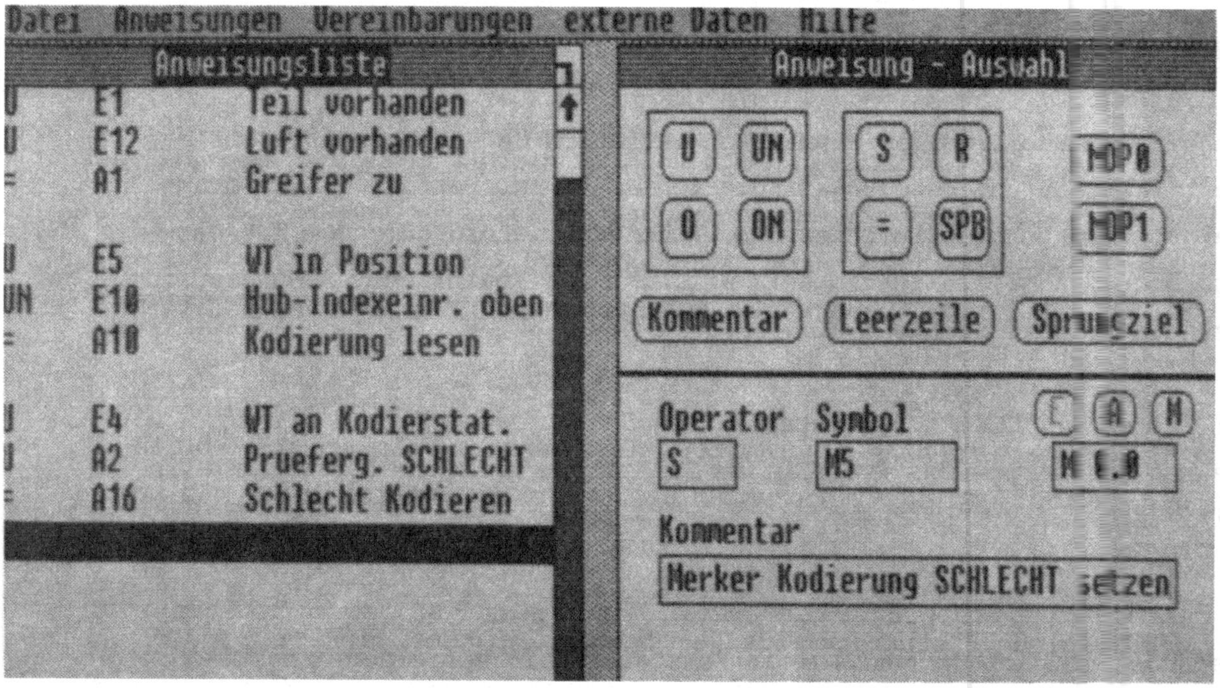

Bild 6: Ablaufprogrammerstellung für die SPS mit Robot-Windows

3. Applikationen in der Handhabungstechnik, Montage und Prüfung

Betrachtet man die Einsatzschwerpunkte und die Zunahme von Roboteranwendungen in den letzten 5 Jahren, so muß diesen 3 Bereichen große Bedeutung beigemessen werden.

Die Handhabungstechnik - ein bisher mit geringem Interesse betrachtetes Aufgabengebiet wird zunehmend wichtiger und anspruchsvoller.

Veränderte Anforderungen ergeben sich z.B. bei der Handhabung von Paletten durch:

o gezielte Entnahme und Eingabe (z.B. aus Palette in Werkstückträger) aufgrund der hohen Genauigkeit, Packungsdichte und Mengenvielfalt

o Unzumutbarkeit für manuelle Tätigkeit aufgrund der Materialmengen und -gewichte, sowie der Monotonie der Arbeit für den einzelnen Mitarbeiter

o zunehmend geforderte Informationsverarbeitung aufgrund unterschiedlicher Palettenraster, Steuerung von Zuführ- und Stapeleinrichtungen und Sensorverarbeitung, z.B. für Teileanwesenheit, -erkennung und -prüfung.

Auch hier spielt die Flexibilität eine entscheidende Rolle. Gefordert wird z.B. unterschiedliche Teile aus dem gleichen Bereitstellungssystem mit Paletten gleicher Außenabmessungen in möglichst kurzem Zyklus zu handhaben und der nachfolgenden Operation zuzuführen.

Bild 7: Lambda-Sonde komplettieren

Wie in dem Bild 7 einem einfachen Beispiel der Komplettierung der Lambda-Sonde aufgezeigt, werden die Teile automatisch zugeführt und in einem durchschnittlichen Takt von 3 Sek. mit einem Schwenkarm-Roboter in Werkstückträger eingesetzt.

Die Montage kennzeichnend für den Ind.-Robotereinsatz ist das Fügen bei hoher Präzision und Steifigkeit oder das Handhaben von Werkzeugen wie z.B. von Schraubern.

Bosch-Schwenkarmroboter mit einer Wiederholgenauigkeit < ± 0,025 mm sowie großer Steifigkeit und hohen Verfahrensgeschwindigkeiten bieten ideale Voraussetzungen für den Einsatz in der Montage. Zur Befestigung von Montagewerkzeugen, wie z.B. Schraubern, ist eine spezielle Roboterausführung mit el. Schlitten erhältlich.

Bild 8: Transport von Gasarmaturen in Fettstation und unter vier Schraubstationen

Bild 9: Montage von Scheinwerfergläsern

Je nach Anwendung bzw. Einsatzfall ist der Roboter zur Werkstückhandhabung - wie im Bild 8 gezeigt bei der Montage einer Gasarmatur durch Schrauben und Fetten - oder zur Werkzeughandhabung - wie z.B. zum Zubringen und Fügen von Halteklammern an Scheinwerfern Bild 9 eingesetzt.

Die Taktzeiten liegen bei der Einzelmontage in einem Bereich von 3 Sekunden und höher. Für das Montieren einer kompletten Baugruppe werden vielfach Taktzeiten über 60 Sekunden benötigt.

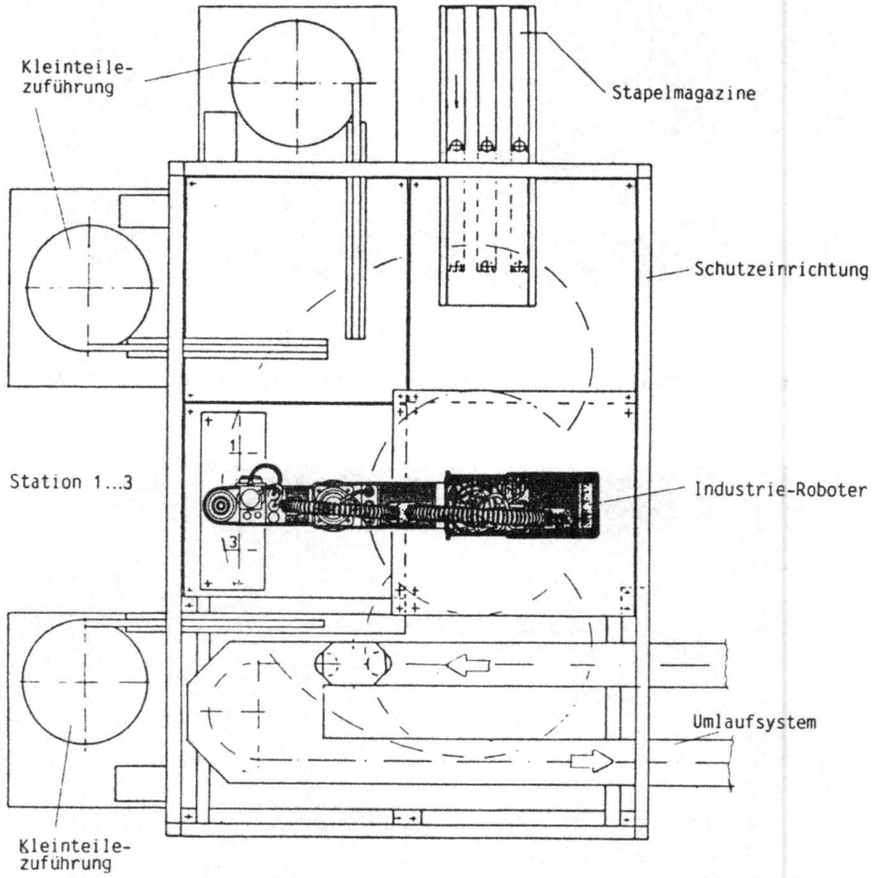

Bild 10: Montagezelle für Elektrowerkzeug-Baugruppen

Bei der Montage der Getriebebaugruppe für die Kettensäge werden 9 Bauteile über das Transfersystem, Schwingförderer und Magazine dem Roboter zugeführt. Der Roboter montiert innerhalb 75 Sek. mit Hilfe von 3 Einpreßstationen die komplette Getriebebaugruppe, welche nach Ablegen in das Transfersystem die Montagezelle automatisch verläßt. Um die Ausnutzung dieser Montagezelle noch zu erhöhen, wird eine weitere Baugruppe, bestehend aus 5 Einzelteilen, in 38 Sek. mit den gleichen Einrichtungen montiert (Bild 10).

Bei dem Einsatz von Industrie-Robotern in der Prüfung kann nach 3 Klassen unterschieden werden:

o Handhabung des Prüfobjektes

o Handhabung des Meßmittels

o Durchführung von Prüffunktionen durch den Ind.-Roboter

Bei der **Handhabung des Prüfobjektes** wird das zu prüfende Erzeugnis mit der Prüfeinrichtung kontaktiert (z.B. durch Einlegen des Erzeugnisses in den Prüfautomat) und entsprechend dem Prüfergebnis differenziert an die nachfolgenden Plätze bzw. Stationen weitergegeben.

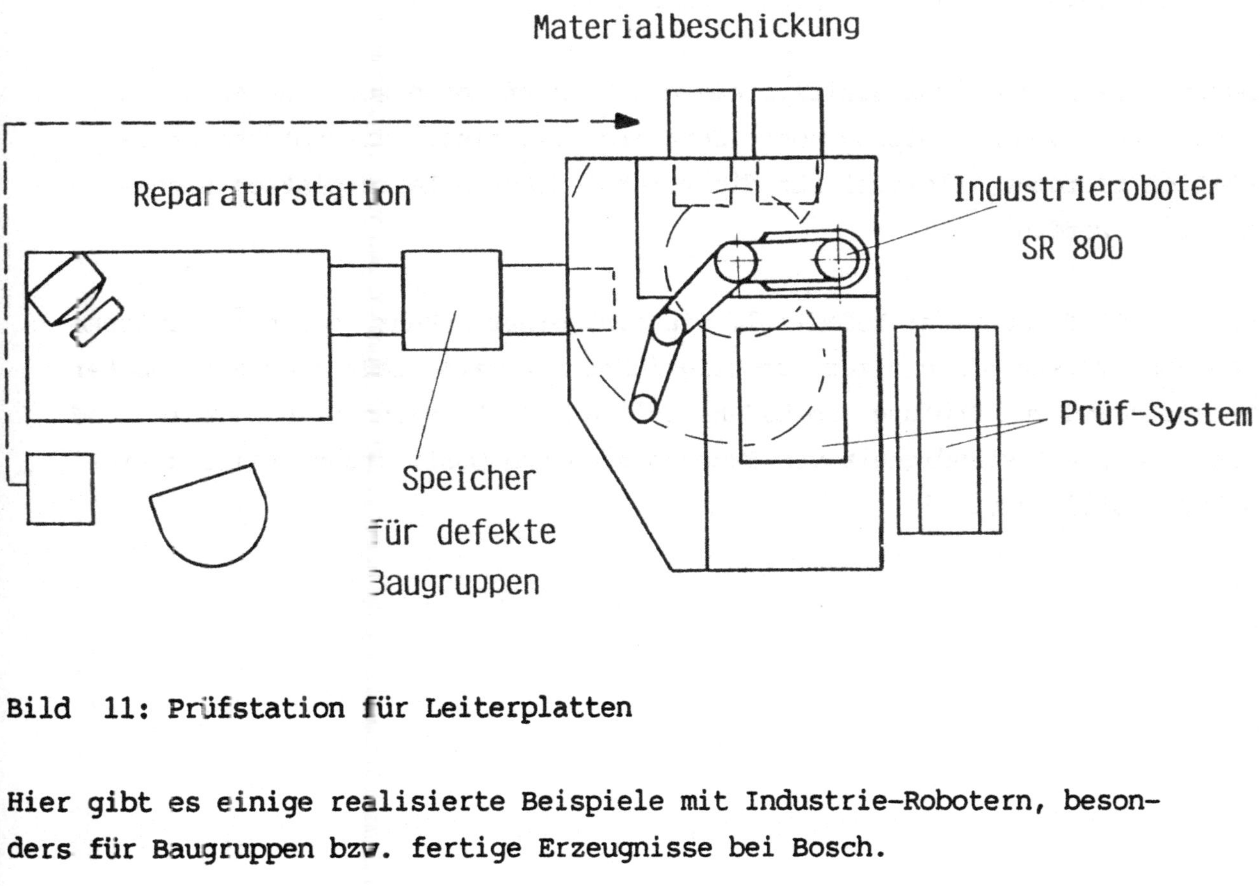

Bild 11: Prüfstation für Leiterplatten

Hier gibt es einige realisierte Beispiele mit Industrie-Robotern, besonders für Baugruppen bzw. fertige Erzeugnisse bei Bosch.

Aufgaben wie z.B. Teileerkennung über Barcode, Prüfauswertung und -dokumentation lassen sich mit den sogenannten "intelligenten" Schnittstellen des Schwenkarmroboters verknüpfen. Die benötigte, kurze Handhabungszeit des Erzeugnisses ist meist unkritisch zur eigentlichen Prüfzeit.

Bei dem Beispiel der Leiterplattenprüfung werden ungeprüfte Leiterplatten dem ersten Magazin entnommen und von dem Roboter in die Prüfaufnahme gelegt. Bei einer Prüfung ohne Beanstandungen wird die Leiterplatte mit dem Roboter einem zweiten Magazin zugeführt. Fehlerhafte Leiterplatten erhalten ein ausführliches Prüfprotokoll, welches über ein Rechnersystem abgespeichert wird. Bei der anschließenden Handhabung der Leiterplatte und Einlagerung in ein Puffersystem durch den Roboter teilt die Robotersteuerung dem bildschirmgeführten Reparaturplatz die Zuordnung von Speicherort, Leiterplatte und Prüfprotokoll mit. Somit ist sichergestellt, daß bei einer Nacharbeit dieser Leiterplatte zu einem späteren Zeitpunkt alle notwendigen Informationen vorliegen (Bild 11).

Durch unterschiedliche Greifsysteme und Prüfaufnahmen sowie unterschiedliche Prüf- und Ablaufprogramme (Software) ist diese Leiterplattenprüfstation geeignet, flexibel für die verschiedensten Leiterplatten eingesetzt zu werden.

Bei der **Handhabung der Meßmittel**, wie z.B. einer Meßuhr oder elektronische Längemeßsysteme bis hin zur robotergeführten Kamera, läßt sich der Roboter hervorragend zur Prüfung von Maßen, Toleranzen, Anwesenheit von Teilen und Schriften, Vollständigkeit von Erzeugnissen und Qualitätsbeurteilung einsetzen (Bild 12 u. 13).

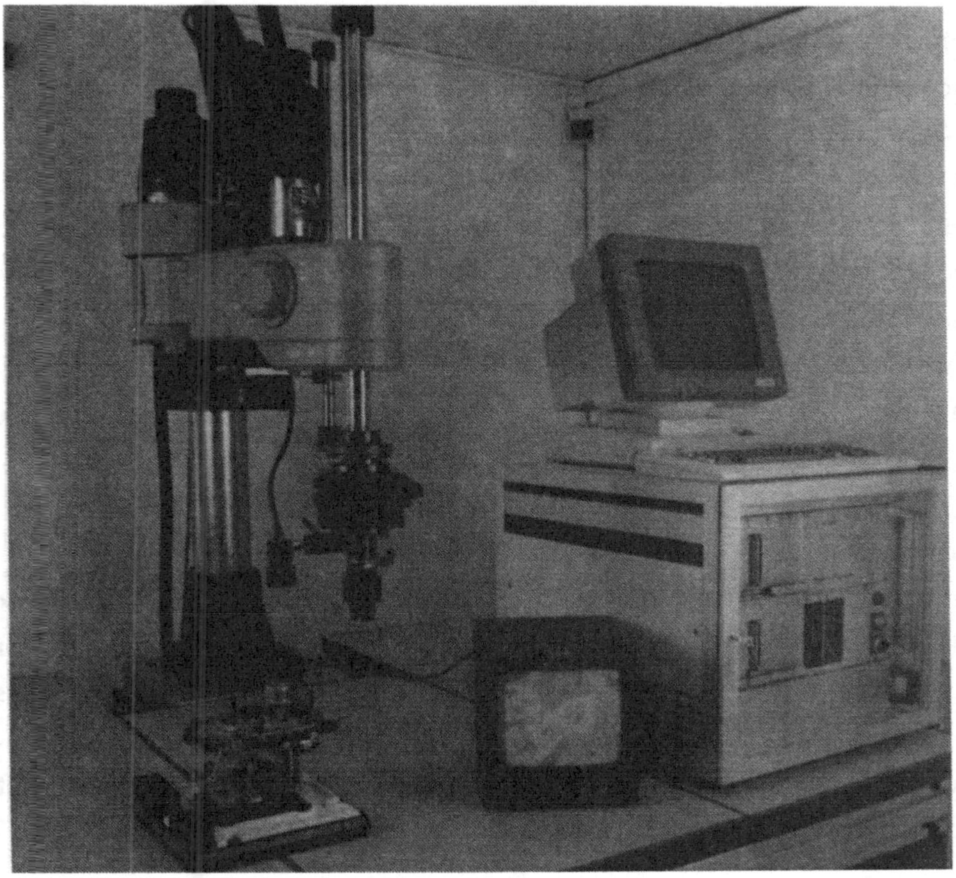

Bild 12: Optische Prüfung einer Baugruppe über Bildverarbeitungssystem

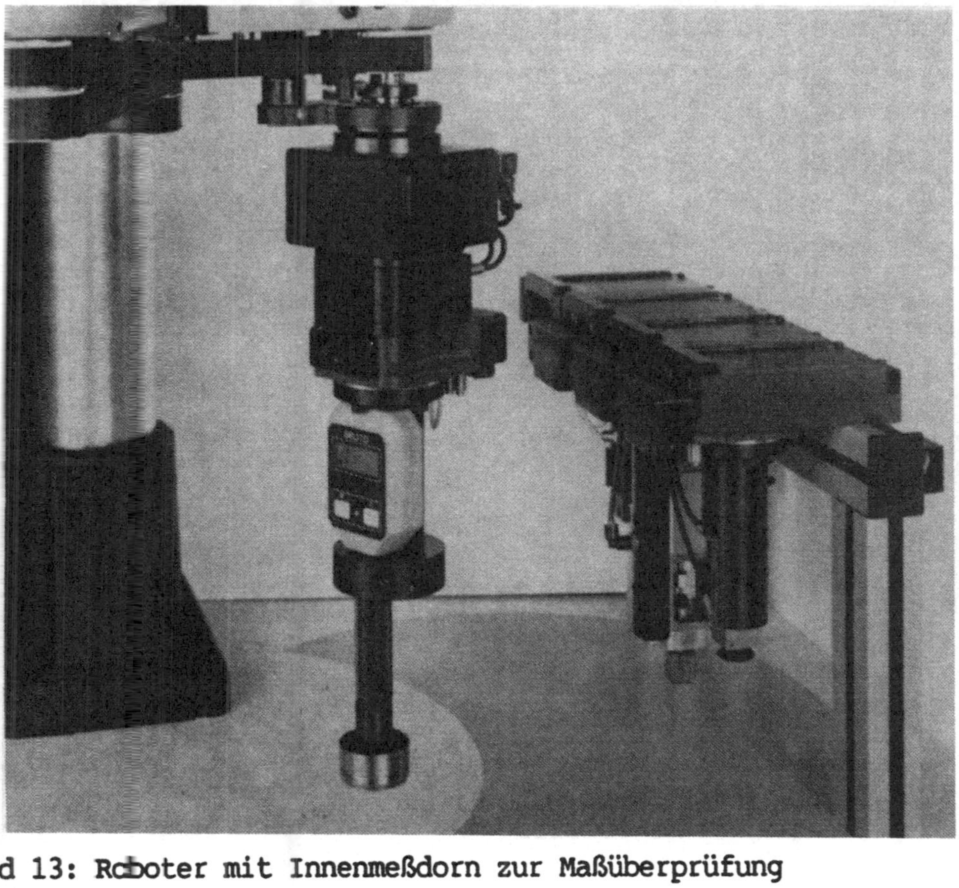

Bild 13: Roboter mit Innenmeßdorn zur Maßüberprüfung

Die **Durchführung von Prüffunktionen** mit Industrie-Robotern ist eine anspruchsvolle Aufgabe und ist besonders bei elektrischen oder elektronischen Geräten der Unterhaltungselektronik (z.B. Autoradios, Kassettengeräten) oder bei Komponenten von Haushaltsgroßgeräten (z.B. Dunstabzugshauben, Herdbedienfelder) möglich. Im einzelnen sind dies Regel- und Justiervorgänge, wie z.B. das Verdrehen bzw. Einstellen eines Potentiometers einer Leiterplatte oder komplette Funktionsprüfung eines fertigen Gerätes wie z.B. Tasten drücken, Schiebeschalter oder Drehknöpfe bewegen, Anzeigen (z.B. LED oder Klarschrift) überprüfen oder Prüfkassetten einlegen bzw. tauschen.

Diese Funktionen kann ein mit Greifern, Werkzeugen und Sensoren ausgestatteter Roboter durchführen. Die Funktionsprüfung wird mit gleicher Aufmerksamkeit und Ausdauer so lange wiederholt, bis ein Optimum erreicht ist bzw. ein Abbruch der Prüfung bei fehlerhaftem Gerät erfolgt. Zusammen mit den techn. Voraussetzungen (geeignete Kontaktierung, Aufnahme u.a.) sowie angepaßten Meß- und Auswertesystemen (intelligente Prüfeinheit) erlaubt die so erstellte Konfiguration eine objektive Prüfung.

Bild 14: Autoradioprüfung mit Ind. Roboter

Bei der Prüfung eines Autoradios beginnt der Roboter mit der Steuerung der Peripherie (z.B. Ausheben des Autoradios aus dem Transfersystem und Fixierung der Prüfstation). Entsprechend des Barcodes eines Autoradios wird die für diesen Gerätetyp richtige Rückwandkontaktierung ausgewählt bzw. zusammengestellt, eingerastet und überprüft. Danach erfolgen Ein-Ausschalt-Vorgänge, Sendereinstellungen, Regelvorgänge, Kassettenprüfung u.a. Tätigkeiten. Sie endet, bei erfolgter Gutmeldung der elektrischen Prüfeinheit, mit der vom Roboter durchgeführten Prüfstempelung des Gehäuses (Bild 14).

4. Applikation für neue, zukünftige Aufgaben

Die zunehmende Intelligenz des Roboters, die hohe Präzision in der Bewegung mit Bahnfahr- und Positioniergenauigkeiten von wenigen 1/100 Millimetern sowie die Anschlußmöglichkeiten und die Verarbeitung von Sensorsignalen bieten zunehmend neue Perspektiven beim Einsatz von Industrie-Robotern.

Bisher bereitete das Fügen von Teilen mit vielen Fügestellen in einer Ebene große Schwierigkeiten. Heute können diese Aufgaben mit extrem genauen Ind.-Robotern, Such- und Positionierbewegungsroutinen sowie intelligenten Sensoren für Fügekräfte oder Verkantungen elegant gelöst werden.

Der Bosch-SR 800 z.B. führt diese schwierigen Aufgaben bei der Fa [illegible]TM in der **Leiterplattenbestückung** aus. In durchschnittlich 3,5 Sekunden wird dabei ein elektronisches Bauteil in die Leiterplatte sicher eingesetzt (Bild 15).

Bild 15: Leiterplattenbestückung mit Schwenkarm-Roboter

Zu Fügen sind die noch auf der autom. bestückten Leiterplatte verbleibenden, fehlenden Bauteile. Diese Sonderbauteile - auch Exoten genannt - sind Tantal- oder Blockkondensatoren, DIP-Schalter, IC's, Trafo's, Spulen u.a. mit z.T. über 20 elektr. Kontakten.

Bild 16: Greifer mit Bauteil, Greifermagazin

Mechanisch wird die Fügeoperation unterstützt durch verschiedene, der Bauteilespezifikation entsprechende Präzisionsgreifer mit der flex. Kopplung zum Roboter über das Greiferwechselsystem. Die Bereitstellung der unterschiedlichen Greifer erfolgt am Arbeitsraumrand des Schwenkarm-Roboters in Greifermagazinen (Bild 16).

Beim Löten, einem Verfahren u. a. abhängig von Wärmeübergang, Lage und Toleranzen der Bauteile, werden in erster Linie Qualität und Zuverlässigkeit erwartet.

Heute sind aufgrund der hohen Präzision der Bauteile und der Fixierung, der exakten Positionierung des Lötwerkzeuges sowie einer sensorgesteuerten Überwachung des Lötwerkzeuges mit der Ind.-Roboter-Steuerung optimale Lötverbindungen herstellbar.

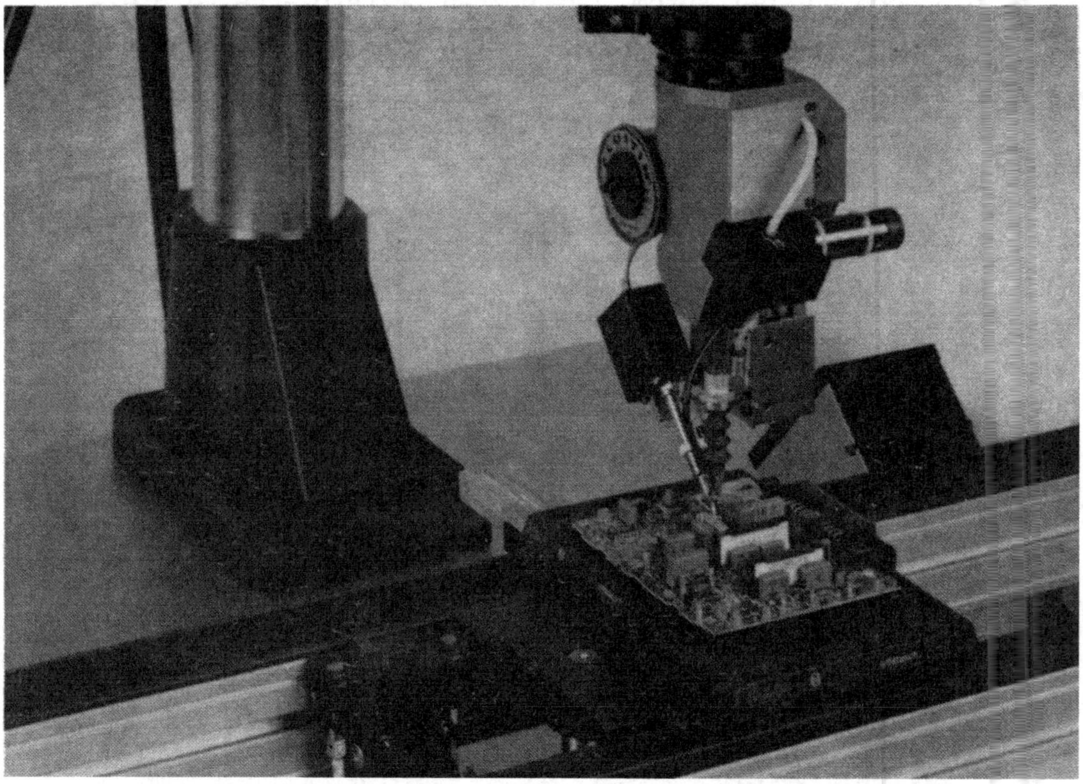

Bild 17: Ind.-Roboter mit Lötwerkzeug beim Einlöten von Widerständen in eine KFz-Elektronik-Baugruppe

Bei einer Anlage zur Leiterplattenherstellung für die Kfz-Elektronik werden elektr. Bauteile mit einem Lötroboter eingelötet. Dieser, als komplette Baueinheit käufliche Ind.-Roboter, bietet z.B. durch programmierbare Temperaturregelung, sensorüberwachte Lötdrahtzuführung, Lötkontrolle (Prozeß, Anpreßkraft) und durch autom. Reinigung der Lötspitze eine konstante Lötqualität vom Arbeitsbeginn bis zum Abschalten am Schichtende. Die Taktzeit beträgt je nach Lötaufgabe zwischen 2 und 4 Sek. je Lötstelle (Bild 17).

Die Verarbeitung, d.h. das **Auftragen von dicklüssigen Medien** wie z.B. Kleber auftragen, Einbringen von Dichtmasse in Nuten, Kennzeichnen von Bauteilen durch Sicherungslack u.a. ergänzt oder erübrigt zunehmend andere Fertigungsverfahren. Aufgetragener Kleber ersetzt Fügeverfahren wie Schrauben, Schweißen, Verstemmen u. a., oder örtlich aufgetragene Dichtmassen ersetzen lose eingelegte Dichtungen an Scheinwerfern, Motorgehäusen, Elektronikbaugruppen u.a.

Kurze Taktzeiten bedingen hohe Auftragegeschwindigkeiten. Forderungen wie konstante Geschwindigkeiten oder proportionale Dosierung, enge Radien und das definierte Überlappen der Auftragbahnen am Beginn bzw. Ende hatten bisher den Einsatz von Robotern gehemmt, ja zum Teil unmöglich gemacht.

Schnelle Rechenzeiten der Robotersteuerung gewährleisten bei linearer bzw. zirkularer Bahnbewegung des Roboterarms eine hohe Präzision mit hoher Verfahrgeschwindigkeit. Geeignete Schnittstellen zur Ansteuerung des Auftragverfahrens und der Peripherie tragen bei Bosch-Schwenkarmrobotern ebenso dazu bei, diese Anforderungen zu erfüllen.

Bild 18 zeigt das Auftragen von Silikonkleber für unterschiedliche Gehäuse bei einem Auftragszyklus unter 20 Sekunden.

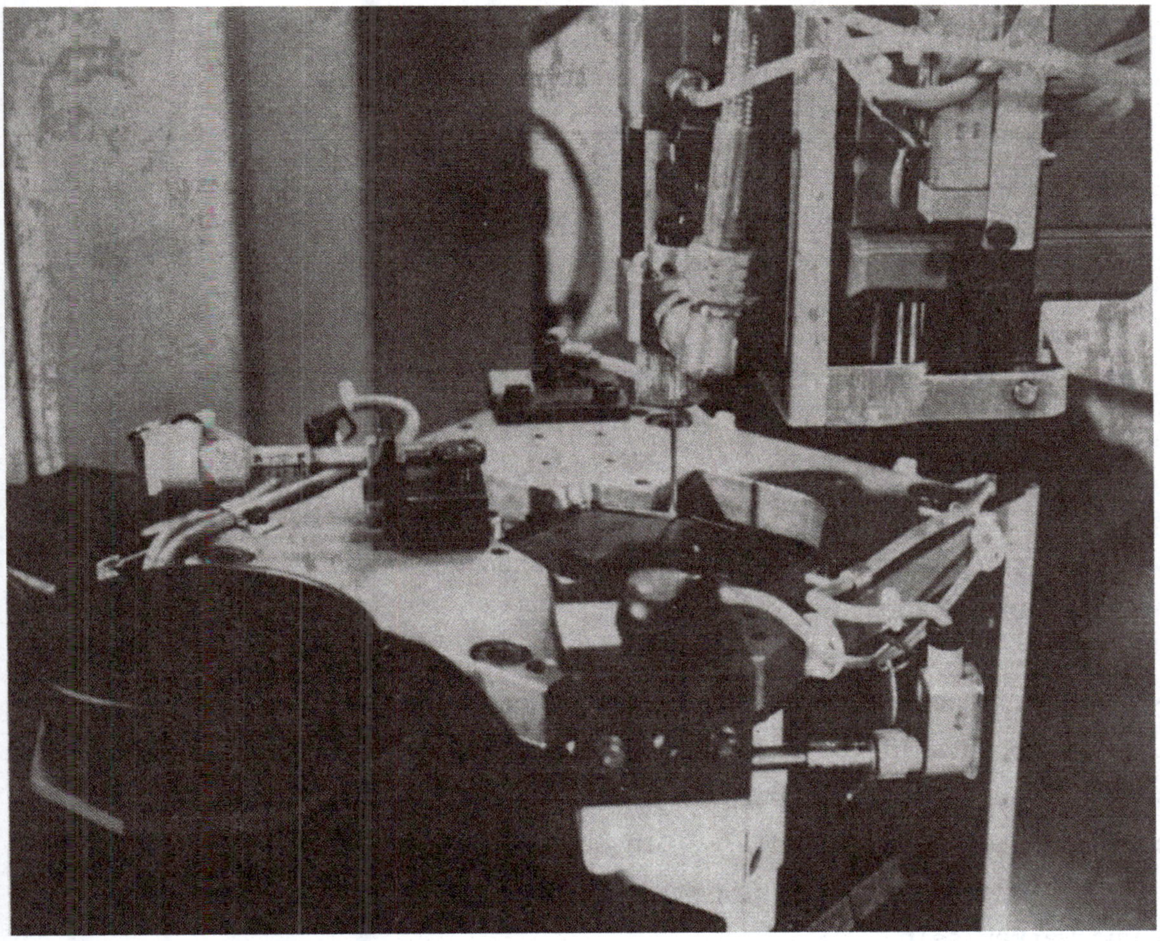

Bild 18: Abdichten von Gehäusen durch Silikonkleberauftrag mit Ind.-Roboter

5. Ausblick

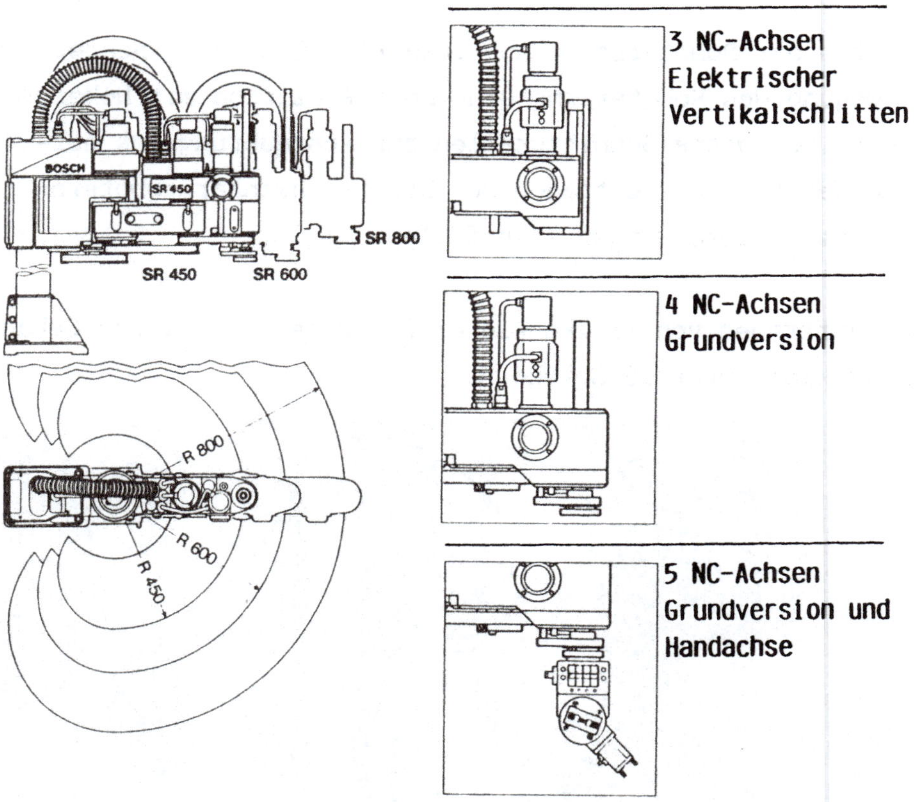

Bild 19: Unterschiedliche Baugrößen und Bauarten von Bosch-Schwenkarm-Robotern

Bosch-Schwenkarm-Roboter sind - je nach Armlänge - in 3 Größenklassen erhältlich und bieten durch ihre Schlittenversion (z.B. für Werkzeuge), 4-Achs- und 5-Achs-Versionen unzählige Möglichkeiten der industriellen Nutzung in der Fertigung (Bild 17). Die zuvor gezeigten Beispiele konnten daher nur ein kleiner Auszug aus dem vielfältigen Einsatz bei unseren Kunden und Werken sein.

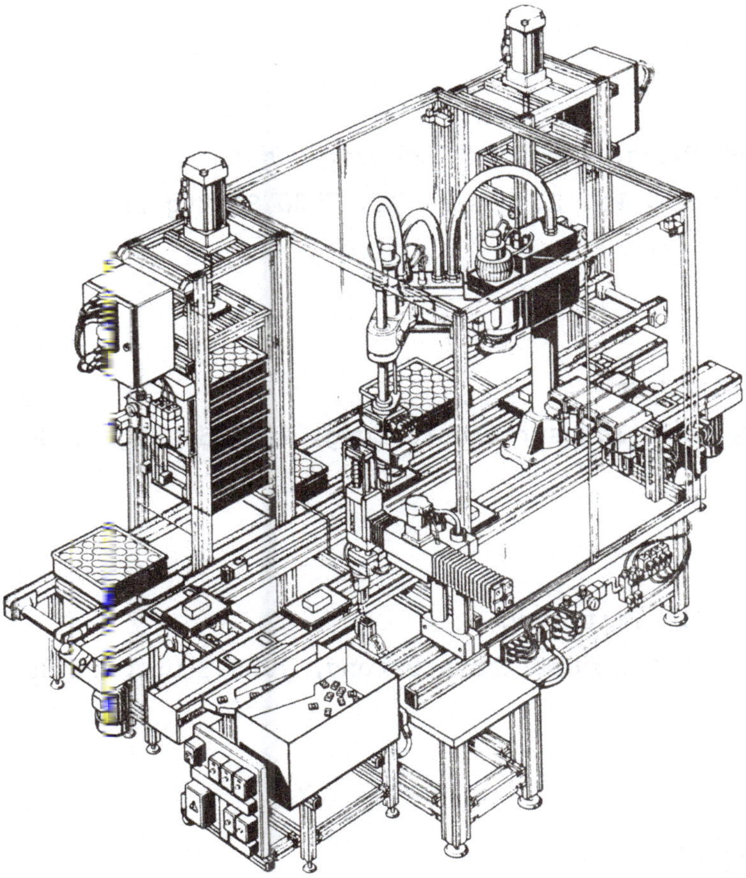

Bild 20: Gesamtansicht einer flexiblen Montagezelle

Unsere Stärke ist die Lösung von Anwendungsaufgaben und der dazugehörigen Peripherie. Dieses bringt - nach einer sorgfältigen Planung - oft auch mit der Hilfe einer Wertgestaltung eines Produktes, eine gute Systemlösung und wirtschaftliche Vorteile für das Unternehmen.

In dem vorliegenden Bild 20 sehen Sie eine Erzeugnis-Montagezelle mit Ind.-Roboter und Transfersystemen von Bosch. Hier ist z.B. eine Komplettmontage eines Erzeugnisses möglich. Großteile werden aus einem Palettenhandhabungssystem mit Speichern zugeführt. Kleinteile werden mit einem linearen Ordnungs- und Zuführsystem sowie einer Handhabungseinrichtung bereitgestellt, während die Fügeoperationen mit dem Schwenkarm-Roboter durchgeführt werden.

Das Baukastensystem - d.h. aufeinander abgestimmte Komponenten von Roboterzubehör wie z.B. Greifer, Greiferwechselsystem, Energiezuführung - wie auch die Transfer-, Zubringe-, Informations- und Steuerungstechnik trägt dazu bei, schnell, sicher und preiswert zu einer guten Systemlösung in Ihrer Fertigung zu gelangen.

Literatur

(1) H. Reger, P. Konold
Autom. Werkstück-Handhabung, Abschnitt Robotereinsatz
interne Seminarunterlagen, Fa. R. Bosch, ZT, 7000 Stuttgart 30

(2) H. Bauer
Taktzeitermittlungs-Diagramme
R. Bosch, Geschäftsbereich Industrieausrüstung, 7000 Stuttgart 30

(3) J. Walther
EDV-unterstützte Taktzeitermittlung
R. Bosch, Geschäftsbereich Industrieausrüstung, 7000 Stuttgart 30

(4) H. Kaufmann
Flex. Montage mit Robotern
R. Bosch, Geschäftsbereich Industrieausrüstung, 7000 Stuttgart 30

(5) Bosch-Industrieausrüstung,
Produktinformation Löten, Schrauben, Leiterplattenbestückung
R. Bosch, Geschäftsbereich Industrieausrüstung, 7000 Stuttgart 30

(6) P. Drexel
Material- und Informationsfluß in der flex. Montage
R. Bosch, Geschäftsbereich Industrieausrüstung, 7000 Stuttgart 30
Intermatic-Kongreß 1987, Hannover

Stand und Entwicklung der Montageautomatisierung in der DDR - Praxisbeispiele

E. Gottschalk

0. Einleitung

In der Teilefertigung hat die metallverarbeitende Industrie de ein erfolgreiches Konzept der flexiblen Automatisierung entwic und durchgesetzt (siehe z. B. Ulrich /1/, Gottschalk, Wirt /2/ Vorhaben, wie z. B. im VEB Niles-Stellantriebe Dresden-Ost (Bi oder im VEB Werkzeugmaschinenkombinat "Fritz Heckert" Karl-Mar Stadt belegen das. In der DDR werden solche flexiblen Fertigung systeme als "Kleinzellen" der automatisierten Fabrik der Zukun betrachtet /3/. Die durchgängige Gestaltung der Stoff- und Inf mationsflüsse, die diesen Konzepten zugrunde liegt, muß aber d gesamten Fertigungsprozeß, also auch die Montage einschließen In der Montage sind ca. 38 % der Produktionsgrundarbeiter mit als 80 % manuellen Tätigkeiten eingesetzt. Bei der Ausschöpfun dieses Rationalisierungspotentials ist die Struktur des Fertig zeitaufwandes in der metallverarbeitenden Industrie der DDR (Bild 3) zu beachten. Für die Lösungen der "Klassischen Automa sierung" ist nur ein begrenztes Anwendungsfeld der Massen- und serienfertigung gegeben, für den Bereich der Klein- und Mittel serienfertigung kann es nur die flexible Automatisierung geben Sie wird in der DDR auch für die Montage als eine vordringlich Aufgabe angesehen, was die Fülle der in den letzten drei Jahre realisierten und publizierten Lösungen zur Montageautomatisier in der DDR beweist.

Vorherrschende Themen sind:

- Montagegerechte Konstruktion unter Nutzung von CAD
- Entwicklung rechnergestützter Montagetechnologien (CAP)
- Projektierung von flexiblen Montagezellen und flexiblen Montagesystemen
- Konstruktion von Montagerobotern, -robotergreifern bzw. -wer gen, Zuführ- und Vereinzelungseinrichtungen
- Entwicklung von Montagemaschinen und ihre Einbindung in durc gängig automatisch gestalteten Systemen
- Anwendung von Sensoren und Steuerungen
- die Einbindung automatisierter Qualitätskontrolle (CAQ)

- Aufbau rechnergestützter PPS - Systeme für Teilefertigung und Montage
- arbeitswissenschaftliche Probleme und die Stellung des Menschen bei der Montageautomatisierung

Die publizierten Praxisbeispiele, von denen im Vortrag nur exemplarisch einige vorgestellt werden können, richten sich betrieblich auf wesentlich vier Ziele:

- Steigerung der Arbeitsproduktivität und Senkung der Selbstkosten,
- Stabilisierung der Produktionsqualität,
- Verbesserung der Arbeitsbedingungen durch Beseitigung monotoner und körperlich schwerer Arbeit mit gleichzeitiger Steigerung der Qualifikationsanforderungen an die Werktätigen,
- Einbindung der Montageautomatisierung in das einheitliche Konzept der durchgängigen Automatisierung mit dem Ziel der bedienerarmen Fertigung.

Darüber hinaus werden in der Grundlagenforschung und in der Applikation von den Einrichtungen der Akademie der Wissenschaften, der Universitäten und Hochschulen und den Industriekombinaten Ziele zur Montageautomatisierung verfolgt, die den Entwicklungslinien der rechnerintegrierten Produktion entsprechen. Im vorliegenden Beitrag werden Praxisbeispiele gezeigt, die aus der Zusammenarbeit der TU Karl-Marx-Stadt, der TU Magdeburg, des VEB Forschung, Entwicklung und Rationalisierung des Schwermaschinen- und Anlagenbaues Magdeburg mit den, bei der Behandlung der Beispiele genannten Betrieben stammen.

1. Vorgehensweise zur Entwicklung von Montageautomaten bei der flexiblen Automatisierung

Kernstück der Montageautomatisierung ist die Ablösung manueller Arbeit durch automatische Maschinen, wobei die Automatisierung der Fügeverfahren in Abhängigkeit von der Erzeugnisstückzahl und dem Kompliziertheitsgrad unterschiedlich verlief. Besonders früh und erfolgreich wurden Schweißprozesse mit Hilfe der Sensor- und Rob tertechnik in folgenden Stufen automatisiert /5/:

- klassische Schweißmaschinen,
- einfache Schweißroboter für eine technologische Aufgabe,
- Roboter mit Sensoren und mikroelektronischer Steuerung,
- Roboterzellen mit integrierter Handhabung und Transportrobote
- flexible bedienarme Schweißfertigungsabschnitte.

Ähnliche Differenzierungen gibt es bei dem Einsatz von Montagema schinen für die anderen Fügeverfahren /6/. Bild 4 zeigt die Eins bereiche ihrer Bauformen in der Montage; es zeigt, daß bei Ausde nung der Montageautomatisierung auf die Bereiche der Klein- und telserienfertigung auf eine universelle Lösung für alle Erzeugni und die Typung auf sämtliche Varianten verzichtet wurde.

Vielmehr wurden Lösungen für Erzeugnisgruppen mit ähnlichen Merk malen gesucht, die bei Beachtung der montagetechnischen Forderun an die Konstruktion der Erzeugnisse als Typenlösungen praktisch wendbar sind. Dabei wurde wie folgt vorgegangen (siehe auch /7/)

Zur Entwicklung der technischen Gebilde wird das technische Ver- fahren "Automatische Montage von Teilen" in Operationen zerlegt Nach ihrer Aufgabe im Montageprozeß werden die Operationen drei Gruppen zugeordnet:

- Operationen zur automatischen Werkstückbewegung (Handhabung einschließlich der Speicherung),
- Operationen zum Fügen von Teilen,
- Kontrolloperationen.

Mit der Typenlösung (Bild 5) sollen mehrere Bauelemente zu eine Baugruppe oder einem Erzeugnis automatisch montiert werden. Gru lagen für die konstruktive Gestaltung der technischen Gebilde d Fertigungsmittel sind die konstruktiven Anforderungen und Regel aus dem getypten technologischen Prozeß. Für die gleitende Mont von Erzeugnissen bzw. Baugruppen aus mehr als zwei Bauelementen eine Mehrstationenmaschine einzusetzen.

Die technische Gestaltung der Typenlösung als Gesamtkonzeption des Montageautomaten stellt an die Bedienkräfte und an die Instandhaltungsmechaniker höhere Bildungsanforderungen als die manuelle Montage bzw. die herkömmlichen Produktionsmittel in der Montage. Die Bedienkräfte üben Kontroll- und Überwachungsfunktionen aus. Die Arbeit wird komplizierter, was sich in einer höheren Arbeitsklassifizierung gegenüber der Handmontage ausdrückt. Die Kombination von Kontroll- und Überwachungsfunktionen mit Bedienaufgaben verhindert einseitige körperliche oder psychonervale Belastungssituationen.
Zum automatischen Fügen von Kleinteilen werden Fertigungsverfahren aus verschiedenen Hauptgruppen angewendet. Die Auswahl der Fertigungsverfahren zur Verwendung als Typenlösung für die automatische Montage erfolgt an Hand von Kriterien:

1. Wird das Verfahren bei der Montage von kleinen Baugruppen und Erzeugnissen häufig angewendet?
2. Sind die verfahrenstypischen Haupt- und Hilfsbewegungen in technischen Gebilden (Arbeitseinheiten) konstruktiv günstig und mit hoher Zuverlässigkeit realisierbar?
3. Können die benötigten Verbindungselemente sicher in der erforderlichen Lage an der Montagestelle automatisch bereitgestellt werden?
4. Ist die Zuführung zusätzlicher Energie und deren Bereitstellung an der Montagestelle erforderlich?
5. Werden zusätzliche Medien an der Montagestelle benötigt?
6. Entstehen den Montageprozeß störende Abfälle, die beseitigt werden müssen?

Aus sechsunddreißig Verfahren wurden sieben nach diesen Kriterien als Typenlösung ausgewählt:

Schrauben, Verstiften, Nieten, Falzen, Bördeln, Körnen, Einlegen und Auflegen. Um für die Typenlösung eine breite ökonomische Anwendbarkeit zu sichern, werden nur Verfahren mit positiver Antwort auf die Kriterien 1. bis 3. berücksichtigt.
Die Fügeverfahren sollen mit einer möglichst geringen Anzahl verschiedenartiger technischer Gebilde automatisch realisiert werden

können. Die Analysen der Grundbewegungsabläufe der Verfahren s wie die Bestimmung erforderlicher Zusatzbewegungen und zu erze gender anderer Effekte sind die Grundlage für eine Gruppenbilc Einer Gruppe sollen alle die Fügeverfahren zugeordnet werden, gleiche oder ähnliche Forderungen an das technische Gebilde st len.

Die Gruppenbildung erfolgt nach folgenden Merkmalen:

1. Grundbewegungsablauf,
2. Zusatzbewegung,
3. Arbeitsbereich,
4. Hauptfügerichtung.

Die technologischen Anforderungen der als Typenlösung zur autc tischen Montage ausgewählten Fügeverfahren werden vier Grupper zugeordnet. Daraus läßt sich ableiten, daß zur Realisierung de sieben Fügeverfahren nur vier Grundkonzeptionen vom Arbeitseir ten technologisch erforderlich sind.

Dort, wo für die betrachtete Erzeugnisgruppe die Auswahl von t nologischen Verfahren und Arbeitseinheiten nicht ausreicht, is bei der konstruktiven Gestaltung technischer Gebilde von vorhe getypten technologischen Prozessen auszugehen, die auf element Bewegungsabläufe zurückgeführt wurden. Diese Erkenntnis gilt alle Elemente des Montageprozesses.

Der Ablauf des Montageprozesses und die Funktion von Baugruppe des Montageautomaten sind zur Verminderung von Ausschuß sowie varien ständig zu kontrollieren. In die Typenlösung werden des automatisch ablaufende Kontrolloperationen aufgenommen. Auf d: Grundlagen wurde eine Vielzahl von Montageautomaten produziert in unterschiedlichsten Industriebereichen eingesetzt, von dene nunmehr Beispiele gezeigt werden sollen.

2. Herkömmliche Montageautomaten als Typenlösung

2.1. Montageautomat für Klemmplatten zur Kochplattenarmierung

Bild 6 zeigt einen solchen Montageautomaten aus dem VEB Hausha geräte Karl-Marx-Stadt. Er ist als Rundtaktmaschine mit einer sechser Rundschalteinheit, Zuführ-, Schraub- und Nietstation aufgebaut. Pneumatisch betätigte Montageeinheiten bringen die Einzelteile zum Schaltteller und den sechs Einlegevorrichtungen. Die elektronische Einrichtung besteht aus Schaltschrank mit Hauptbedienfeld, kleinen Bedienpulten am Maschinentisch für Einrichtebetrieb und Notschalter sind griffgünstig angebracht. Für die Pneumatik-Steuerung sind Wegeventilkombinationen usw. an den Stationen Klemmeinrichtungen bzw. an separater Platte am Gestell angebracht. Mit einer Taktzeit von 5,5 sec. wird die Klemmplatte montiert.

2.2. Montageautomat für Backraumhahn

Bild 7 zeigt aus dem gleichen Betrieb die Rundtaktmaschine mit einer Achter-Teilung für die Endmontage von Backraumhähnen. Die durch Federkraft gespannten Vorrichtungen sind für das Einlegen und Herausnehmen automatisch zu öffnen. Die Bewegungen aller Aggregate erfolgen mittels Druckluft.

Folgende Arbeitsgänge werden auf dem Montageautomaten verrichtet:

1. Zusammenfahren und Spannen der eingelegten Teile,
2. Ordnen, Vereinzeln und Zuführen der 4 Zylinderschrauben,
3. Einschrauben und Festziehen der 1. zwei Zylinderschrauben,
4. Einschrauben und Festziehen der letzten zwei Zylinderschrauben,
5. Öffnen der Vorrichtung und Herausnehmen der fertigen Baugruppe Backraumhahn.

3. Mikrorechnergesteuerte Montageautomaten

Unter Nutzung der Mikrorechnersteuerung erfolgte eine Weiterentwicklung der Montageautomaten auf dem Gebiet der Typenlösungen. Beispiele solcher Weiterentwicklungen der flexiblen Automatisierung sind der

- Montageautomat für Schutzkontaktsteckdosen (Bild 8) und
- der Montageautomat für Kondensatorwickelkomplettierung (Bild 9) (beide VEB Steromat "Herrmann Schlimme" Berlin).

Diese Montageautomaten sind für Fügegruppen mit elektromotorisch Zentralantrieb und zwölf über Verteilergetriebe synchronisierte beitsstationen aufgebaut. Durch stufenlose Taktzeitverstellung z schen 1 und 7,5 sec. in drei wählbaren Bereichen und die Festleg der Schalttellerteilung in den Stufen 6, 12, 18 und 24 ist ihre Flexibilität gegeben. Als Basis für die Arbeitsstationen werden Zentralantrieb über Kurvenscheiben getriebene und gesteuerte Bau heiten mit Horizontal- und/oder Vertikalbewegung verwendet.

Die Fügeeinheiten realisieren Schrauben, Nieten, Widerstands- un Ultraschweißen sowie Kleben. Die Prüfprozesse sind über konstruk Sonderlösungen einbezogen.

Diese beiden Montageautomaten sind weiterhin gekennzeichnet durc

- Die Verwendung eines umfangreichen Spektrums von typisierten B gruppen für die Automatenperipherie sowie insbesondere die Tei behandlung, wie Speicher, Vibration, Kleintransportbänder, Gre in den verschiedensten Varianten mit oder ohne Kontrolle sowie zusätzlichen Dreh- oder Schwenkbewegungen, Wender mit horizont ler oder vertikaler Achse,
- einen umfangreichen Einsatz besonders optischer und induktive Sensoren zur Teile-, Lage- und Prozeßvollzugskontrolle sowie z integrierten Sicherheitstechnik der Automaten,
- die Verwendung einer spezifisch auf die Belange der Montageau maten entwickelten einheitlichen frei programmierbaren Steuer unter Einsatz der Mikrorechnerbaugruppen K 1520 des VEB Kombi Robotron Dresden,
- die Nutzung eines umfangreichen systematischen Standard-Softw Paketes "MONTOS" für die rechnergestützte Erarbeitung des jew spezifischen Steuerungsprogrammes für jeden Montageautomaten,
- die Einbeziehung umfangreicher Fehler- und Leistungsspeicher wie -auswertefunktionen in Steuerungs-Hard- und Software mit jektierbarer Nutzung zur Ausschuß- und Verlustreduzierung, zu

zur Ansteuerung von Mehrfachumläufen unvollständig gefügter Baugruppen, zur Havarievermeidung und unterschiedlichen Störungssignalisation.

4. Montageautomaten als mikrorechnergesteuerte Montagelinie VEB Haushaltsgerätewerk Karl-Marx-Stadt)

Die automatische Montage von komplizierten Produkten in großer Stückzahl wird durch das Linienkonzept verwirklicht. Ein Beispiel ist die Montagelinie für Hahngehäuse (Bild 10).
Sie besteht im Grundaufbau aus zwei Doppelkettentransportsystemen mit 6480 mm Länge, zwei Übertragern mit einem Greiferradius von 900 mm, zweiundvierzig Werkstückträgern sowie Vereinzler und Indexiereinrichtungen. Dazu kommen elf automatikstationen mit aufgabenspezifischer Ausrüstung, wie Zuführsysteme, Handhabungssysteme und Montageeinrichtungen, und drei Handarbeitsplätze. Die Steuerung der Montagelinie erfolgt über programmierbare Steuerungen PC 602 und 603 sowie über den Mikrorechner robotron K 1520.

5. Flexible Montagesysteme (FMS)

Die bisher genannten Beispiele sind durch einen großen Anteil produktspezifischer Werkzeuge und Vorrichtungen gekennzeichnet.
Bei Produktwechsel und Produktänderungen sind Umbauten bzw. Umstellungen erforderlich. Befinden sich die Änderungen/Umstellungen im Bereich der montagetechnischen Gruppenmerkmale, gewährleistet die Verwendung von Typenlösungen eine wirtschaftliche Wiederverwendbarkeit der Automaten. Jedoch muß eine höhere Flexibilität gewährleistet werden, wenn die Montageautomatisierung in der Klein- und Mittelserienfertigung durchgesetzt werden soll, weil dort die Produktionsaufgaben ständig wechseln (Kurzzeitflexibilität). Aber auch in der Großserien- und Massenfertigung wird durch die zunehmende Erneuerungsrate der Erzeugnisse eine adäquate Flexibilität verlangt (Langzeitflexibilität). Deshalb verlagerte sich der Schwerpunkt der Montageautomatisierung zu den flexiblen Maschinensystemen der Montage, deren technische Basis die Roboter- und die Sensortechnik ist. Als ein mögliches Grundkonzept wird die zentrale An-

ordnung eines Industrieroboters in Ständerbauweise und die Gestaltung der Peripherie im Arbeitsraum realisiert (Bild 1), hier bei der Getriebebaugruppenmontage /8/.

Als Peripherie werden angeordnet:

- Bereitstellungseinrichtungen für Bauelemente,
- Zwischenspeicher für vormontierte Baugruppen,
- Fügeeinrichtungen,
- Kontroll- und Prüfeinrichtungen,
- Magazine für Werkzeuge, Prüfmittel, Greifer, Vorrichtungen bei Greifer- und Werkzeugwechsel am Industrieroboter.

Solche Praxisbeispiele finden sich z. B. bei:

1. Montage von Getrieben für Tischbohrmaschinen
   VEB Werkzeugmaschinenfabrik Thum
2. Montage von Drehmaschinenfuttern
   VEB Werkzeugmaschinenkombinat "Fritz Heckert" Karl-Marx-Stad
3. Montage von Bohrfuttern
   VEB Werkzeugmaschinenkombinat Schmalkalden
4. Portalrobotergestützte Motorendemontage und Motorenmontage
   Landtechnische Zentren Jügerbog und Güstrow
5. Montage und Prüfung von mehrpoligen Buchsen- und Steckerleis
   sowie Steckerverbindungen und Bestückungsvarianten
   VEB Kontaktbauelemente- und Spezialmaschinenbau Gornsdorf
6. Fügen zum Ausgurten von Doppelbodenteilen
   VEB Kombinat Schiffsbau Rostock
7. Montage von Laufrädern für Radialventilatoren
   VEB Lufttechnische Anlagen Berlin
8. Montage von Schrittmotoren für schreibtechnische Geräte
   VEB Büromaschinenwerk Sömmerda / VEB Robotron-Rationalisieru
   Weimar
9. Montage von Elektronikbaugruppen
   VEB Robotron-Rationalisierung Weimar
10. Montage für Getriebebaugruppen von Schlagbohrmaschinen
   VEB Mikromat Dresden, Betriebsteil Schlottwitz

11. Montage von Kleinverdichtern
VEB Harzer Kompressorenwerk Benneckenstein / VEB Forschung, Entwicklung und Rationalisierung des Schwermaschinen- und Anlagenbaues Magdeburg
12. Montage von Absperrventilen
VEB Industriearmaturen und Apparatebau Leipzig / VEB Forschung, Entwicklung und Rationalisierung des Schwermaschinen- und Anlagenbaues Magdeburg

5.1. Getriebegehäusemontage bei der Teilefertigung (VEB Getriebewerk Gotha)

Bei der Fertigung von Getrieben müssen zur Komplettbearbeitung Getriebeober- und -unterteil miteinander montiert werden. Das montierte Getriebegehäuse muß dann wieder zum Bearbeitungszentrum zurück. Bild 12 zeigt die Lösung im FFS des VEB Getriebewerk Gotha.

5.2. Flexibles Montagesystem für Büromaschinenbaugruppen (VEB Robotron-Rationalisierung Weimar)

Bild 13 zeigt ein solches System für Büromaschinenbaugruppen. Dieser Einsatzfall dient zum Fügen der Unterbaugruppen Farbbandheberlager und Kugelführung mittels IR P 1040 in Verbindung mit einem Rundschalttisch, typisierter Handhabungsperipherie und einer Niеteinheit. Der Greifer des Industrieroboters ist so ausgelegt, daß fünf verschiedene Einzelteile (Lagerwinkel, Anschlag, Anschlag für Umschaltung, Winkel, Zwangsführung und die dazugehörigen Niete) aufgenommen und in die Nietvorrichtung abgelegt werden können.

5.3. Flexibles Montagesystem für Elektronikbaugruppen (VEB Robotron-Rationalisierung Weimar)

Bild 14 zeigt dieses System für die Montage von Transistorkühlblechen in vier Varianten in Losgrößen von 1500 bis 5000 Stück bei einer Zykluszeit von 35 bis 45 sec. Als Handhabegerät ist ein Roboter PHM 41 eingesetzt.

Als periphere Einrichtungen sind vier Vibratoren gekoppelt mit Linearförderer für die Vereinzelung und Zuführung der Kühlblech eingesetzt. An dem Linearförderer eines Kühlbleches ist eine Dr einheit zur lagerichtigen Teilebereitstellung angebracht. Bei M tage einer Variante wird jeweils das zweite Teil um 180 ° gedre

Mit zwei Vibratoren werden die Klemmen und Transistoren verein- zelt. Bei dem Transistor erfolgt mit Hilfe eines Näherungsiniti eine Lagekontrolle. Dazu ist der Transistor einseitig mit Metal beschichtet. Wird der Transistor seitenverkehrt bereitgestellt, folgt eine Drehung des Greifers um 180 ° nach Aufnahme des Teil

Zur Fertigung der vier Varianten ist der Transistorspeicher mit dem jeweils benötigten Typ zu füllen. Für alle anderer Teile st pro Typ je ein Speicher bereit. Nach dem Einlegen der Teile in Nietwerkzeug (Lagefizierung durch Dorn) erfolgt unter einer Dr luftpresse durch Spreizen der Klemme eine formschlüssige Verbir Der technische Ablauf im Montagesystem ist wie folgt:

- Bereitstellung der Teile durch Vereinzelung (senkrecht, Anschlußfahnen bzw. Nasen nach oben)
- Klemmen aufnehmen und in Werkzeug einlegen
- Transistor aufnehmen und einlegen
- Kühlbleche aufnehmen und einlegen
- Einfahren des Nietwerkzeuges in Druckluftpresse
- Spreizen der Klemmen
- Baugruppe ausstoßen in Behälter

5.4. Flexibles Montagesystem für Getriebebaugruppen von Schlagbohrmaschinen (VEB Mikromat Dresden, Betriebsteil Schlottwitz)

In der flexiblen automatischen Montagezelle werden die Baugrupp Bohrspindel, vollständig, bestehend aus Bohrspindel, Rillenkuge lager und Rastkörper sowie Zwischenwelle, bestehend aus zwei Za rädern und einer Ritzelwelle montiert (Bild 15).

Zentral angeordnet ist ein flexibler Industrieroboter, ausgelegt für 10 kg Handhabemasse. An diesem angeordnet ist ein verstellbarer Parallelbackengreifer mit einer Kollisionsschutzeinrichtung. Mit dem Industrieroboter werden die Bauteile Bohrspindel und Ritzelwelle von der Palette, Rillenkugellager vom Schachtmagazin, die Bauteile Rastkörper und Zahnräder 1 und 2 vorpositioniert von Vibrationswendelförderern abgenommen und in eine hydraulische Tischpresse eingelegt. Die Baugruppen Bohrspindel, vollständig sowie Zwischenwelle werden nach dem Preßvorgang aus der Matrize entnommen in entsprechende Leerpaletten abgelegt. Auf einem pneumatisch angetriebenen Rundteiltisch sind sternförmig 12 Paletten (11 gefüllte und eine leere) zur Entnahme der Bohrspindeln und Zwischenritzel bzw. zur Aufnahme der montierten Baugruppen angeordnet. Bei einer Funktionssicherheit von 93 % wird eine Zykluszeit von ca. 50 sec. zum Montieren einer Baugruppe realisiert. Die automatische Montagestation wurde eingerichtet zur Montage der Baugruppe Zahnrad, vollständig, bestehend aus Zahnrad und Buchse sowie der Baugruppe Kupplungsstück, vollständig, bestehend aus Kupplungsstück und 2 Zylinderstiften (Bild 16). Diese Baugruppen werden in 2 Vorrichtungen, die im Wechsel auf eine hydraulische Tischpresse aufgebaut werden, automatisch montiert. Der Umrüstungsaufwand bewegt sich mit ca. 30 min. in vertretbaren Grenzen. Auf dem Pressentisch ist über eine Grundplatte ein pneumatischer Rundteiltisch Ø 400 befestigt.

Auf diesem sind in 90 ° - Teilung vier Werkstückaufnahmen angeordnet, von denen jeweils eine die Funktion einer separaten Station zu erfüllen hat.

Station 1: Zuführen des Zahnrades bzw. des Kupplungsstückes
Station 2: Zuführen der Buchse bzw. Lageorientierung des Kupplungsstückes
Station 3: Einpressen der Buchse in das Zahnrad bzw. Stiftzuführung und Einpressen der Stifte (Bild 17)

Station 4: Auswerfen des Zahnrades, vollständig bzw. des Kupplungsstückes, vollständig

Die automatische Montagestation ist mit einer Zykluszeit von 6 sec. hochproduktiv. Während des Erfassungszeitraumes von 15 Monaten wurde eine Verfügbarkeit von 93,6 % erreicht, die Arbeitskräfteeinsparung liegt bei 3,7 Vollbeschäftigteneinheiten.

5.5. Flexible Montagelinie für Absperrventile (VEB Industriearmaturen und Apparatebau Leipzig)

Für die Montage von Absperrventilen der Nenndurchmesser 15 bis 6 die in 7 verschiedenen Baugrößen hergestellt werden, wird eine automatisierte Montagelinie zum Einsatz kommen /9/.
Die automatisierte Montagelinie besteht aus einem Transfersystem mit Doppelkettenantrieb, einem flexiblen Industrieroboter ZIM SK (Senkrechtknickarmroboter), zum Auflegen der Ventilgehäuse und -aufsätze sowie mehreren direkt am Transfersystem installierten Montagestationen. Dies sind:

- Montagestation zum Einlegen flexibler Dichtungen mit Sauggreifer
- Vierfachschraubstation mit hydraulischem Antrieb und automatischer Normteilzuführung
- Station zum Aufstecken der Handräder mit IR-Modulen und Sensorkopf zur Lageorientierung der Verkante
- Station zum Auflegen der Unterlegscheiben mit Sauggreifer
- Mutternschraubstation mit automatischer Normteilzuführung
- Station zur Übergabe der montierten Ventile zu den Prüfständen mit IR-Modulen.

Die Montagelinie ist für die automatisierte Montage der genannten Baugrößen und innerhalb dieser für unterschiedliche Ausführungsarten der Absperrventile flexibel ausgelegt.

Die Ventilgehäuse werden von verstellbaren Werkstückträgern aufgenommen, in diesen arretiert und automatisch gespannt. Diese Montageeinheiten werden an die jeweilige Station transportiert, mitt spezieller Indexiereinheiten vereinzelt und mit Aushebeeinrichtungen positioniert. Für das Bereitstellen der Ventilgehäuse und -aufsätze werden standardisierte Transportpaletten eingesetzt, die mit Palettenfördersystemen in den Arbeitsbereich des bereits genannten IR gebracht werden

Zum Einlegen der Dichtringe, Aufstecken der Handräder und zur Übergabe der montierten Absperrventile werden IR-Module verwendet. Die Ventilmontage erfolgt vollautomatisch, wobei der Ventilaufsatz, bestehend aus Bügeldeckel, Spindel, Kegel und Stopfbuchspackung, bereits vormontiert ist. Die Anlage wird bei einer Taktzeit von 0,5 min. dreischichtig eingesetzt. Dabei ist je Schicht nur noch eine Arbeitskraft zur Überwachung und Wartung aller Systeme erforderlich. Die automatisierten Montagestationen werden autonom gesteuert. Bei partiellen Ausfällen können einzelne Abschnitte der Anlage bis zur Beseitigung der Störung separat eingesetzt werden.

Die Montagefolge in diesem flexiblen Montagesystem ist dabei:

- Gehäuse von Zwischenspeicher auf Werkstückträger des Transfer übernehmen, Arretierung und Spannung des Gehäuses erfolgt auf Werkstückträger
- Einlegen des Dichtringes mittels Schachtmagazin und Vereinzeler
- Aufsetzen des Ventilaufsatzes auf das Gehäuse mittels Roboter
- automatisches Zuführen von 4 Sechskantschrauben M 8 bis M 10 mittels Vibrations- und Längsförderer sowie den entsprechenden Schikanen an der Schraubstelle
- Einschrauben der 4 Sechskantschrauben mittels Vierfachschrauber
- Auflegen der Handräder
- Handrad aufpressen
- Bereitstellen der Unterlegscheibe und der Mutter für Handrad mittels Vibrations- und Längsförderer
- Anschrauben des Handrades mit Schrauber bei Drehmomentenbegrenzung
- Übergabe des montierten Ventiles von Transfer an Druck- und Dichtigkeitsprüfung

5.6. Flexibles Montagesystem für Baugruppen von Kleinstverdicht

Die Montagelinie (Bild 18) für Kurbelwelle und Pleuel besteht a
folgenden Hauptausrüstungen:

- Transfersystem auf Fluidbasis mit Werkstückträgern
- Industrieroboter IR 60 E und IR 10 E
- flexible Preßstation
- Sicherungsringfügestation
- 2 zweietagige Palettenfördersysteme

Alle Werkstückspeicher nehmen Bauelemente für 2 Schichten auf. Das Kernstück der ersten Montagelinie (Bild 18) ist das in Kar form angeordnete Transfersystem mit Werkstückträgern die Aufna elemente zur automatisierten Montage der Baugruppen Kurbelwelle und Pleuel/Kolben besitzen. Im Gegensatz zur Montagezelle, bei alle Montageverrichtungen an einer Montageeinheit unmittelbar n einander ausgeführt werden, wird an der Montagelinie die gleich Montageoperation entsprechend der Anzahl der Werkstückträger me fach wiederholt. Vorteilhaft dabei ist, daß ein Greifer- bzw. G ferfingerwechsel nicht bei jeder Montageeinheit erforderlich is und die dadurch entstehenden Verlustzeiten stark reduziert werd
Wesentliche Systemelemente sind:

- die Preßstation (Bild 19) für alle Längspreßverbindungen
- die flexible Schraubstation (Bild 20), mit einem Schraubkopf für Muttern M 8 (Bild 21), einem Schraubkopf für Stiftschrauben M 8 (Bild 22) und ein Ablegekopf für Unterlegscheib (Bild 23)
- die Vibrationswendelförderer (Bild 24)
- die Sicherungsfügestation (Bild 25)

5.7. Flexibles Montagesystem für Fügen von Achse/Nabe (VEB Kombinat Fortschritt Landmaschinen Neustadt /S.)

Bils 26 zeigt dieses System, das zur Montage der Achsen/Naben-Baugruppe für Landmaschinen in acht Ausführungen eingesetzt wi Die Bauelemente werden mit einem Industrieroboter IR 60 E des VEB Kombinat Fortschritt Landmaschinen gehandhabt. Die Bereitstellung der Bauelemente erfolgt mittels Etagenspeicher, Boxpaletten und Schachtmagazinen. Die Verbindungen zwischen den Bauelementen werden mittels Fügen durch Einpressen hergestellt. Das Einfüllen von Fett erfolgt mittels einer speziellen Vorrichtung in der Presse. Für die verschiedenen Preßverrichtungen an den Produktvarianten erfolgt der Werkzeugwechsel durch einen maschineninternen Manipulator. Das Lagerspiel wird automatisch eingestellt. Die Verbindung wird mittels Kronenmutter und Splint gesichert. Die Durchbrüche für den Splint in Achse und Kronenmutter werden durch eine Suchfunktion automatisch in Übereinstimmung gebracht. Dabei beträgt die Zykluszeit 4,5 bis 5 Minuten.

Die Montagefolge ist dabei:

- Achse (Basiselement)
- Wälzlagerring mit Käfig
- Dichtring
- Nabe mit vormontierbarem Wälzlagerring
- Dichtscheibe
- Mutter
- Splint
- Fett
- Dichtscheibe
- Abdeckklappe

5.8. Flexibles Montagesystem für Tischbohrmaschinen (VEB Werkzeugmaschinenfabrik Thum)

Für die Hochleistungs-Tischbohrmaschine wird das Getriebe (für vier Drehzahlen) in diesem System montiert (Bild 27). (Im Vortrag wird auf dieses System besonders eingegangen).

6. Sensoreinheiten für die Montageautomatisierung

Die flexible Automatisierung in der Montage ist mit der Entwicklung von Sensoren unlösbar verbunden. Zur Überwachung der Fügebewegung, der Kräfte, zur Vermeidung von Positionierfehlern, zur

Meldung ausgeführter Bewegungen und zur Störungserkennung und -meldung sind sie unentbehrlich.

Die Signale der Sensoren werden jeweils von der Mikrorechnersteuerung des Montagesystems verarbeitet. In der DDR werden modulare Baueinheiten entwickelt, bei denen Sensoreinheiten mögli viele Sensorfunktionen übernehmen. Die Sensoreinheit ist damit kompakte Baueinheit für sonst einzelne Sensoren an verschiedene Wirkstellen. Das bedeutet eine konstruktive Vereinfachung der m laren Baueinheiten zur flexiblen Montageautomatisierung. Aber a Funktionen, wie Anwesenheitskontrolle der Werkstücke in der Ber stellungsposition, vereinfachte Abarbeitung von Werkstückstapel Fügen von Keilwellen und Zahnrädern, Justieren von Verbindungen werden von Sensoreinheiten wahrgenommen. Ein anschauliches Beis von Sensoreinheiten als Montagehandmodul zeigt die Publikation Gentzen u. a. /10/. Aber auch Werkstück- bzw. Palettenerkennung gehören zu ihren Aufgaben /11/.

Am Einsatz von CCD-Kameras als visueller Sensor mit Brennweiten von 200 und 300 mm wird sowohl in der Grundlagenforschung als a im industriellen Einsatz gearbeitet, und Beispiele wurden reali

7. Zusammenfassung

Im Beitrag wurden exemplarische realisierte Beispiele der Monta automatisierung gezeigt, die von Typenlösungen der Montageautom bis zu flexiblen Montagesystemen reichen. Dabei wurden hier tec nische Aspekte der Montageautomatisierung in der DDR berücksich um einen Überblick zu geben.

Literaturverzeichnis

/1/ Ulrich, P. — Stand und Entwicklungstendenzen der flexiblen Fertigung - Vortrag 2 Internationaler Kongreß Metallbearbeitung (IKM 86) Karl-Marx-Stadt, März 1986

/2/ Gottschalk, E.; Wirth, S. — Neue flexible Fertigungssysteme der DDR im internationalen Vergleich Fertigungstechnik und Betrieb, Berlin 36 (1986)4, S. 213 - 221

/3/ Gottschalk, E.; Tempelhof, K.-H. — CIM in der DDR (Teil 1 und 2) Technische Rundschau Bern 22 und 23, 1987

/4/ Warnecke, H.-J. — Taylor und die Fertigungstechnik von morgen Fertigungstechnisches Kolloquium Stuttgart, Oktober 1985 Springer Verlag, S. 1 - 12

/5/ Hesse, G. — Die flexible Automatisierung - eine Aufgabe für die Schweißtechnik ZIS - Mitteilungen, Halle 27 (1985)11, S. 1147 - 1153

/6/ Weise, M. — Entwicklungsstand und Entwicklungstendenzen in der Montage Wissenschaftliche Zeitschrift der TU Dresden 32 (1983) 5, S. 55 - 57

/7/ Simon, U.; Zachau, H. — Grundlagen für die flexible Automatisierung von Montageprozessen Fertigungstechnik und Betrieb, Berlin 34 (1984)6, S. 341 - 343

/8/ Trinsinger, K.; Schwenke, B. — Flexible automatisierte Montage von Getriebebaugruppen für Schlagbohrmaschinen Fertigungstechnik und Betrieb, Berlin 37, (1987)7, S. 395 - 398

/9/ Trinsinger, K.; Albrecht, P.; Naubereit, U. — Flexible automatisierte Montagesysteme. Fertigungstechnik und Betrieb, Berlin (1987)11, S. 679 - 682

/10/ Gentzen, G.; u. a. — Sensoreinheit für die Montageautomatisierung. Fertigungstechnik und Betrieb, Berlin 35(1985)11, S. 669 - 671

/11/ Gottschalk, E.; u. a. — Sicherung der Bedienerarmut der Produktionsprozeßsteuerung durch Einbeziehung der mikrorechnerintegrierten Maschinen- und Robotersteuerung in die Informationsgewinnung. Wissenschaftliche Zeitschrift der TH Magdeburg 27(1983)1, S. 131 - 136

Bild 1: FFS im VEB Niles-Stellantriebe Dresden-Ost

Bild 2: FFS im Stammbetrieb VEB Werkzeugmaschinenkombinat "Fritz Heckert" Karl-Marx-Stadt

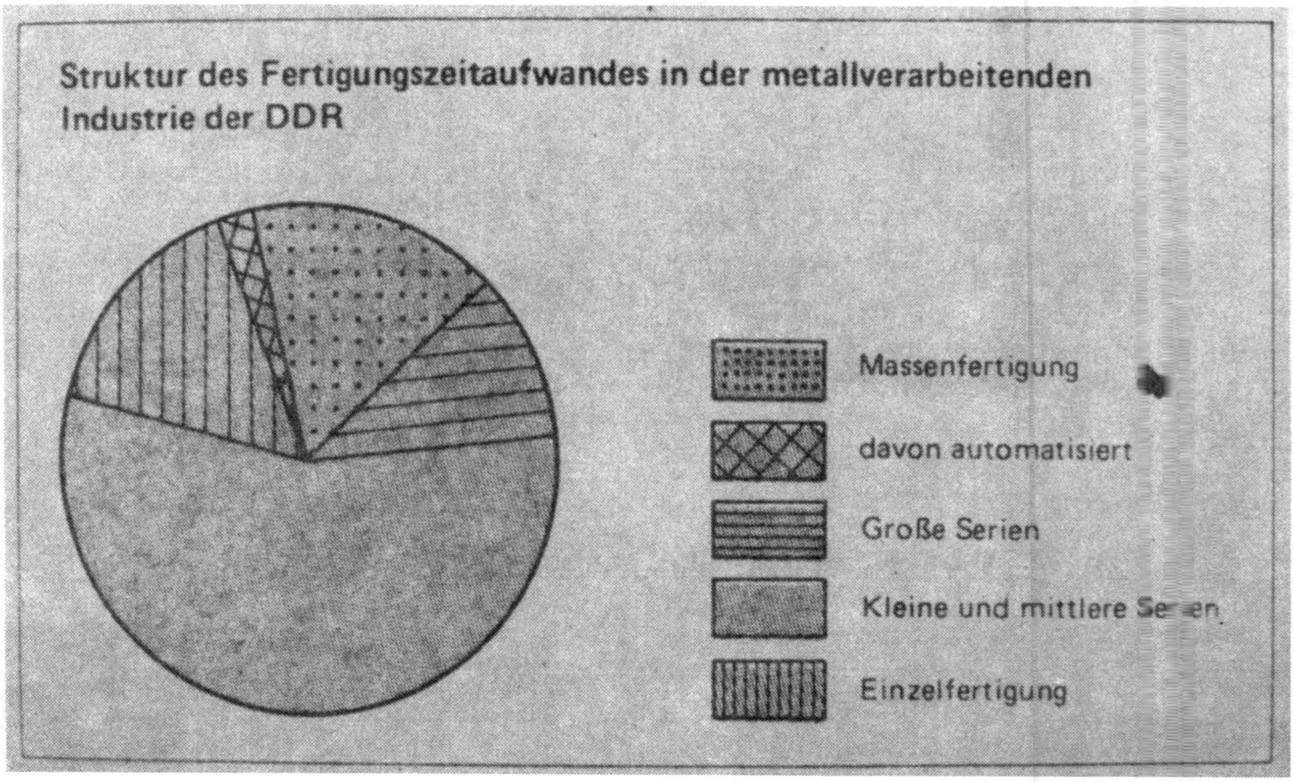

Bild 3: Struktur des Fertigungszeitaufwandes in der metallverarbeitenden Industrie der DDR

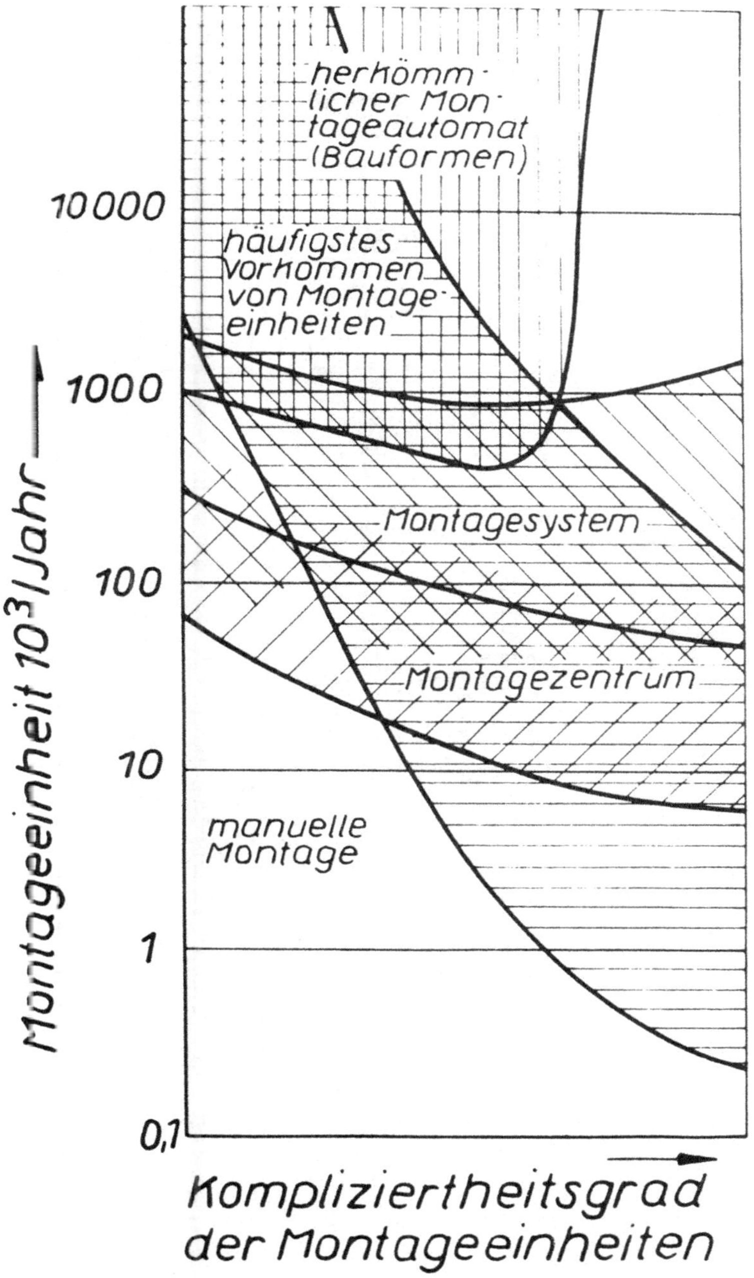

Bild 4: Einsatzbereiche für Bauformen von Montagemaschinen

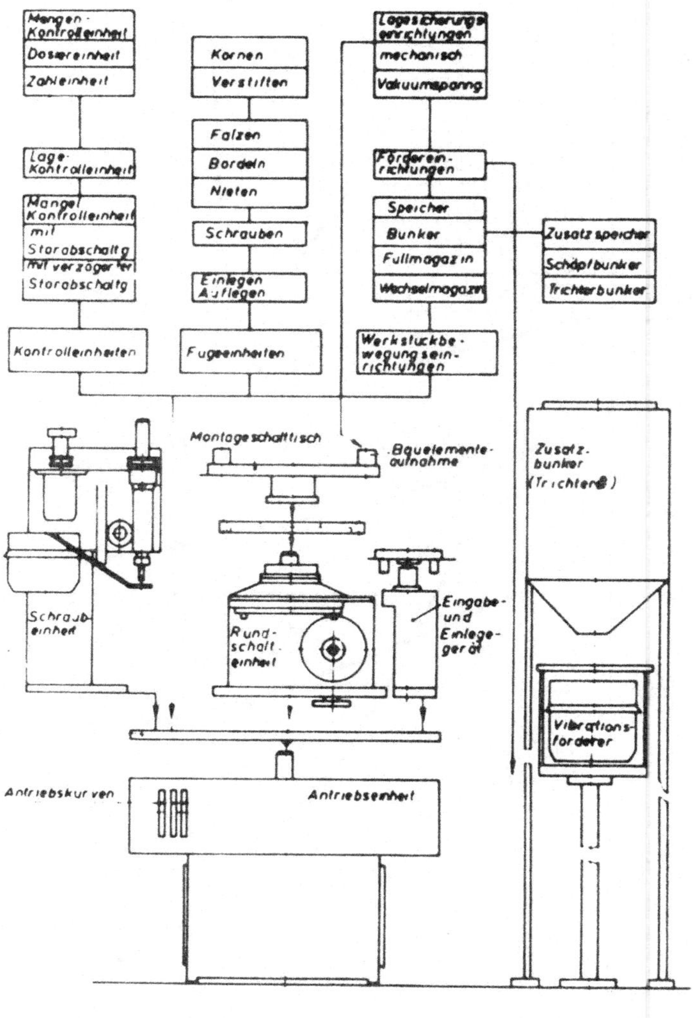

Bild 20 Übersicht zur Typlösung "Fertigungsmittel der automatischen Montage von kleinen Erzeugnissen und Baugruppen"

Bild 5: Typenlösung für werkstückspezifische Montageautomaten

Bild 6: Montageautomat für Klemmplatte
(VEB Kombinat Haushaltsgeräte Karl-Marx-Stadt,
Entwicklungsstelle Suhl)

Bild 7: Montageautomat für Backraumhahn
(VEB Kombinat für Haushaltsgeräte Karl-Marx-Stadt,
Entwicklungstelle Suhl)

Bild 8: Montageautomaten für Schutzkontaktsteckdosen
(VEB Steremat "Hermann Schlimme" Berlin)

Bild 9: Montageautomat für Kondensatorwickelkomplettierung
(VEB Steremat "Hermann Schlimme" Berlin)

Bild 10: Montagelinie für Hahngehäuse
(VEB Kombinat Haushaltsgeräte Karl-Marx-Stadt,
Entwicklungsstelle Suhl)

Bild 11: Ein mögliches Grundkonzept für FMS der Montage (am Beispiel Getriebebaugruppen für Schlagbohrmaschinen - VEB Mikromat Dresden)

Bild 12: Robotereinsatz im VEB Getriebewerk Gotha

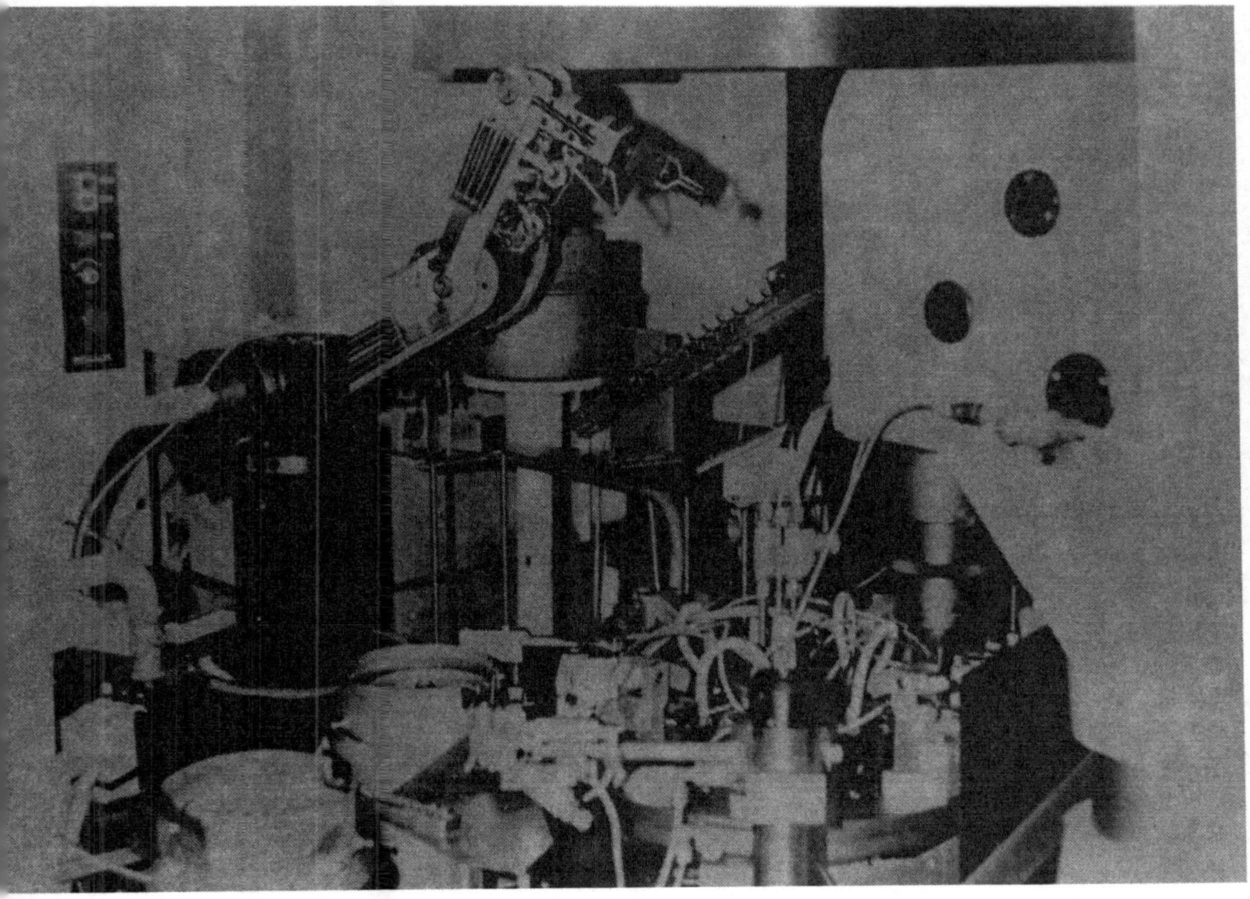

Bild 13: Flexibles Montagesystem für Büromaschinenbaugruppen (VEB ROBOTRON - Rationalisierung Weimar)

Bild 14: Flexibles Montagesystem für Elektronikbaugruppen (VEB ROBOTRON - Rationalisierung Weimar)

Bild 15: Flexibles Montagesystem für Getriebebaugruppen von Schlagbohrmaschinen (VEB Mikromat Dresden)

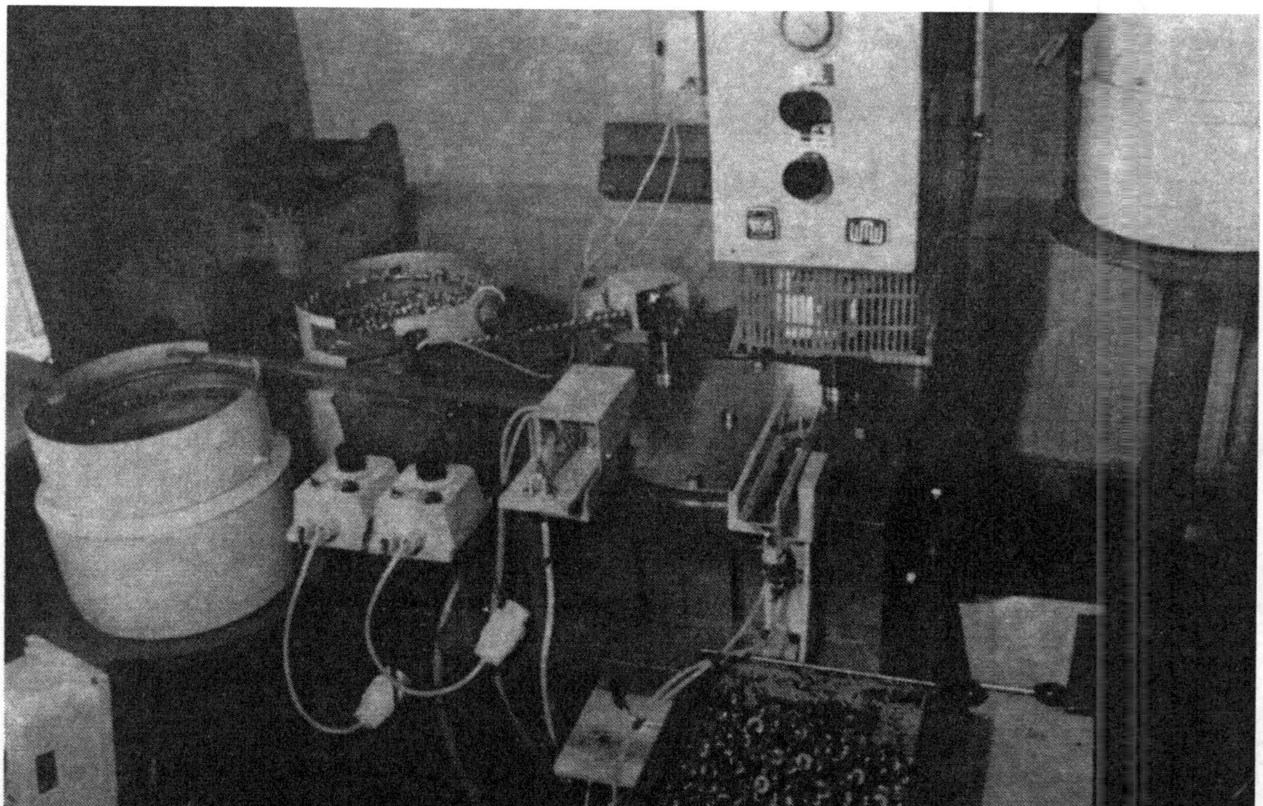

Bild 16: Flexibles Montagesystem für Getriebebaugruppen von Schlagbohrmaschinen (wie 15)

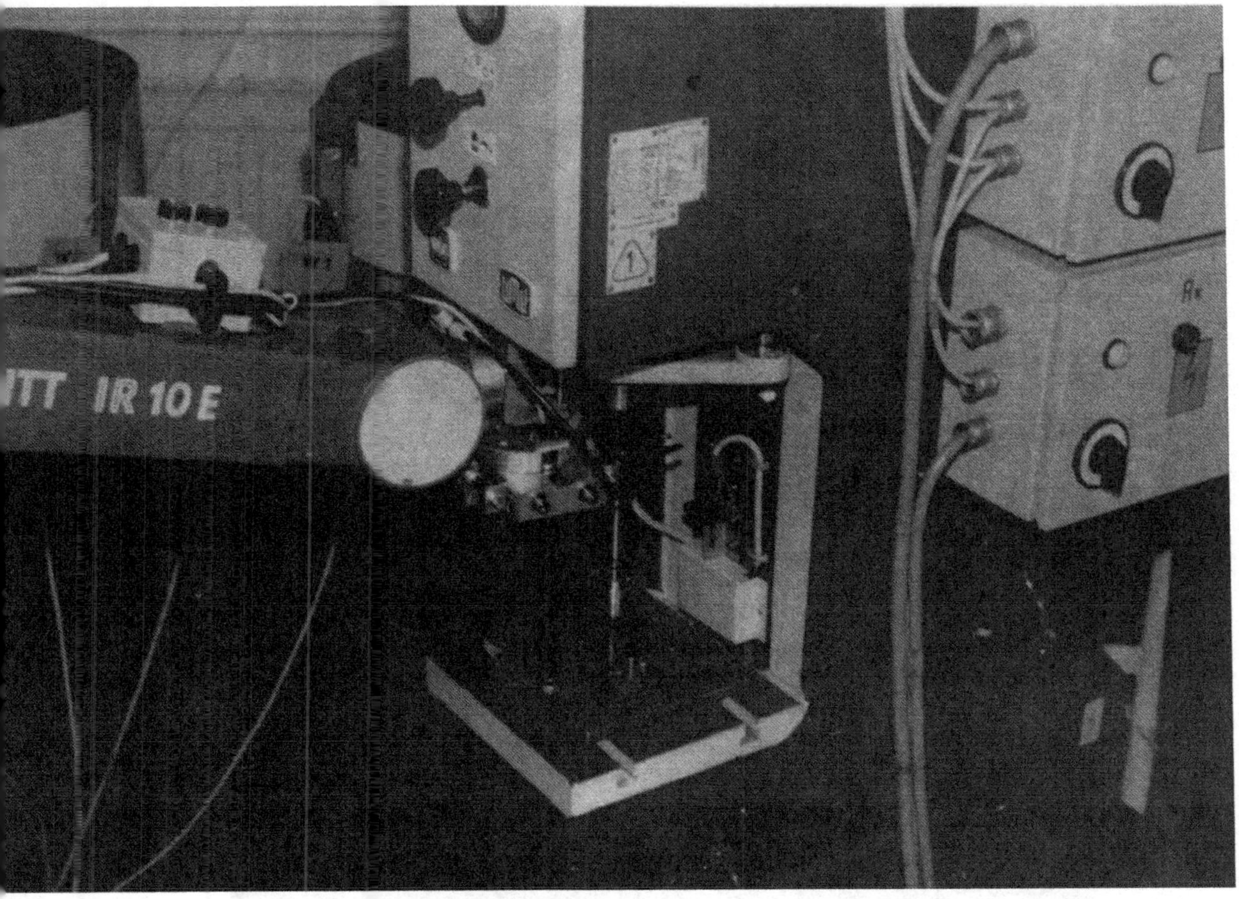

Bild 17: Flexibles Montagesystem für Getriebebaugruppen von Schlagbohrmaschinen (wie 15)

Bild 18: Flexibles Montagesystem für Baugruppen von Kleinstverdichtern (VEB Harzer Kompressorenwerk Benneckenstein)

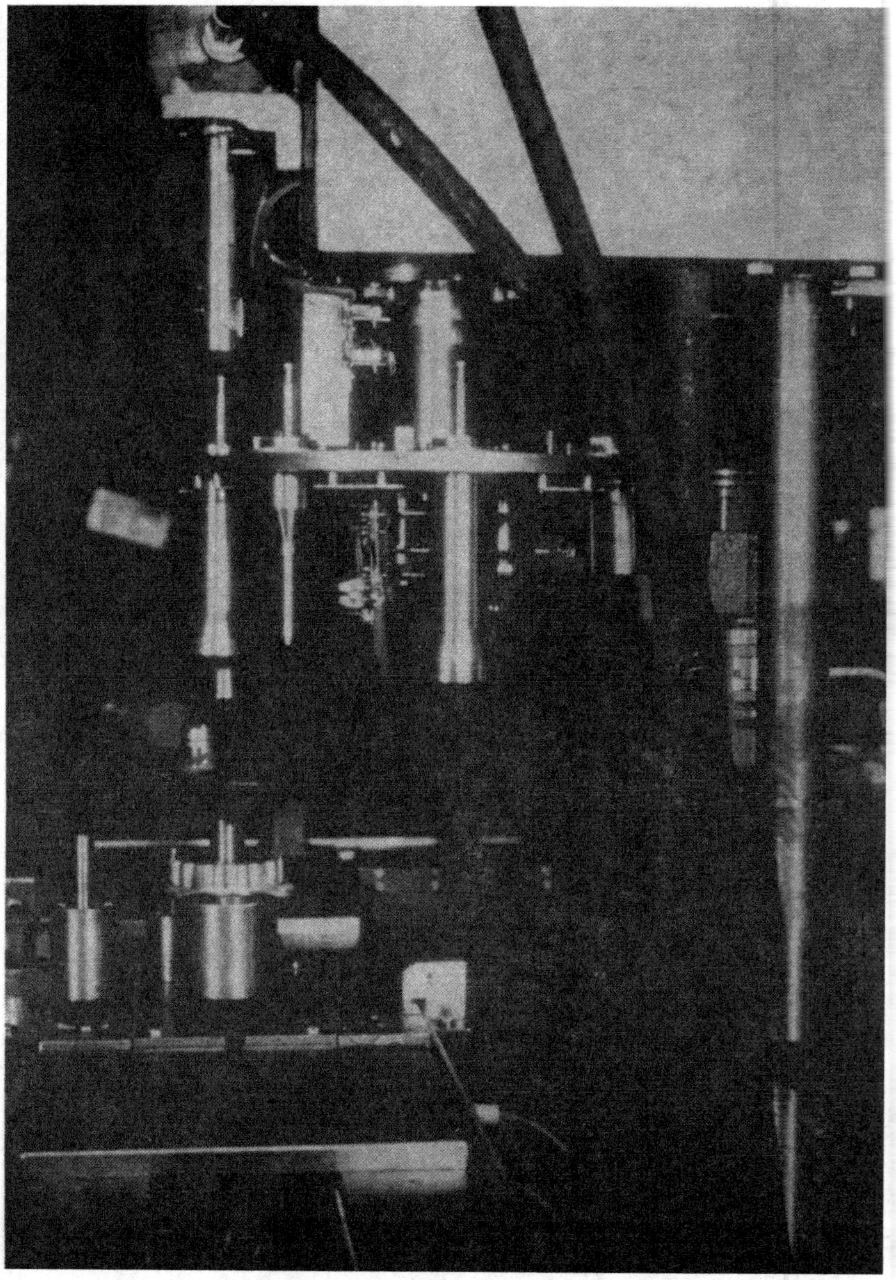

Bild 19: Preßstation (von 18)

Bild 20: Flexible Schraubstation (von 18)

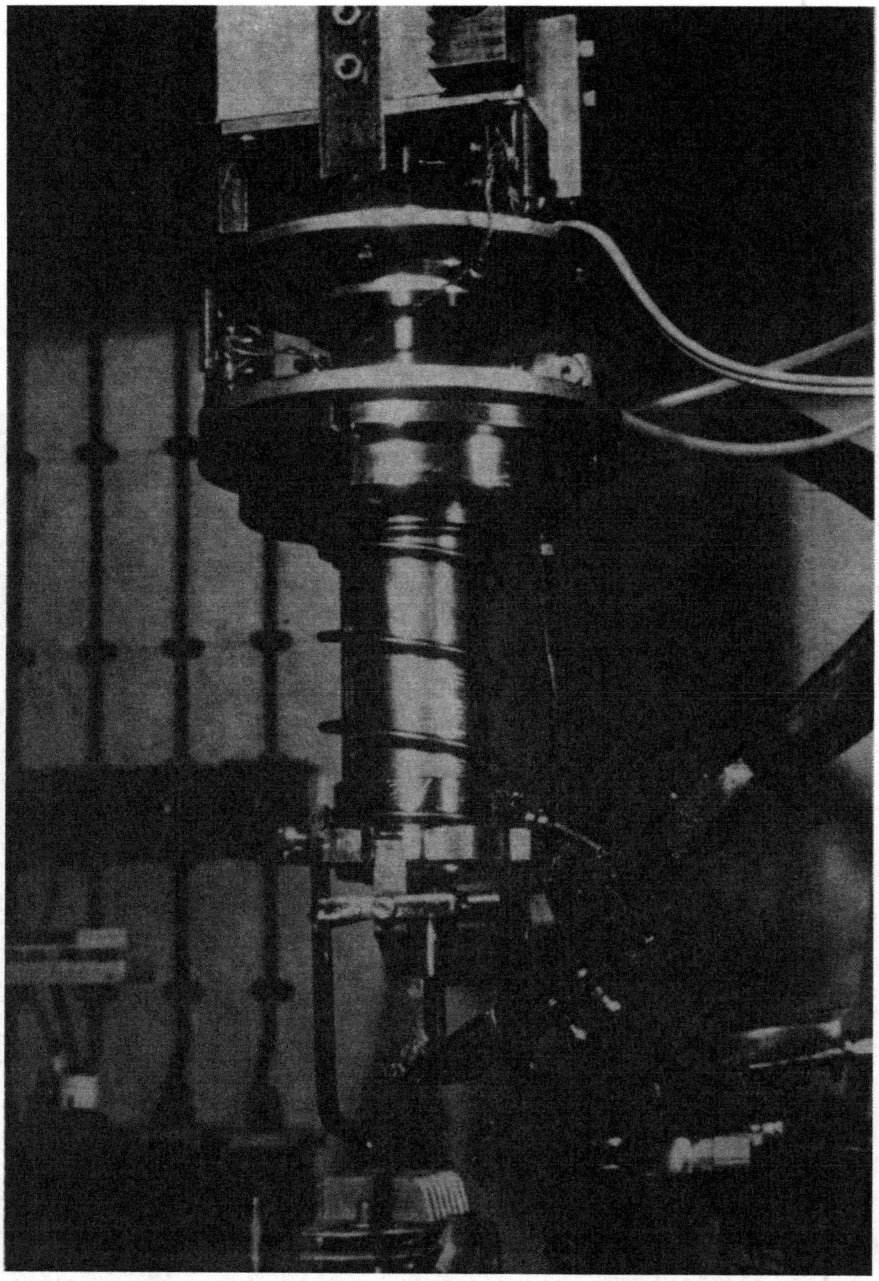

Bild 21: Schraubkopf für Muttern (von 18)

Bild 22: Schraubkopf für Stiftschrauben (von 18)

Bild 23: Ablegekopf für Unterlegscheiben (von 18)

Bild 24: Vibrationswendelförderer (von 18)

Bild 25: Sicherungsfügestation (von 19)

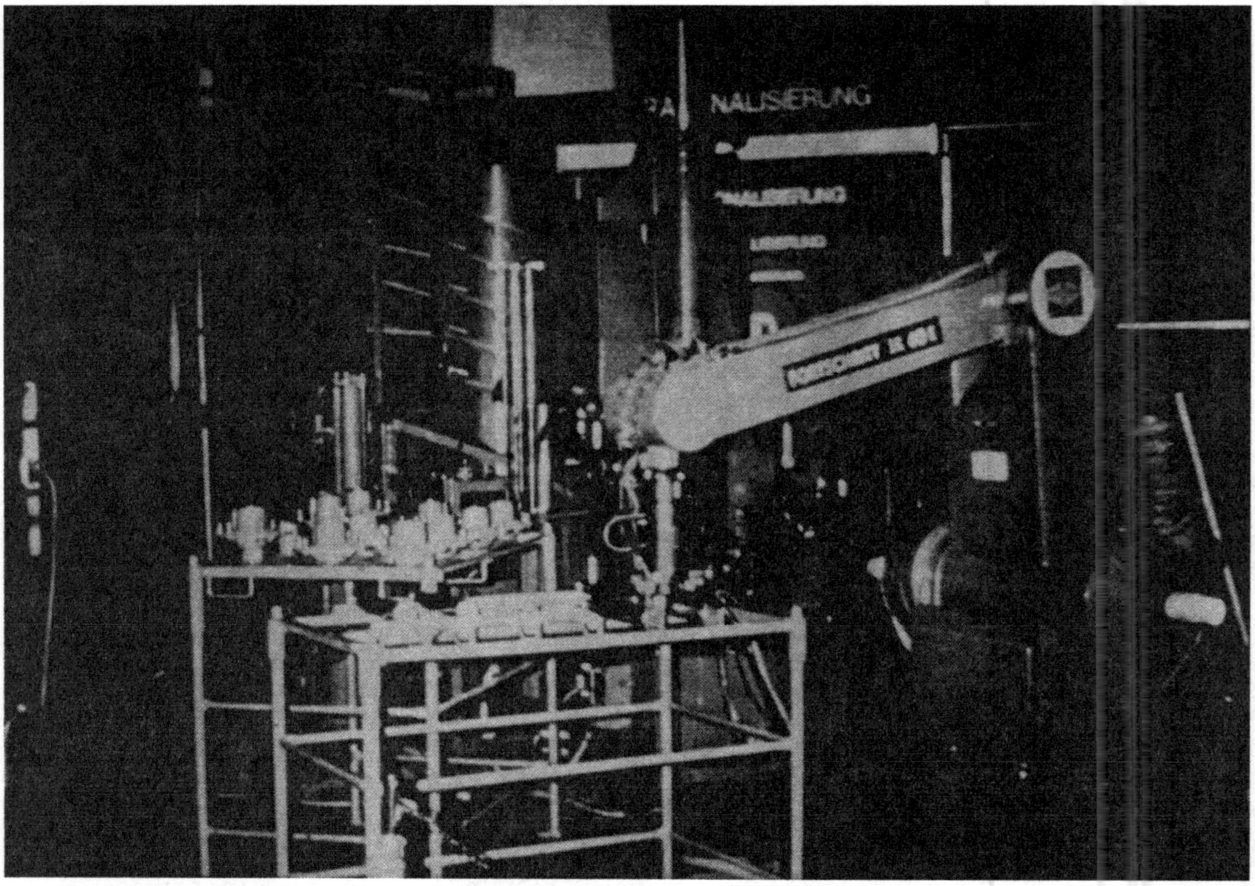

Bild 26: Flexibles Montagesystem für Fügen von Achse/Nabe
(VEB Kombinat Fortschritt Landmaschinen Neustadt/S.)

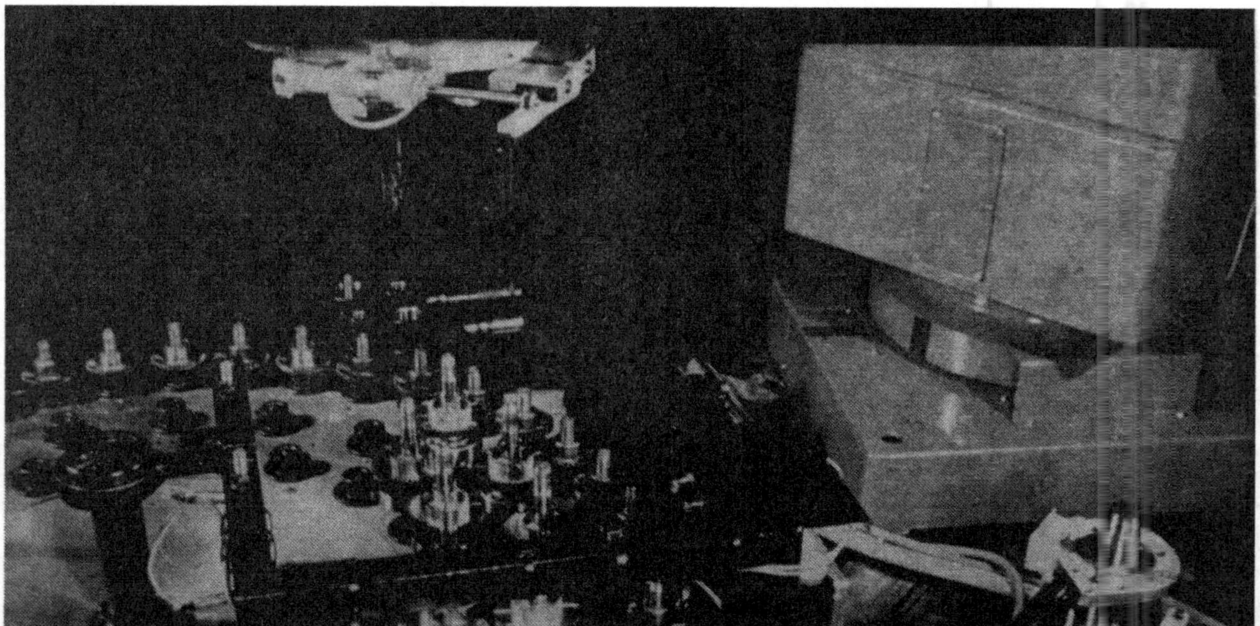

Bild 27: Flexibles Montagesystem für Tischbohrmaschinen
(VEB Werkzeugmaschinenfabrik Thum)

Flexible Montageautomatisierung von Baugruppen in der Aggregatemontage

E. Abele

E I N L E I T U N G

Die Montage von Kleinverbrennungsmotoren wird heute weltweit mit sehr unterschiedlichem Automatisierungsgrad durchgeführt. Abhängig von Jahresvolumen, Änderungshäufigkeit (Produktlebenszyklus), automatisierungsgerechtem Produktaufbau sowie Komplexität werden diese Kleinverbrennungsmotoren manuell, teilautomatisiert oder vereinzelt auch weitgehend vollautomatisiert montiert. Der Einbau dieser Kleinverbrennungsmotoren in das Endgerät (z.B. Generator, Rasenmäher, Bohrgeräte etc.) wird heute noch überwiegend manuell durchgeführt.

Im Zuge der Durchführung eines Humanisierungsprojektes hat Firma STIHL Anfang der 70-ger Jahre alte Montagebänder für die Montage von Motorsägen durch typflexible Montagebänder ersetzt.

Erreicht wurden dadurch:

- ergonomische Arbeitsplatzgestaltung mit Taktentkopplung
- Arbeitserweiterung durch einen minimalen Takt von 1,5 Min.
- Optimierung der Produktqualität durch umfangreiche automatische Kontrollstationen (sh. Bild 1)

Bild 1: Montage von Motorsägen an einem teilautomatisieren Palettentransfer.

Während Einpressoperationen, Schraub- und Prüfoperationen weitgehend automatisiert ablaufen, werden Einzelteile noch weitgehed manuell anmontiert. Zur optimalen Austaktung der einzelnen Arbeitsplätze war es notwendig, sowohl Vormontagetätigkeiten als auch Kontrolltätigkeiten in den Arbeitsplatz am Endmontageband zu integrieren.

Nachdem diese installierten, typflexiblen Endmontagesysteme keine Erweiterung in Richtung flexible vollautomatische Montage aus wirtschafltichen und technischen Gründen mehr zuließen, ergab sich zwangsläufig die Notwendigkeit, den Arbeitsinhalt der Endmontagebänder zu untersuchen und geeignete Vormontagebaugruppen zu definieren.

Ziel ist dabei der Aufbau von vollautomatischen und variantenflexiblen Montagezellen um somit eine Verkürzung der Endmontagebänder zu erreichen. Ein vor kurzem in Betrieb genommenes, und im folgenden beschriebenen Montagesystem stellt einen ersten Ansatzpunkt für die oben erwähnte Richtung dar.

1. Produktbezogene Voraussetzungen

1.1 Montagegerechte Erzeugnisstrukturierung

Die Erzeugnisstrukturierung stellt bei einem variantenreichen Produktsortiment die entscheidende Voraussetzung bzgl. einer wirtschaftlichen Montageautomatiserung dar. Dies gilt insbesondere dann, wenn der "Kern" des Erzeugnisses immer einen ähnlichen Aufbau/Montageablauf besitzt und die Variantenbildung im peripheren Bereich des Produktes (Ausrüstung mit länderspezifischen Bauteilen/Funktionen) erfolgt.

Die einzelnen Maßnahmen, die zu einer montagegerechten Erzeugnisstrukturierung führen, sollen an einer schematischen Strukturstückliste verdeutlicht werden.

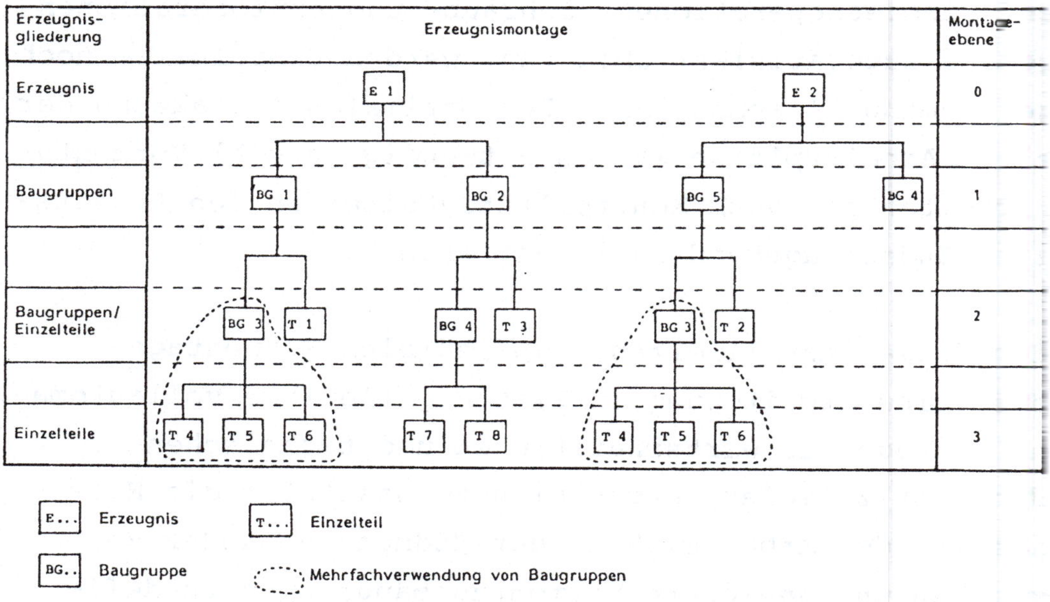

Bild 2: Verdeutlichung der montagegerechten Erzeugnisstrukturierung mittels einer einfachen Strukturstückliste.

Oberstes Ziel dieser Erzeugnisstrukturierung aus Sicht einer wirtschafltichen Montageautomatisierung sollte sein:

Minimierung der zur Abdeckung des Variantenprogrammes notwendigen Einzelteile und Baugruppen.

Dieses übergeordnete Zielkriterium erfordert:

- Vereinheitlichen nur geringfügig abweichender Baugruppen/Einzelteile (Ziel: Erhöhung der Losgröße/Reduzierung der Logistikkosten)

- Variantenbildung durch Hinzufügen einzelner Teile in der Endmontage.

- Definition eines Basisteiles mit - bei allen Varianten gleichbleibenden - Auflagepunkten für Werkstückträgersystem.

- Minimieren der unterschiedlichen Variantenbauteile pro Montageebene.

- Schnittstellen zwischen den einzelnen Montageebenen müssen so gestaltet sein, daß möglichst jede Variantenkombination bzgl. Baugruppen oder Einzelteile verwendet werden kann.

- Gegebenenfalls Trennung von Funktionsbaugruppen (hohe Stückzahlen, lange Produktlebenszyklen) und sogenannte Ästhetikbaugruppen (sichtbare Teile, die dem sich verändernden Geschmack unterworfen sind und häufig Neukonstruktionen erfordern).

Die Einführung einer derartigen Erzeugnisstrukturierung ist in der Praxis mit erheblichen Vorleistungen verbunden und kann nur als ein langfristiges, strategisches Ziel vorgegeben werden. Eine Rechtfertigung dieses Ansatzpunktes ist dabei nicht nur durch eingesparte Montagezeiten zu begründen und zu rechtfertigen:
Vielmehr muß der Vorteil eines derartigen Ansatzpunktes über die gesamten betrieblichen Aktivitäten (Vertrieb, Service, Materialeinkauf, Dokumentation etc.) gesehen werden. (sh. Bild 3)

Bild 3:

Mehrkosten bei Ausweitung des Teilespektrums

Problemstellung:

Aus konstruktiven Gesichtspunkten glaubt der Konstrukteur eines Elektrowerkzeuges 2 unterschiedliche Lager nehmen zu müssen (Durchmesser 20 und 20,5 mm, Tragzahl identisch)

Kostensituation:

	Einmalig (DM)	Kosten/pro Jahr (DM)
Anlegen der Teilestammdatei	250,-	
Pflegen der Teilestammdatei		30,-
Lagerhaltungskosten	500,-	150,-
Bestellmehraufwand (Angebote)	2.000,-	
Bestellmehrkosten (Mindermenge)		1.800,-
Mehraufwand bei Fertigungssteuerung u. Transport zur Montage		350,-
Mehraufwand für Montagevorrichtungen	12.000,-	
Mehraufwand für Prüfung (Wareneingang, Montage)		500,-
Mehraufwand für Lagerhaltung im Vertriebssystem		12.000,-
	14.750,-	14.830,-

Legt man einen Produktlebenszyklus von 3 Jahren zugrunde, so sind durch die Einführung eines weiteren Lagertyps Kosten in Höhe von 60 TDM verursacht. Da diese Kosten vorwiegend im Fixkostenbereich liegen, sind sie bei der Entscheidung bzgl. des Variantenspektrums meistens nicht transparent.

.2 Automatisierungsgerechte Einzelteilgestaltung

Aus der Vielzahl der Überlegungen bzgl. einer zuverlässigen Montageautomatisierung soll hier stellvertretend die Schraubengestaltung angesprochen werden. Die automatisierungsrelevanten Anforderungen können für viele Schraubfälle von modifizierten Torxschrauben erfüllt werden. Die wichtigsten Merkmale, die in enger Kooperation mit dem Schraubenlieferant erarbeitet wurden, sind in Bild 4 dargestellt.

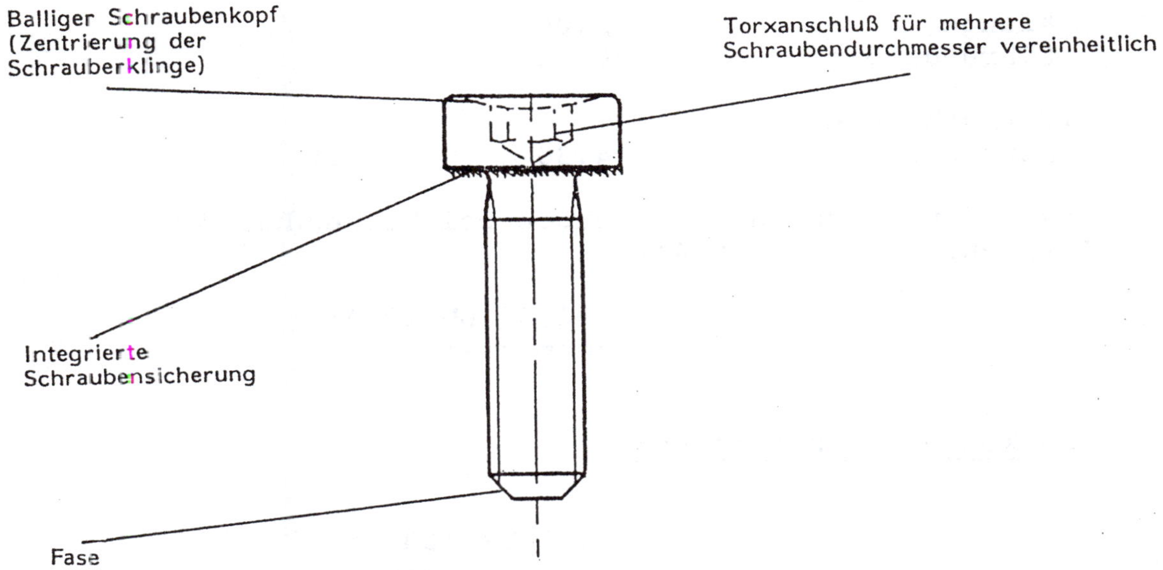

Bild 4: Schraubengestaltung für automatisierte Montage

Da Torxschrauben auch bei großen Abnahmemengen deutlich teurer als Schlitzschrauben sind, kann der Kostenvorteil erst durch eine gesamtheitliche Betrachtung nachgewiesen werden. Insbesondere machen sich die deutlich geringeren Werkzeugkosten bei Einsatz von Torxschrauben bemerkbar. (sh. Tab. 1)

K o s t e n v e r g l e i c h

Verschrauben von Schlitz- und Torxschrauben

Annahme: 350 Schraubfälle/pro Arbeitstag (AT)
Verschrauben von M5-Schrauben

1. Werkzeugkosten:

Benennung DM/St	DM/St	Standzeit (AT)
a) Schlitzschraube:		
Schrauberklinge	6,44	1
Wechsel d. Schrauberklinge	2,00	1
Führungshülse	30,00	20
b) Torxschraube:		
Schrauberklinge	4,30	20

Kosteneinsparung an Werkzeugen bei Verwendung von Torxschrauben (in 20 AT)

194,50 DM/20 AT

2. Mehrkosten Torxschraube:

2,27 DM/100 St

3. Einsparung:

- höhere Anlagenverfügbarkeit
- 36,- DM pro Schraubfall pro Monat

Tab. 1

. Aufbau des flexiblen Baugruppenmontagesystems

.1 Systemanforderungen

Das Montagesystem wurde so ausgelegt, daß alle wesentlichen Endmontagebandsysteme mit der Baugruppe "Kurbelgehäuse" versorgt werden können. Dies erfordert eine Taktzeit von ca. 18 sec. bei einer rechnerischen Verfügbarkeit von 75 %.

Ziel dieses Projektes war die Realisierung einer höchstmöglichen Umrüstflexibilität, so daß auch kleine Vormontagelose an die verschiedenen Endmontagesysteme gesteuert werden können.
Die Umrüstung erfolgt vollautomatisch innerhalb einer Taktzeit, so daß - falls notwendig - auch "Losgröße Eins" montiert werden kann. Dieser hohe Grad an Flexibilität eröffnet damit die Möglichkeit der termingenauen Bereitstellung von Baugruppen am Endmontagesystem (Just-in Time).

.2 Arbeitsinhalt

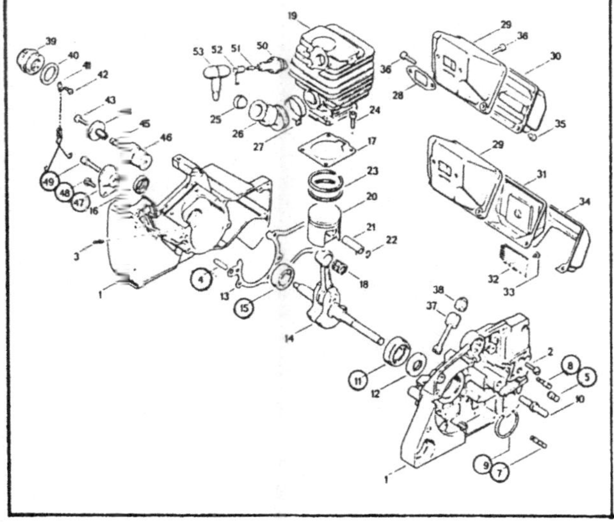

(47)(48)(49)	Ringpuffer und Masseleitung an Kurbelgehäuse AS LS je nach Type anschrauben
(4)	2 Stück Zylinderstifte in das Kurbelgehäuse LS einpressen
(9)	Lagersicherungsring in Kurbelgehäuse AS montieren
(5)	Öltankventil in Kurbelgehäuse AS einpressen
(11)(15)	Lager in Kurbelgehäuseteil AS und LS einpressen
(7)(8)	2 Stück Bundbolzen in Kurbelgehäuseteil AS einschrauben

Bild 5: Arbeitsinhalt des flexiblen Baugruppmontagesystems

Bevor die beiden Kurbelgehäuse-Teile zusammenmontiert werden können, müssen bzw. können bestimmte Einzelteile in die Kurbelgehäusehälften montiert werden. Daraus ergibt sich für das installierte flexible Montagesystem nachstehender Arbeitsinhalt.

- Ringpuffer und Masseleitung an Kurbelgehäuse AS oder LS je nach Type anschrauben
- 2 Stück Zylinderstifte in das Kurbelgehäuse LS einpressen
- Lagersicherungsring in Kurbelgehäuse AS montieren
- Öltankventil in Kurbelgehäuse AS einpressen
- Lager in Kurbelgehäuseteil AS und LS einpressen
- AS-Lagerbohrung vor Lagermontage erwärmen
- Kerbnagel in Kurbelgehäuseteil AS einpressen
- 4 Gewindebohrungen mit Loctite benetzen
- 2 Stück Bundbolzen in Kurbelgehäuseteil AS einschrauben

.3 Aufbau des Bandsystems und der frei programmierbaren Automatikstationen.

Der beschriebene Arbeitsinhalt wird von sechs Automatikstationen bewältigt, von denen vier Stationen in Portalroboterbauweise aufgebaut sind, die über je drei programmierbare Achsen verfügen. Jede Automatikstation besitzt ein Bedientableau, an dem die verschiedenen Betriebsarten wie Automatik, Einrichten, Störungsanzeige, Grundstellung usw. einstellbar bzw. ablesbar sind. Damit eine hohe Verfügbarkeit erreicht wird, kann bei einer größeren Störung jede Station einzeln außer Betrieb genommen werden.

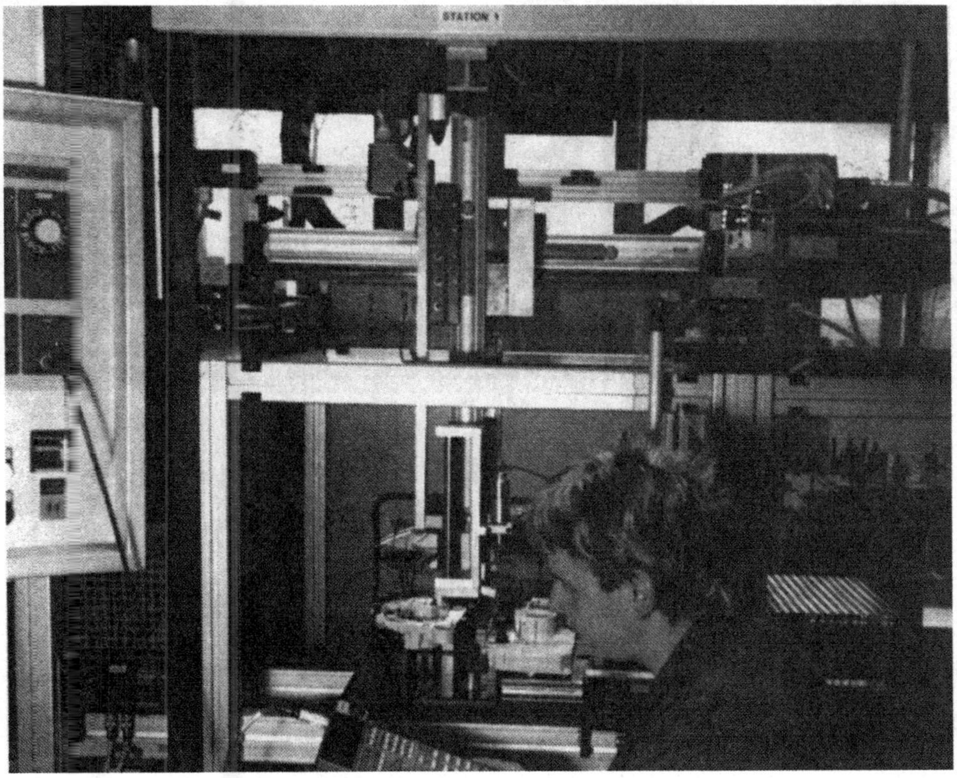

Bild 6: Aufbau einer robotergestützten Automatikstation.

Für das flexible Montagesystem wurde ein Verkettungsmittel (Doppelgurtbandsystem) mit Werkstückträgern verwendet. Das System ist in Linienbauweise aufgebaut. Am Anfang und Ende des Systems befindet sich je ein Lift, der die Werkstückträger auf die unterflur angeordnete Rückführstrecke bzw. von der Rückführstrecke auf die Montagestrecke bringt.

Bild 7: Codierbarer Werkstückträger mit Kurbelgehäusehälften

Der hohe Grad an Umrüstflexibilität wird durch Realisierung folgender Entwicklungsschritte erreicht:

- Verknüpfung der Montagerobotersteuerungen mit einer zentralen Zellensteuerung (serielle Schnittstelle)

- Automatischer Greiferwechsel

- automatisches Ausschleusen der Paletten der auslaufenden Variante (kein Umrüstverlust)

- Bereitstellung der unterschiedlichen Varianten von Einzelteilen in parallelen Vibrationswendelförderern oder in Schachtmagazinen mit wahlfreiem Zugriff

Bild 8: Befüllung und Aufbau eines Schachtmagazins mit wahlfreiem Zugriff für Kugellager.

Das Einpressen von Zylinderstiften und Entlüftungsventil wird ebenfalls mit den im Hause STIHL entwickelten Portalrobotern durchgeführt. Da die Einpresskräfte jedoch die Belastbarkeit des Portalroboters überschreiten, übernimmt der Portalroboter nur die Zuführung und die Positionierung der Einpresselemente; die Einpresskraft wird von einem, über den gesamten Arbeitsraum gelegten Pressenstempel, erzeugt.

Bild 9: Einpressen von Zylinderstiften durch robotergeführte Einpressvorrichtung.

3.4 Steuerungsstruktur

Zentraler Bestandteil der Steuerungsstruktur ist eine S5 -150 U (Firma Siemens) die durch "intelligente" Zusatzbausteine zu einem Zellenrechner ausgebaut wurde. (sh. Bild 10). Diese sogenannte intelligiente Steuerungsperipherie umfaßt

4 NC-Hilfsachsen
4 Kopplungen zu Robotersteuerungen RCM 1
2 NC-Bedienfelder
1 Schrauber-Meßsteuerung
1 Zählerbaugruppe 2 MHz
1 WT-Codiersystem

Die Programmlänge von 42 kB führt zu einer Zykluszeit von 80 ms. Dies bedeutet jedoch, in Anbetracht von einer Taktzeit von 18 s., in der Praxis keine nennenswerte Verzögerungen. Die Programme für die Portalroboter sind für alle

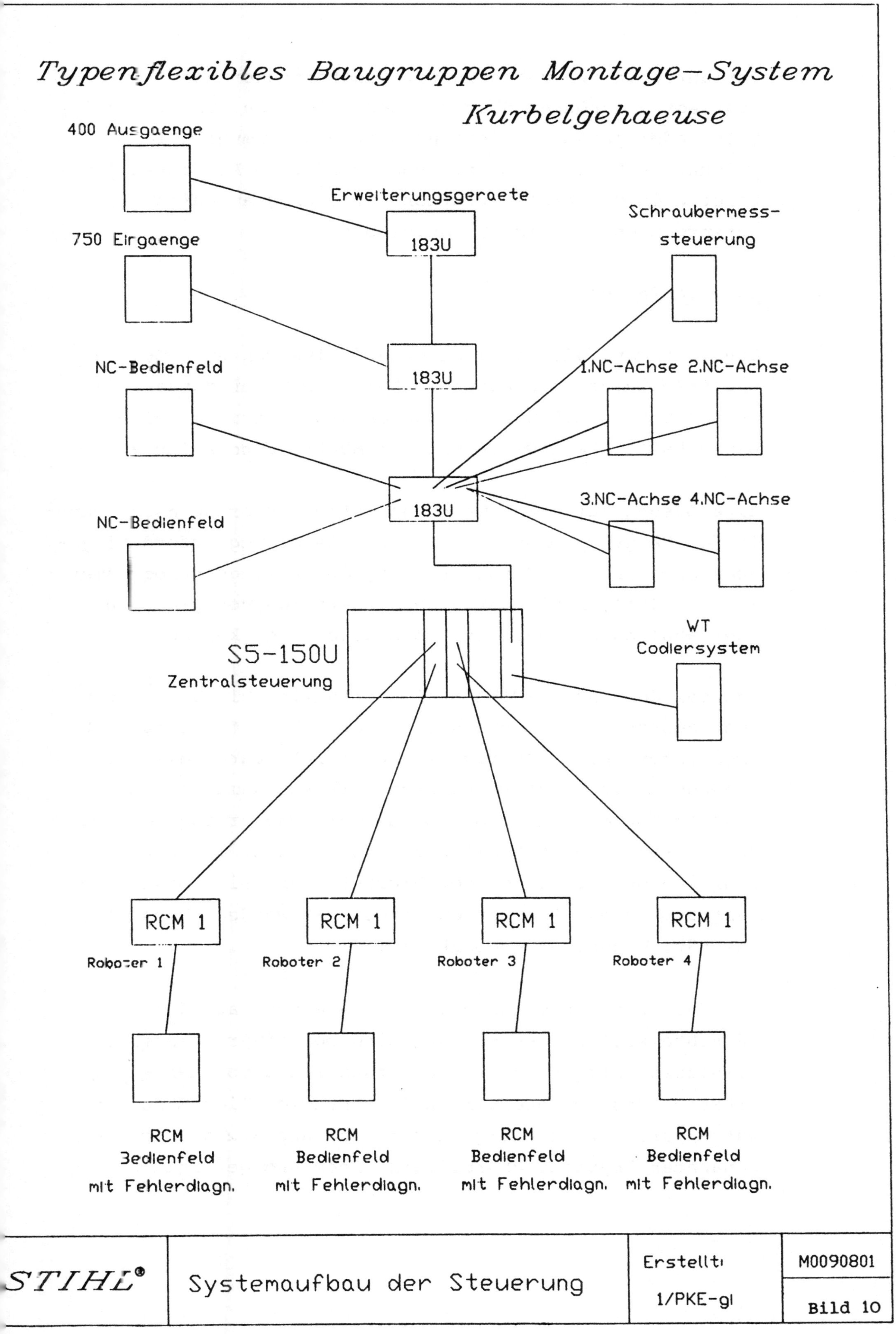
Typenflexibles Baugruppen Montage-System
Kurbelgehaeuse
400 Ausgaenge
Erweiterungsgeraete
183U
Schraubermess-
steuerung
750 Eingaenge
183U
NC-Bedienfeld
1.NC-Achse
2.NC-Achse
183U
NC-Bedienfeld
3.NC-Achse
4.NC-Achse
S5-150U
Zentralsteuerung
WT
Codiersystem
RCM 1
RCM 1
RCM 1
RCM 1
Roboter 1
Roboter 2
Roboter 3
Roboter 4
RCM
Bedienfeld
mit Fehlerdiagn.
RCM
Bedienfeld
mit Fehlerdiagn.
RCM
Bedienfeld
mit Fehlerdiagn.
RCM
Bedienfeld
mit Fehlerdiagn.
STIHL®
Systemaufbau der Steuerung
Erstellt:
1/PKE-gl
M0090801
Bild 10

Varianten in den zugeordneten Robotersteuerungen RCM 1 abgelegt und können über die serielle Schnittstelle aufgerufen oder parametrisiert werden. Die Kommunikation zwischen RCM 1 und Leitrechner wird beim Einfahren der Palette in die Arbeitsstation (z.B. Programmaufruf für entsprechende Variante) angestoßen.

4. Zusammenfassung

Bandmontagen, die im Hinblick auf eine Taktentkopplung und Erweiterung des Arbeitsinhaltes für den Montagearbeiter realisiert wurden, lassen heute oftmals keine wirtschafltiche Erweiterung der Montageautomation zu.

Eine Lösung für einen weiteren Automatisierungansatz kann in der Baugruppenmontage liegen. Dieser Weg erfordert jedoch eine gewisse Strukturierung des Erzeugnisprogrammes mit dem Ziel, möglichst hohe Stückzahlen von gleichen oder ähnlichen Baugruppen vormontieren zu können.

Das bei der Firma STIHL realisierte flexible Baugruppenmontagesystem kann innerhalb einer Taktzeit automatisch umgerüstet werden (Umrüstflexibilität). Durch die Verwendung einer standardisierten Verkettungsmittel, dem Einsatz von Montagerobotern und dem modulartigen Gesamtaufbau kann ein Großteil der Investitionen für einen sehr langen, nicht von der Produktlebenszeit abhängigen Zeitraum in der Produktion eingesetzt werden (Umbauflexibilität, Wiederverwendbarkeit).

Die Inbetriebnahme sowie das "Hochfahren" auf die gewünschte Produktionsleistung sind bei einer derartigen komplexen Anlagen natürlich entscheidend von der Qualifikation des Bedienerpersonals abhängig. Diesem Aspekt wurde durch rechtzeitige Ausbildung und Einsatz von sogenannten "Hybridfacharbeitern" Rechnung getragen.

Die Montageautomatisierung und deren mittelfristig abschätzbare Entwicklung in der Automobilindustrie

G. Schupp

01. EINLEITUNG:

Nach wie vor wird die Montageautomation in der Automobilindustrie als Rationalisierungspotential angesehen. Insbesondere wurden bei der Einführung neuer Fahrzeugmodelle in den Jahren 1985 - 1987 Fortschritte in bezug auf den Einsatz automatisierter Montagesysteme erzielt [1]. Andererseits bleibt festzustellen, daß die derzeitigen Automationsgrade in den Bereichen Aggregate-, Karosseriefertig- und Fahrzeugendmontage sehr unterschiedlich sind. Außerdem können wir als Anlagenlieferant die Feststellung treffen, daß sowohl bei den einzelnen Automobilunternehmen als auch bei den Anlagenlieferanten Schwierigkeiten bestehen, eine Art Normstrategie, was die Montageautomation betrifft, zu verfolgen. Ziel dieses Beitrages ist es, aus Systemanbietersicht den Stand der Montageautomation sowie die zukünftige Entwicklung aufzuzeigen.

02. HEUTIGE STRATEGISCHE SITUATION:

Bemühungen zur Erhöhung des Automationsgrades sind in allen Bereichen der Montageautomation feststellbar. Nach wie vor ist jedoch ein starkes Gefälle der Automationsgrade auf den Gebieten der Aggregatemontagen, Vormontagen im Bereich Karosserie- und Endmontage sowie in der Karosseriemontage und Endmontage feststellbar, das seinen wesentlichen Grund in der Variantenvielfalt bzw. Komplexität hat (Bild 1/2). Weiterhin ist der Einfluß neuer Technologien und technischer Strategien wie CIM, JIT und MAP auf die Montageautomation - bei gleichzeitiger Erhöhung der Anforderungen - zunehmend gegeben (Bild 3). Darüber hinaus verschieben sich die relativen Anteile der Fertigungszeit immer mehr in Richtung der Montage [2] (Bild 4).

Unter diesen Aspekten ist es nicht überraschend, daß sich die Montageautomation, abgesehen vom Bereich der Aggregatemontage, in einem indifferenten Stadium befindet. Es bleiben folgende Fragen näher zu beurteilen und zu beantworten:

- Soll man auf Montageautomation verzichten?

- Wie wirkt sich dies langfristig aus?

- Sind die Einführungsstrategien richtig?

- Welchen Einfluß haben die Produkte, d. h. die Produktgestaltung selbst?

- Gibt es Alternativen in bezug auf Lösung der Produktkomplexität?

- Ist unsere Planungssystematik verbesserungsfähig?

Um auf die vorgenannten Fragen eine Antwort zu geben, bedarf es der Betrachtung des Standes der Technik auf dem Gebiet der Montageautomation [3].

03. ANWENDUNGSBEISPIELE ZUM STAND DER MONTAGEAUTOMATION

Die nachfolgenden Beispiele sind getrennt nach den Einsatzgebieten -Aggregatemontage
- Fahrzeugendmontage

mit den zugehörigen Vormontagebereichen dargestellt.

03.1 Aggregatemontage:

03.1.1 Lenkungsmontagelinie (Bild 5/6)

Montageanlage für die flexible Produktion von 7 Lenkungsvarianten mit einer Leistung von 260 Lenkungen pro Stunde.

Zielsetzung:
- Bedarfs- und Variantenflexibilität.
- Hoher Automationsgrad von ca. 85 %.
- Qualitätsverbesserung.
- SPC
- Rentabilität
- Modularer Aufbau zur Einarbeitung von zukünftigen Varianten.

03.1.2 Teilflexible Hinterachsmontage (Bild 7 - 9)

Montagesystem, bestehend aus flexibler Transfertechnik mit FTS sowie konventioneller Montagetechnik in Form einer Montagetransfertechnik. Automation der Belade- und Fügeoperationen ohne Varianteneinfluß.

Zielsetzung:
- Horizontale Erhöhung des Automationsgrades.
- Weitere Automationsfähigkeit
- Variantenflexibilität.

3.1.3 Motormontagelinie als Rationalisierungsprojekt.

Eine vorhandene, weitgehend manuell betriebene Montagelinie mit einer Taktzeit von 12 s wurde in bezug auf 18 Operationen in Zellenlösung automatisiert (Bild 10 - 12).

Zielsetzung:

- Standardisierte Problemlösung
- Variantenflexibilität.
- Rentabilität.

3.2 Fahrzeugendmontage:

3.2.1 Vollautomatische Cockpitmontage als Neuinvestition.

Bedingt durch das Konzept einer hochintegrierten Modulmontagegruppe war ein vollautomatischer Montageablauf erforderlich (Bild 13/14). Die Realisierung dieses Projektes kann beispielhaft für komplexe Montageoperationen, im Hinblick auf das Projektmanagement erwähnt werden. Wesentliche Ziele, die erreicht wurden, sind:

- Qualitätssicherheit.
- Hohe Anlagenverfügbarkeit.
- Teilflexibilität.
- Produktionssicherheit
- Diagnosefähigkeit des Systems.

3.2.2 Flexible Fahrzeugscheiben-Vormontagelinien als Neuinvestition.

- Vormontagelinie mit insgesamt 4 Montage- und Prozeßrobotern, IR 161/15 und IR 360/8.0 sowie Handhabungsgerät (Bild 15/16)
- Vormontagelinien zum applizieren von PU-Kleber mit IR 161/15 zweiter Teil mit nachgelagerten Handhabungsvorgängen (Bild 17/18).

03.2.3 Montagezelle als Neuinvestition mit IR 662/100 und 2D-Videokamerasystem zum automatischen Montieren von PKW-Rädern (Bild 19).

03.2.4 Montagezelle als Rationalisierungs-Investition zum Einlegen der PKW-Ersatzräder mit IR 662/100 (Bild 20)

03.2.5 Vormontagezellen für den Türenvormontagebereich als Neuinvestition mit IR 161/15 und IR 161/25 für:

- Türfolienmontage
- Türkonservierung (Prozeßtechnik).

03.2.6 Montagesysteme für Chassismontage mit zugehöriger Vormontage mit einer Leistung von ca. 210 Einheiten pro Schicht effektiv (Bild 21/22).

03.2.7 Montagebereich als Systemlösung mit den Applikationen:

- Heckklappenmontage
- Radmontage
- Ersatzradeinlegen
- Sitzhandling
- Türmontage.

Zielsetzung:

- Qualitätsverbesserung.
- Standardisierte Zellenlösung
- Rentabilität.

3.2.8 Komplettsystem für Hinterachs-, Vorderachs- und Chassiskomplettmontage, mit einer max. Montageleistung von 79 Einheiten/Std.
Insgesamt sind 6 Vormontagesysteme mit insgesamt 15 IR- und Handhabungsgeräten (Bild 23). Dieses System weist ferner eine CIM-Baustein-Struktur, durch das Steuerungssystem - auf.

4 MITTELFRISTIG ABSCHAETZBARE ENTWICKLUNG:

Unter Wertung unserer Anwendungserfahrung und der Verlautbarungen der Automobilindustrie sehen wir eine differenzierte Vorgehensweise hin, zu mehr Systemlösungen. Dabei sind folgende Strategien beachtenswert

- Vermeidung hochkomplexer Sensorlösungen.
- Mehr Systemdenken, z. B. einheitlicher Lösungsansatz für die Bauteilbereitstellung, d. h. standardisiertes Prinzip.
- Zusammenfassung von Zellenautomation zu Automationsbereichen mit mehr einheitlichen Merkmalen und Parametern.
- Im Planungsbereich die Integration von Logistig und Montageplanung.

Deutlich ist darauf hinzuweisen, daß der heutige Stand der Rohbauautomation nicht erreicht worden wäre, wenn man zum Teil so vorgegangen wäre, wie dies insbesondere im Bereich der Karosseriefertigmontage festzustellen ist. Deshalb muß insbesondere bei kompletten Neustrukturierungen von folgenden Prämissen ausgegangen werden

- Produktionssicherheit und Qualitätsaspekte den Rentabilitätsüberlegungen vorziehen.
- Schrittweise kompatible Realisierungsstufen planen, d. h. horizontale Durchdringung gegenüber vertikaler Durchdringung vorziehen.
- Projektmanagement beim Anwender auf Realisierungszeiträume, Beschaffungskonzept, Fachplanungsinhalt und wertanalytische Konzeptplanung kritisch überprüfen und gegebenenfalls verbessern.

Darüber hinaus bestehen noch sehr große Defizite zum Aufzeigen des Zusammenhanges zwischen Produktvarianten (Komplexität) und Kosteneinsparungspotentialen. Erst wenn hier mehr Basiswissen vorhanden ist, kann im Rahmen des "Feed-Back" zwischen Vertrieb, Technik und Fertigungsplanung ein wesentlicher Beitrag zur Senkung der Komplexität geleistet werden.

5. ZUSAMMENFASSUNG:

Die wesentlichen Merkmale des derzeitigen Standes der Montageautomation wurden analytisch auch in Anwendungsbeispielen aufgezeigt. Die augenblickliche Situation ist dadurch gekennzeichnet, daß dort, wo die Variantenvielfalt durch Modulkonzepte eingegrenzt wird, weit höhere Realisierungsquoten festzustellen sind. Sofern es gelingt, durch innovative Produktgestaltung - unter Einbeziehung von montagetechnischem "Know How" - den Trend der automationsfreundlichen Konzepte zu verstärken, wird eine deutliche Zunahme des Automationsgrades eintreten. Dabei steht die technische Machbarkeit nicht so sehr im Vordergrund, wie die Faktoren Prozeßbeherrschbarkeit und Produktionssicherheit, die wesentlich auf der Qualifikation unserer Mitarbeiter in Planung, Realisierung und Betrieb beruhen. Da die Montageautomation ein wichtiger CIM-Baustein ist, sollte bei ernsthaften Bemühungen, diese Strategie zu verwirklichen dieses Rationalisierungspotential mit mehr Realisierungen ausgeschöpft werden.

[1] Sünner H.:
Einführen von automatischen Montageoperationen in der Karosserie-Fertigmontage eines PKW-Werkes.
Zeitschrift Werkstatt und Betrieb Okt. 1987

[2] Graf, Koether, Schweizer:
Flexible Montage stellt neue Anforderungen an die Produktionssteuerung
io Management 56 Nr. 4, S. 175 - 180/1987

[3] Schupp G.:
Flexible Montageautomation in der PKW-Endmontage
Robotersysteme 3, S. 79 - 82/1987

Automobilmontage	1983/84	mittelfristig
Aggregatemontage	24%	30%
Karosseriemontage	5%	20%
Endmontage	8%	20%

Quelle: VDI Bericht Nr. 479

Bild 1 Darstellung heutiger und zukuenftiger Automationsgrade in verschiedenen Einsatzbereichen

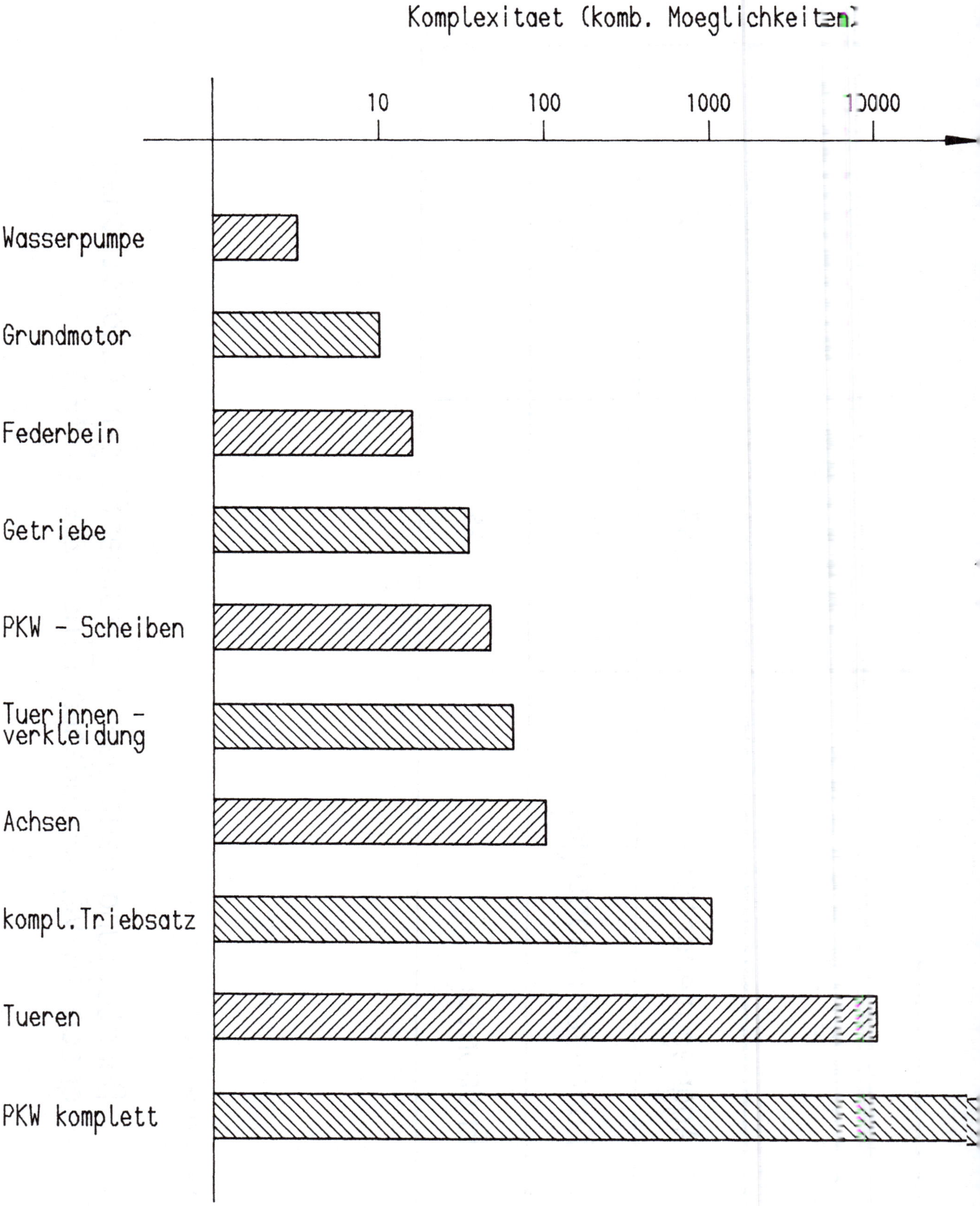

Bild 2 Qualitative Beurteilung der Variantenvielfa

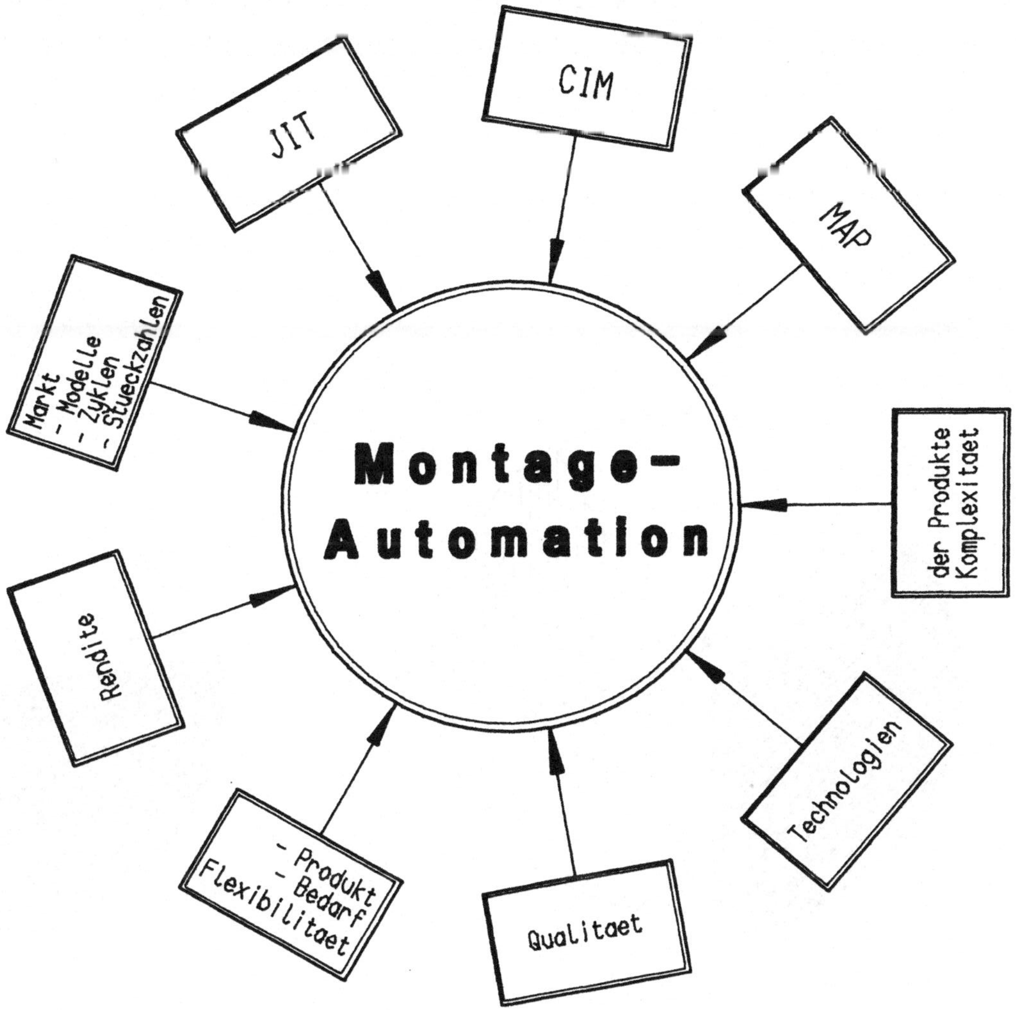

Bild 3 Einfluesse und Anforderungen an die Montageautomation

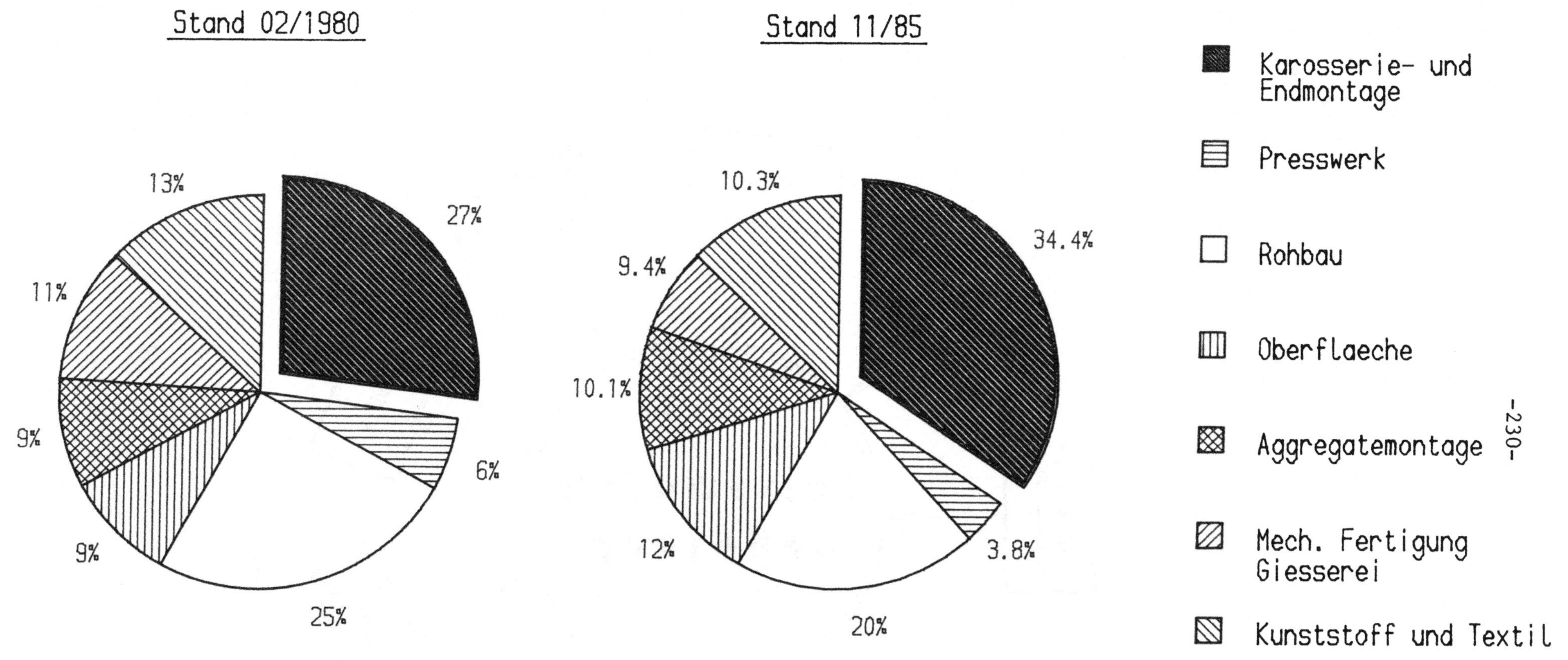

Quelle: BMW

Bild 4 Fertigungszeitverteilung im Fahrzeugbau

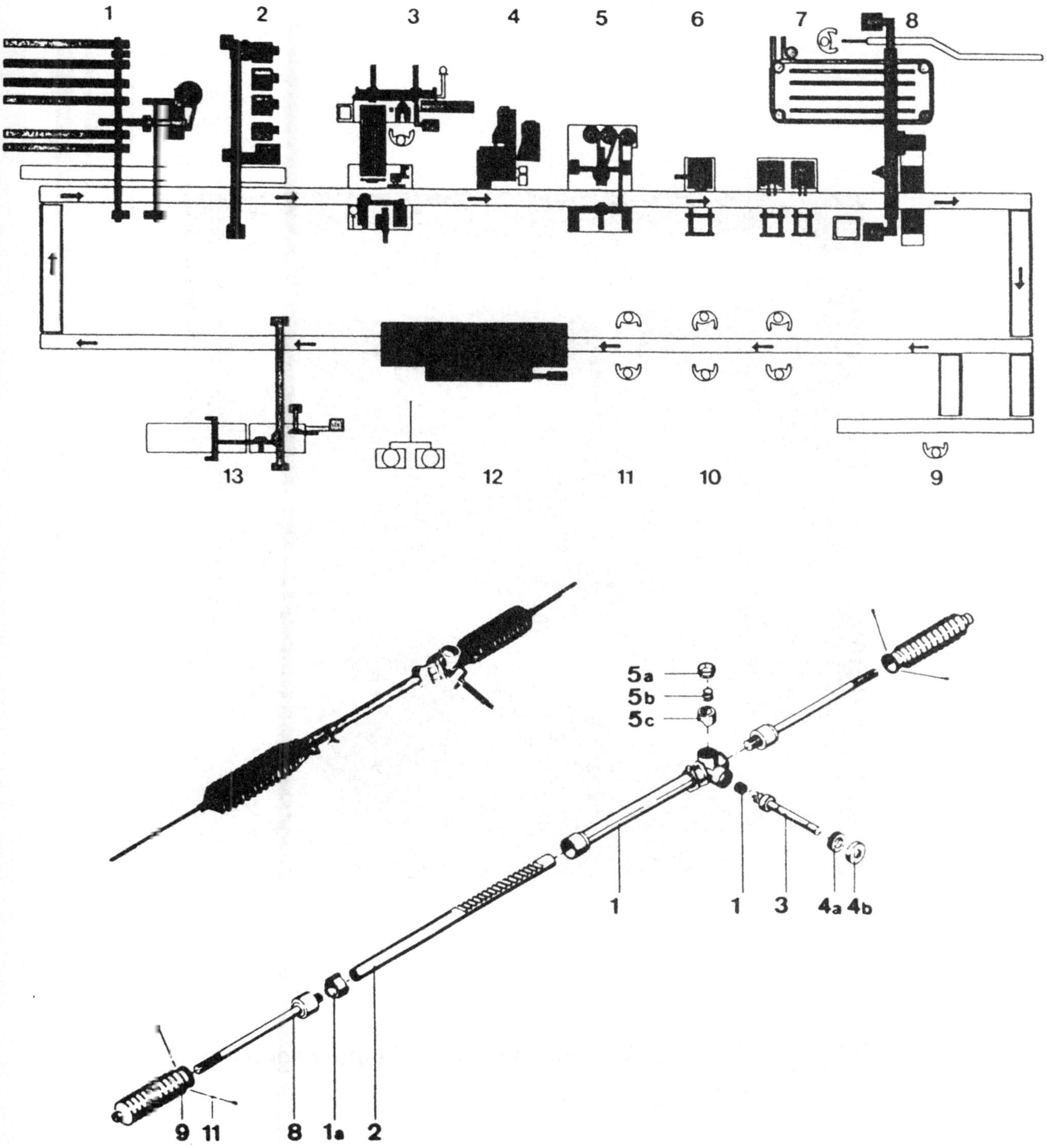

Bild 5 Flexible Montagelinie für Zahnstangenlenkungen

Bild 6 Flexible Vormontage von Zahnstangen-lenkungs- Ritzel

tion	Takt-zeit	Wechsel-zeiten
1 / 1 / 5	35 s 1)	8 s 2)
9 / 2	39 s	8 s 3)

ohne FTS-Wechselzeit,
mit Stationsindexierzeit
für FTS
für Friktionsrollenbahn
bzw. Werkstückträger

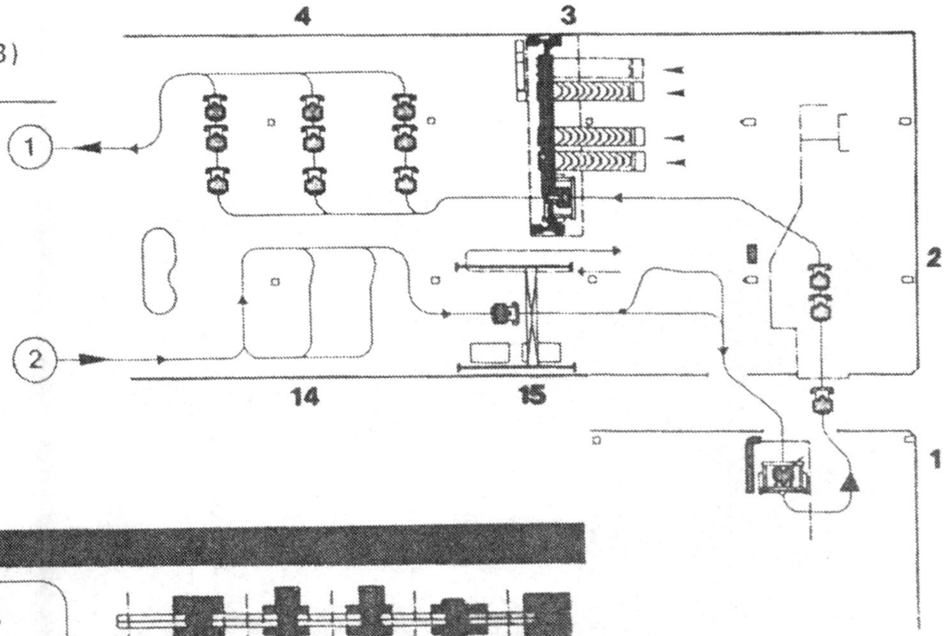

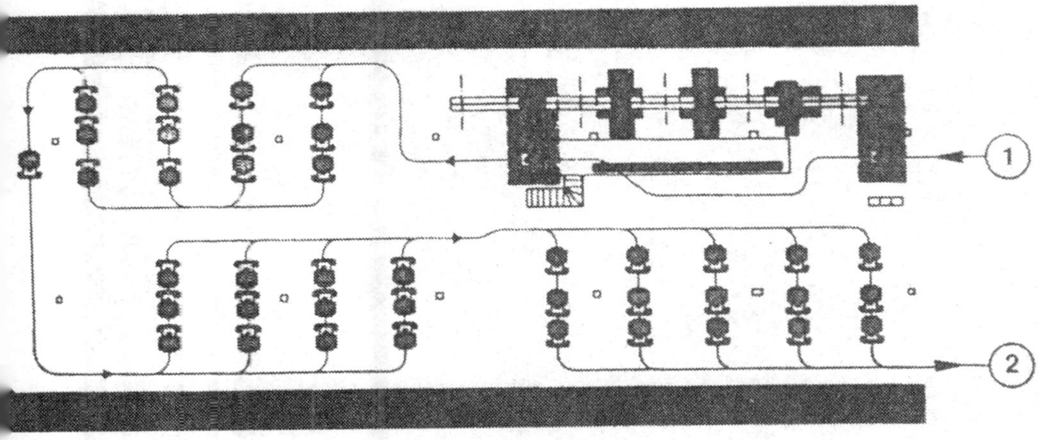

ld 7 Montagelinie für PKW Hinterachsen

Bild 8 Flexibler Werkstücktransfer mit FTS für PKW - Hinterachsen

Bild 9 Einpreßstation für Schrägkugellager und Sicherungsring

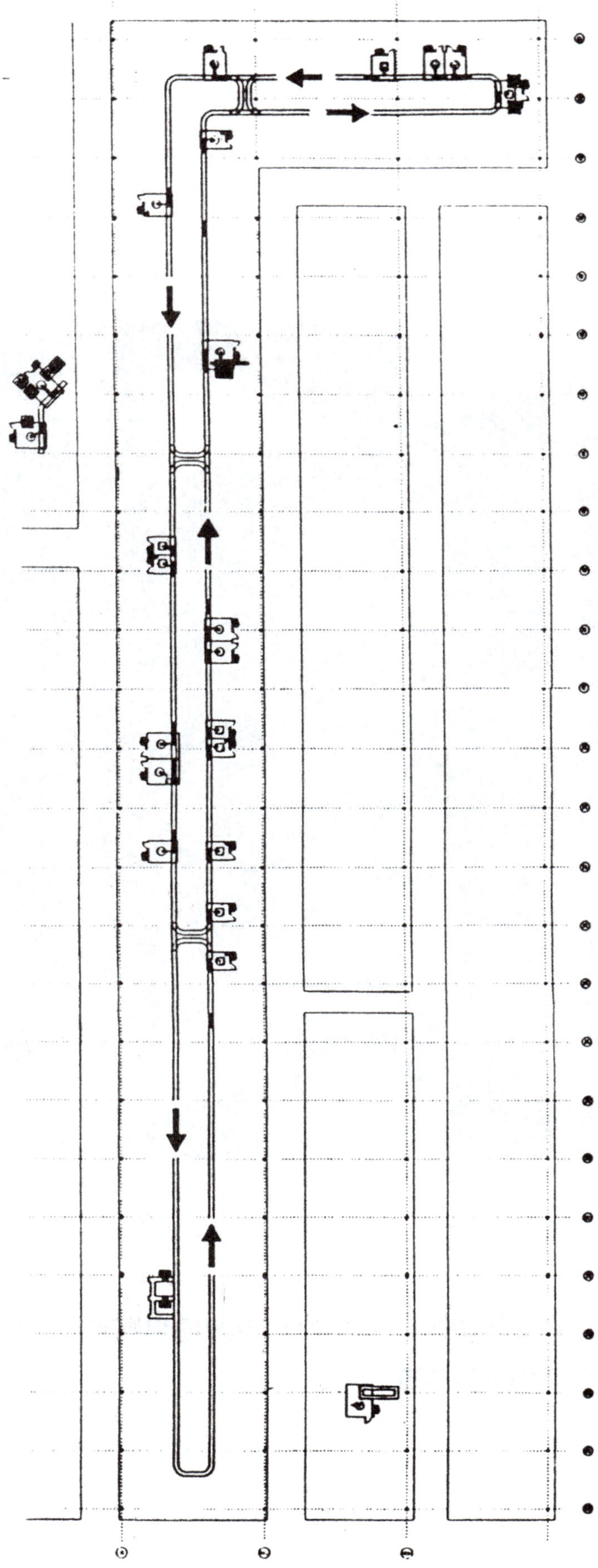

Bild 10 Motormontagelinie mit 18 automatisierten Montagezellen

Bild 11   Schwungradabnahme mit Einpreßstation

Bild 12   Montagezelle für Wasserpumpe

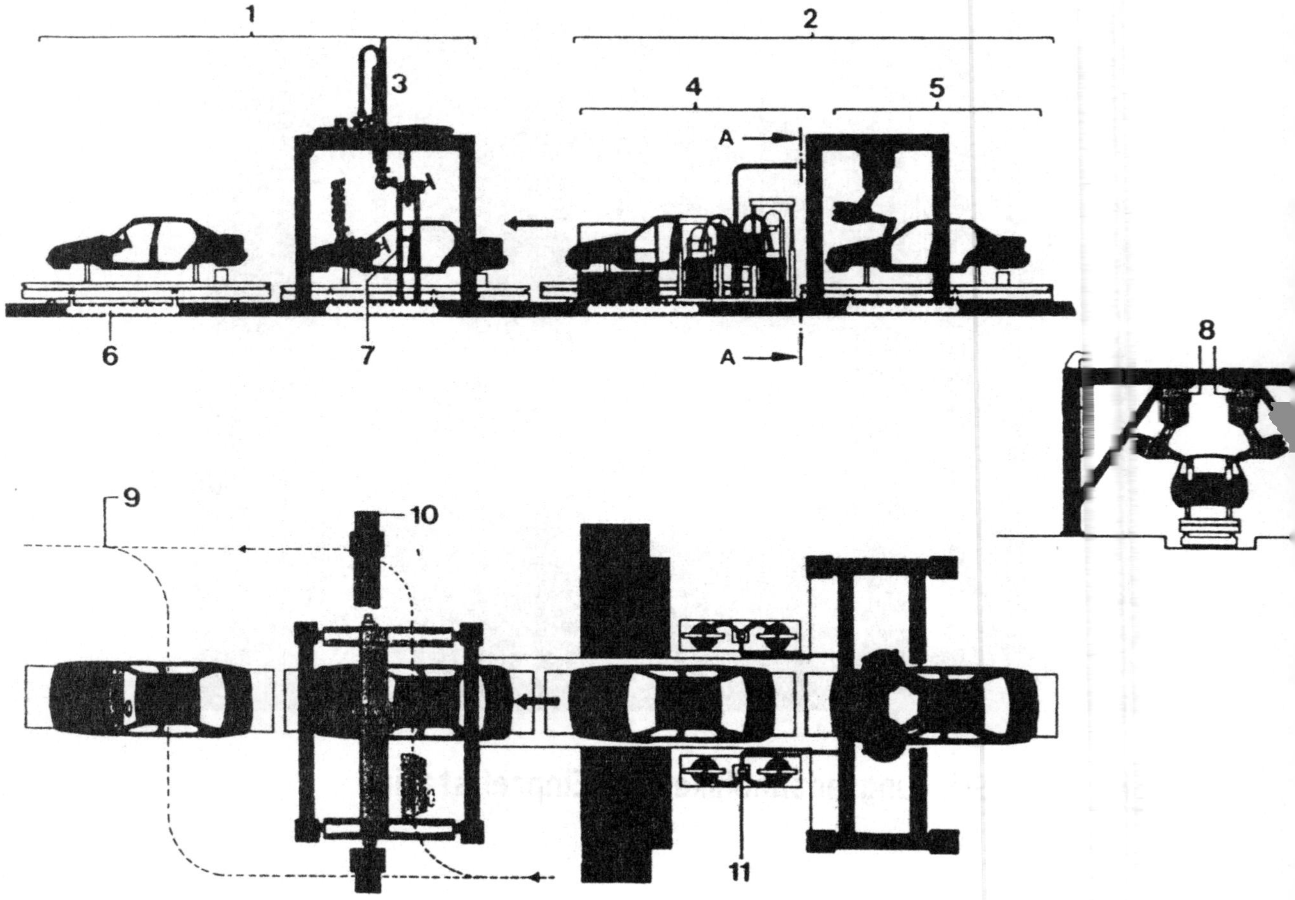

1 Automatische Cockpitmontage
2 Klebstoffauftragen
3 IR 460/100
4 Manuelle Standby-Station
5 Automatische Station
6 Transportpalette
7 Cockpit-Indexiereinrichtung
8 IR 161/15
9 Elektrohängebahn für Cockpittransport
10 Schraubenzuführung
11 Klebstoffpumpe

Bild 13 System für automatische PKW Cockpitmontage

Bild 14 Station zum automatischen Fügen und Verschrauben des Cockpits

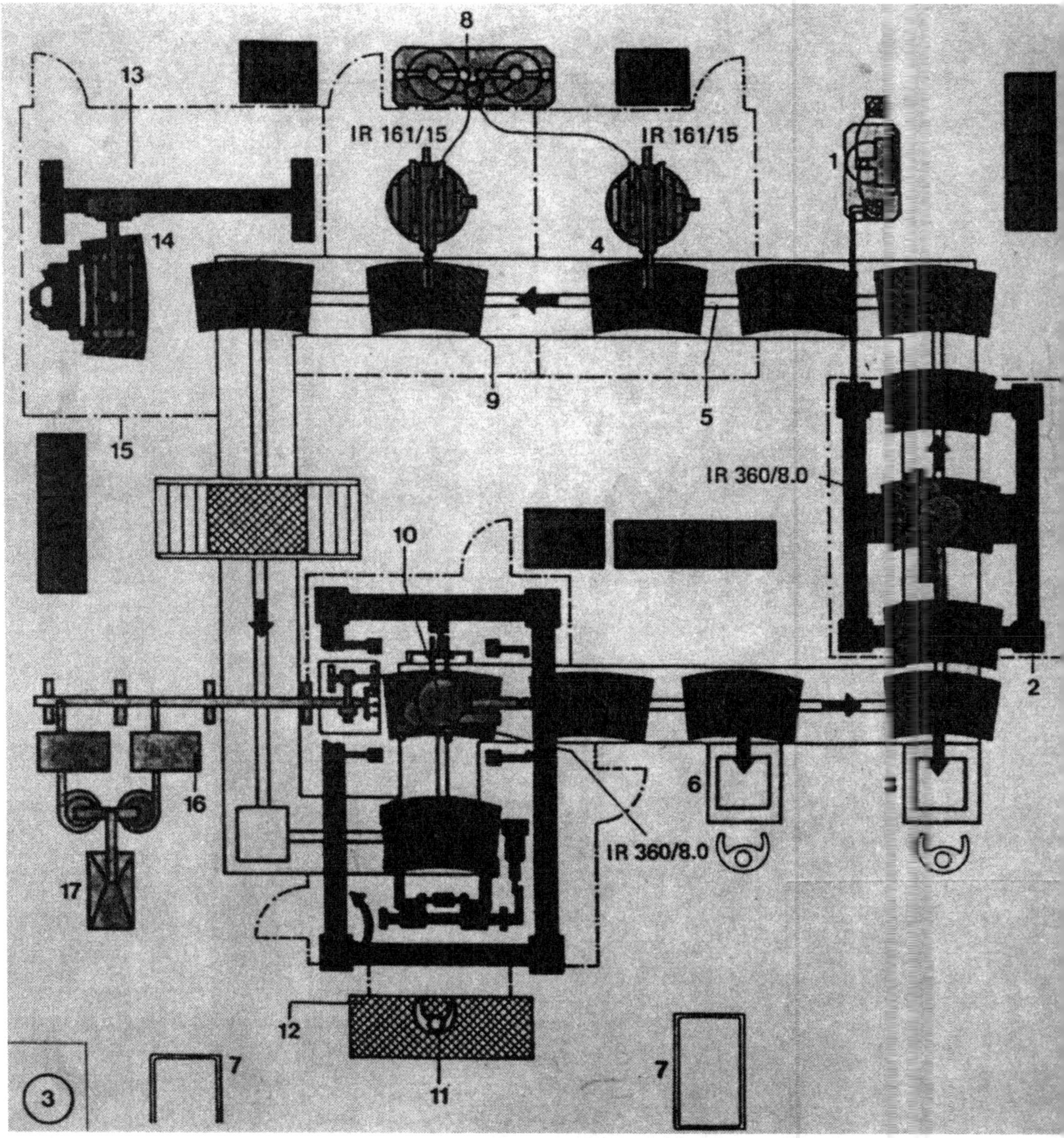

1 **Primerauftraganlage**
2 **Automatisches Primern der Scheiben**
3 **Manuelle Zierrahmen-montage II**
4 **Automatischer Klebstoff-auftrag**
5 **Transportsystem**
6 **Manuelle Zierrahmen-montage I**
7 Materialbereitstellung
8 Klebstoffauftraganlage
9 Automatischer Klebstoff-auftrag
10 Automatische Klam-mermontage
11 Manuelle Aufgabe u
Vorreinigung der Sch
ben
12 Trittplatte
13 Automatische Entna
der Scheiben
14 Übersetzer
15 Schutzeinrichtung
16 Klebefilm-Auftragge
17 Klammernzuführung

Bild 15 Anlage zum Vorbereiten von PKW - Scheiben mit Industrierobotern

Bild 16 Belade - und Klammer - Fügestation für Front - und Heckscheiben

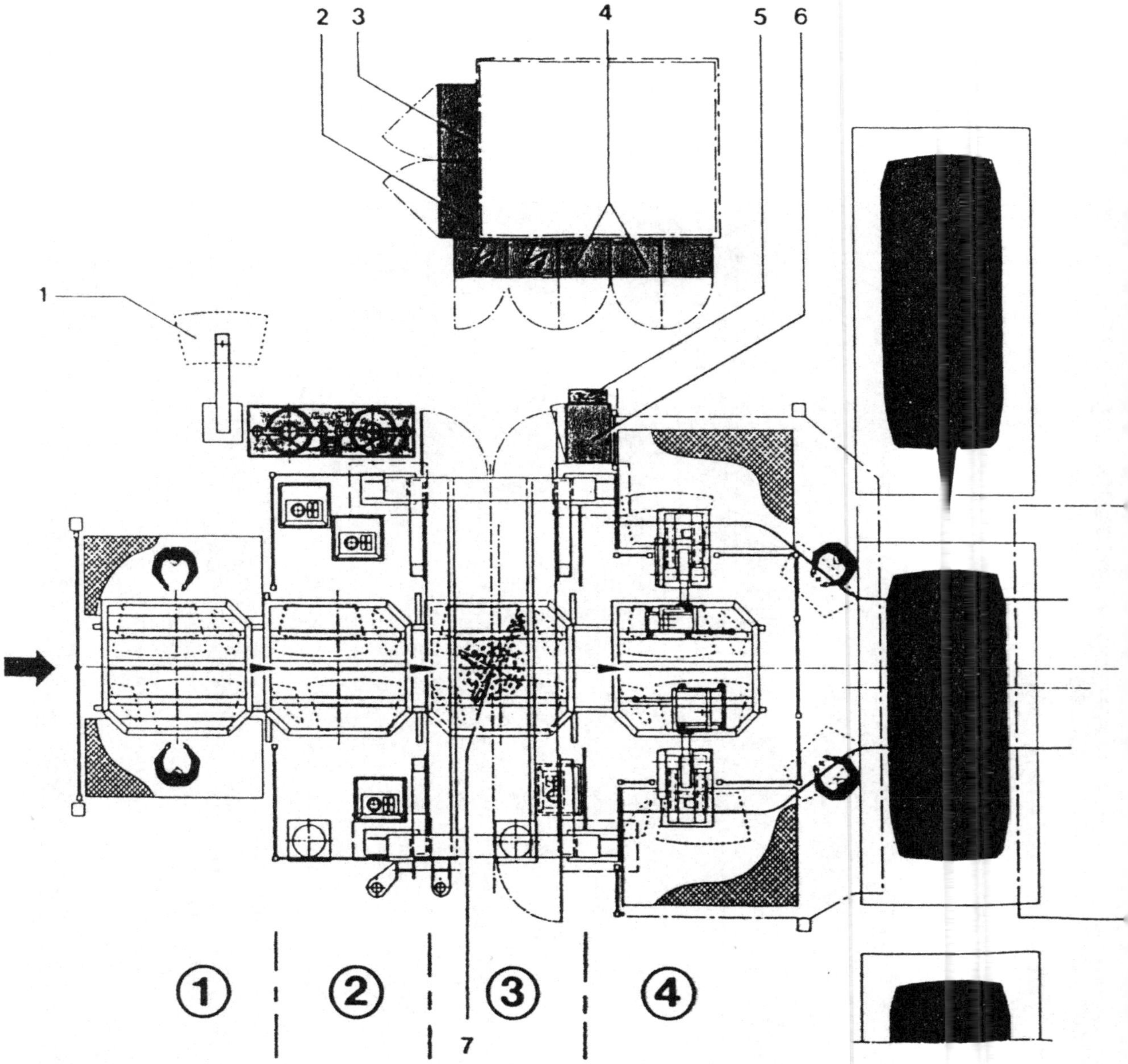

1 Einlegestation
2 Leerstation
3 Kleberauftragsstation
4 Entnahmestation

1 Handauftrag
2 Dosierersteuerung
3 Klebersteuerung
4 SPS
5 Zentralpult
6 Robotersteuerung
7 KUKA IR 161/15/25

Bild 17 Montagelinie für PKW - Scheibenverklebung

Bild 18 IR 161/15 beim Kleberauftrag auf PKW - Front-, Heck - und Seitenscheiben

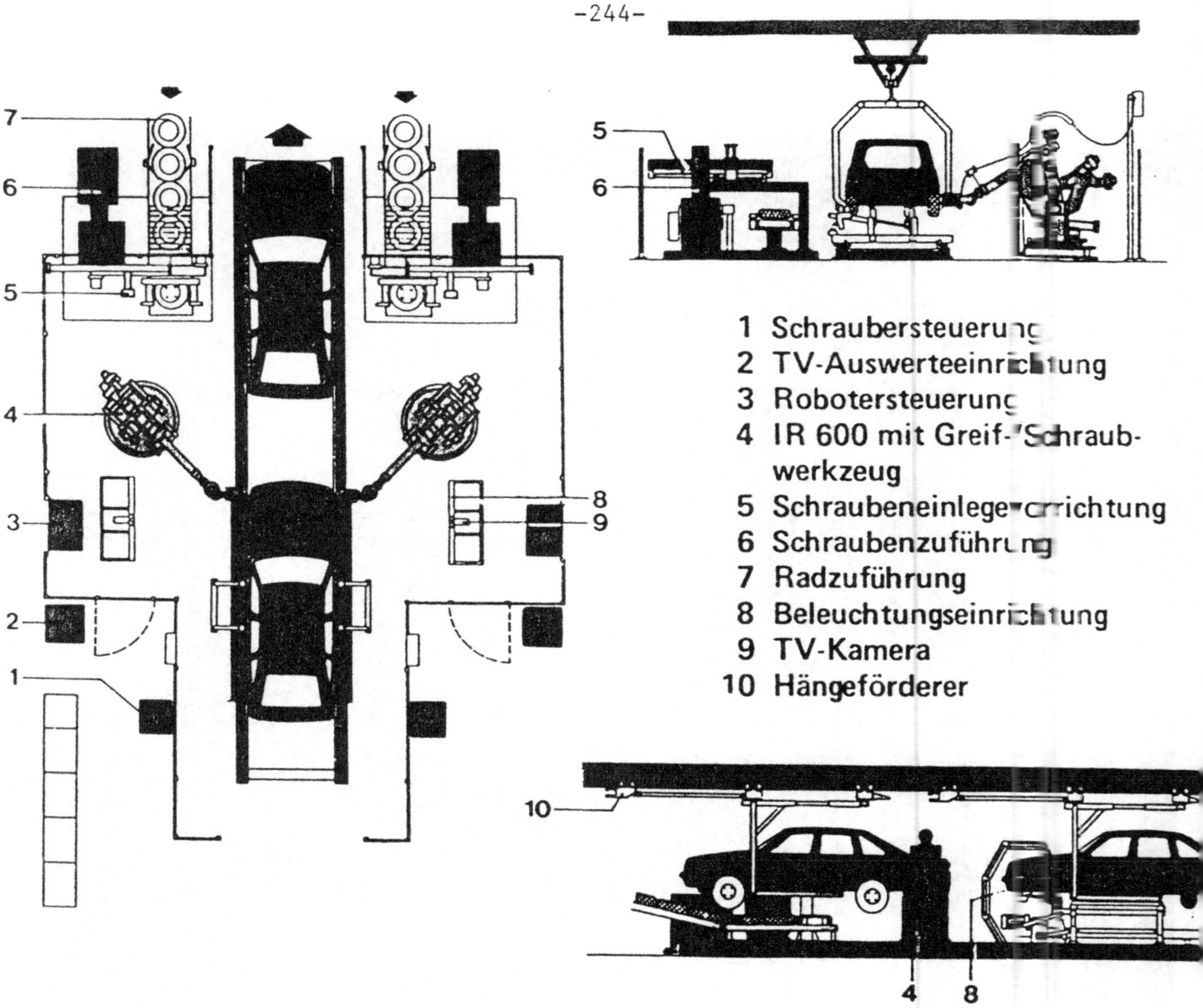

Bild 19 Montagezelle zum automatischen Montieren von PKW - Rädern

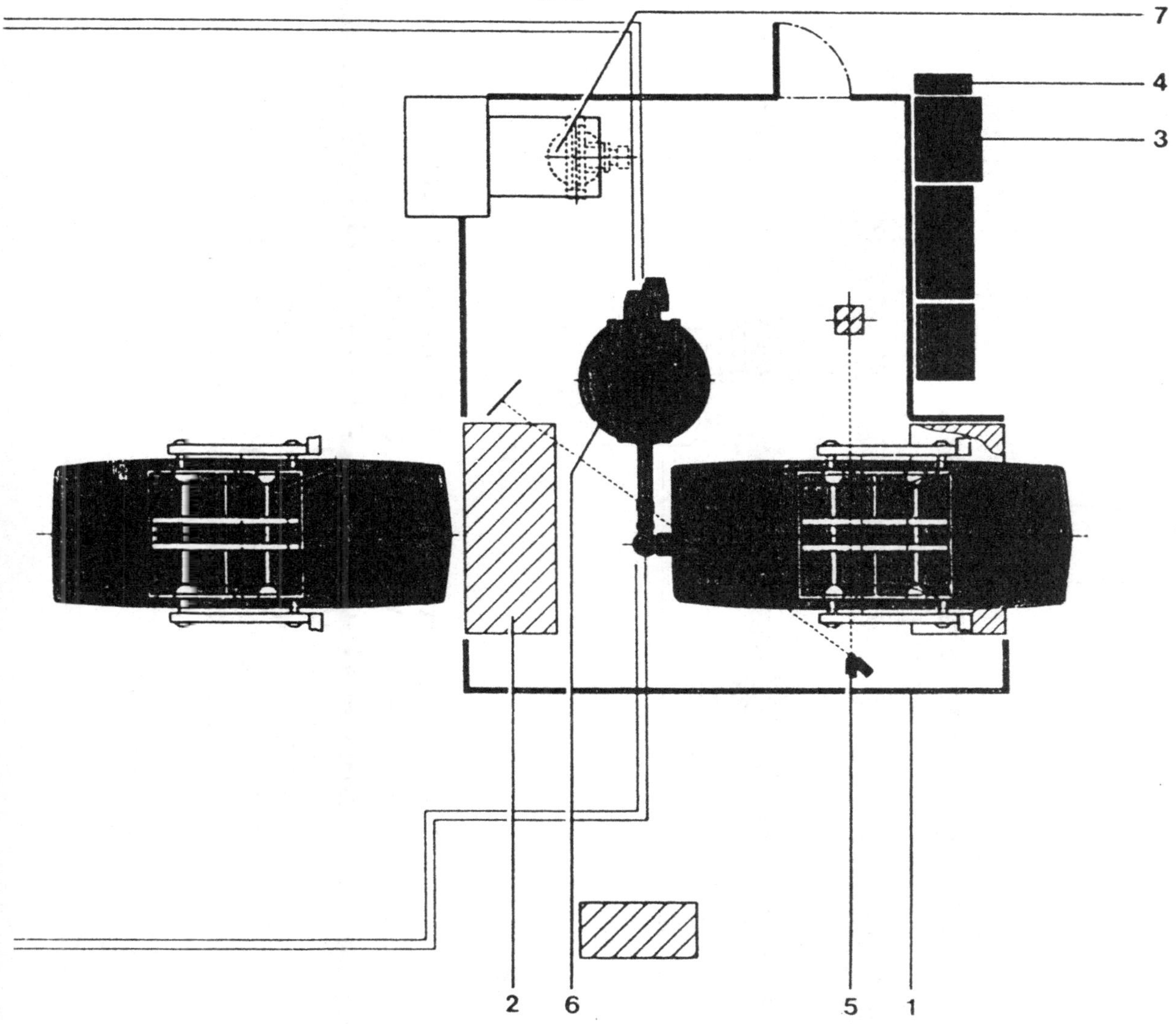

1 Sicherheitseinrichtung
2 Sicherheitstrittplatte
3 Roboter-Steuerung
4 Bedientableau
5 Lichtschranken-Kontrolle "Heckdeckel geöffnet"
6 IR 662/100 mit Radgreifer
7 Radabnahmeposition

Bild 20 Montagezelle für automatisches Einlegen des Ersatzrades

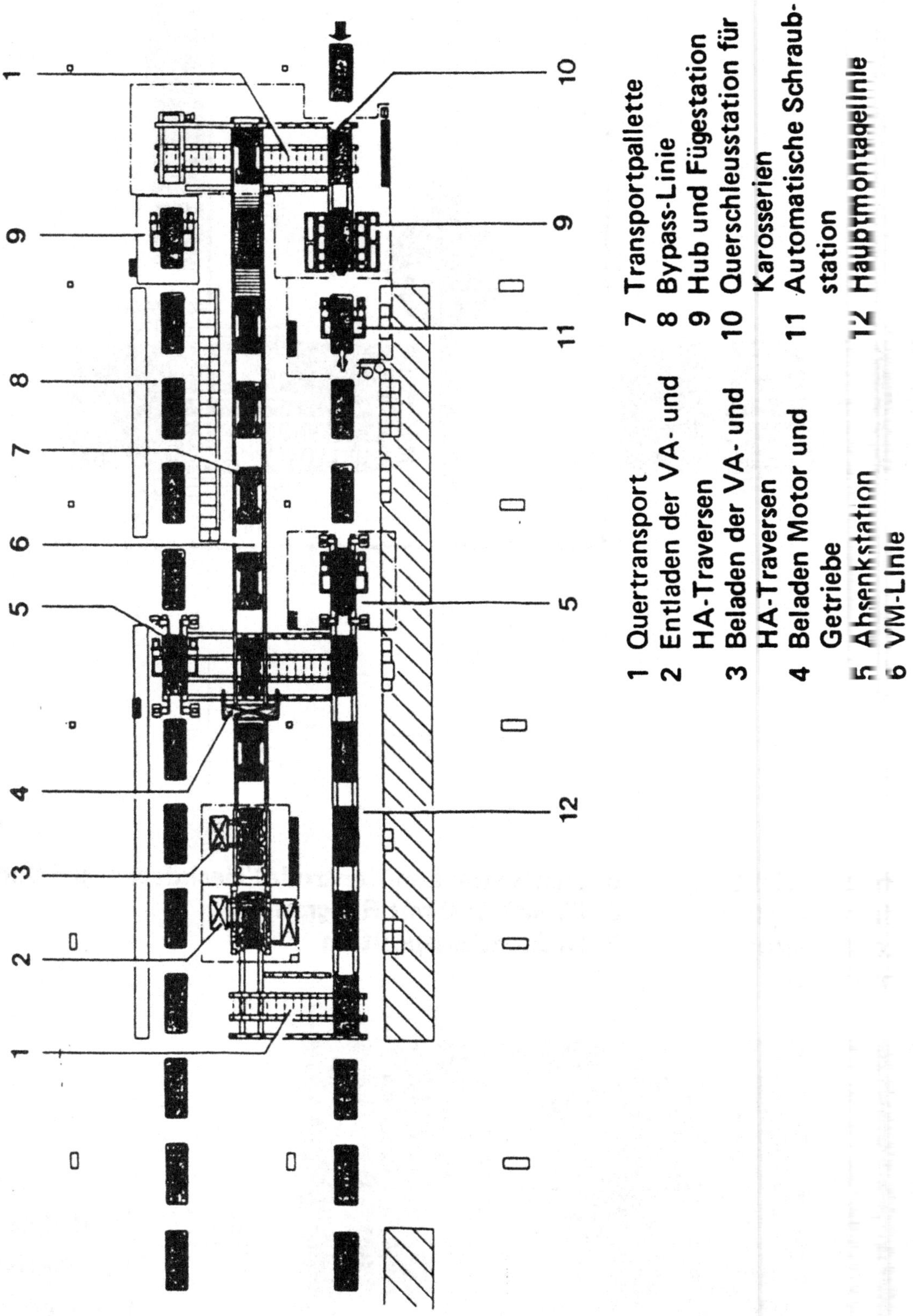

Bild 21 Anlage zur Vormontage - und Endmontage eines Chassis - Moduls

Bild 22 Station zum automatischen Fügen des Chassis - Moduls

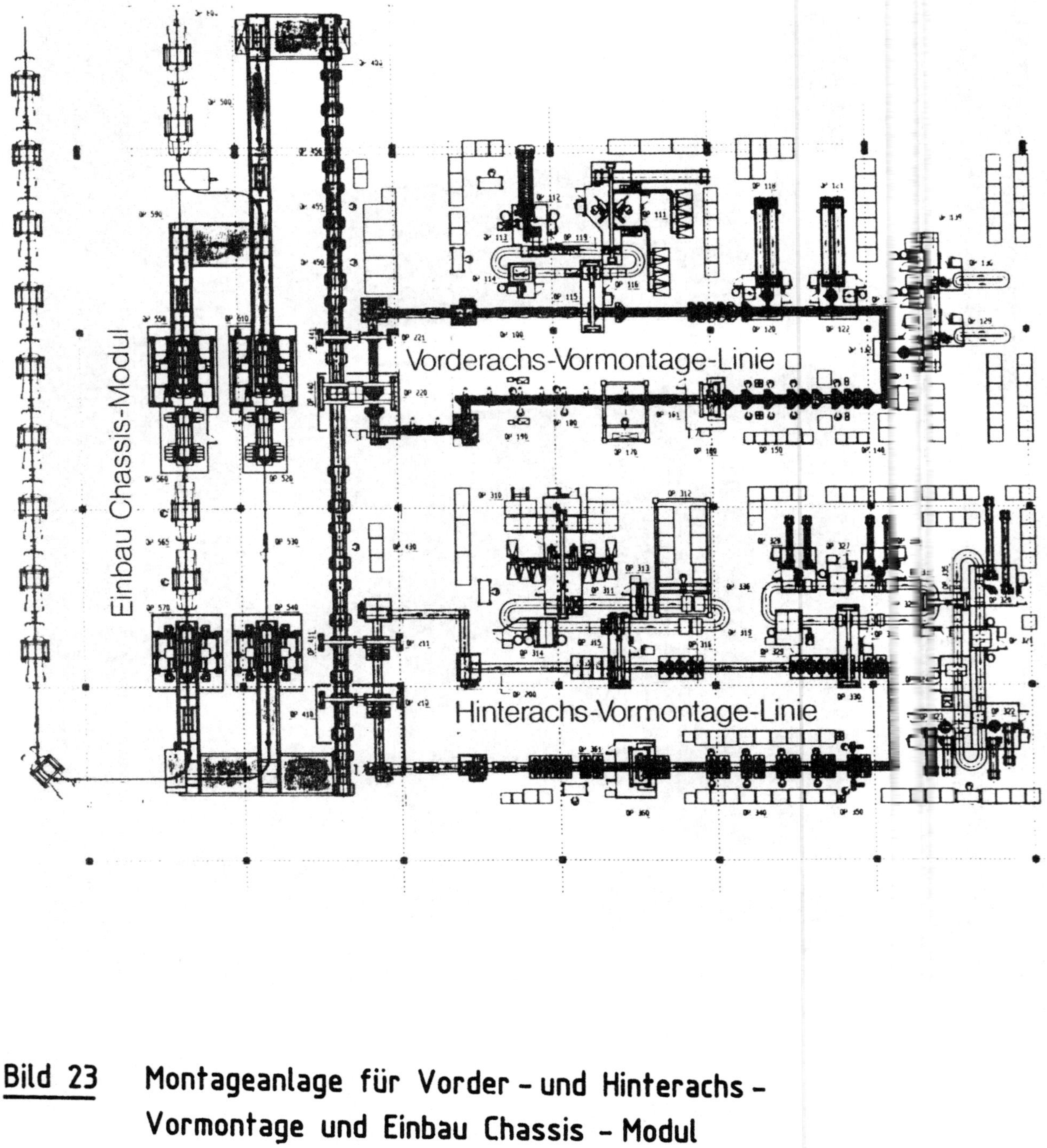

Bild 23 Montageanlage für Vorder- und Hinterachs-Vormontage und Einbau Chassis-Modul

Montagegerechte Produktgestaltung: Voraussetzung für eine kostengünstige Montage

R. Bäßler

0 Zusammenfassung

Montagegerechte Produktgestaltung ist die Voraussetzung, um Produkte wirtschaftlich montieren zu können. Nur dadurch kann das Rationalisierungspotential im Montagebereich ausgenutzt werden.

Im folgenden werden zunächst bekannte Verfahren zur montagegerechten Produktgestaltung gegenübergestellt. Anschließend wird die Vorgehensweise des IPA beschrieben, welche sich im wesentlichen zusammensetzt aus:

- dem montageorientierten Konstruktionsprozeß und den dazugehörigen Hilfsmitteln

- Konstruktionskatalog für Gestaltungsregeln und

- Verfahren zur Bewertung der Montagegerechtheit von Produkten.

Das Bewertungsverfahren wird anhand eines Beispieles vorgestellt. Hiermit wurde ein anwenderorientiertes Instrumentarium zur ganzheitlichen Umsetzung der montagegerechten Produktgestaltung während allen Phasen des Konstruktionsprozesses erarbeitet, welches nun auch rechnerunterstützt angewendet werden kann.

Damit ist eine wesentliche Voraussetzung geschaffen, die montagegerechte Produktgestaltung in den Konstruktionsprozeß zu integrieren und somit sicherzustellen, daß Produkte konstruiert werden, welche mit einem möglichst geringen Aufwand montiert werden können. Dies ist Voraussetzung für zukünftige konkurrenzfähige Produkte.

1 Ausgangssituation bei der montagegerechten Produktgestaltung

1.1 Notwendigkeit der montagegerechten Produktgestaltung

Zunehmender nationaler und internationaler Konkurrenzdruck bedeutet für die Unternehmen den Zwang zu weiterer Rationalisierung, welche zukünftig verstärkt im Montagebereich durchzuführen ist. Um Montageaufgaben mit möglichst geringem Aufwand bezüglich Zeit, Montagemittel, Platzbedarf und Personal ausführen zu können, ist es notwendig, die Produkte während ihrer Entwicklung bereits entsprechend dieser Zielrichtung zu gestalten. Das montagegerechte Konstruieren wurde deshalb zu einer bedeutenden Rationalisierungsstrategie /1/.

Montagegerechte Produktgestaltung heißt, die Produkte so zu gestalten, daß deren Montageaufwand ein Minimum erreicht. Dabei müssen die Herstellkosten /2/ des Produktes ebenfalls minimiert werden.
Der Montageaufwand ist die monetäre Summe aller zur Montage eines Produktes/einer Baugruppe notwendigen manuellen, maschinellen und organisatorischen Aufwendungen sowie aller benötigten Energien und Hilfsstoffe.

Montagegerechte Produktgestaltung führt dazu,

- den Aufwand für die Automatisierung zu verringern,
- eine Automatisierung erst zu ermöglichen oder
- den manuellen Montageaufwand zu reduzieren.

Das Nichtberücksichtigen montagetechnischer Aspekte bei der Produktentwicklung ist häufig der Grund für aufwendige Ausführungen von Montagesystemen. Eine im Auftrag des BMFT durchgeführte Repräsentativerhebung ergab, daß derzeit bei rund einem Viertel der befragten Firmen montagegerechte Produktgestaltung nicht berücksichtigt wird und daß bei demselben Anteil der Firmen keine Produktänderungen zur Erleichterung des Montageprozesses durchgeführt werden /3/. In sehr vielen Betrieben werden die Forderungen der montagegerechten Produktgestaltung bei der Konstruktion nur unbefriedigend berücksichtigt. Diese Ergebnisse werden in derselben Repräsentativbefragung bezüglich der Automatisierungshemmnisse im Montagebereich bestätigt, wie dies Bild 1 zeigt.

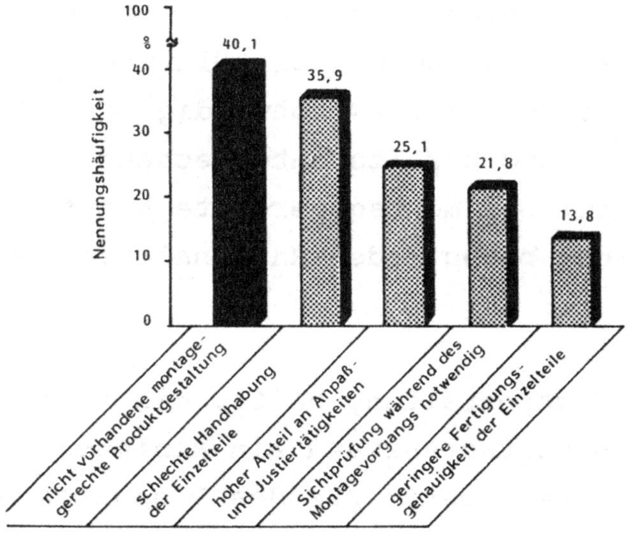

Befragung von 355 Firmen
(Mehrfachnennungen möglich)

Bild 1: Automatisierungshemmnisse hinsichlich montagegerechter Produktgestaltung

Das Rationalierungspotential im Montagebereich kann nur dann ausgeschöpft werden, wenn Produkte montagegerecht konstruiert werden. Hierzu ist es notwendig, die montagetechnischen Anforderungen an den Produktaufbau zu kennen. Das Wissen bezüglich den Anforderungen, dem Aufbau, den Ausführungsmöglichkeiten von manuellen, teilautomatisierten und automatisierten Montagesystemen muß bereits bei der Produktentwicklung vorhanden sein und in die Produktgestaltung integriert werden. Bereits bei der Produktgestaltung muß der Montageprozeß berücksichtigt werden. Mit der Entstehung des Produktes muß der Montageprozeß analysiert, d. h. parallel aber leicht zeitverschoben, muß das Montagesystem mitgeplant werden. Nur so ist es möglich, Produkte für eine einfache

Montage zu gestalten; das bedeutet, die Voraussetzungen für wirtschaftliche Montagesysteme zu schaffen.

Dieses umfassende Wissen, welches zur Produktentwicklung notwendig ist, kann nicht ausschließlich der Konstrukteur einbringen. Dies bedeutet, daß der Konstrukteur Zugriff auf Fachwissen ("Expertenwissen") haben muß. Zum einen kann solches Wissen in Form von Katalogen, Dateien, Beispielsammlungen und ähnlichem dokumentiert werden, zum anderen ist aber spezielles, montagetechnisches Wissen notwendig, welches derzeit sinnvoll nur durch entsprechende Experten auf dem Gebiet der Montagetechnik/-planung in den Konstruktionsprozeß eingebracht werden kann. Hierzu ist eine direkte Zusammenarbeit der betroffenen betrieblichen Bereiche notwendig. Während der einzelnen Konstruktionsphasen müssen außer den spezifischen Kenntnissen des Konstrukteurs auch die spezifischen Kenntnisse der Montageplaner (Arbeitsvorbereiter, Fertigungsplaner und ähnliches) einfließen.

1.2 Bekannte Methoden zur Bewertung der Montagegerechtheit von Produkten

Methoden zur Bewertung der Montagegerechtheit von Produkten werden schon seit einiger Zeit entwickelt. Derzeit am bekanntesten und am meisten angewandt sind die Methoden von Boothroyd und Dewhurst (USA) und von der Firma Hitachi (Japan).

1.2.1 Methode von Boothroyd und Dewhurst

Diese Methode hat zum Ziel, für vorhandene Produkte oder Produktkonstruktionen die Montagezeiten bzw. Kosten zu minimieren. Dies soll dadurch erreicht werden, daß die Anzahl der Einzelteile minimiert und die Gestaltung der Teile bezüglich Handhabung und Fügen optimiert wird.

Die Vorgehensweise dieser Methode erfolgt in den Schritten, wie dies in Bild 2 dargestellt ist:

- Auswahl des Montageprinzips,
- Analyse der Montageaufgabe und
- Verbesserung der Konstruktion.

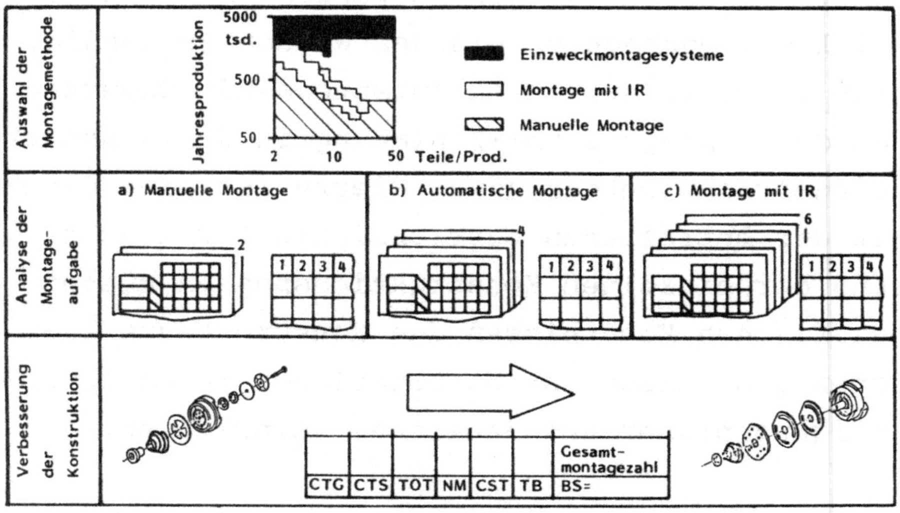

Bild 2: Vorgehensweise bei der Methode von Boothroyd und Dewhurst

Bei den Montageprinzipien wird unterschieden zwischen manueller Montage, automatischer Einzweckmontage und Montage mit Industrierobotern. In Abhängigkeit von dem Montageprinzip wird dann die Montageaufgabe analysiert. Für die manuelle Montage werden mit Hilfe von zwei Arbeitsblättern die Zeiten für Handhabung und Fügen der Teile sowie die theoretisch minimale Anzahl an Einzelteilen ermittelt.
Für die automatische Einzweckmontage sowie die Montage mit Industrierobotern werden mit insgesamt 4 bzw. 6 Arbeitsblättern die Kosten für die Handhabung und das Fügen sowie die theoretisch minimale Anzahl an Einzelteilen ermittelt.

Neben den Zeiten und Kosten für die Montage wird jeweils ein Faktor DE (design efficiency) für die Montagegerechtheit ermittelt. Hierzu wird die tatsächliche Anzahl an Einzelteilen multipliziert mit den tatsächlichen Zeiten bzw. Kosten für die Montage. Dieser Wert wird dem Produkt aus der theoretisch minimalen Anzahl an Einzelteilen, multipliziert mit den Montagezeiten bzw. -kosten für ideal gestaltete Einzelteile, gegenübergestellt. Somit errechnet sich für DE immer ein Wert zwichen 0 (ganz schlecht) und 1 (montagegerecht ideal gestaltetes Produkt).

Die theoretisch minimale Anzahl an Einzelteilen wird bestimmt durch die Beantwortung folgender Fragen:

- o Müssen sich zwei miteinander in Verbindung stehende Bauteile bei Wahrnehmung der Produktfunktion relativ zueinander bewegen?
- o Müssen zwei miteinander in Verbindung stehende Bauteile aus unterschiedlichen Materialien bestehen?
- o Müssen zwei miteinander in Verbindung stehende Bauteile zur Montage oder Demontage anderer Bauteile oder zur Wahrnehmung der Produktfunktion voneinander getrennt werden?

Nahezu alle Analysenschritte der Methode von Boothroyd und Dewhurst sind mittlerweile als PC-Software verfügbar. Damit ist eine rasche Anwendung der Methode möglich.

1.2.2 Methode der Firma Hitachi

Die Firma Hitachi hat bereits vor einigen Jahren ihr AEM-Verfahren (Assemblability Evaluation Method) entwickelt und an zahlreiche Firmen verkauft. Die anwendenden Firmen haben die Methode zum Teil abgewandelt und weiterentwickelt. Im eigenen Hause hat Hitachi die Methode bereits an über 1500 Konstrukteure und Projektingenieure in Form von Schulungen und Seminaren vermittelt. Der bisherige Erfolg, der durch die Anwendung dieser Methode erzielt wurde, wird auf mehrere

Millionen Dollar geschätzt. Diese Methode basiert auf einem Instrumentarium zur Quantifizierung der Montagegerechtheit. Darauf aufbauend lassen sich die zu erwartenden Montagekosten ableiten, wobei bei der Kostenabschätzung nicht differenziert wird, ob manuell oder automatisch montiert wird. Die Vorgehensweise zeigt Bild 3. Das Bewertungsteam ermittelt aufgrund von Zeichnungen und Mustern bzw. des Ausfüllens der AEM-Formblätter die Fügereihenfolge. Daraufhin wird das Fügeverfahren festgelegt und über Fügesymbole in den Formblättern festgehalten. Die Auswertung der Formblätter erfolgt über Vergleichstabellen und über ein Formelwerk. Als Ergebnis des Verfahrens liegt dann der Wert E für die Montagegerechtheit und der Wert K, der das geschätzte Verhältnis der Montagekosten eines neuen Produktes zu denen eines Ausgangsproduktes angibt, vor.

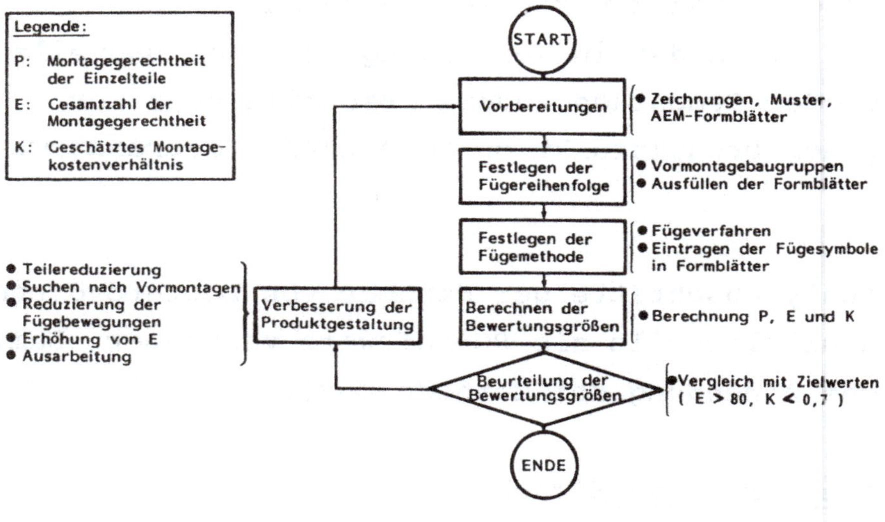

Bild 3: Bewerten der Montagegerechtheit nach Hitachi

Sollten sich die Bewertungsgrößen E und K eines Produktes als nicht akzeptabel erweisen, muß eine Produktüberarbeitung in den als Schwachstellen erkannten Bereichen erfolgen. Die eigentliche Produktgestaltung obliegt dann wieder dem Konstrukteur, der nach Möglichkeiten der Reduzierung der Teile und der Fügebewegungen suchen muß.

2 Integration der montagetechnischen Anforderungen in den Konstruktionsprozeß

2.1 Einflußnahme auf den Konstruktionsprozeß

Um Produkte montagegerecht konstruieren zu können, ist es notwendig, die montagetechnischen Anforderungen an den Produktaufbau zu kennen. Montagetechnische Aspekte und Anforderungen können nicht erst bei der Montageplanung, also nach Ausführung des Konstruktionsprozesses, berücksichtigt werden. Sie müssen bereits bei den ersten Planungsschritten im Konstruktionsprozeß Eingang finden. Die Maßnahmen zur montagegerechten Produktgestaltung, welche den größten Einfluß auf die Montagekosten haben (Maßnahmen am gesamten Produktaufbau und Maßnahmen an Baugruppen) können nur zu einem sehr frühen Zeitpunkt im Konstruktionsprozeß erfolgreich berücksichtigt und umgesetzt werden. Ausgehend von dem Konstruktionsprozeß in vier Phasen (Planen, Konzipieren, Entwerfen und Ausarbeiten) /4/, ist die Einflußnahme durch montagegerechte Produktgestaltung zu den einzelnen Konstruktions-Tätigkeitsarten unterschiedlich, d. h. es können zu den einzelnen Konzeptionsphasen unterschiedliche Hilfsmittel angewandt werden. Von diesen Hilfsmitteln sind einige schon vorhanden und werden teilweise in der betrieblichen Praxis mit anderer Zielsetzung angewandt. Einige der für die Umsetzung der montagegerechten Produktgestaltung wesentlichen Hilfsmittel sind aber noch nicht oder bisher nur in nicht zielgerichteter Form vorhanden. Es ist aber wichtig, daß die Möglichkeiten der Beeinflussung der Montagegerechtheit im Konstruktionsprozeß durch geeignete Hilfsmittel zum richtigen Zeitpunkt vorgegeben sind. Hierzu sind in Bild 4 die Hilfsmittel zur montagegerechten Produktgestaltung den einzelnen Phasen des Konstruktionsprozesses zugeordnet, um hieraus die Möglichkeiten der Beeinflussung einer Konstruktion durch montagegerechte Gestaltung ableiten zu können.

KONSTRUKTIONSSCHRITTE \ HILFSMITTEL ZUR MONTAGEGERECHTEN PRODUKTGESTALTUNG	KREATIV						KORREKTIV				
	Gestaltungsregeln	Beispielsammlung	Relativkosten	Teileverwendungsnachweis	Konkurrenzanalyse	Montagevorranggraph	Kalkulatorische Hilfsmittel	Wertanalyse (WA)	Nutzwertanalyse (NWA)	Checkliste	Bewertungsverfahren
1 PLANUNGSPHASE											
1.1 Bedarf erkennen					●						
1.2 Aufgabenstellung klären	●				●		●	●	●		
1.3 Anforderungsliste erstellen										●	
1.4 Freigabe zum Konzipieren											
2 KONZEPTPHASE											
2.1 Funktion analysieren					●						
2.2 Funktionsstruktur aufstellen	●									●	
2.3 Funktionsstruktur variieren	●								●	●	
2.4 Lösungsprinzipien für jede Teilfunktion ermitteln	●	●	●		●	●					
2.5 Lösungsprinzipien auswählen									●	●	
2.6 Lösungsvarianten bilden									●		
2.7 Konzeptvarianten erstellen	●	●	●	●		●					
2.8 Konzeptvarianten bewerten und auswählen						●	●	●	●	●	●
3 ENTWURFSPHASE											
3.1 Grobgestalten der gesaltungsbestimmenden Hauptfunktionsträger	●	●	●	●							
3.2 Grobgestalten der restlichen Hauptfunktionsträger	●	●	●	●							
3.3 Auswählen geeigneter Teilentwürfe							●	●	●		●
3.4 Feingestalten der Haupt- und Nebenfunktionsträger	●	●									
3.5 Kontrollieren und Verbessern der Entwürfe				●						●	●
3.6 Kontrolle auf Fehler und Störgrößeneinfluß											
3.7 Kostendeckung überprüfen							●				
3.8 Vervollständigen des Entwurfs	●	●		●							●
3.9 Festlegen des Entwurfs							●		●	●	●
4 AUSARBEITUNGSPHASE											
4.1 Detaillieren	●	●		●							
4.2 Vorschriften erarbeiten				●		●					
4.3 Prüfen der Fertigungsunterlagen											
4.4 Freigabe für die Fertigung							●				●

Bild 4: Zuordnung der Hilfsmittel zur montagegerechten Produktgestaltung zu den einzelnen Phasen im Konstruktionsprozeß

2.2 Montageorientierter Konstruktionsprozeß

Das Entwickeln technischer Produkte erfolgt entsprechend dem in /4/ beschriebenen systematischen Konstruktionsprozeß. Um den zahlreichen Anforderungen an ein Produkt gerecht zu werden, sind zahlreiche Hilfsmittel notwendig. Die montagetechnischen Anforderungen müssen zielgerichtet in den konventionellen Konstruktionsprozeß eingebracht werden. Zum einen werden zu den unterschiedlichen Phasen im Konstruktionsprozeß gezielt die notwendigen, montagetechnischen Anforderungen an das Produkt eingebracht. Zum anderen entstehen dadurch im konstruktiven Ablauf iterative Schleifen, welche durch den konsequenten Einsatz der Hilfsmittel zwar häufiger, dafür aber wesentlich kürzer werden. Dies bedeutet, daß durch diesen montageorientierten Konstruktionsprozeß zu den unterschiedlichen Stadien, nach verhältnismäßig kurzen Zeitintervallen, die Montagegerechtheit überprüft und ggf. gezielt verbessert werden kann. Dadurch werden lange, aufwendige Produktentwicklungen, welche nach einer späteren Kontrolle evtl. wieder geändert werden müßten, vermieden. In Bild 5 ist die Zuordnung der Hilfsmittel aus Bild 4 spezifiziert und zu einer Synthese, einem montageorientierten Konstruktionsprozeß, zusammengefaßt.
Der montageorientierte Konstruktionsprozeß zeigt, daß von den zahlreichen anzuwendenden Hilfsmitteln vor allem den zielgerichteten Gestaltungsregeln und der Bewertung der Montagegerechtheit eine zentrale Bedeutung zukommt. Zu unterschiedlichen Phasen im Konstruktionsprozeß können entsprechend unterschiedliche Regeln die Produktkonstruktion aus montagetechnischer Sicht beeinflussen und nach Abschluß entsprechender Phasen im Konstruktionsprozeß ist eine Bewertung der Montagegerechtheit notwendig, welche dann eine eindeutige Aussage macht, ob die Konstruktion montagetechnisch verbessert werden muß oder nicht. Bei einer montagetechnischen Überarbeitung ist über die spezifischen Schwachstellen eine Aussage zu machen, wie sie montagetechnisch verbessert werden müssen.

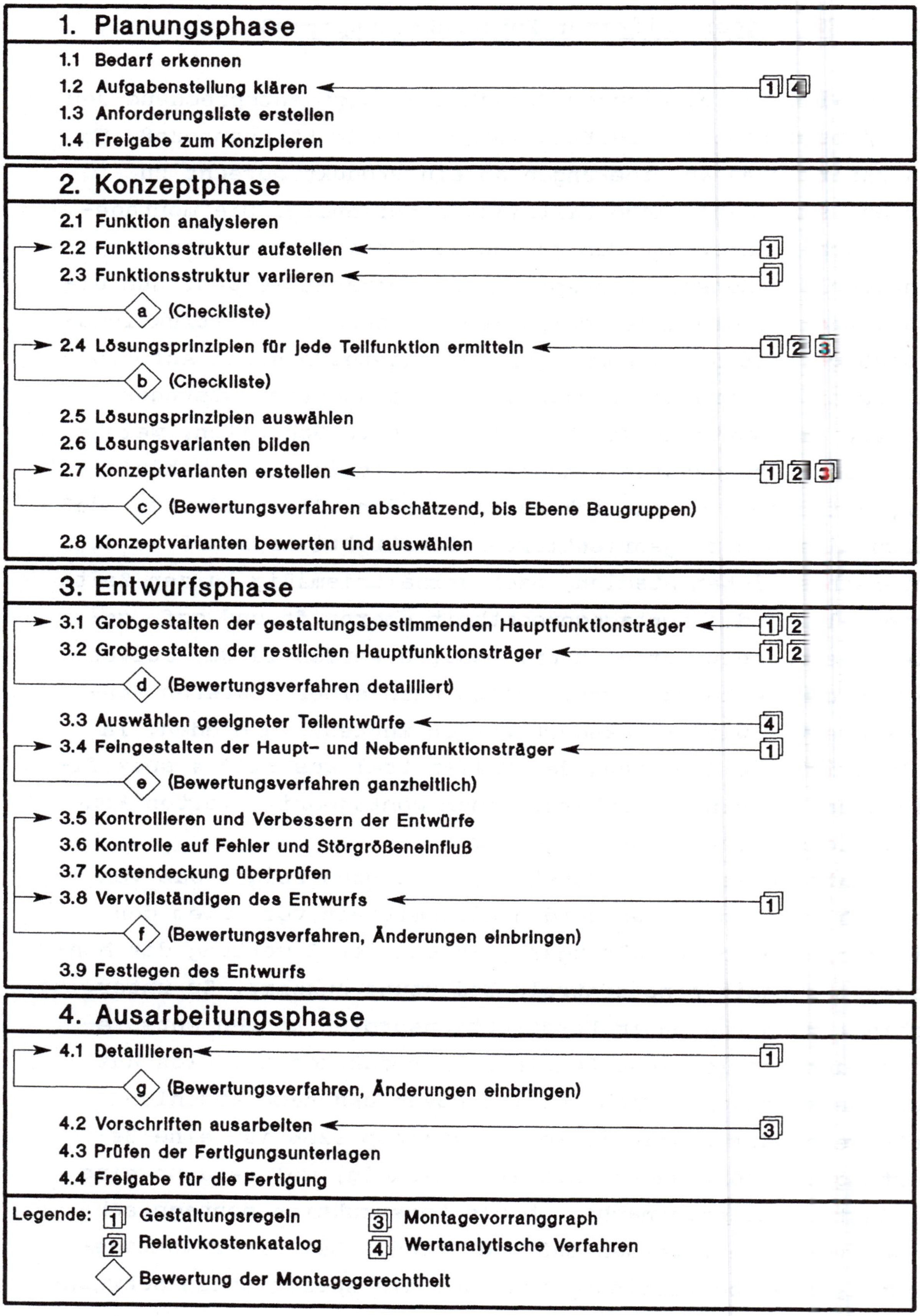

Bild 5: Montageorientierter Konstruktionsprozeß

3 Gestaltungsregeln zur montagegerechten Produktgestaltung

Gestaltungsregeln stellen eine Sammlung bekannter und bewährter Lösungen für bestimmte konstruktive Aufgaben oder Teilfunktionen dar, welche sinnvoll in Katalogen zusammengefaßt werden können. Kataloge müssen allgemeine Forderungen erfüllen wie:

- schneller, aufgabenorientierter Zugriff
- weitgehende Vollständigkeit des gesammelten Lösungsspektrums
- Anwendbarkeit bei konventioneller Konstruktion und bei Rechnereinsatz /5/.

Um die Handhabbarkeit und den schnellen Zugriff von Katalogen zu gewährleisten, ist ein entsprechender Aufbau mit Gliederungs-, Haupt- und Zugriffsteil notwendig. Diese Teile berücksichtigen den Konkretisierungsgrad und die Komplexität der gespeicherten Lösungen. Ein solcher Aufbau von Katalogen hat sich bezüglich der Akzeptanz bei den Konstrukteuren als vorteilhaft erwiesen. Deshalb wurden die Gestaltungsregeln zur montagegerechten Produktgestaltung in einem solchen Konstruktionskatalog zusammengefaßt. Der Gliederungsteil hierfür unterteilt sich in:

1. Maßnahmen am Produktaufbau
2. Maßnahmen an Baugruppen
3. Maßnahmen am Einzelteil
4. Maßnahmen zu Verbindungstechniken.

Eine sinnvolle Begrenzung ergibt sich durch die Beschränkung auf die wichtigsten Regeln. Branchen oder produktspezifische Regeln werden noch nicht berücksichtigt; sie können zu den einzelnen Gliederungspunkten bedarfsweise eingefügt werden. Damit wird der Katalog für einen entsprechend großen Kreis anwendbar.

Im Hauptteil dieses Katalogs sind dann die eigentlichen Gestaltungsregeln ausführlich ausgeführt, wie dies in einem Ausschnitt von Bild 6 gezeigt ist. Zugriffsmerkmale für diesen Katalog sind:

- Gültigkeit der Regeln während der Konstruktionsphasen und
- Wichtigkeit der Regeln (A-, B- und C-Regeln).

Damit hat der Katalog von Gestaltungsregeln eine offene Struktur und ist dem Ausbildungsstand des Anwenders anzupassen. Dies gewährleistet eine umfassende, praxisnahe Anwendung durch den Konstrukteur.

REGELN ZUR MONTAGEGERECHTEN PRODUKTGESTALTUNG			
2	**MASSNAHMEN AN BAUGRUPPEN**		
2.3	**Gestaltung des Basisteils**		
Nr.	Gestaltungsregel	Wichtigkeit	Kon.-schritt
2.3.1	Baugruppen auf Basisteil aufbauen (möglichst gesamte BG auf einem Basisteil).	**A**	2.7 3.1
2.3.2	Basisteil soll eine gute Lagestabilität besitzen.	**B**	3.3
2.3.3	Basisteil soll möglichst große und ebene Auflageflächen besitzen.	**B**	3.7 4.1

Bild 6: Katalog: Gestaltungsregeln zur montagegerechten Produktgestaltung (Ausschnitt)

4 Bewertung der Montagegerechtheit von Produkten

Zur Bewertung der Montagegerechtheit von Produkten ist es notwendig, sämtliche Einflußfaktoren zu berücksichtigen und zu bewerten, d. h. das gesamte Spektrum der montagegerechten Produktgestaltung zu berücksichtigen. Hierfür ist ein entsprechendes Verfahren notwendig.

Die Bewertung der Montagegerechtheit von Produkten zu einzelnen Phasen im Konstruktionsprozeß bedeutet nun, die entscheidenden Einflußfaktoren zu bewerten. Dieses kann durch unterschiedliche Prinzipien erfolgen. Für den in Bild 5 dargestellten montageorientierten Konstruktionsprozeß wurden für die Bewertung a und b entsprechende Checklisten erarbeitet, mit welchen genau die Einflußfaktoren hinterfragt werden, welche während dieser Phasen von Bedeutung sind.

Ab der Bewertung c kann dann die Montagegerechtheit mit einem entsprechenden Verfahren bewertet werden. Der Grundgedanke dieses Verfahrens ist die Tatsache, daß Produkte konstruiert werden, um die im Pflichtenheft zusammengefaßten Anforderungen/Funktionen zu erfüllen. Die Produkte entstehen dann durch den Zusammenbau von Einzelteilen und Baugruppen, welche jeweils einen Teil zur Gesamtfunktion beitragen; diese Montage erfordert einen gewissen Aufwand. Entsprechend dem Grundgedanken der Wertanalyse (Bestimmung von "Funktionskosten" bzw. des "Funktionsaufwandes") bietet das Verhältnis des Funktionsanteils eines Bauteils zu seinem erforderlichen Montageaufwand ein Bewertungskriterium für die Montagegerechtheit dieses Montagevorganges. Die Effizienz eines Montagevorganges ist besser, wenn mit geringem Montageaufwand Bauteile mit hohem Funktionsanteil montiert werden, als wenn Bauteile mit kleinerem Funktionsanteil einen hohen Montageaufwand erfordern. Die Durchführung dieses Bewertungsverfahrens erfolgt entsprechend den Arbeitsschritten von Bild 7.

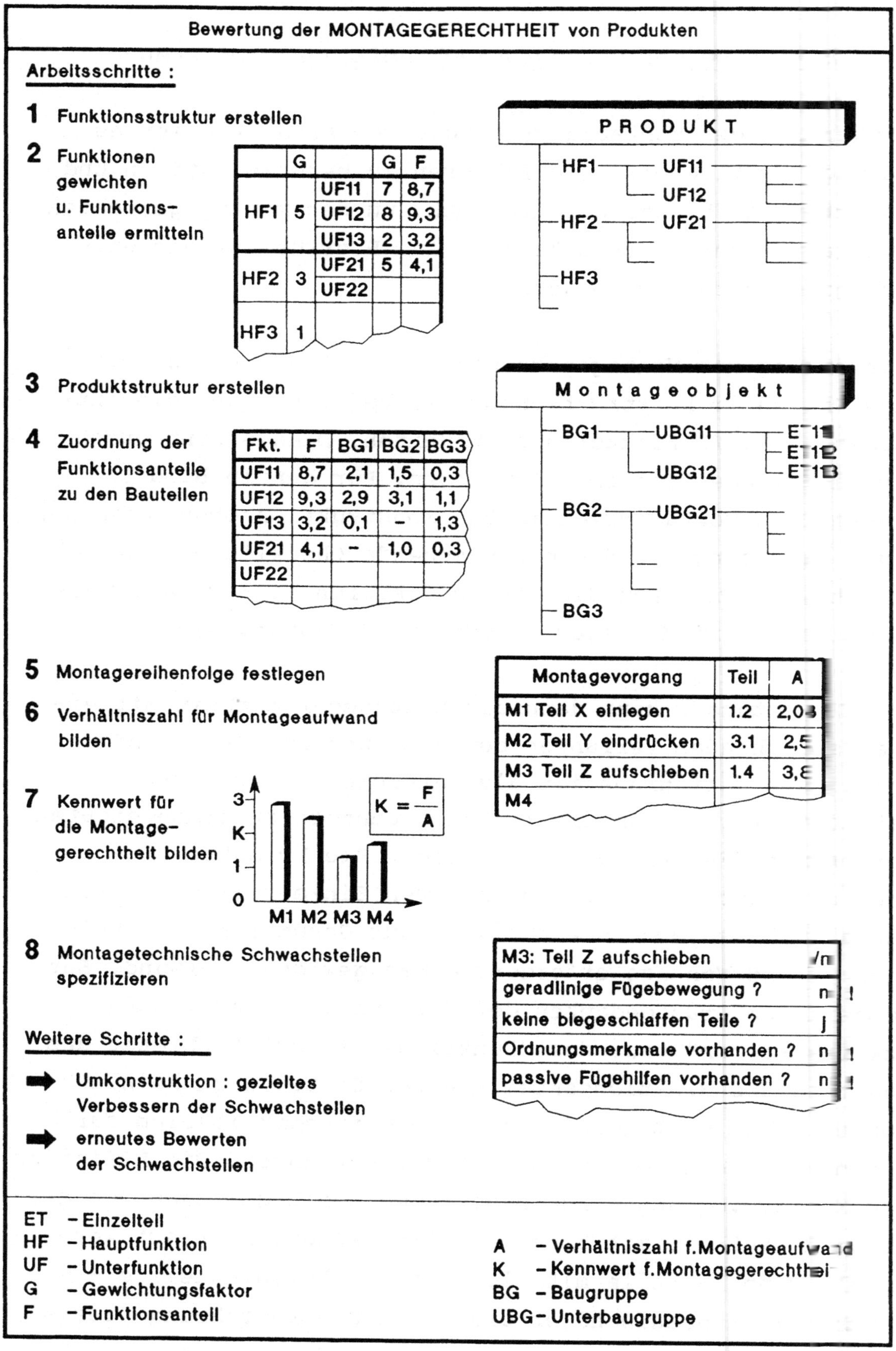

Bild 7: Arbeitsschritte bei der Bewertung der Montagegerechtheit von Produkten

Bereits bei der konventionellen Konstruktion muß die Funktionsstruktur erstellt werden. Hiervon abgeleitet werden können die Funktionsanteile der einzelnen Funktionsträger. Parallel zur Detaillierung der Konstruktion kann dann die Produktstruktur detailliert werden, so daß eine Zuordnung der Funktionsanteile zu den einzelnen Bauteilen und davon abgeleitet eine Festlegung der Montagereihenfolge ermöglicht wird. Mit einem eigens hierzu entwickelten Verfahren ist es bereits während der Konzeptphase im Konstruktionsprozeß möglich, den Montageaufwand zunächst abzuschätzen und nach einer weiteren Konstruktionsdetaillierung genauer zu ermitteln. Mit den in Punkt 4 ermittelten Funktionsanteilen der Bauteile und dem in Punkt 6 ermittelten zugehörigen Montageaufwand wird dann der Kennwert für die Montagegerechtheit des entsprechenden Montagevorganges ermittelt. Als Ergebnis liegen dann vergleichbare Kennwerte der einzelnen Montagevorgänge vor. Die Montagevorgänge mit den geringsten Kennwerten werden dann mit einem Frageinstrumentarium weiter analysiert, um so die eigentlichen montagetechnischen Schwachstellen zu spezifizieren. Damit werden als Ergebnis konkrete Hinweise auf eine gezielte Umkonstruktion der Schwachstellen erarbeitet. Nach der Umkonstruktion ist eine erneute Bewertung der Montagegerechtheit möglich.

Dieses entwickelte Verfahren zur Bewertung der Montagegerechtheit ermöglicht es, Produktkonstruktionen unterschiedlichen Detaillierungsgrades zu bewerten. Entsprechend der Konkretisierung einer Produktkonstruktion kann sukzessive die Montagegerechtheit überprüft und dann gezielt verbessert werden. Dadurch entstehen im Konstruktionsprozeß zahlreiche kurze Schleifen, wie dies in Bild 5 eingezeichnet ist. Diese kurzen Schleifen bedeuten eine interative Entwicklung montagegerechter Produkte. Das im Konstruktionsprozeß erst späte Erkennen von Schwachstellen und die daraus resultierende Wiederholarbeit werden dadurch vermieden. Das Bewertungsverfahren kann angewandt werden bis zum Ende der Produktkonstruktion (Bewertungsschritt h).

In Bild 8 sind im linken Teil an einem konkreten Beispiel die Montagevorgänge einer Baugruppe bezüglich ihrer Montagegerechtheit bewertet. Die Kennwerte wurden visuell gegenübergestellt. Die Spezifizierung der montagetechnischen Schwachstellen wurde bei den Montagevorgängen durchgeführt, welche einen niedrigen Kennwert haben, d.h. welche in Bild 8 mit einem Pfeil gekennzeichnet wurden. Diese Montagevorgänge wurden dann gezielt umkonstruiert. Hierfür sind die Werte im rechten Teil von Bild 8 dargestellt. Die dazugehörigen Konstruktionen von Bild 8 sind in Bild 9 gegenübergestellt.

BG1: GEHÄUSE (vorher)

n	MONTAGEVORGANG	FM_n	AMR_n	KM_n	0 — 1,0 — 2,0
M0	Gehäuse bereitstellen	5,05	2,43	2,08	
M1	Blindabdeckung einschieben	0,76	1,80	0,42	←
M2	Blindabdeckung einschieben	0,72	2,60	0,28	←
M3	Schieber einrasten	1,31	1,40	0,94	
M4	Schildabdeckung einführen und einrasten	0,72	1,80	0,40	←
M5	Attrappe einschieben (2x)	0,72	1,67	0,43	←
M6	Abdeckwinkel einschieben (2x)	0,72	1,67	0,43	←
M7	Druckfedern auf Verschlußstücke setzen (2x)	0,80	3,23	0,25	←
M8	Verschlußstücke einrasten (2x)	1,07	2,87	0,37	←

Kennwert der BG1 Gehäuse: K_1 = 0,61

BG1* : GEHÄUSE – Umkonstruktion

n	MONTAGEVORGANG	FM_n	AMR_n	KM_n	0 — 1,0 — 2,0 — 3,0
M0	Gehäuse bereitstellen	8,00	2,43	3,29	
M1	Blindabdeckung einschieben	0,76	1,80	0,42	
M2	Blindabdeckung einschieben	0,72	2,60	0,28	
M3	Schieber einrasten	1,31	1,40	0,94	
M4	Schildabdeckung einführen und einrasten	0,72	1,80	0,40	

Kennwert der BG1* Gehäuse: K_1^* = 1,15

FM_n : Funktionsanteil
AMR_n : relativer Montageaufwand
KM_n : Kennwert für Montagevorgang

← : Montagetechnische Schwachstelle
n : lfd. Nr. Montagevorgang

Bild 8: Gegenüberstellung der Kennwerte einer Baugruppe

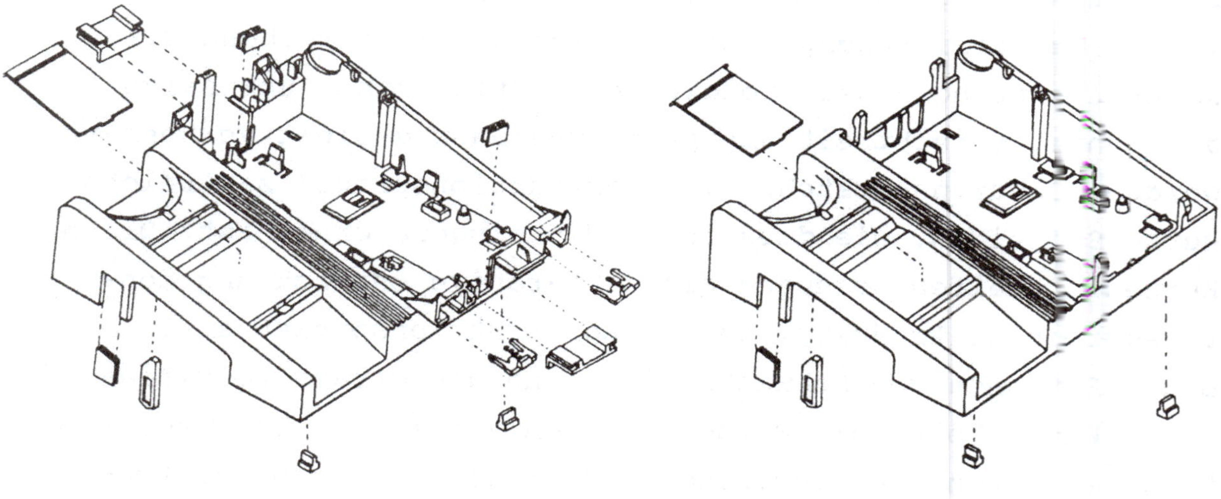

Bild 9: Gegenüberstellung der Konstruktionen

Aufgrund der Analyse des Montageprozesses, der Gegenüberstellung der Funktionen der einzelnen Bauteile und dem dadurch verursachten Montageaufwand wurde festgestellt, daß die ursprüngliche Konstruktion zahlreiche Einzelteile aufweist, welche unter anderem in unterschiedlichen Fügerichtungen montiert werden müssen, kaum Fügehilfen aufweisen, zusätzliche Befestigungselemente benötigen, aufwendige Verbindungsarten notwendig machen und kaum Ordnungs- und Handhabungsmerkmale aufweisen.

Basierend auf diesen Schwachstellen wurde dann die konkrete Umkonstruktion durchgeführt, wie sie auf der rechten Seite von Bild 9 zu sehen ist. Im einzelnen wurden hier folgende Umkonstruktionen vorgenommen:

- Ersetzen der gefederten Verschlußstücke durch Schnapphaken und Integration dieser in die Baugruppe Gehäuse (keine zusätzlich vorzumontierenden Bauteile)
- Integration der Blindabdeckungen in die Baugruppe Gehäuse (sogenannter mitgespritzter Film)
- Verbesserung der Zugänglichkeit am unteren Ende durch Entfall des Vorsprungs für Verschlußstücke
- Erhöhung des Anteiles der von oben nach unten zu fügenden Bauteile.

Die erneute Bewertung der Umkonstruktion ergab eine wesentliche Verbesserung der Kennwerte für die Montagegerechtheit, wie dies der Gegenüberstellung von Bild 8 zu entnehmen ist. Mit dieser Umkonstruktion konnten die wesentlichen montagetechnischen Schwachstellen behoben werden. Vier der schlechtesten Montagevorgänge entfielen, indem ihre Funktionen in das Gehäuse integriert werden konnten. Der Kennwert für die Montagegerechtheit der gesamten Baugruppe hat sich durch die gesamte Umkonstruktion nahezu verdoppelt auf 1,15. Damit konnte die Baugruppe durch die gezielte Umkonstruktion der ermittelten Schwachstellen montagetechnisch wesentlich verbessert werden.

Dieses Vorgehen zeigt, daß durch gezielte Analyse des Montageprozesses während der Konstruktion eine entsprechende Beeinflussung möglich ist. Eine Methode zur Bewertung der Montagegerechtheit von Produkten bzw. von Konstruktionen ist Voraussetzung dafür, daß entsprechende Schwachstellen erkannt und behoben werden können.

Dieses Bewertungsverfahren wurde nun rechnerunterstützt entwickelt und auf einen PC implementiert, so daß die Arbeitsschritte 1 - 7 von Bild 7 sehr schnell auf dem Rechner auszuführen sind. Dadurch wird eine sehr schnelle zielgerichtete Anwendung des Instrumentariums ermöglicht.

5 Ausblick

Es wurde ein montageorientierter Konstruktionsprozeß entwickelt, von welchem die wichtigsten Hilfsmittel anwenderorientiert, rechnerunterstützt verfügbar sind. Es ist damit ein Instrumentarium erarbeitet worden, mit welchem das Spezialwissen unterschiedlicher betrieblicher Bereiche integriert werden kann. Diese Vorgehensweise ist Voraussetzung für eine darauf abzustimmende betriebliche Organisation der zukünftig anzustrebenden Integration von Produktentwicklung und Montageplanung. Als nächste Ausbaustufe ist die Integration dieser Vorgehensweise in CAD-Systeme geplant (insbesondere der Konstruktionskatalog). Der Konstrukteur muß während des gesamten Konstruktionsprozesses durch die rechnergestützten Hilfsmittel zum montagegerechten Konstruieren geleitet werden.

Die wichtigste Voraussetzung für eine wirtschaftliche Montageautomatisierung ist die ganzheitliche montagegerechte Produktgestaltung, was bedeutet, bereits von Konstruktionsbeginn an die montagetechnischen Aspekte mit zu berücksichtigen. Dieses ist die Voraussetzung dafür, daß in Zukunft das gesamte Rationalisierungspotential in der Montage ausgeschöpft werden kann. Nur die rationelle Montage der Produkte kann langfristig eine internationale Wettbewerbsfähigkeit garantieren.

Die jetzt verfügbaren Instrumentarien zur montagegerechten Produktgestaltung müssen zukünftig weiterentwickelt werden und ergänzt werden zu ganzheitlichen Instrumentarien zur fertigungsgerechten Produktgestaltung. Das Gesamtziel ist es, integrierte Systeme zur fertigungsgerechten Produktgestaltung zu entwickeln, um damit das gesamte Rationalisierungspotential bei der Herstellung von Produkten auszuschöpfen.

S C H R I F T T U M

/1/ Abele, E.; Bäßler, R.; Wolf, E.; Anwendungsmöglichkeiten von flexibel automatisierten Montagesystemen. Maschinenmarkt 90 (1984) 31 - 32.

/2/ Warnecke, H.J.; Bullinger, H.-J.; Hichert, R.; Kostenrechnung für Ingenieure. München: Hanser 1978.

/3/ Abele, E.; Bäßler, R.; u.a.; Einsatzmöglichkeiten von flexibel automatisierten Montagesystemen in der industriellen Produktion. Montagestudie/ARGE-HHS (Schriftenreihe "Humanisierung des Arbeitslebens", Band 61); Düsseldorf: VDI-Verlag 1984.

/4/ VDI-Richtlinie 2222, Blatt 1, Konstruktionsmethodik, Konzipieren technischer Produkte. Berlin: Beuth 1977.

/5/ Pahl, G; Beitz, W.; Konstruktionslehre: Handbuch für Studium und Praxis, 2. Aufl. Berlin, Heidelberg, New York: Springer 1986.

/6/ Schraft, R.D.; Bäßler, R.; Möglichkeiten zur Umsetzung des montagegerechten Konstruierens. Tagung: Montagegerechtes Konstruieren, 13./14.03.1986, Stuttgart. VDI-Ber. 592. Düsseldorf: VDI-Verlag 1986.

EDV-gestützte Planung von Montageanlagen - Vorgehensweise, Methoden, Anwendungen

J. Walther

1 Problemstellung

Bei Rationalisierungsmaßnahmen im Bereich Montage sind die veränderten Anforderungen unserer schnellebigen Märkte zu berücksichtigen. Die Anforderungen sind häufig gekennzeichnet durch:

- komplexer werdende Produkte,
- höhere Qualitätsanforderungen,
- größere Typen- und Variantenzahlen,
- kürzere Produkt-Lebenszyklen,
- Erzeugnisanläufe mit hohem Änderungsrisiko,
- Stückzahlrisiken bei Erzeugnisausläufen,
- sich ändernde Erzeugnistechnologien,
- kurze Lieferzeitanforderungen,
- schwer planbare Absatzverläufe.

Aufgrund der Marktanforderungen und der Notwendigkeit, unterschiedliche Rationalisierungsmaßnahmen koordinieren zu müssen, wird die Planung von flexiblen Montageanlagen zu einer äußerst komplexen, schwierigen und aufwendigen Ingenieur-Aufgabe /1, 2/. Diese Aufgabe ist gekennzeichnet durch:

- den Zwang zu kürzeren Planungszeiten,
- sich häufig ändernde Planungsdaten,
- die Notwendigkeit zum Systemdenken, das vielfältige Belange berücksichtigt (u. a. Werksplanung mit Material- und Informationsfluß, Qualitätswesen, Produktgestaltung, Füge- und Handhabungsvorgänge),
- die Notwendigkeit, technisch anspruchsvolle Lösungen zu entwickeln mit Anforderungen wie
  - o Model-Mix-Betrieb,
  - o automatischem Umrüsten,
  - o bedienerarmen Schichten,
  - o Einsatz hochtechnischer Fertigungsmittel (Industrieroboter, FTS, optische Sensoren etc.),

...

- hohe Anforderungen an die Wirtschaftlichkeit des Montagesystems,
- die Notwendigkeit einer individuellen Lösung für jede Montageaufgabe.

Betrachtet man die komplexe Aufgabe der Planung von Montageanlagen und berücksichtigt man die Art und Weise, wie in der Vergangenheit im allgemeinen bei Anlagenherstellern und -anwendern geplant wurde, so läßt sich feststellen, daß

- der Planungsaufwand vielfach zu hoch ist,
- in der Regel zu wenig Alternativ-Lösungen betrachtet werden,
- ein Mangel an qualifizierten Planungsingenieuren besteht,
- beim Management ein Kapazitätsdefizit für konzeptionelle Planungsaufgaben herrscht und
- sich das Planungs- und Anlagen-Know-How über flexibel automatisierte Montagesysteme nur sehr langsam ausbreitet.

2 Der Lösungsschritt Nr. 1: FMS

Zur Lösung der Aufgabenstellung "Rationalisierung der Montage" durch flexible, wirtschaftliche Fertigungsmittel wurde von Bosch das FMS-Baukastensystem entwickelt. Der FMS-Baukasten besteht u. a. aus folgenden Produktlinien:

- **Mechanik Grundelemente (MGE)**
  Baueinheiten zum kostengünstigen Aufbau von Arbeitstischen, Maschinengestellen, Sicherheitseinrichtungen usw.: Systemprofile, Verbindungselemente und Zubehör.
- **Manuelle Arbeitssysteme (MAS)**
  Baueinheiten für die Gestaltung von Arbeitsplätzen: Arbeitstische, Arbeitsdrehstühle, Greifbehälter, Kistenhubgeräte, Tischpressen und Zubehör.

...

- **Zubringetechnik (ZBT)**
  Baueinheiten zum Zuführen und geordneten Weitergeben von Einzelteilen: Bandförderer, Schwingförderer, Kippvorrichtungen usw.
- **Material- und Informationsflußtechnik (MIT)**
  Baueinheiten für den Aufbau von Transferanlagen auf Basis Doppelgurtband und Staurollenkette, Datenspeicher- und Identifikationssysteme.
- **Roboter- und Handhabungssysteme (RHS)**
  Baueinheiten zur Automatisierung von Bewegungsabläufen: Pneumatische und frei programmierbare elektrische Handhabungsmodule, Greifer und Zubehör, Schwenkarmroboter.
- **Elektrische und pneumatische Ausrüstung (EPA)**
  Baueinheiten für die elektrische Ausrüstung von Maschinen und Anlagen:
  Bedienfelder, Installationssysteme, Kleinsteuerungen.

Das FMS ermöglicht die individuelle Lösung aus einem standardisierten Baukastensystem. Mit den fertigen Baueinheiten sowie Vorschlägen für Baugruppenkombinationen (Makros) und Musterlösungen wurde die Konstruktionsarbeit für den Anwender bereits übernommen. Die Anwender tragen kein Entwicklungsrisiko und haben den Vorteil niedriger Kosten.

3 Der Lösungsschritt Nr. 2: FMSsoft

Die modularen FMS-Baueinheiten mit ihren einfachen Schnittstellen eignen sich hervorragend zur rechnergestützten Planung. Sehr schnell können so mehrere Lösungsvarianten geplant, gegenübergestellt und verglichen werden.

Zur Minimierung des Planungsaufwandes, Verbesserung der Planungsqualität und Reduzierung der Realisierungszeiten für eine Montageanlage wird bei Bosch-Industrieausrüstung die FMS-Planungssoftware FMSsoft entwickelt.

..

Die Planungssoftware FMSsoft ist ein Baukasten aus integrierbaren Programmpaketen, die die Planung von Montageanlagen mit EDV ermöglichen. Die verschiedenen Programmpakete decken die unterschiedlichen Produktlinien des Bosch FMS-Baukastens ab. Den Leistungsumfang der FMSsoft-Programmpakete zeigen die Tabellen 1 und 2.

EDV gehört bei Bosch Industrieausrüstung zum täglichen Handwerkszeug bei der Planung und Entwicklung von Montageanlagen. Bereits seit 1981 steht hierfür ein technisches Rechenzentrum, bestehend aus einer CAD-Anlage mit 8 Terminals (Computer Vision) und mehreren Minirechnern (Digital) zur Verfügung. Aufbauend auf den CAD- und Berechnungsprogrammen des technischen Rechenzentrums sowie den Erfahrungen der Projekteure und Konstrukteure aus der täglichen Projektarbeit entstand FMSsoft als Baukasten integrierbarer Planungsprogramme. Um FMSsoft einem breiten Anwenderkreis zugänglich machen zu können, wurden die auf den CV- und DEC-Rechnern bewährten und erprobten Programme zur Anwendung auf Tischrechner (z. B. IBM-AT) portiert. Die einzelnen Programmumfänge wurden dazu neu strukturiert und auf die Funktionen mit dem höchsten Nutzeffekt reduziert. Damit kann dem Planer ein effektives Werkzeug zur Verfügung gestellt werden.

Die Planungssoftware FMSsoft zeichnet sich weiter durch folgende Eigenschaften aus:

- hohe Benutzerfreundlichkeit mit anwenderorientierter Bedienoberfläche, die keine EDV-Kenntnisse erfordert, andererseits ein effektives Arbeiten für den Experten ermöglicht;

...

- hohe Wirtschaftlichkeit durch Verwendung weit verbreiteter und daher preiswerter Basissoftware (z. B. CAD-System AutoCAD) und Anwendbarkeit auf Tischrechner (z. B. IBM-AT);

- zukunftsorientiert auf hohe Flexibilität und Anpaßbarkeit bzgl. neuer Rechnerhardware und neuer Betriebssysteme ausgelegt (konsequente Einhaltung von Programmschnittstellen, ausschließliche Programmierung in Hochsprachen wie C und SQL);

- modularer Programmaufbau für einfache Wartung und Erweiterbarkeit;

- hohe Integrierbarkeit der Einzelpakete, die einen durchgängigen Informationsfluß ermöglicht und keine Insellösungen schafft;

- mit Hilfe modernster, EDV-gestützter Software-Entwicklungswerkzeuge (Software Engineering Environment System) entwickelt.

4 Einsatzmöglichkeiten von FMSsoft

FMSsoft dient zur CAD-Baukastenkonstruktion, Kalkulation, Berechnung von technischen Daten wie Taktzeiten, Belastungen etc. und zur Simulation von Einzelbewegungen bis hin zu Material- und Informationsflußabläufen. Die Anwendung von FMSsoft wird anhand einiger Einsatzbeispiele im folgenden näher erläutert.

..

4.1 Planung von Transfersystemen mit TSsoft

Die Baueinheiten der Produktlinie "Transfersysteme" sind Basiselemente für die Herstellung eines gezielten Material- und Teileflusses in teil- oder vollautomatischen Fertigungs- und Montagelinien. Sie bauen auf Aluminiumprofilen auf, die maßlich auf die Mechanik-Grundelemente abgestimmt sind (Bild 1 und 2).

Die Standardelemente des Transfersystem-Baukastens wie Antriebe, Umlenkungen, Hub-Quereinheiten, Bandstrecken etc. sind in der Stammdatenbank abgespeichert. Beispiele zeigt Bild 3. Für die Konstruktion eines Transfersystems am Bildschirm werden sie über das Menütablett aufgerufen (Bild 4). Außer der graphischen Information sind pro Baukastenelement weitere Daten wie Stücklisteninformationen und Kalkulationsdaten (Stückkosten, Montagekosten, ...) abgespeichert. Damit lassen sich nach Abschluß der Konstruktion der Gesamtanlage automatisch komplette Stücklisten ausdrucken und "per Knopfdruck" z. B. die Herstellkosten der Anlage ermitteln.

Neben den einzelnen Baukastenelementen enthält die Stammdatenbank von TSsoft vorkonfektionierte Module und umfangreiche Funktions-Baugruppen, die als Makros ebenfalls über das Menütablett aufrufbar sind. Diese Makros, z. B. vollständige Knotenbaugruppen, komplette lineare Transfersystemabschnitte (vom Antrieb bis zur Fußstütze) oder ganze taktunabhängige Arbeitsplätze (TU-Plätze, s. Bild 2) ermöglichen eine äußerst rasche, effektive und dennoch exakte Layout-Erstellung, was insbesondere in den ersten Phasen der Projektierung große Einsparungen ermöglicht.

...

Zudem lassen sich durch die leichte Handhabbarkeit der Makros auf dem Bildschirm mit wenig Aufwand mehrere Layout-Alternativen entwickeln. Bei jeder Layout-Alternative sind anschließend ohne Zusatzaufwand jeweils exakt die Herstellkosten ermittelbar. Bild 5 zeigt exemplarisch ein mit CAD erstelltes Layout.

4.2 Planung von Gestellbaugruppen aus Mechanik-Grundelementen mit MGEsoft

Die Produktlinie Mechanik-Grundelemente besteht aus einem Baukasten von Systemprofilen, Verbindungselementen und Zubehör wie Panelen oder Gittern. Aus diesen Elementen lassen sich kostengünstig Arbeitstische, Maschinengestelle, Sicherheitseinrichtungen, Werkstattwagen, Vitrinen, Regale usw. aufbauen (s. Bilder 6 und 7).

Analog zu TSsoft sind in MGEsoft sowohl die Einzelelemente als auch komplette Baugruppen und Musterlösungen mit den zugehörigen Produktdaten (Stücklisteninformationen, Kalkulationsdaten) abgespeichert (Bild 8). Ein Zeichnungsbeispiel ist in Bild 9 dargestellt.

Die vorkonfektionierten Baugruppen in Form aufrufbarer Makros erleichtern in hohem Maße die konzeptionelle Planungsarbeit (Projektierung). Durch den Einsatz von MGEsoft lassen sich schneller als mit dem Skizzenblock Entwürfe anfertigen. Die CAD-Entwürfe besitzen darüberhinaus die Vorteile der Maßstabsgerechtheit und Dokumentierbarkeit. Wie bei TSsoft lassen sich automatisch ohne Mehraufwand bereits im ersten Entwurfsstadium die Herstellkosten ermitteln und komplette Bestellunterlagen (aus der Stückliste) erzeugen.

Ähnliche Rationalisierungseffekte wie beim Gestellentwurf lassen sich auch bei der Variantenkonstruktion von Gestellbaugruppen erzielen. Die Modifikation eines aufgerufenen Makros kann einfach durch Addieren, Verschieben, Verändern oder Löschen der einzeln ansprechbaren Elemente erfolgen.

4.3 Planung von Roboterstationen mit RSsoft

Das Programmpaket RSsoft dient zur interaktiven Projektierung und Konstruktion von Industrieroboterstationen.

In der Projektierungsphase wird am Bildschirm ein grobes, maßstäbliches Layout der Roboterstation erstellt, der Stationsablauf geplant und auf Basis dieses Ablaufs die Verfahrzeiten berechnet. Danach wird die Bewegung des Roboters am Bildschirm graphisch dargestellt (Bild 10). Mit Hilfe der eingesetzten Simulationstechnik ist somit das Problem der Taktzeitprognose in einer frühen Planungsphase gelöst und das Planungsrisiko für Industrieroboterstationen entscheidend reduziert. Durch die einfache Möglichkeit, das Layout zu verändern, können Layout-Alternativen anhand der genau berechneten Verfahrzeit ohne großen Aufwand miteinander verglichen und bewertet werden. Durch diese Rechnerunterstützung ist eine optimierte Anordnung der Montagemittel (z. B. Vorrichtungen, Werkstückträger, Paletten) im Arbeitsraum des Industrieroboters möglich.

Die in der Programmiersprache für Bosch Industrieroboter (BAPS) erstellte Stationsablaufbeschreibung kann direkt an das Offline-Programmiersystem Robot-Windows oder als Quellprogramm an die Robotersteuerung zur Komplettierung weitergegeben werden.

...

Zur Erstellung der Montageunterlagen kann in der Konstruktionsphase das projektierte Layout in eine Montagezeichnung umgesetzt werden (Bild 11). Dazu werden der Roboter und die Betriebsmittel detaillierter dargestellt. Die Station wird dann unter Verwendung der FMSsoft-CAD-Baukastenkonstruktion komplettiert. Dazu ist es möglich, außer Roboter und Peripherie auch Gestell und Sicherheitseinrichtungen festzulegen. Die erforderlichen Fertigungsunterlagen werden dabei automatisch erstellt. Eine Überprüfung der Verfahrzeit sowie des Stationsablaufs ist auch in dieser Phase jederzeit auf Basis des aktuellen Layouts möglich.

5 Kosten/Nutzenvergleich für den EDV-Einsatz bei der Planung von Montageanlagen

5.1 Aufwandsbetrachtung

Die Investitionskosten für den Rechnerarbeitsplatz auf Basis beispielsweise IBM AT mit Graphikschirm betragen für Rechnerhardware, Basissoftware, Plotter, Drucker ca. 30 000 bis 60 000 DM.

Zu dem Aufwand für den Rechnerarbeitsplatz addieren sich die Schulungs-, Investitions- und Wartungskosten für die FMSsoft-Programmpakete.

...

5.2 Direkte Einsparungen

In Tabelle 3 sind die Aufwände bei der Projektierung und Konstruktion mit und ohne EDV-Einsatz exemplarisch für die Planung eines Transfersystems gegenübergestellt.

Betrachtet wird ein Transfersystem mit einem Auftragswert von ca. 800 000,-- DM (z. B. Karree mit 10 TU-Plätzen, hoher Standardanteil).

Zum Umfang gehören Transfersystem, Kabelkanal und Luftversorgung, nicht jedoch die elektrische und pneumatische Installation.

Wie Tab. 3 zeigt, ist durch den EDV-Einsatz eine Reduzierung des Planungsaufwandes um ca. 50 - 60 % möglich. Geht man von einer ca. 70 %igen Rechnerauslastung und einem Satz von DM 70,-- für eine Konstruktionsstunde aus, so errechnet sich eine jährliche Kosteneinsparung von durchschnittlich DM 130 000,--. D. h., für die gesamte EDV-Investition inklusive Mitarbeiterschulung sind Amortisationszeiten weit unter zwei Jahren möglich.

5.3 Nichtquantifizierter Nutzen

Durch den Einsatz von FMSsoft zur Planung von Montageanlagen ergeben sich außer den direkt rechenbaren Rationalisierungseffekten weitere Vorteile für den Anwender:

- Nutzen der Planungserfahrungen der Projekteure und Konstrukteure von Bosch Industrieausrüstung aus dem täglichen Anlagengeschäft;

- Nutzung des Produkt-Know-How der Bosch Entwicklungsabteilungen über die FMS-Komponenten;

...

- optimaler Informationsfluß über FMS-Neuentwicklungen;

- Nutzung des Methoden-Know-How von Bosch (systematische Vorgehensweise bei der Planung, Dokumente);

- Nutzung des EDV-Know-How von Bosch;

- Reduzierung des Planungsrisikos und indirekte Rationalisierungseffekte durch folgende Effekte:

  o Bei mit FMSsoft erstellten Dokumenten ist gegenüber den manuell erstellten Unterlagen eine wesentlich geringere Fehlerquote zu erwarten.

  o Es ist sichergestellt, daß generell ein vollständiger Satz von Dokumenten ausgegeben wird.

  o Es entstehen keine Terminverzögerungen durch fehlerhafte Bestellunterlagen.

  o Die Werkstattabwicklung wird durch den immer gleichen Aufbau der Unterlagen vereinfacht.

  o Wesentlich verbesserte Qualität bei der Darstellung, dadurch geringere Fehlerquote bei der Weiterbenutzung der Dokumente.

  o Höhere Genauigkeit bei der Ermittlung von Planungsdaten.

  o Keine Zeitverluste durch die Vergabe von Zeichen- oder Schreibarbeiten. Alle Unterlagen werden von einer Person erstellt, bleiben in einer Hand und stehen sofort zur Verfügung. Dadurch muß sich der Bearbeiter nicht mehrfach in dasselbe Projekt einarbeiten (z. B. für die Kontrolle von fremderstellten Zeichnungen).

...

6 Zusammenfassung und Ausblick

Die Planung von Montageanlagen ist eine äußerst komplexe Ingenieuraufgabe, wenn das vorhandene Rationalisierungspotential genutzt werden soll.

Der Einsatz von EDV stellt ein wichtiges Hilfsmittel zur Unterstützung dieser Aufgabe dar. In Ergänzung des FMS-Baukastensystems für Montageanlagen entwickelt Bosch Industrieausrüstung hierfür die Planungssoftware FMSsoft.

Beschrieben wurden die Inhalte der einzelnen Programmpakete sowie ihre Anwendungsmöglichkeiten anhand der Beispiele Transfersystemplanung und Planung von Gestellbaugruppen. Die Aufwände für Rechnerausstattung und Softwarekosten wurden abschließend den möglichen direkten Kosteneinsparungen und nicht quantifizierbaren Vorteilen der EDV-gestützten Planungshilfsmittel gegenübergestellt.

Für den Programmbaukasten FMSsoft werden derzeit die Programmmpakete zur Planung von Transfersystemen, Mechanik-Grundelementen, manuellen Arbeitsplätzen, Handlingsystemen, Roboterstationen, Zuführbaugruppen und Steuerungssystemen entwickelt bzw. fertiggestellt. Zukünftige Entwicklungsaktivitäten sollen die bestehende Programmpalette ergänzen und erweitern. Wichtige Inhalte für diese zukünftigen Programme sind

...

a) Hilfsmittel zur montagegerechten Produktgestaltung in Form von

- Regeln, Expertenwissen und Beispiel-Sammlungen
- Bewertungsmethoden zur Ermittlung der Montagegerechtheit und der resultierenden Einsparungsmöglichkeiten bei Produktoptimierungen

b) Hilfsmittel zur Analyse und Ermittlung der Struktur des Montagesystems ausgehend von der vorgegebenen Produktstruktur, Ermittlung des optimalen Automatisierungsgrades bzgl. Wirtschaftlichkeit und Flexibilität.

Nach Realisierung dieser Programme wird es möglich sein, den kompletten Planungsprozeß von der Aufgabenanalyse bis zur Inbetriebnahme der Montageanlage durch EDV zu erleichtern und zu verbessern.

7 Literatur

/1/ Autorenkollektiv: Studie zur Untersuchung der Einsatzmöglichkeiten von flexibel automatisierten Montagesystemen in der industriellen Produktion Düsseldorf: VDI-Verlag, 1984.

/2/ Walther, J.: Systematische Planung flexibel automatisierter Montageanlagen VDI-Z Bd. 127 (1985) Nr. 9, Mai (I) S. 313 - 318.

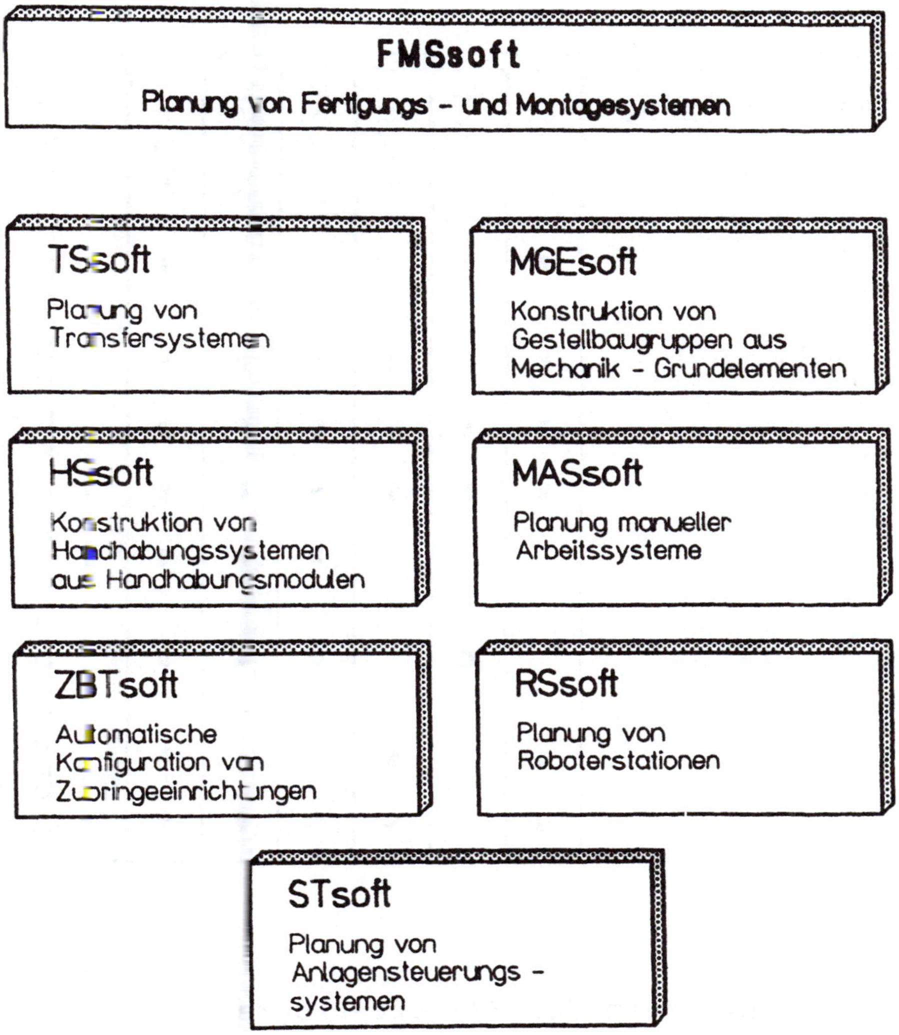

Tab. 1: FMS-Plamungssoftware FMSsoft - Überblick

FMSsoft - Pakete / Funktionen	TSsoft	MGEsoft	HSsoft	MASsoft	ZBTsoft	RSsoft	STsoft
— CAD - Baukastenkonstruktion mit Stammdatenbibliotheken	●	●	●	●		●	●
— Stuecklistenerzeugung	●	●	●	●	●	●	●
— Kalkulation	●	●	●	●	●	●	
— Musterloesungen	●	●	●	●	●	●	●
— Auswahllogiken (Experten - wissen)				●	●	●	●
— Berechnungen (Statik und Dynamik)		●		●	●	●	
— Simulation	●		●			●	
— Projektverwaltung	●	●	●	●	●	●	●

Tab. 2: Planungsfunktionen der FMSsoft-Programmpakete

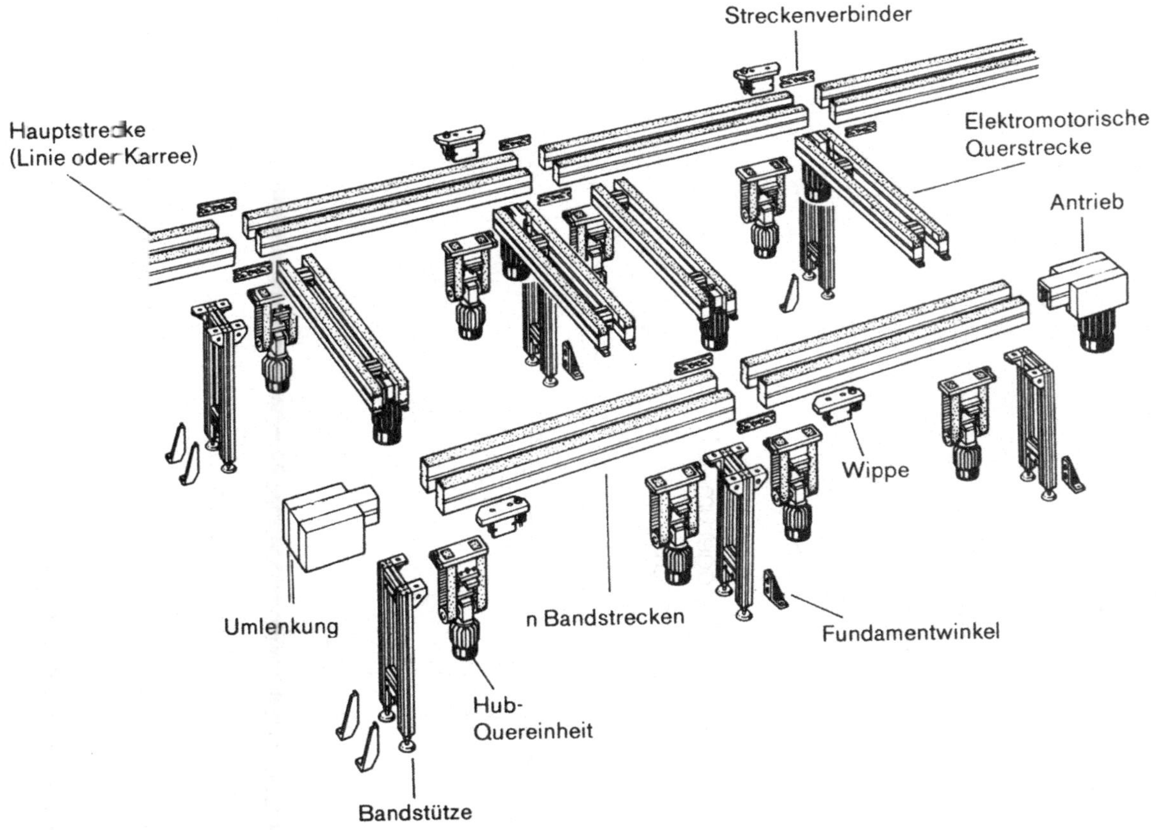

Bild 1: Elemente für den Aufbau eines Transfersystems für taktunabhängige Arbeitsplätze

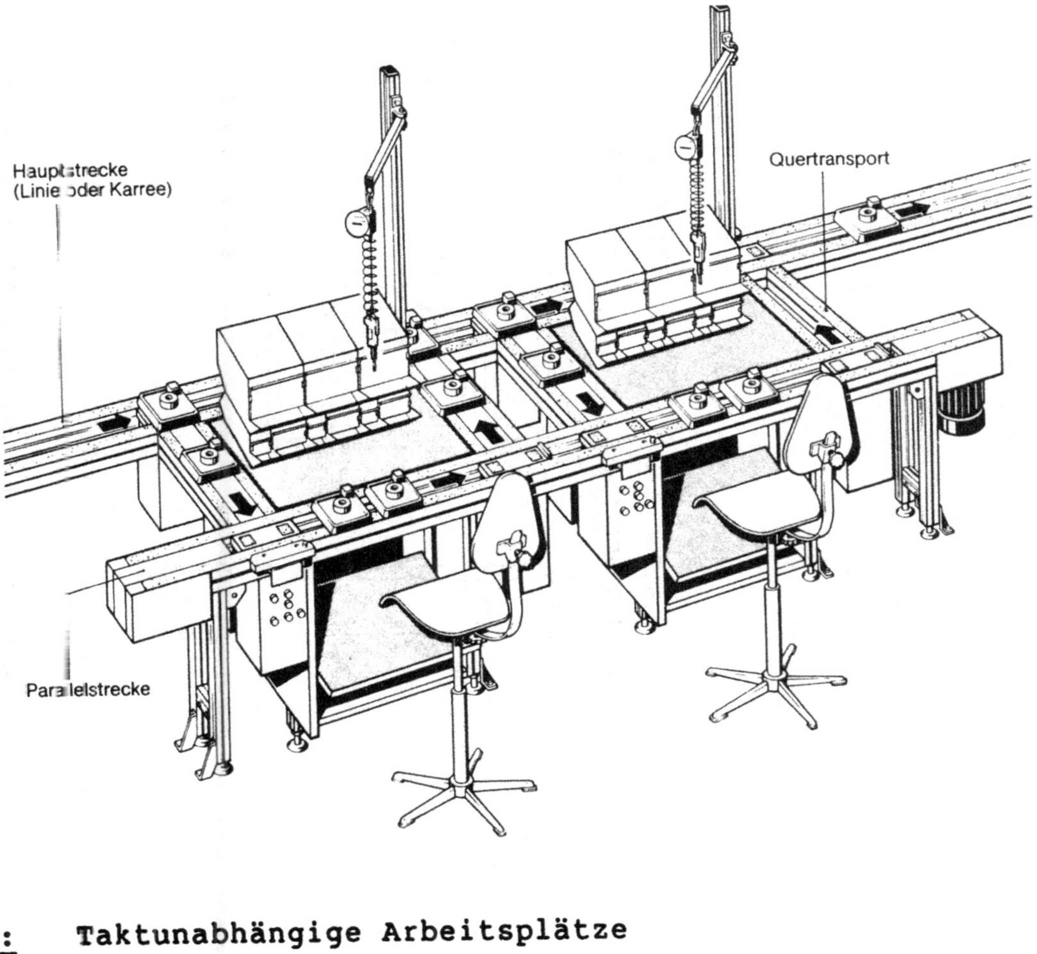

Bild 2: Taktunabhängige Arbeitsplätze

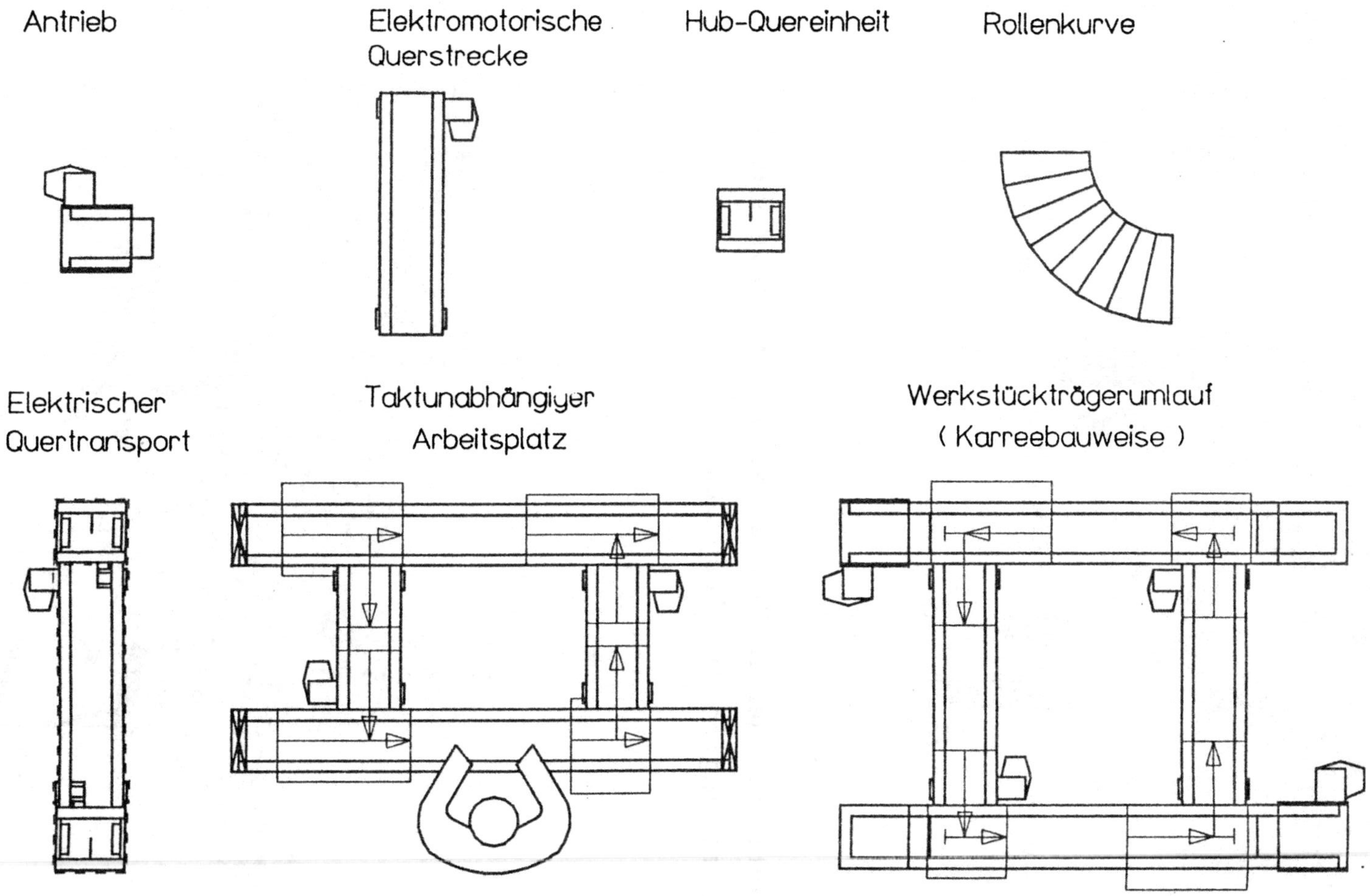

Bild 3: Beispiele abgespeicherter Transfersystemelemente

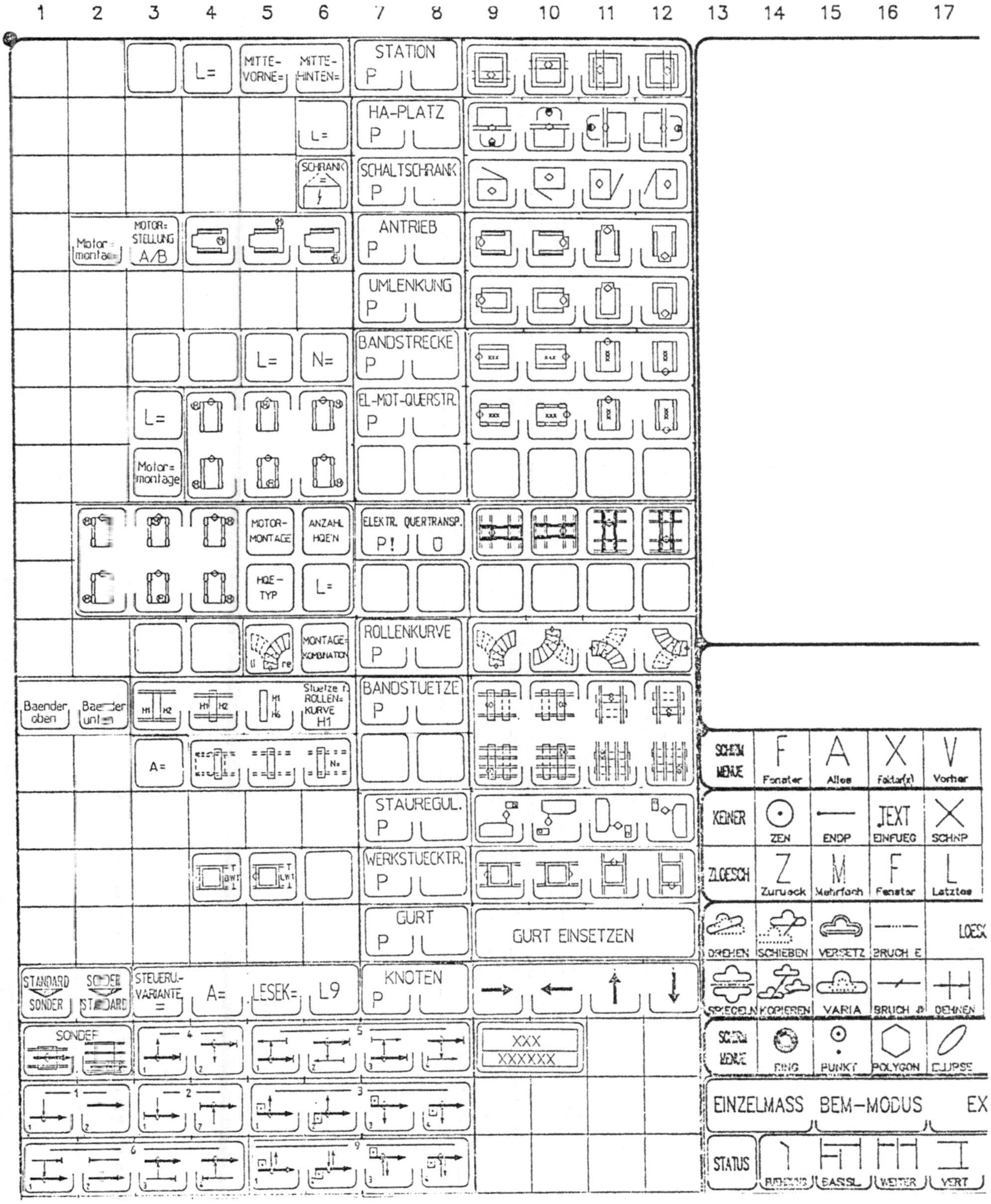

ild 4: CAD-Menütablett für TSsoft (Ausschnitt)

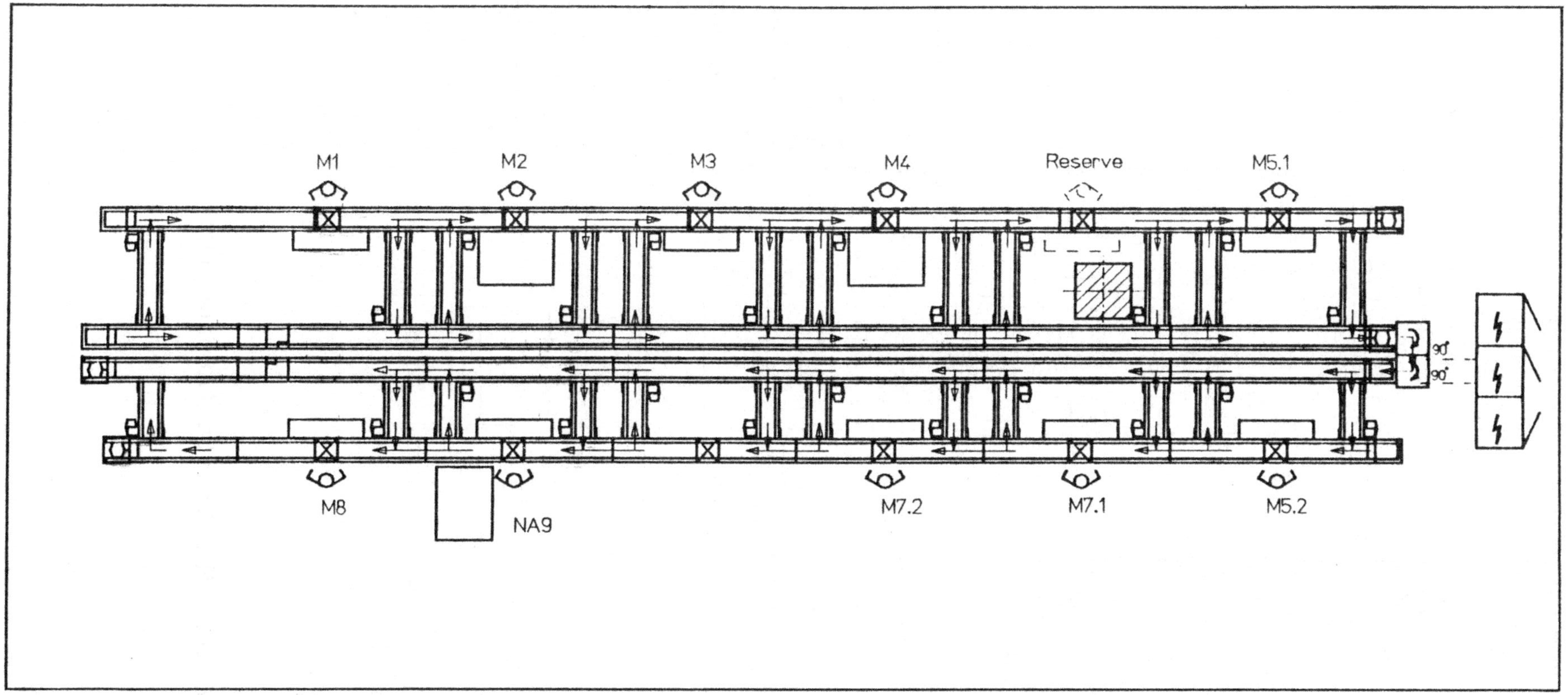

Bild 5: Mit CAD erstelltes Layout eines Transfersystems mit 12 Arbeitsplätzen

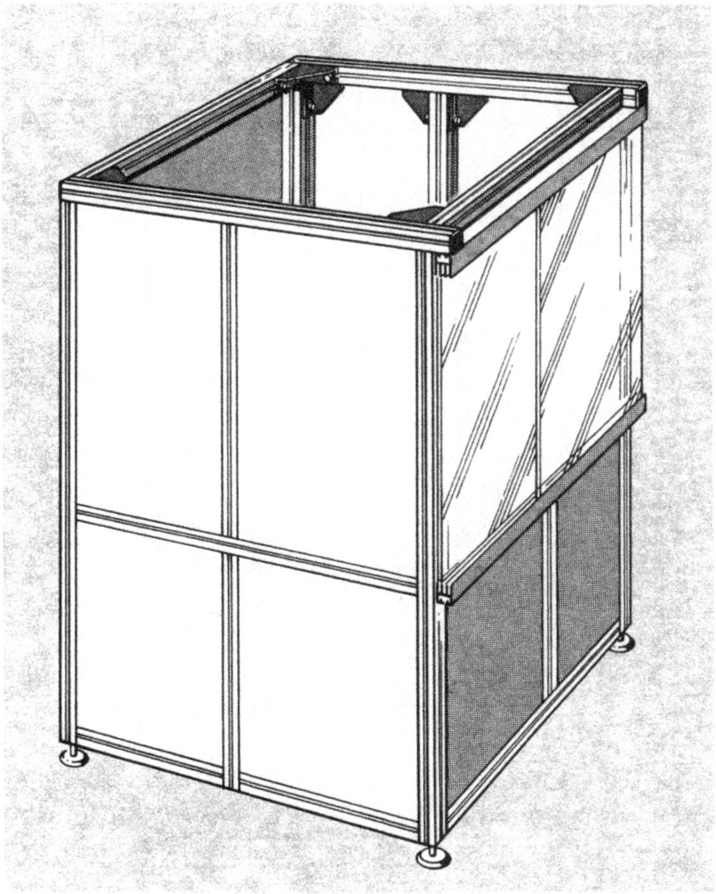

d 6: Montagebeispiel für den Gestellaufbau einer Montagestation

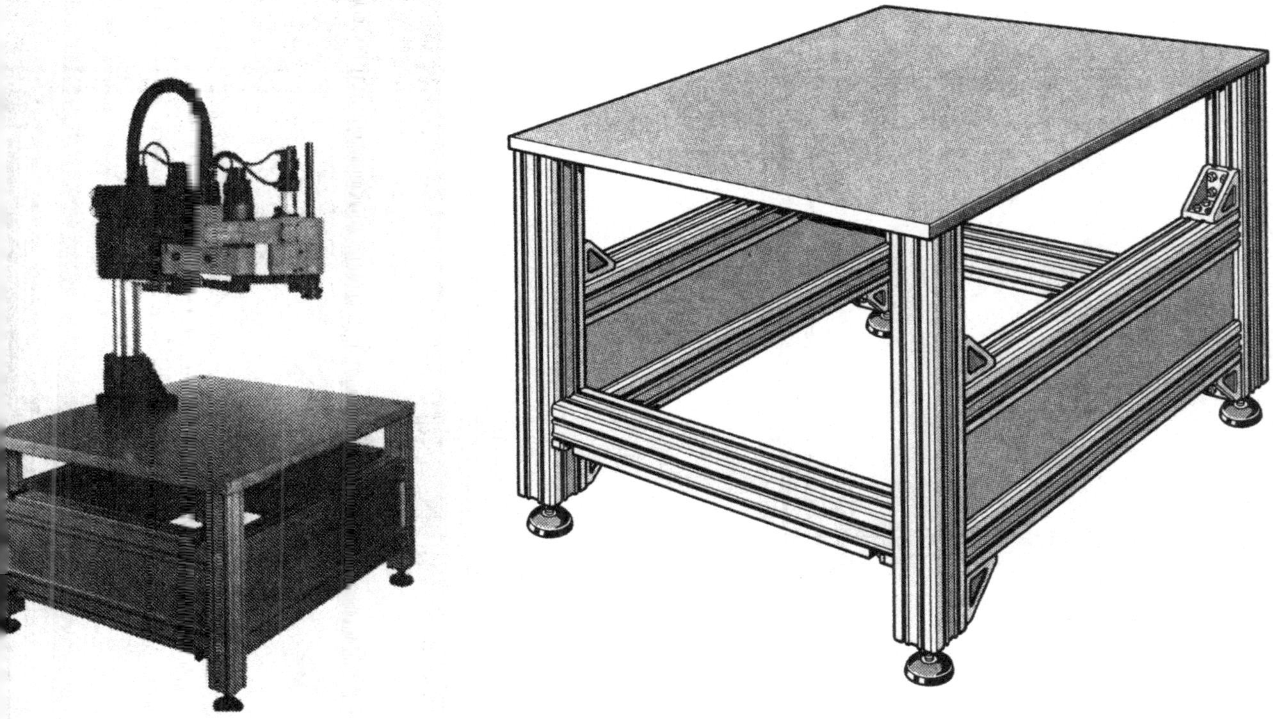

ild 7: Montagebeispiel für einen Maschinentisch

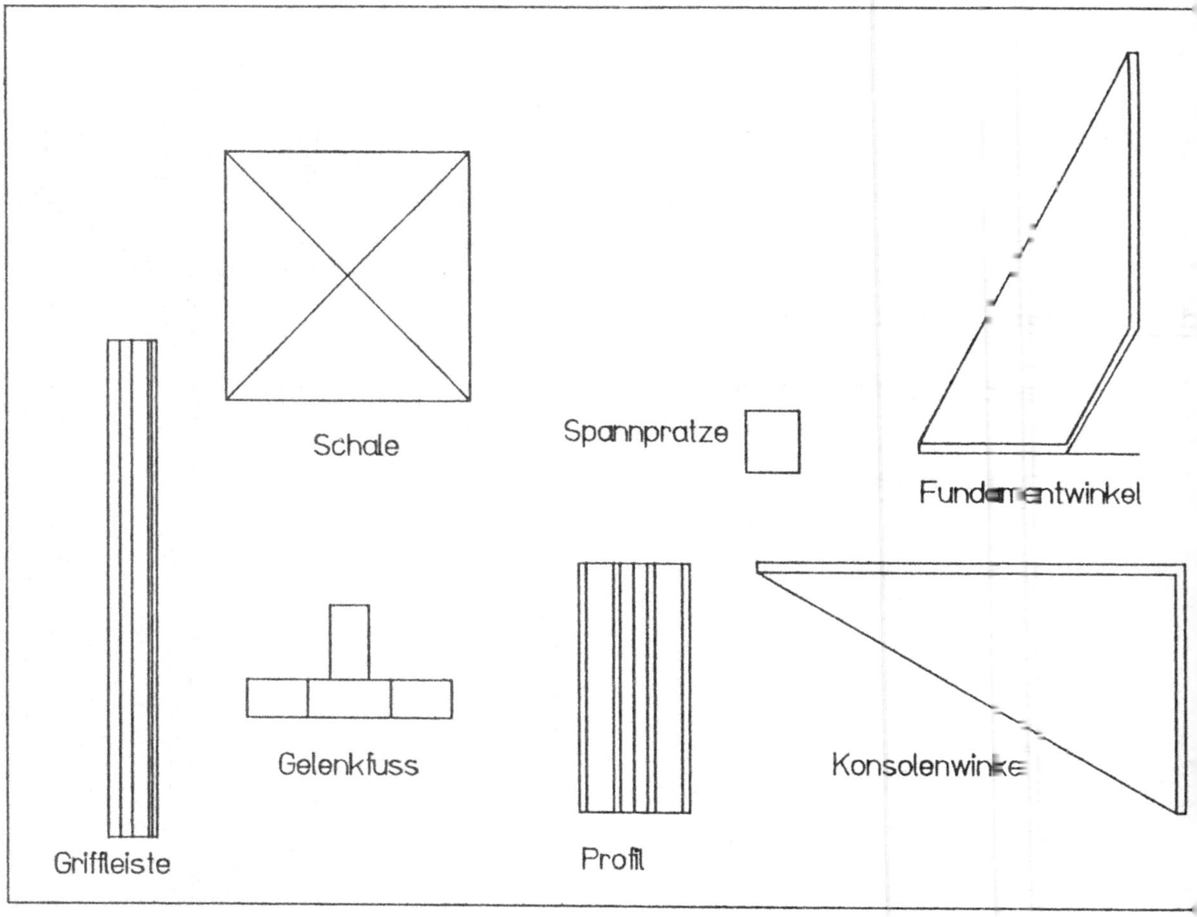

Bild 8: Beispiele abgespeicherter Mechanik-Grundelemente

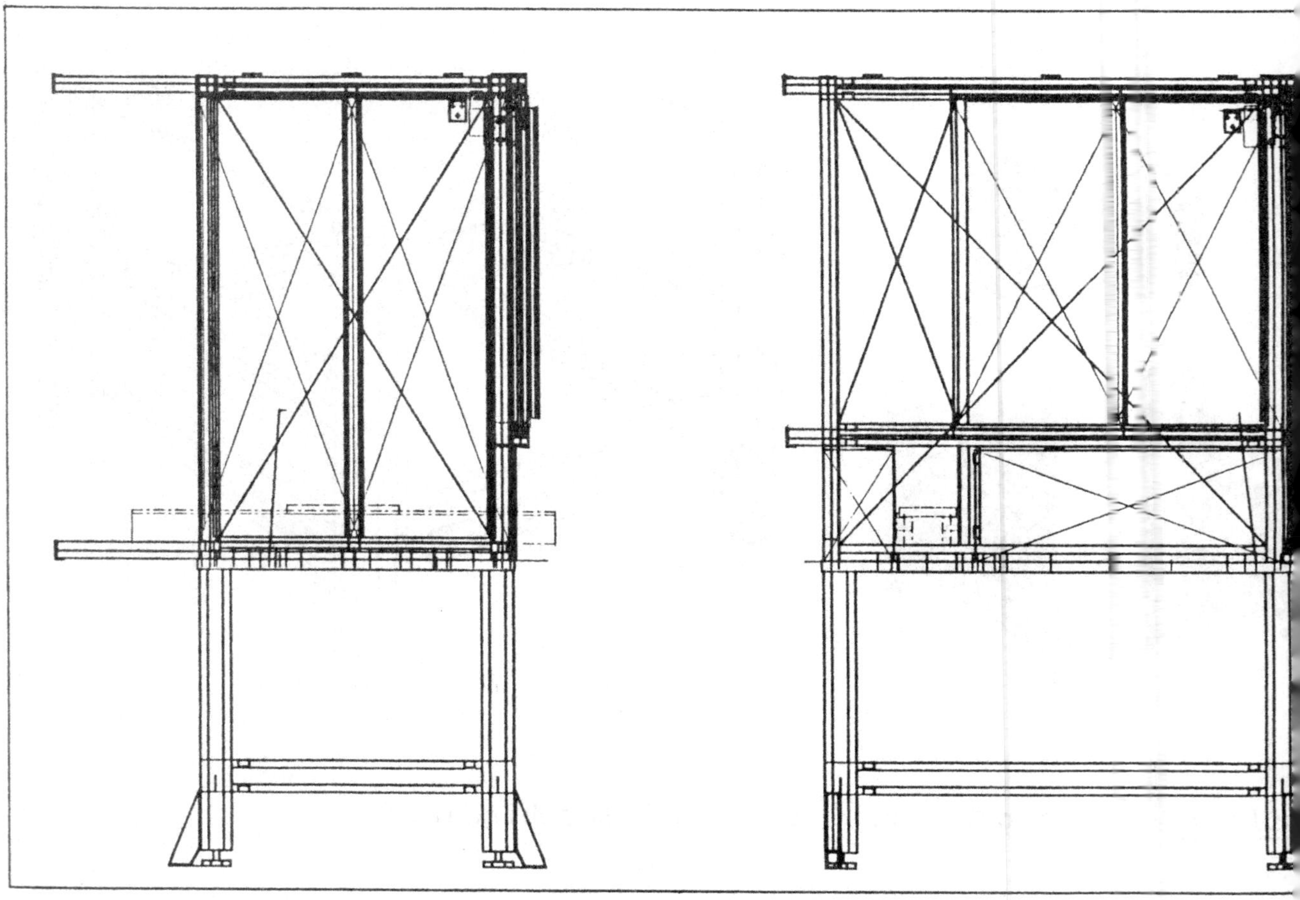

Bild 9: Mit CAD erstellte Zeichnung des Gestellaufbaus einer Montagestation

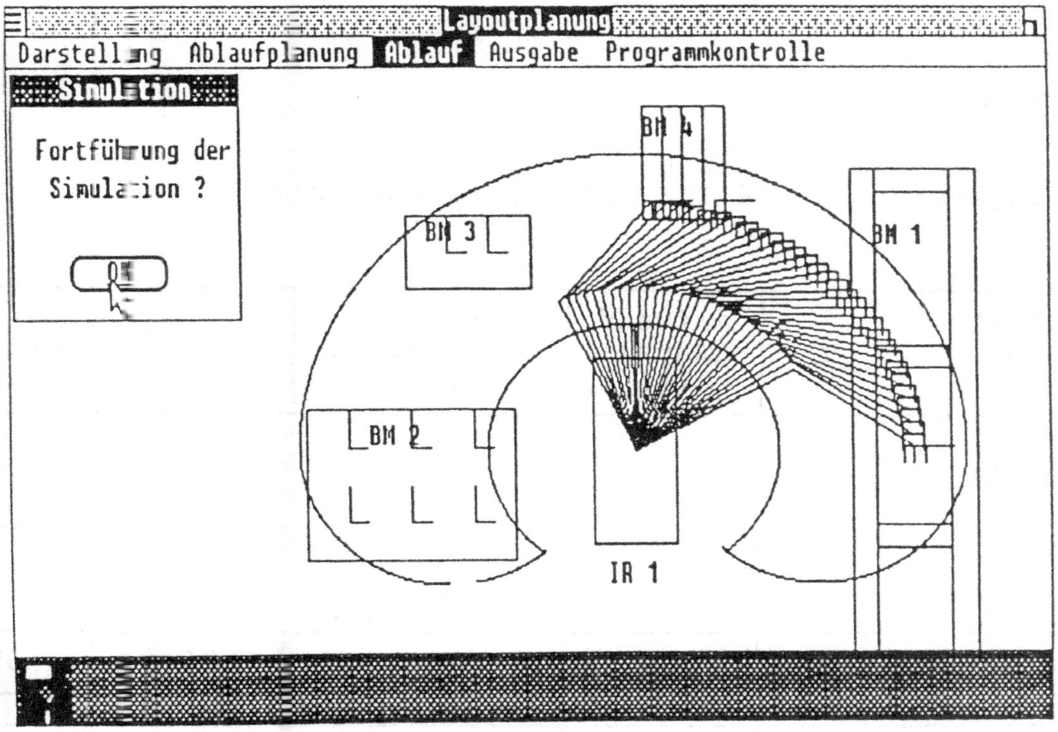

Bild 10: Graphische Simulation des Stationsblaufs in RSsoft

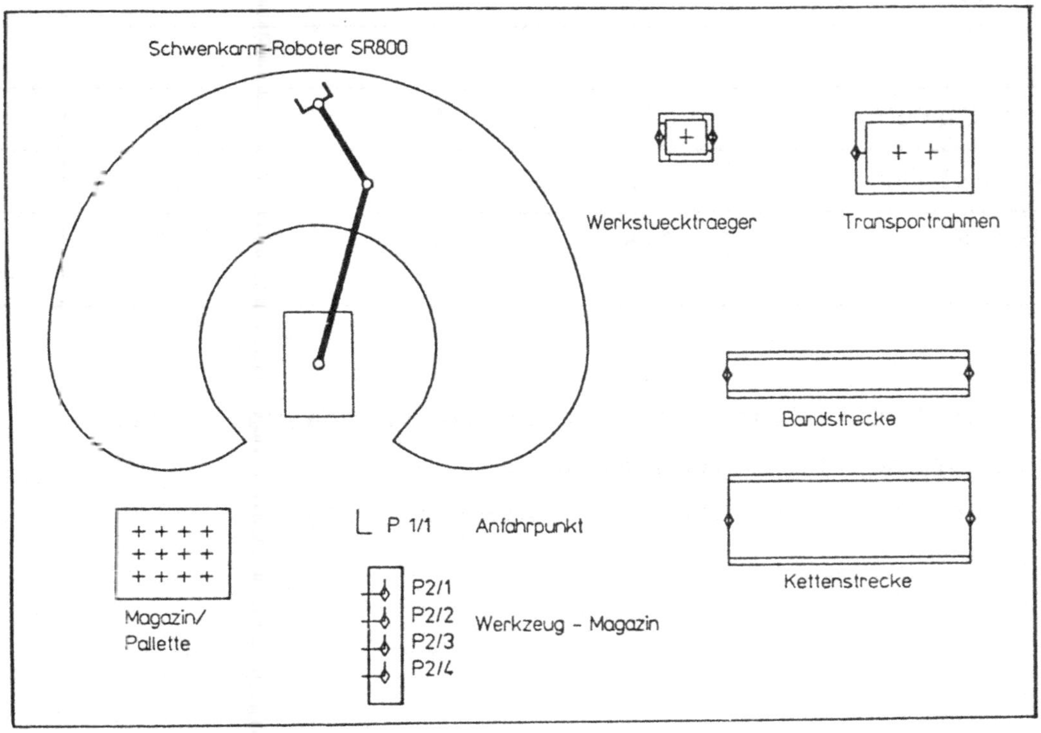

Bild 11: Verschiedene Montagemittel aus RSsoft

Beispiel: Transfersystem

- o Karree mit 10 TU-Plätzen
- o Auftragswert ca. 800 TDM, hoher Standardanteil

Arbeitsschritt bei der Planung	Aufwand manuell (h)	Aufwand mit FMSsoft (h)	Einsparung absolut (h)	relativ (%)
Angebotszeichnung mit Lösungsfindung	24	12	12	50
Kalkulation	8	1	7	87,5
Angebotsstückliste	8	1	7	87,5
Summe Projektierung	40	14	26	65
Montagezeichnung mit Lösungsfindung	50	30	20	40
Konstruktions- und Montagestückliste	8	1	7	87,5
Summe Konstruktion	58	31	27	47
6 x Projektierung	240	84	156	65
1 x Konstruktion	58	31	27	47
Summe Projekt	298	115	183	61 ====

Tab. 3: Durch EDV-Einsatz ermöglichte Einsparungen bei der Planung von Montagesystemen (Beispiel der Transfersystem-Planung)

Die Simulation als Werkzeug der Montageplanung

H.J. Breuer

Vorbemerkungen

Mit der Verfügbarkeit hoch flexibeler Industrieroboter, die al
echte Serienmodelle weitgehend universal eingesetzt werden kön
nen, hat sich eine neue Dimension bei der Planung von Montage-
vorgängen ergeben.
Es ist heute mit vertretbarem Aufwand möglich, einzelne Montag
operationen oder auch ganze Aggregatmontagen mit potentiell ge
eigneten Robotern, improvisierten Greifern und sonstigen Vor-
richtungen zu simulieren.

Es können eigens dafür angeschaffte Laborgeräte, vorgezogene A
schaffungen für das betroffene oder auch ein anderes Projekt,
Geräte bei den Herstellern oder Einrichtungen bei Forschungs-
instituten, benutzt werden.
Dank der Tatsache, daß die Industrieroboter heute Serienproduk
sind, wurde es möglich, ihre Dimensionen und kinematischen Par
meter als Modell in Computerbibliotheken zu speichern. Paralle
dazu wurden Simulationssysteme entwickelt, mit denen die Robo-
termodelle auf dem Bildschirm in vollem Bewegungsablauf simuli
werden können. Diese Systeme enthalten eine mehr oder weniger
große CAD-Kapazität oder können auf anderen CAD-Systemen kre-
ierte Elemente übernehmen. Damit ist es möglich, komplette Mon
geanlagen mit dem Computer darzustellen und realistisch ablauf
zu lassen. Es ist möglich, Echtzeitbestimmung, Kollisionskon-
trollen, Reichweitenprüfung usw. durchzuführen.
Darüber hinaus besteht im Prinzip die Möglichkeit, die zu mon-
tierenden Werkstücke in Form von CAD-Information in die Simula
tion hinein zu nehmen und das Fügen und Passen mit dem Compute
zu simulieren. Voraussetzung dafür sind 3 D-CAD-Zeichnungsin-
formationen, meistens als "solide-Model". Diese Technik steht
zur Zeit am Anfang ihrer Anwendung und wird sicher in naher Zu
kunft viel Beachtung finden.

Unter dem Oberbegriff Computersimulation werden auch Systeme beschrieben, die den logistischen Ablauf der Montagelinien darstellen. Damit werden Stapelgrößen, Wirkungsgrad u.ä. Faktoren vorbestimmt. Diese Systeme werden hier nicht weiter einbezogen.

Beispiel aus Labor-Versuchen

Ein Beispiel für praktische Simulation mit einem verfügbaren Roboter ist die Entwicklung der automatischen Zuführung von Schrauben. (Bild 1:). Im Labor wurde ein Roboter mit einem Drill-Schraubendreher in Industriequalität bestückt, der mit einer magnetischen Schraubernuß die Schrauben aufnehmen konnte. Beim Aufnehmen aus der improvisierten Zuführrinne führte die durch das Niederdrücken des Schraubendrehers mit dem Roboter erzeugte Drehung der Nuß meistens zum Einrasten in den Sechskantkopf der Schraube. War das einmal nicht der Fall und wurde deshalb die Schraube nicht aufgenommen, erkannte das ein dafür installierter Näherungsinitiator und der Roboter wurde so programmiert, daß er den Vorgang wiederholte. Gleichzeitig war das die erste Kontrollfunktion auf fehlerhafte Schrauben. Konnte nämlich der Roboter eine Schraube beim wiederholten Aufgreifversuch nicht aufnehmen, löste er einen Alarm aus, um die Schraube mit fehlerhaftem Kopf manuell entfernen zu lassen. Dieser Vorgang wäre bei häufigem Anlaß auch leicht zu automatisieren. Weitere auf der Fahrstrecke des Roboters angeordnete Initiatoren prüften die Länge der Schrauben. Diese Prüfungen erwiesen sich auch später als ausreichend. Die endgültige Prüfung, nämlich das Erreichen der Einschraubtiefe und des vorgeschriebenen Drehmomentes wird ja in solchen Fällen üblicherweise durch den nachgeschalteten Schrauber ausgeführt. Von den Sensoren als fehlerhaft erkannte Schrauben brachte der Roboter zu einer primitiven Abstreifgabel, wo sie in einen Schrottbehälter fielen. Der Fügevorgang für diese Schraube wurde danach wiederholt. Dies war mit den bisher bekannten Zuführeinrichtungen nicht möglich.

Bild 1: Versuchsaufbau für das Fügen von Schrauben M 3 x 40 mittels eines Roboters. 1. Zuführschiene 2. Werkstück 2 Gehäusehälften, 3. Roboter mit Drillschrauber.

Mit der nach diversen Programmoptimierungen erreichten Durchschnittszeit von 4 sek pro Schraube wurde die gestellte Vorgabe erreicht und es wurde eine Produktionsanlage (Bild 2) bestellt. Im Produktionsbetrieb stellten sich die Drillschraubendreher als zu verschleiß- und störanfällig heraus. Zunächst wurden sie deshalb durch leichte, elektromotorisch angetriebene Spindeln ersetzt, die ebenfalls ein Andrehen der Schrauben ermöglichten. Da aber der zu verschraubende Gehäusedeckel so dick ist, daß die Schrauben in den Durchgangslöchern ausreichend geführt sind, konnte auf ein Andrehen verzichtet werden. Letztlich wurde deshalb ein fester Greifer mit pneumatisch betätigten Backen eingesetzt.

Während der Produktion traten zuweilen Störungen auf, weil die gegossenen Gehäusekörper nicht ausreichend genau an der Fügestelle positioniert werden konnten. Es kam dadurch häufiger, als akzeptiert werden konnte vor, daß der Roboter eine Schraube so weit neben einem Loch aufsetzte, daß sie nicht eingeführt werden konnte. Eine genauere Positionierung der Gehäuse war wegen der Gußunterschiede schwierig. Deshalb wurde entschieden, die jeweilige Istposition der Gehäuse zu messen. Der mögliche Abweichungsbereich von der Sollposition wurde in 7 Klassen unterteilt. Dem Roboter wurden 7, diesen Klassen entsprechende Programme einprogrammiert. Nach der jeweiligen Vermessung der Istposition wurde das entsprechende Programm individuell für jedes Werkstück aufgerufen. Damit konnten die Störungen beseitigt werden. Der Sensor für die Vermessung der Istposition wurde im "Institut für Steuerung in der Schweißtechnik" an der, dem betroffenen Werk nahe gelegenen, RWTH-Aachen, entwickelt. Es handelt sich dabei um eine Diodenzeile mit Auswertelektronik über die in den VDI-Nachrichten Nr. 39/1984 berichtet wurde.

Bild 2: In der Produktion realisierte Applikation nach Versuch aus Bild 1.

Computersimulation

Komfortabele Simulationssysteme sind in der Lage, im Modus SHADED eine automatische Kollisionsbetrachtung durchzuführen. Eventuell kollidierende Flächen werden dabei gefärbt oder durch Schraffuren markiert. Bei der Simulation einer Montagezelle können mehrere Roboter simultan in Bewegung dargestellt werden. Darüber hinaus können speziell kreierte Elemente wie Bänder, Pressen usw. ebenfalls simultan mitlaufen.

Die Simulation muß sich nicht auf den Ablauf der Montagemaschinen, Werkzeuge und Roboter beschränken. Es ist bereits möglich, CAD-Zeichnungsinformationen über geeignete Schnittstellen in die Simulation zu übernehmen, was ausprobiert wurde. Damit ist es möglich, das Zusammenfügen von beispielsweise Gehäusen mit Einbauteilen am Bildschirm vorzuvollziehen und möglicherweise komplizierte Fügebewegungen vorauszubestimmen. Diese Technik befindet sich allerdings noch im Entwicklungsstadium. Ihr Einsatz hängt weitgehend von der Verfügbarkeit dreidimensionaler CAD-Informationen ab. Mit den in Serie hergestellten Industrierobotern, die untereinander gleich sind und sogar ausgetauscht werden können, ist es also möglich, Montagevorgänge praxisnah zu simulieren. Nur das Programm und evtl. provisorische Vorrichtungen und angepaßte Standardgreifer sind für die Versuche speziell zu erstellen. Dies ist bereits ein großer Fortschritt im Vergleich mit Lösungen,für die Spezialmaschinen verwendet werden. Seit einiger Zeit sind Computersimulationssysteme auf dem Markt, welche die praktischen Versuche im Labor z.T. substituieren. Einige bekannte Systeme sind: ROBCAD, PLACE und CATIA. Darüber hinaus sind eigene Systeme verschiedener Roboterhersteller bekannt. Auch von einigen Hochschulinstituten werden Simulationssysteme vorgestellt. Mit solchen Systemen können Softwaremodelle der Roboter nach Angaben der Hersteller angefertigt werden.

Die Qualität dieser Modelle hängt ab von der Qualität der verfügbaren Detailinformation über den jeweiligen Roboter und der Qualität des Systems. Gute Modelle enthalten außer der geometrischen Konfiguration die Bewegungsparameter und Programmierkonzepte. (Bild 3). Diese Softwaremodelle können von den verschiedensten Robotern angefertigt und in einer systemeigenen Bibliothek abgelegt sowie bei Bedarf verwendet werden.

Der im Bild dargestellte Roboter mit 6 Freiheitsgraden ist aus einer Perspektive in 3 Bewegungsphasen dargestellt. Für die einzelnen Bewegungsabschnitte ist die Geschwindigkeit und die geometrische Größe vorgegeben. Die benötigte Zeit läuft als Digitalanzeige mit. Auf dem Bildschirm am Computerarbeitsplatz kann der Ablauf eines Bewegungsprogrammes aus beliebigen Perspektiven betrachtet werden. Durch zoomen können während der Bewegung einzelne Partien des Objektes sehr stark vergrößert betrachtet werden. Mit dem Modus SHADED ist es möglich, die Simulation auch flächig anstatt als Drahtmodell darzustellen. Damit kann oft eine größere Deutlichkeit erreicht werden. (Bilder 4 bis 11).
Die Robotermodelle enthalten außer der geometrischen Konfiguration, Größe und Lage der Bewegungen jeder Achse, Beschleunigungs- und Verzögerungswerte und weitere, auch variierbare Parameter wie z.B. "TOOL CENTER POINT" (TCP).
Damit kann das Softwaremodell wie der echte Roboter programmiert werden z.B. in WELT- oder Roboterkoordinaten oder Punkt zu Punkt respektive Bahn. Für einige Marken besteht bereits Übersetzungssoftware mit der das in der Sprache des Simulationssystems geschriebene Programm in die Sprache des betreffenden Roboters übersetzt werden kann. Damit ist die sogenannte "OFFLINE PROGRAMMIERUNG" realisiert. Für die Planung einer konkreten Fertigungszelle kreiert man mehr oder weniger detailliert die einzelnen Komponenten.

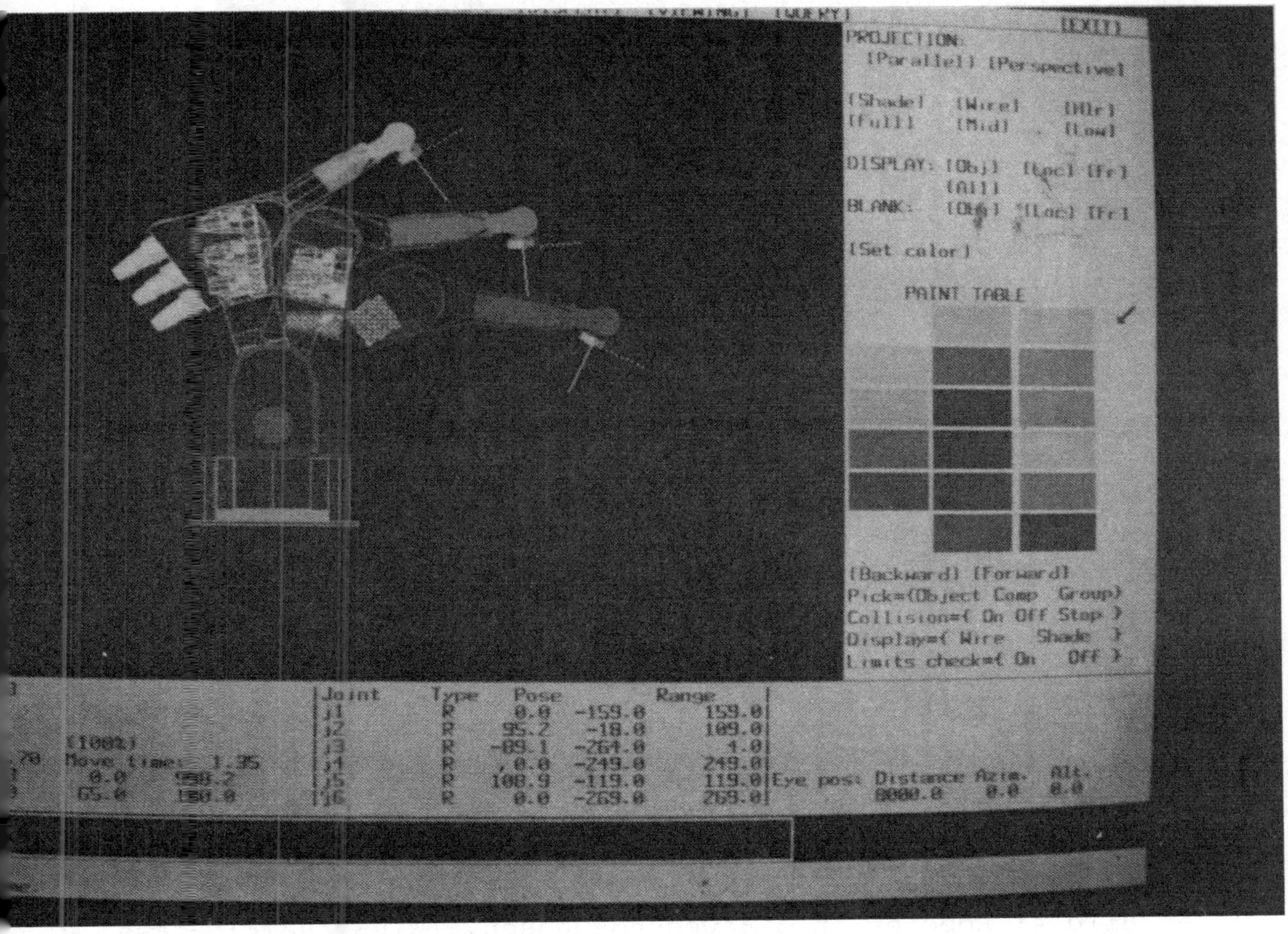

Bild 3: Roboter in 3 Bewegungsphasen mit Bewegungsdaten
(Bewegungszeit = 1,35 sek) Phase 1

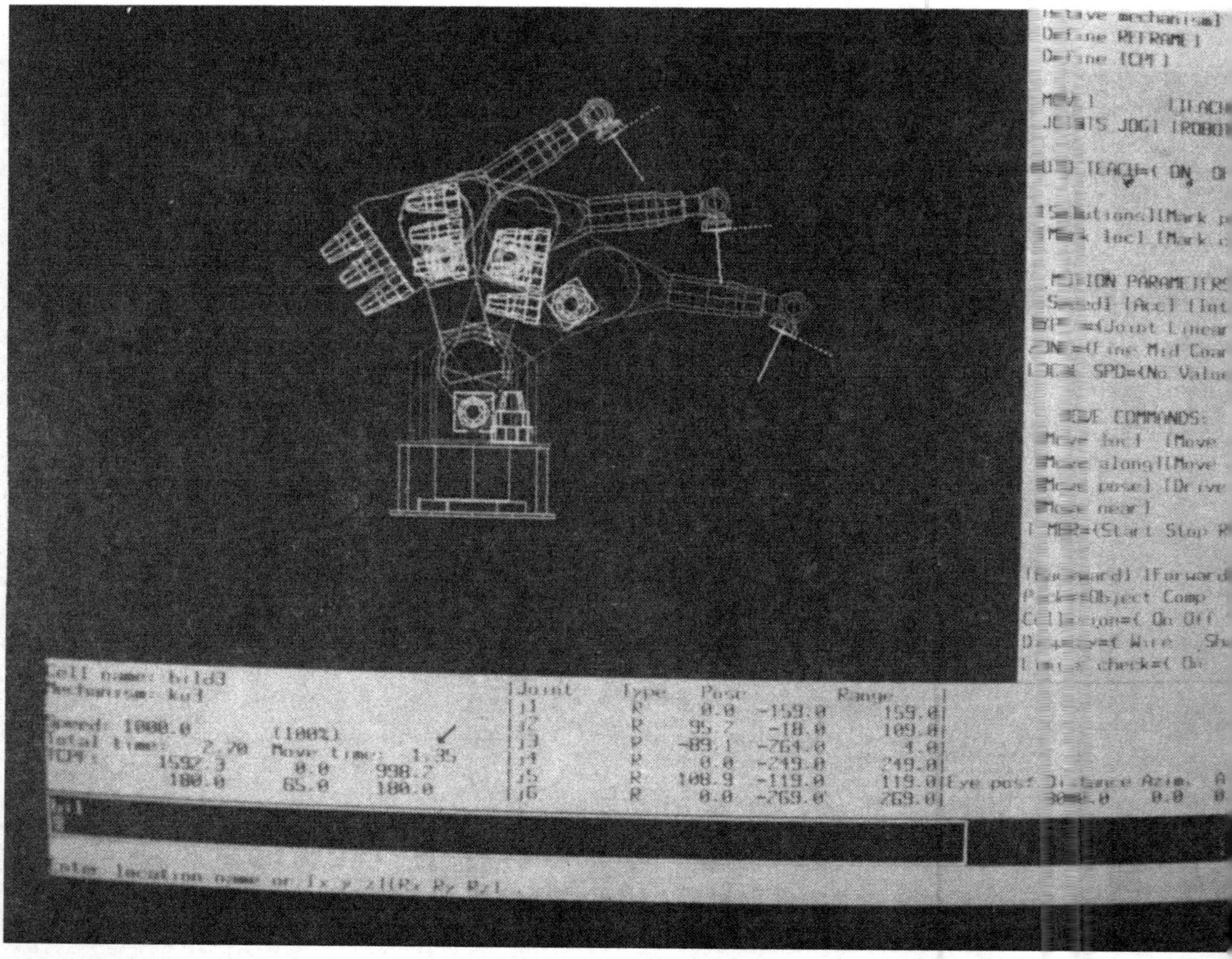

Bild 4: Roboter in 3 Bewegungsphasen, (WIRE FRAME) Phase 2

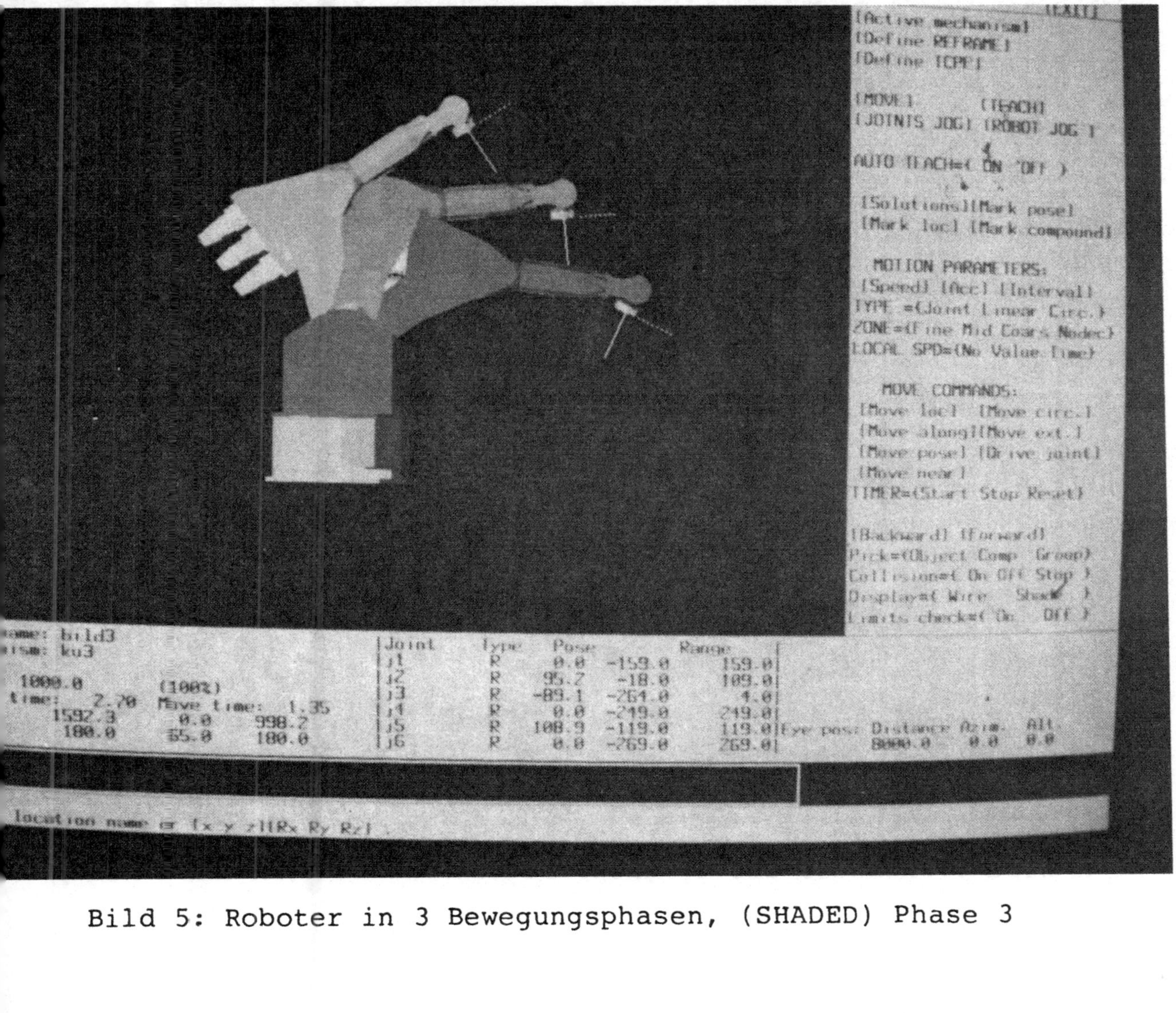

Bild 5: Roboter in 3 Bewegungsphasen, (SHADED) Phase 3

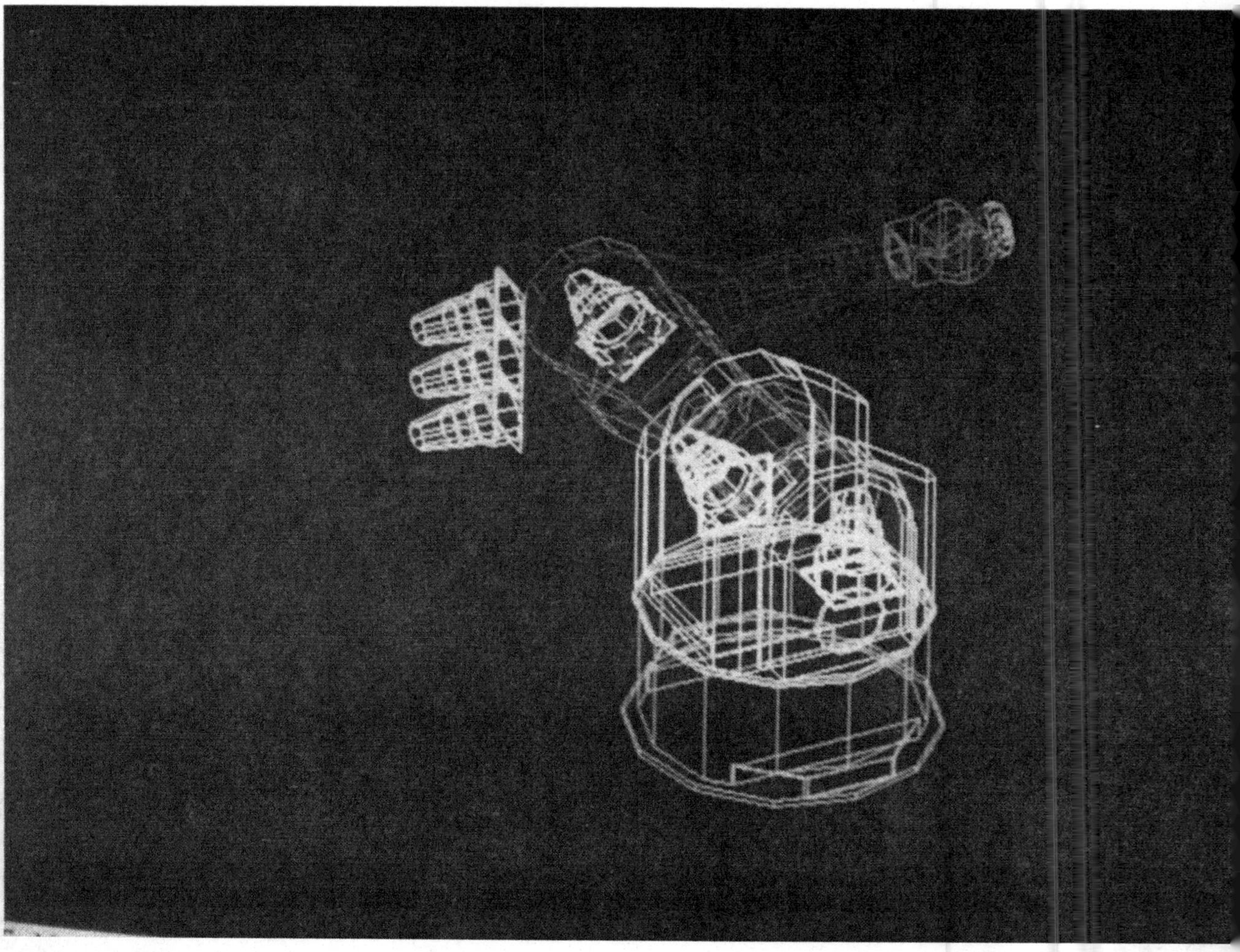

Bild 6: Roboter aus 3 Perspektiven Pos. A

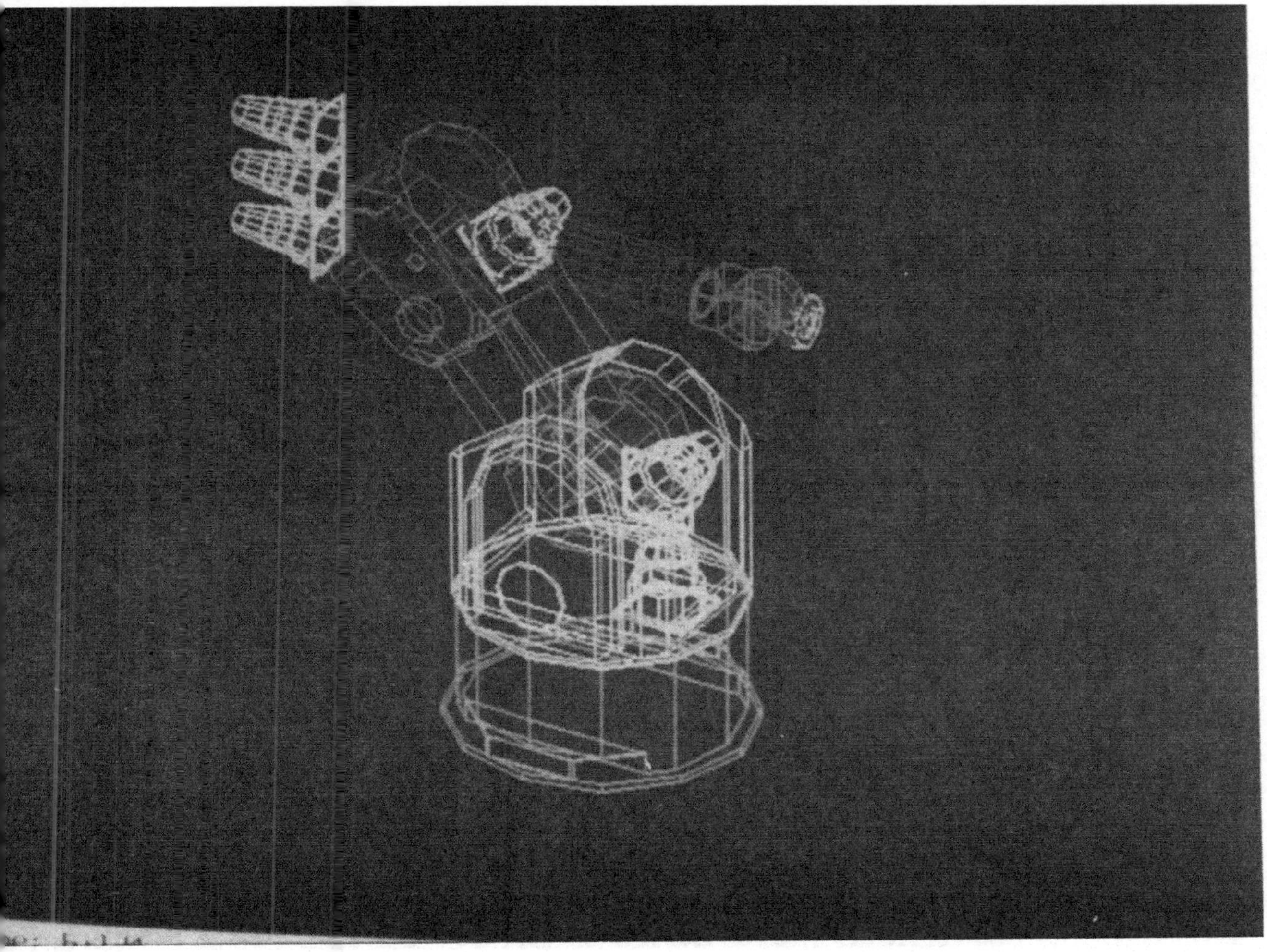

Bild 7: Roboter aus 3 Perspektiven Pos. B

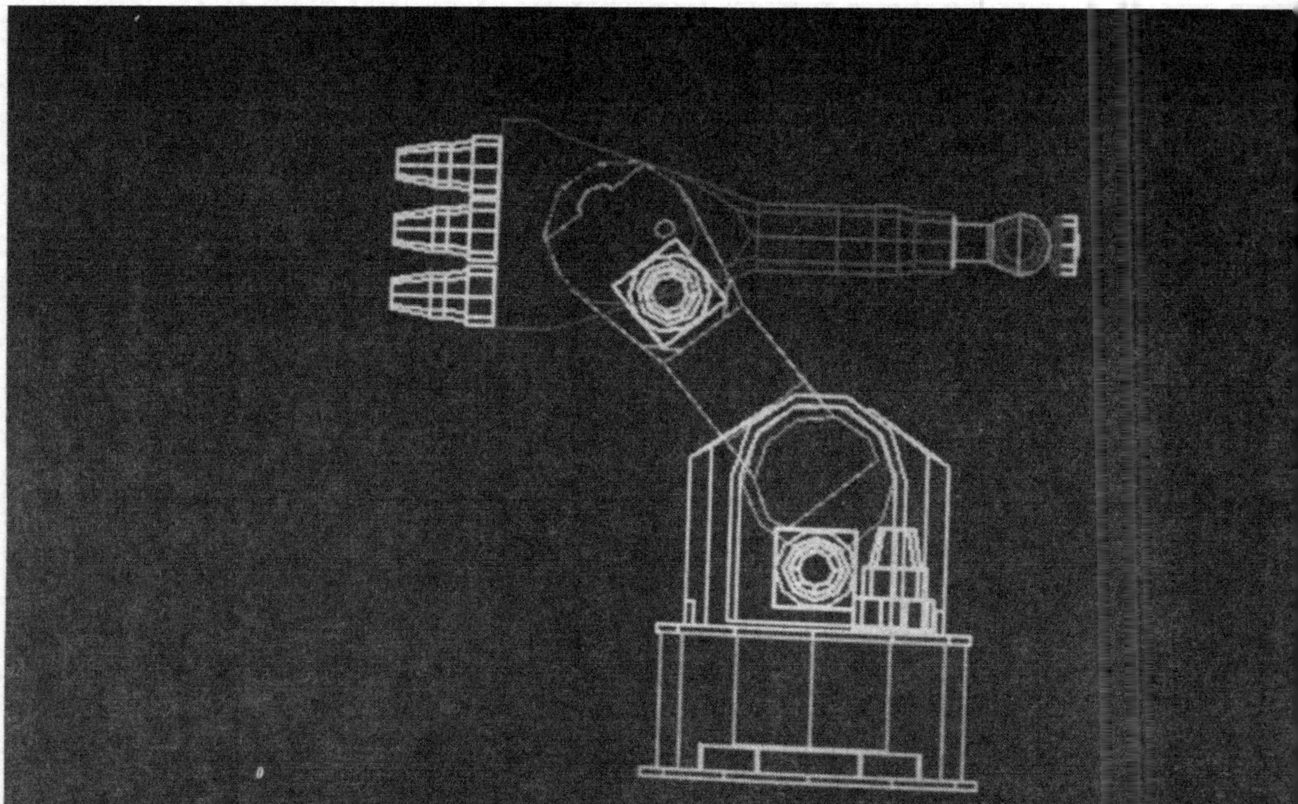

Bild 8: Roboter aus 3 Perspektiven Pos. C

Bild 9: Die Roboterhand durch zoom stark vergrößert,
Achsen farbig unterschieden

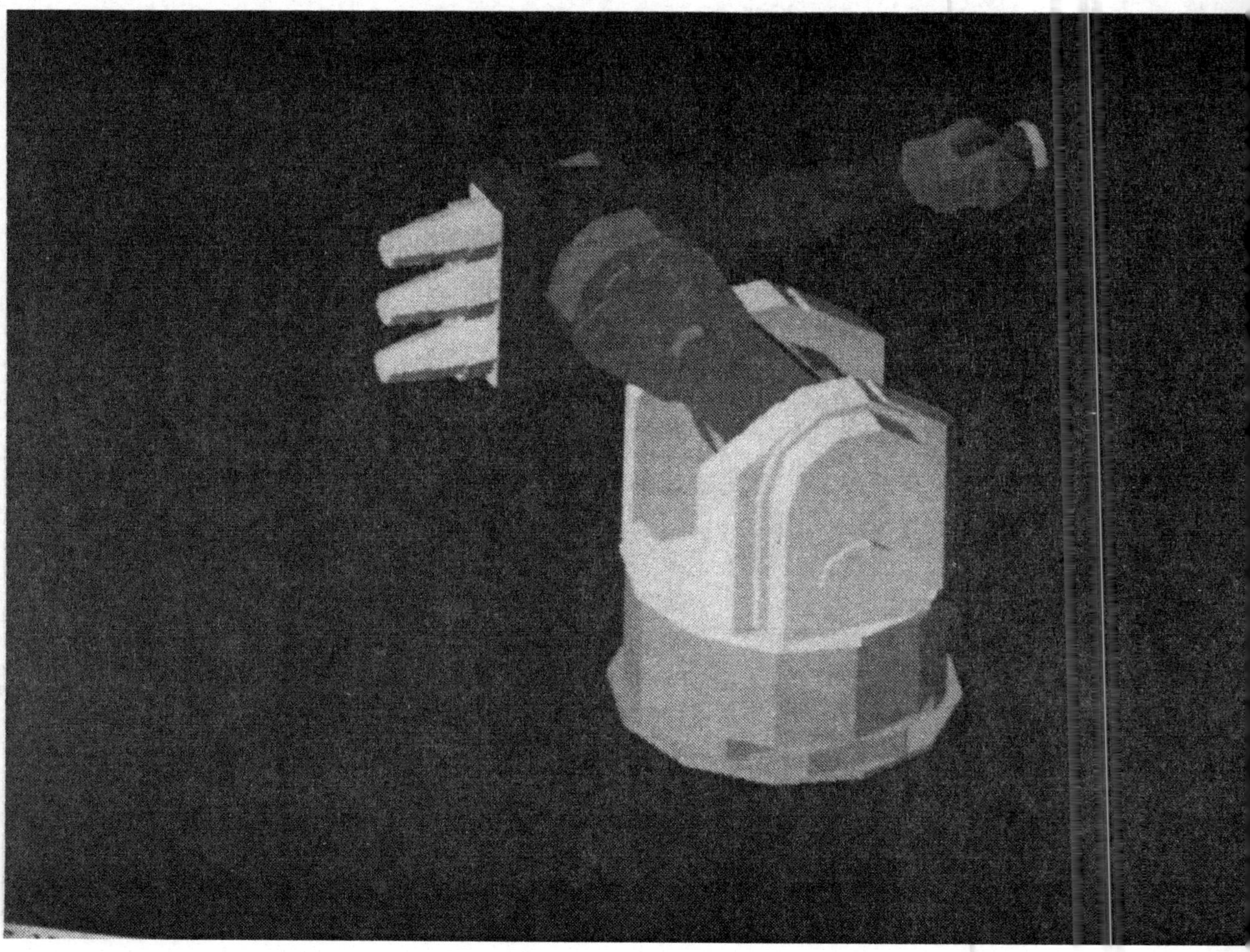

Bild 10: Roboter aus 2 Perspektiven, SHADED, Pos. A

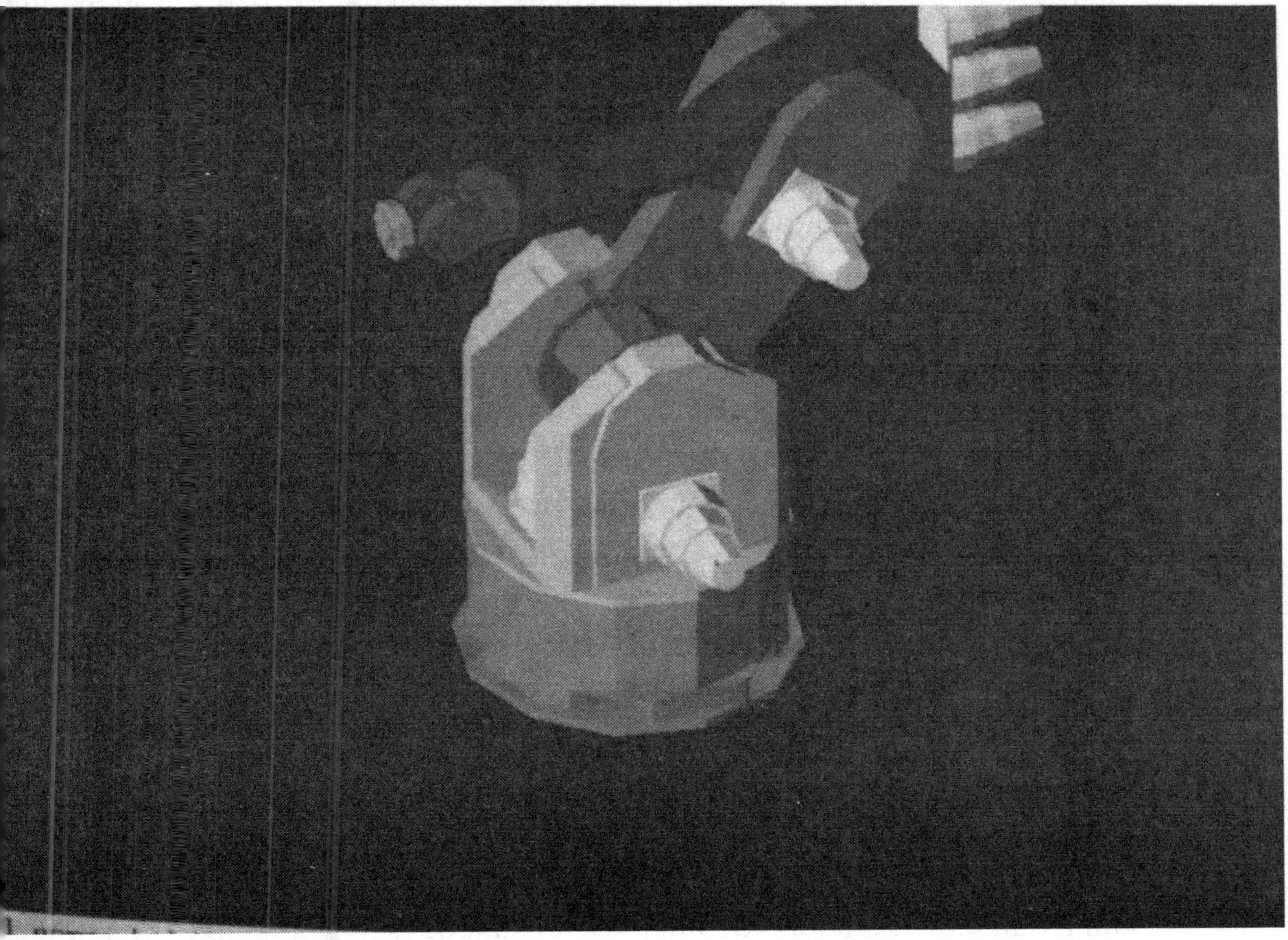

Bild 11: Roboter aus 2 Perspektiven, WIRE FRAME, Pos. B

Zum Beispiel eine Montagezelle bestehend aus: Einem Drehtisch mit Aufnahmevorrichtungen für Gehäuse, einem Magazin für Welle einem Magazin für Lager, einer Presse zum Aufpressen des Lager auf die Welle, einem Ablaufband und einem Roboter. (Bild 12-1 Der Montageprozeß soll wie folgt ablaufen: Roboter ergreift ei Lager und legt es in die Presse ein. Dann legt er eine Welle in die Presse und löst den Aufpressvorgang per Signal aus. Nun nimmt er Welle mit Lager zusammen auf und fügt beides in ein Gehäuse auf dem Drehtisch. Letztlich nimmt er das Gehäuse mit eingebauter Welle vom Drehtisch auf und legt es auf das Transportband. Zunächst stellt nun der Planungsingenieur nach seine Erfahrungen die Montagezelle mit den beschriebenen Komponenten am Bildschirm zusammen. Er wählt ebenfalls nach Erfahrungswert oder sonstigen Kriterien ein Robotermodell aus und baut es in die Montagezelle ein. Nun kann er mit dem Simulationssystem den Roboter im Modus"manuell"verfahren und prüfen, ob mit der Reichweite des ausgewählten Modells alle nötigen Punkte angefahren werden können. Dabei kann die zunächst gewählte Positio optimiert werden. Andere Robotermodelle können in der Zelle au probiert werden. Das System kann auch alternative Standorte fü den Roboter vorschlagen. Auf diese Weise wird eine optimale Zelle konzipiert. Nach Beendigung der Layoutphase wird der Roboter für die Montageaufgabe programmiert. Dabei wird der Dial mit der Peripherie über Ein- und Ausgangssignale, die zu fahre den Wege so realistisch wie möglich, Geschwindigkeitsvorgaben, evtl. Verharrungszeiten und dgl. mehr einprogrammiert. Damit kann man den Montagevorgang am Bildschirm wirklichkeitsnah ablaufen lassen. Wegen der nicht unbegrenzten Geschwindigkeit de Computers wird der Roboter sich langsamer als real bewegen. Die echte Zeit wird jedoch digital am Bildschirm gezeigt, so d Aussagen über die Montagezeit vorliegen.

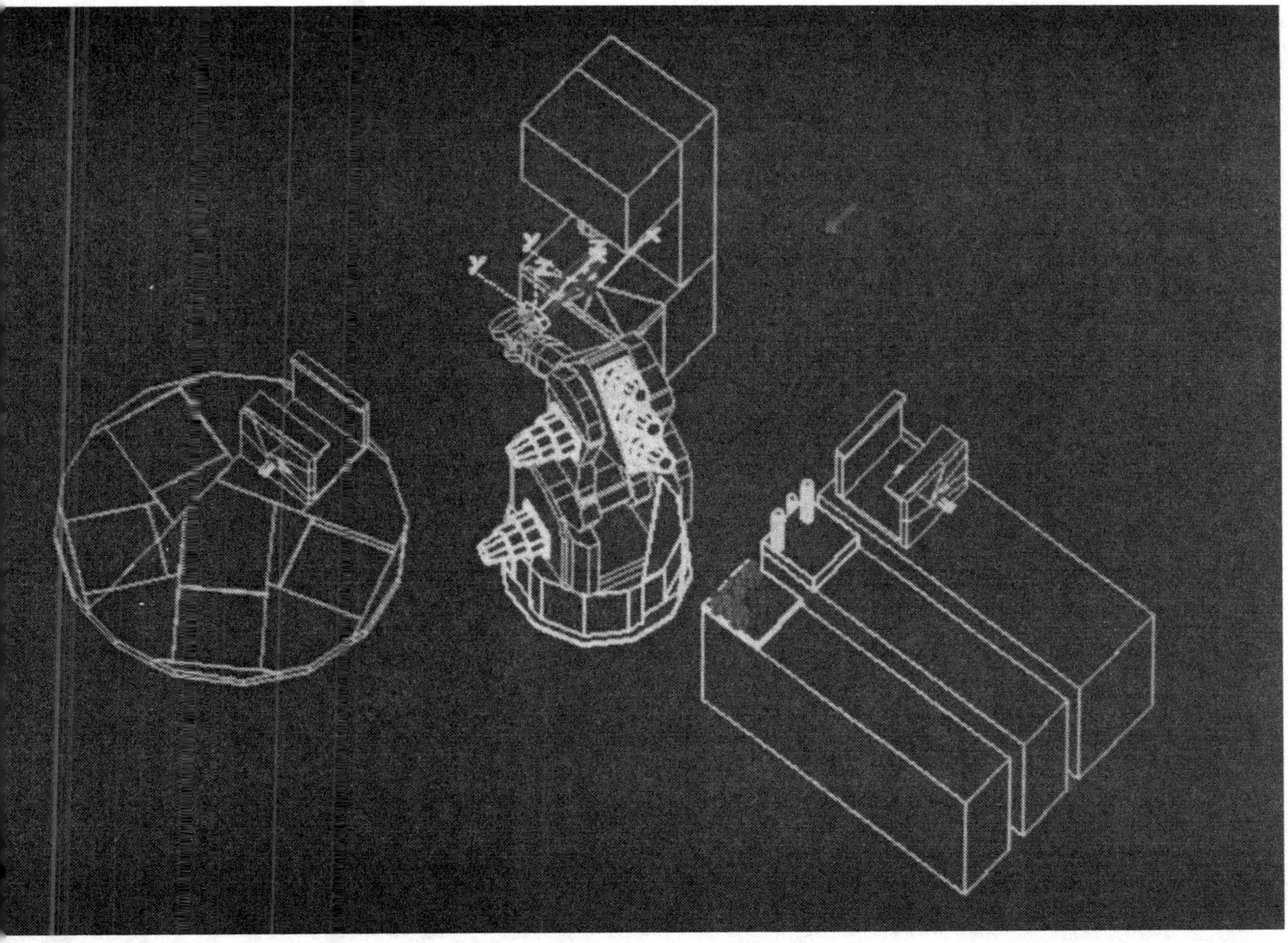

Bild 12: Montagezelle bestehend aus: 1. Drehtisch, 2. Magazin für Wellen, 3. Magazin für Lager, 4. Roboter, 5. Presse (WIRE FRAME)

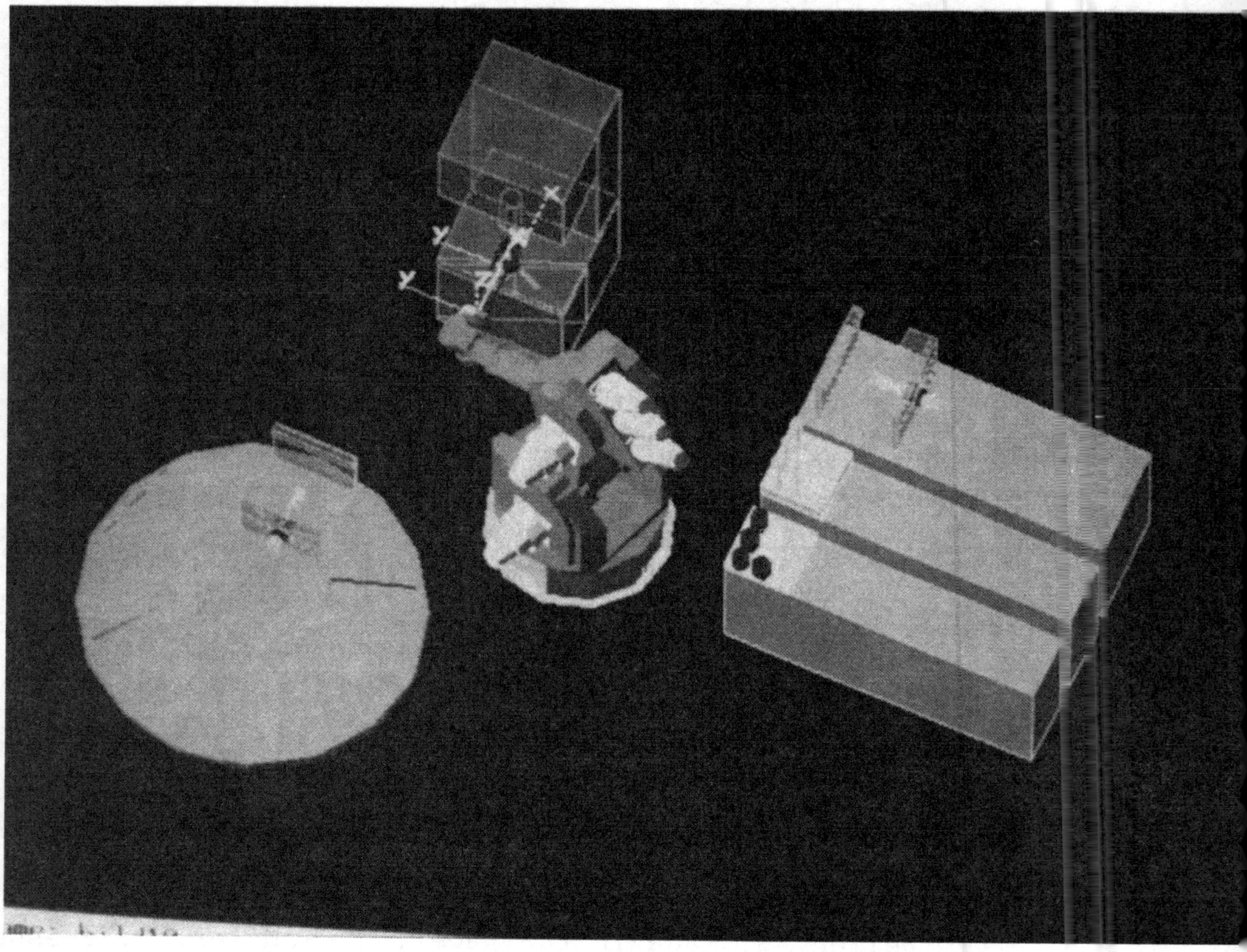

Bild 13: Bild 2 SHADED

Bild 14: Montagezelle aus Bild 10 mit geänderter Position des Roboters

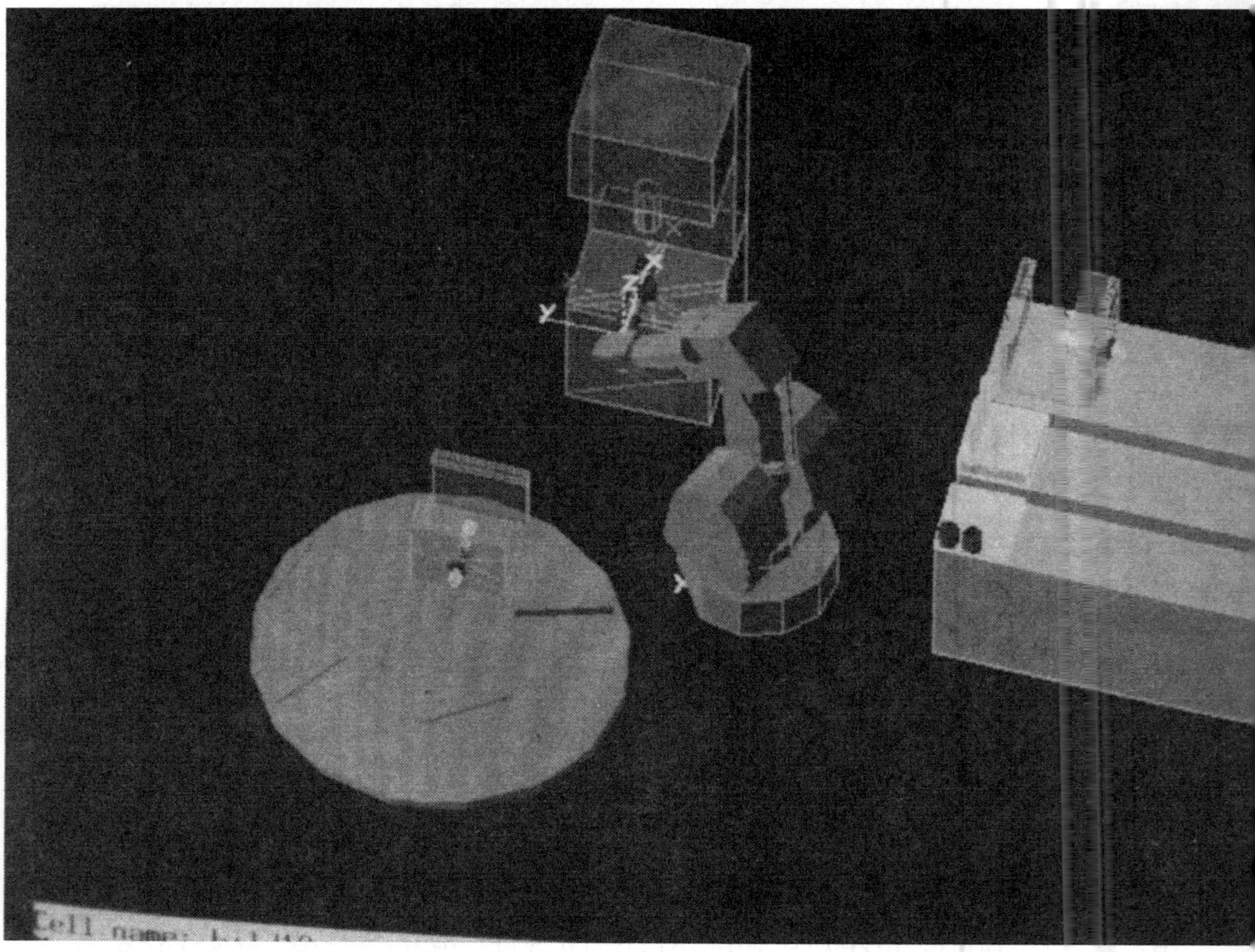

Bild 15: Montagezelle mit einem anderen Robotermodell

Mit der Möglichkeit, die Arbeitszelle am Bildschirm aus beliebiger Perspektive, in Bewegung zu betrachten, ist eine Kollisionsprüfung optisch bequem durchzuführen. Die Qualität dieser Prüfung wird noch wesentlich verbessert, wenn kritische Bereiche durch zoomen stark vergrößert betrachtet werden. Dabei kann, wenn gewünscht, die Bewegung angehalten werden. (Bild 16 - 19).

Halteklammer - Montage an PKW-Front und Heckscheiben

Es bestand die Vorgabe, 18 Halteklammern in einer Gesamttaktzeit von 96 Sekunden/Scheibe auf Front- und Heckscheiben für Pkw's zu klemmen. Die Klammern dienen der späteren Befestigung von Zierleisten. Fraglich war, ob ein Roboter in der geforderten Taktzeit die 18 Klammern montieren kann. Zwecks Untersuchung dieser Frage wurde der Montagevorgang am Computer simuliert. (Bild 20). Die Simulation ergab, daß die 18 Klammern in der geforderten Zeit gesetzt werden können, jedoch nur dann, wenn alle 18 mit einem Griff des Roboters aufgenommen werden können.
Auf der Basis der mit der Simulation gewonnenen Information wurde dann folgendes Konzept erarbeitet: (Bild 21) Die Klammern werden über Schwingförderer, geordnet auf ein Förderband sortiert. Auf dem Band wird ein doppelseitig klebendes Haftstück automatisch in jede Klammer gefügt. Am Ende dieses Bandes wird jede Klammer einzeln aufgenommen und zu je 18 Stück in Magazine gepackt. Diese werden vom Roboter aufgegriffen und zur Bestückung zu einer Scheibe verwendet. Auf der Grundlage dieses Konzeptes wurde die Applikation dann erfolgreich realisiert (Bild 22).

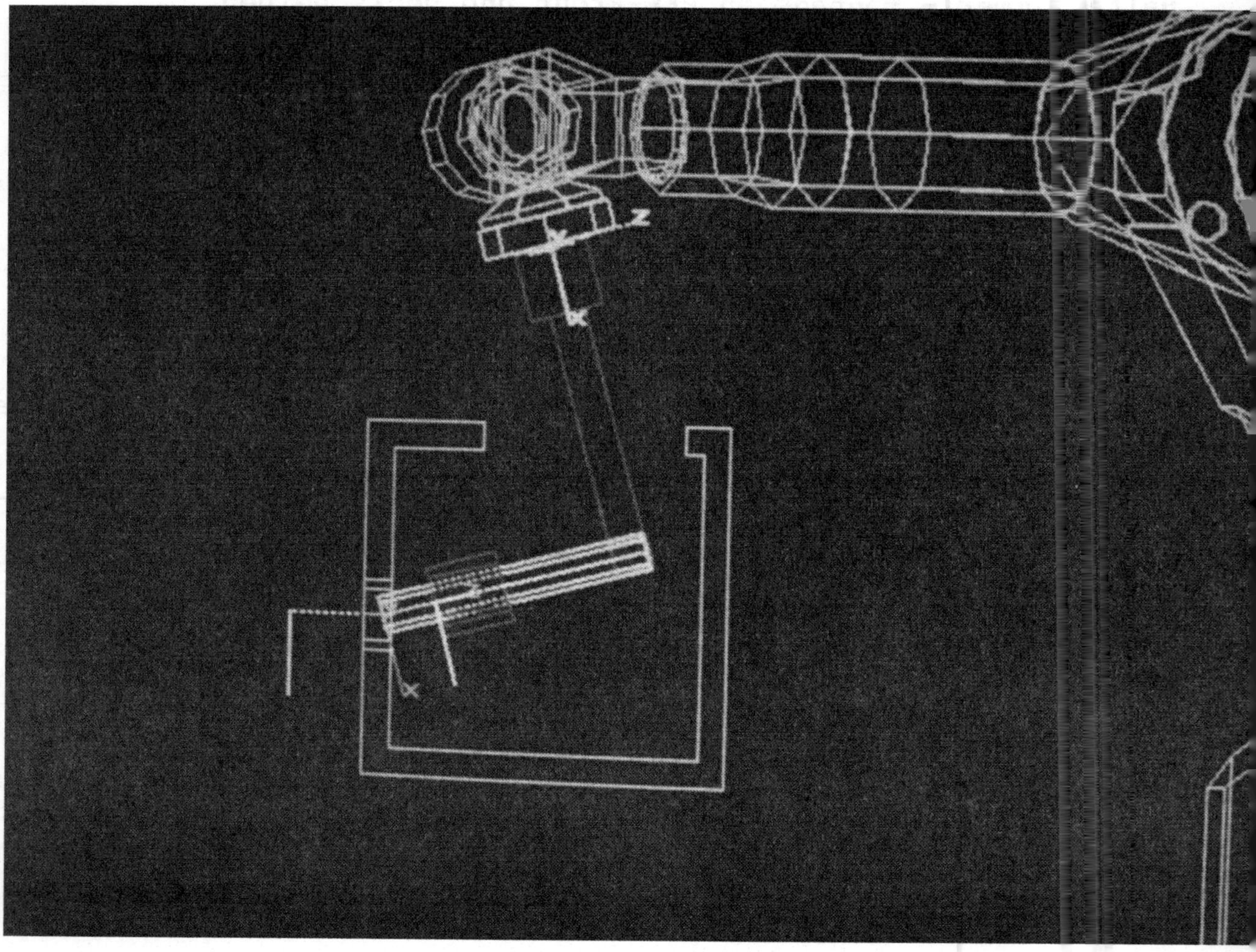

Bild 16: Welle mit Lager in Gehäuse fügen

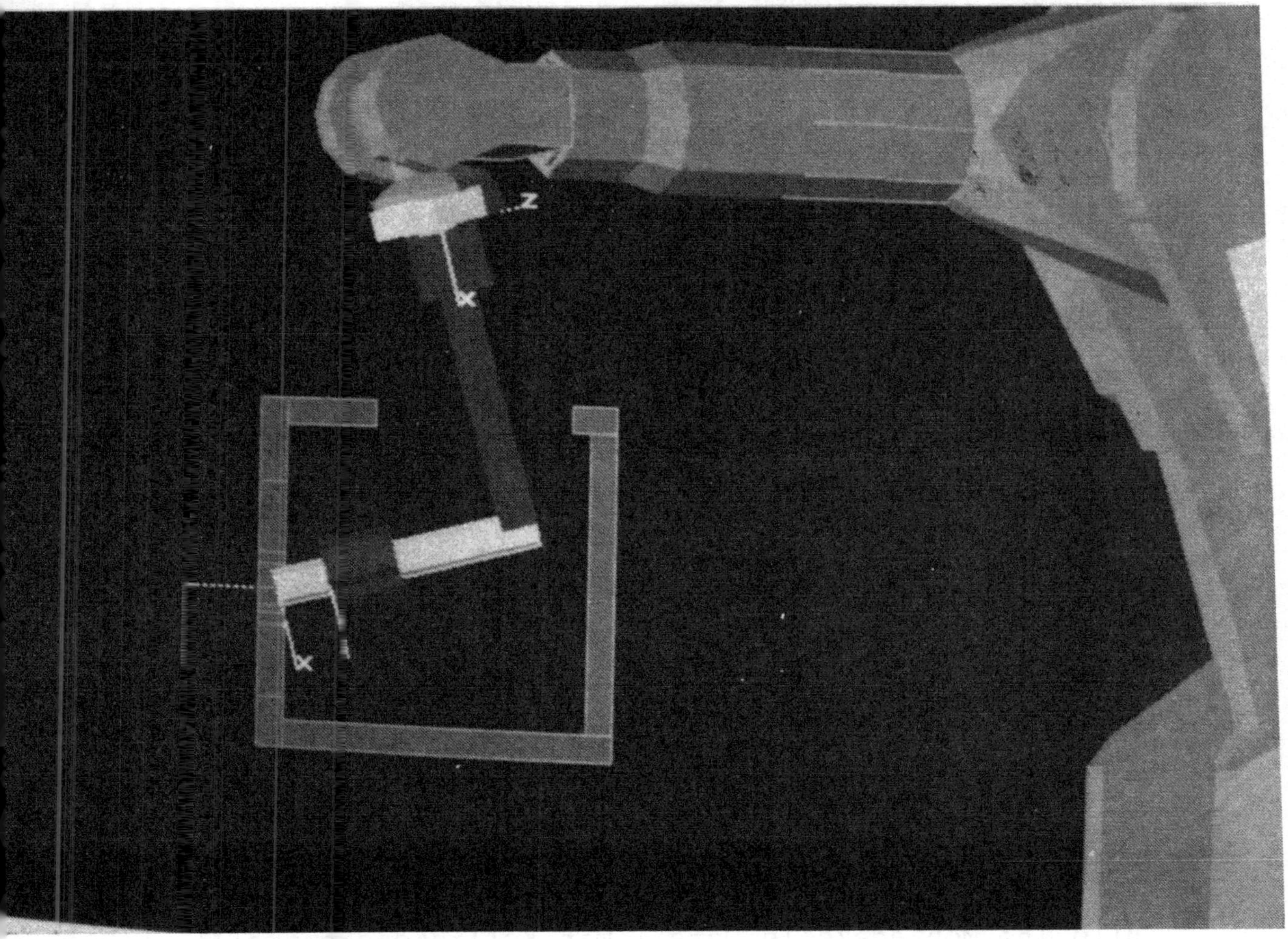

Bild 17: Welle mit Lager, stark gezoomt (WIRE FRAME)
(SHADED)

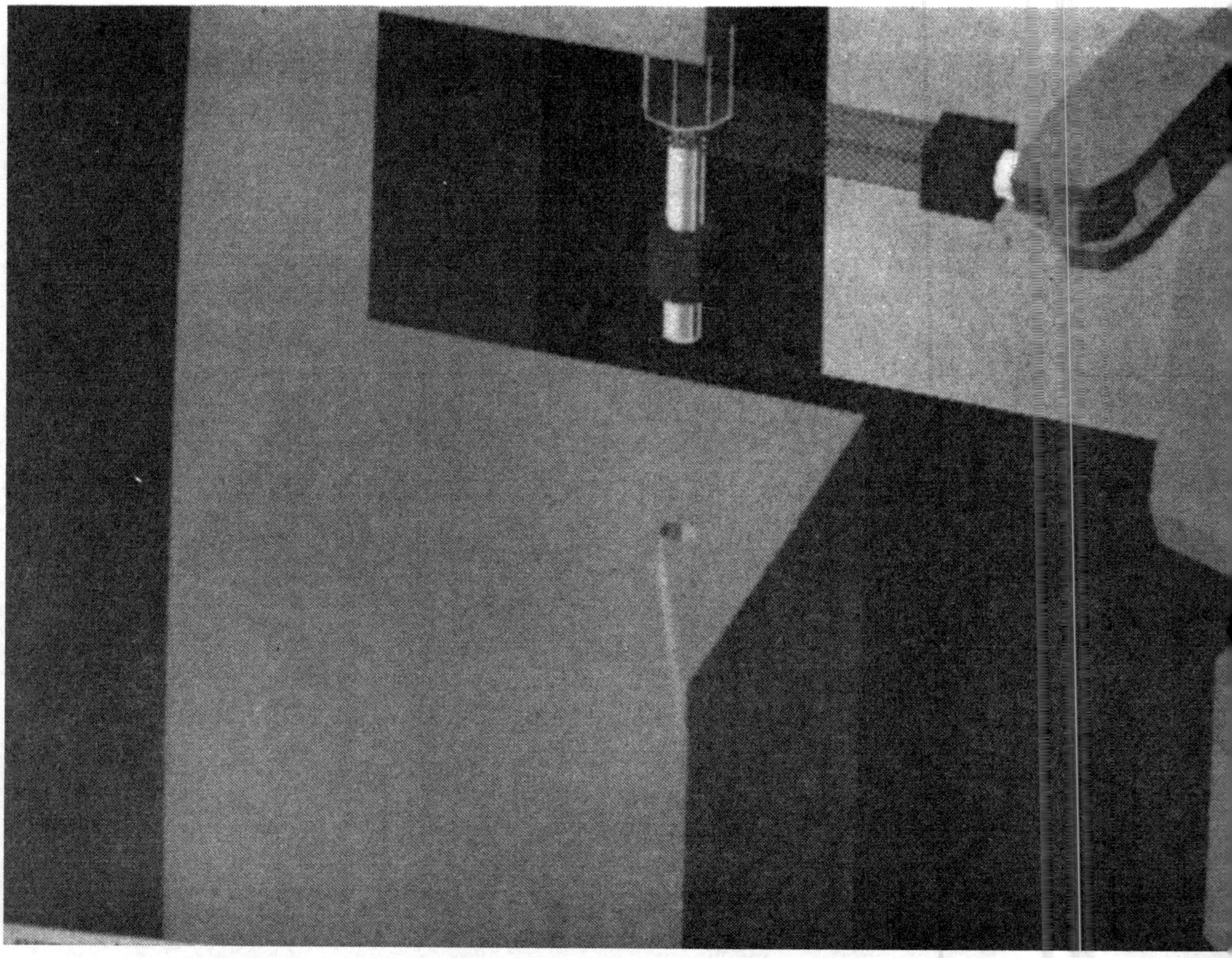

Bild 18: Montagezelle Detail mit Kollisionskontrolle

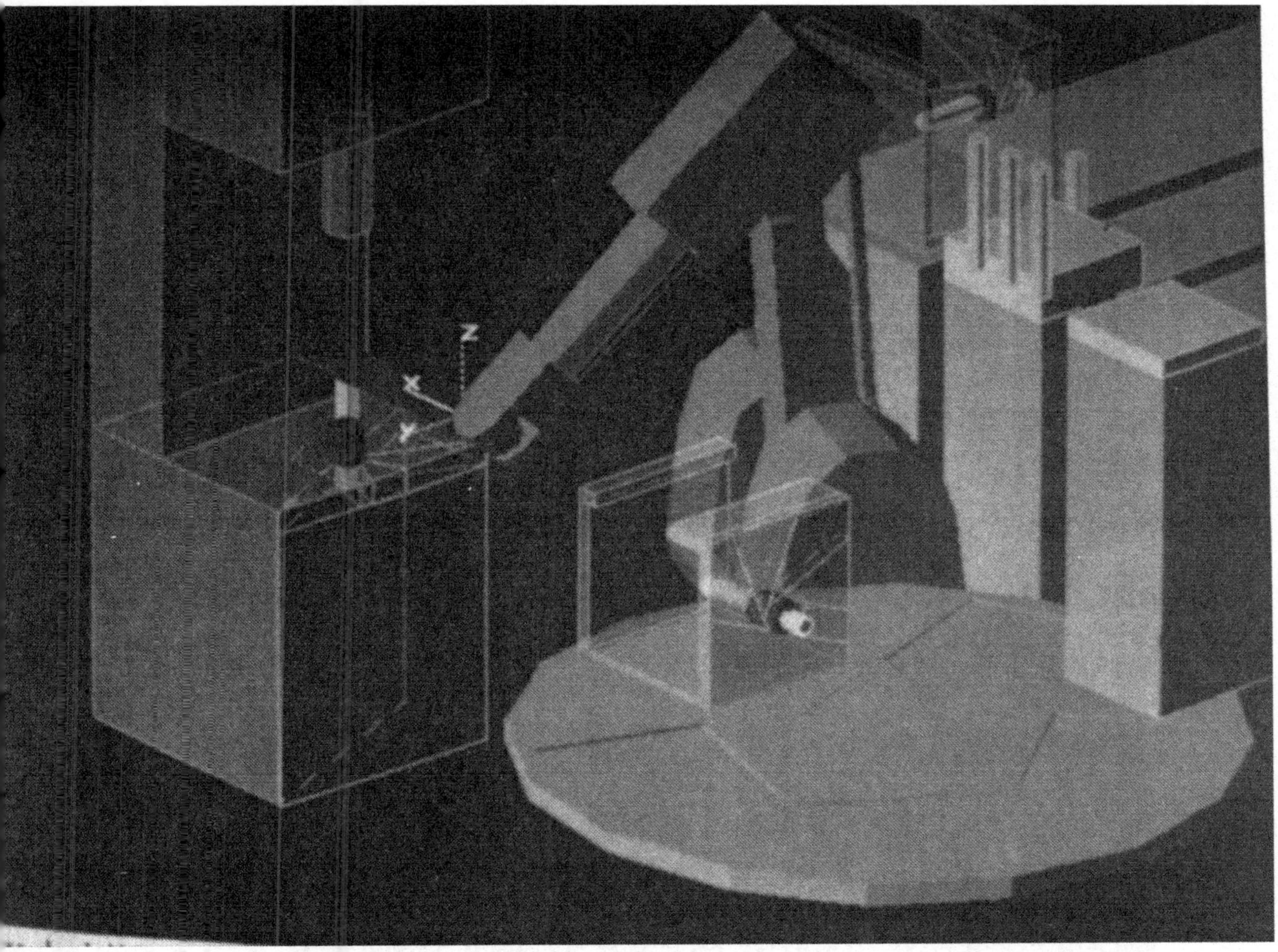

Bild 19: Detail-Lager aufpressen

Bild 20: Montagezelle für die Montage von Halteklammern an Pkw Front- und Heckscheiben

Bild 21: Realisierte Montagezelle
Werkfoto Kuka - Augsburg

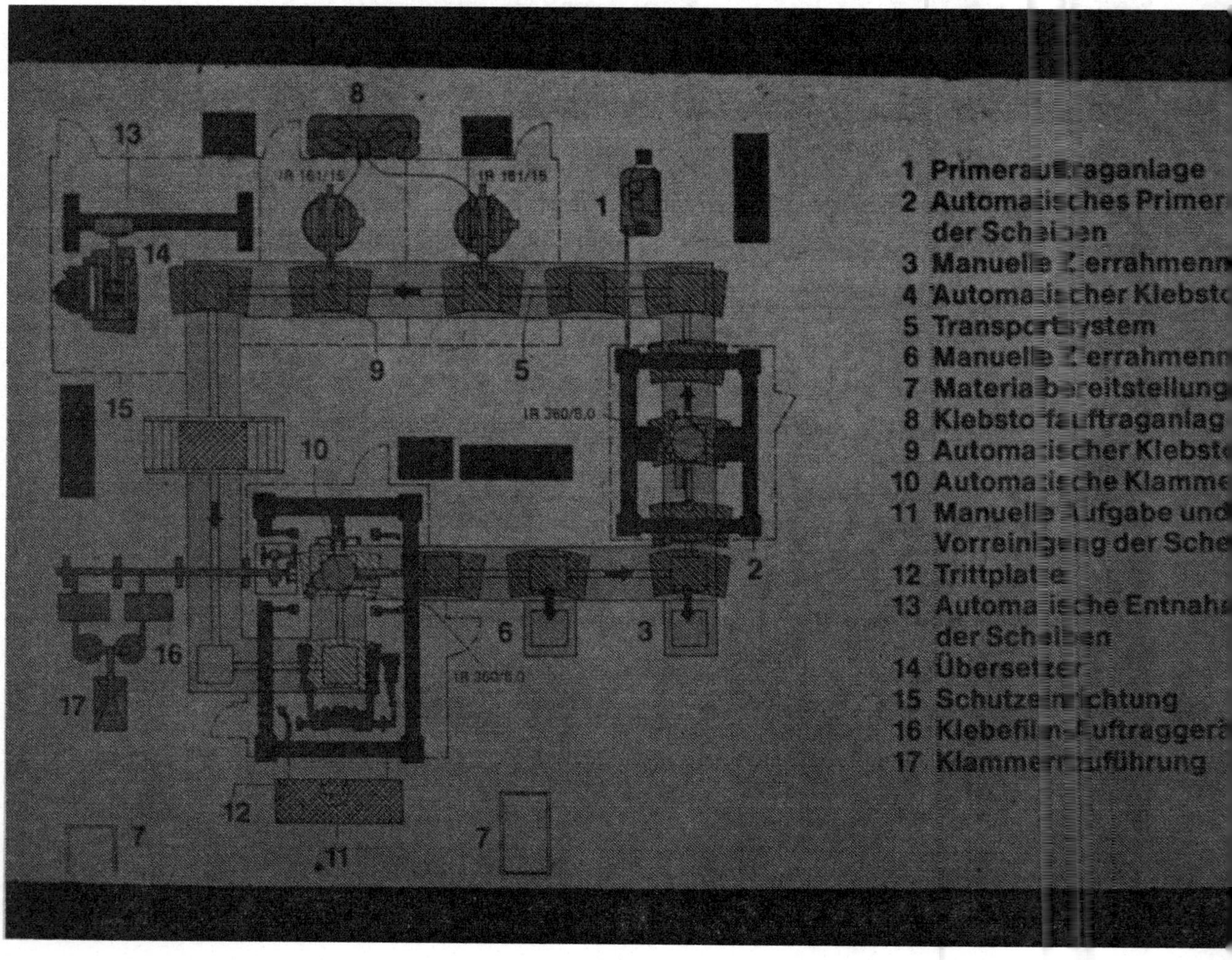

Bild 22: Layout einer kompletten Scheiben-Vormontage einschl. Kleberauftrag

Rationalisierung durch Montagestrukturierung - Konsequenzen und Erfahrungen

E. Neumann

Der starke Wandel feinwerktechnischer und elektronischer Produkte läßt nur noch kurze Lebenszyklen zu. Steigende Kundenanforderungen lassen die Produktdiversifikation ständig anwachsen. Wechselnde Markteinflüsse erhöhen Dispositionsunsicherheiten und senken die Risikobereitschaft bei Investitionen. Den Markt beherrscht, wer auf Kundenwünsche eingehen kann und bei sehr guter Qualität rasch liefert. Die Forderung nach modularer und fertigungsgerechter Konstruktion sowie modular aufgebaute Montageeinrichtungen gewinnen immer mehr an Bedeutung. Diese zu hohem Grad wiederverwendbaren und zusammensetzbaren Einrichtungen verkürzen die Produktanlaufzeiten, senken die Anlaufkosten und schaffen Marktnähe. Fertigungsingenieure müssen oft mit Pilotanwendungen Überzeugungsarbeit leisten oder in besonders hartnäckigen Fällen sogar Sachzwänge schaffen.

Im folgenden wird ein Überblick über die Erfahrungen und Ergebnisse aus fünf Jahren Anwendung bei Bizerba gegeben.

Die Ladenwaagengeneration von Bizerba sollte in einem neuen Endmontagesystem bei höherer Wirtschaftlichkeit in einer kürzeren Durchlaufzeit gefertigt werden können. Der Aufgabe lag die Zielvorstellung zugrunde, eine hohe Wiederverwendbarkeit der eingesetzten Arbeitssystemelemente zu gewährleisten.

Neben der gleichbleibenden Produktqualität waren den Sollkriterien wie Stückzahlflexibilität, Personalflexibilität, Typen- und Variantenflexibilität ein hoher Stellenwert einzuräumen. Die ständig steigende Variantenvielfalt ließ die Forderung nach der optimalen Losgröße = "1" wachsen, um das Umlaufvermögen an Halbfabrikaten und Fertigerzeugnissen drastisch zu senken. Die Montageplätze waren so zu gestalten, daß ein Rüsten bei universeller Nutzung weitgehend entfällt. Ein gesicherter und übersichtlicher Materialfluß hat einen störungsfreien Montageablauf zu garantieren.

Die dargestellten Ziele brachten für das Planungsteam nicht einfache Optimierungsaufgaben mit sich, die neben dem Tagesgeschäft zu erledigen waren. Es war zu erkennen, daß mit externer Hilfe umfassendere Lösungen in kürzerer Zeit zu erwarten waren. In festgelegten Abschnitten war an ein Entscheider-Gremium zu berichten, das eingreifen konnte und nächste, terminlich fixierte Realisierungsschritte freigab. Hierdurch wurde sichergestellt, daß das Projekt von Management und Mitarbeitern gleichermaßen getragen wurde.

Die Gesamtaufgabe wurde in mehrere Teilprojekte zerlegt:

- 0 Neustrukturierung der eigentlichen Waagenendmontage;
- 0 EDV-Unterstützung der Disposition und Steuerung;
- 0 Einführung von KANBAN-Regelkreisen zur Verbesserung der Teileverfügbarkeit bei gleichzeitiger Bestandsreduzierung

  und

- 0 Änderung der Materialbereitstellungsstrategie.

Unter Berücksichtigung erkannter Schwachstellen konnten mit den Projekten völlig neue Wege beschritten und umfassendere Lösungen im neuen Montagesystem angegangen werden. Hier sind unter anderem zu nennen: Der Übergang von Werkstattfertigung zur Fließfertigung mit jeweils zwei ineinandergeschachtelten Subsystemen und die Verwendung von Kommissionierträgern zur Bereitstellung aller variantenspezifischer und empfindlicher Teile aus einem der Montage angrenzenden, besonders eingerichteten Bereitstellungslager.

Folgende Ergebnisse konnten erzielt werden:

- O Die ergonomisch und arbeitswissenschaftlich gestalteten Arbeitsplätze und -abläufe ließen den Montageaufwand um 17 % der Vorgabezeit reduzieren. Diese Reduzierung führte allein schon zu einer Amortisationszeit des Projektes von weniger als 1 1/2 Jahren.

- O Die Reduzierung der Durchlaufzeit von der Verkaufseinteilung bis zur Auslieferung konnte unter Einbeziehung der KANBAN-Philosophie von 9 Wochen auf 6 bis 7 Arbeitstage reduziert werden. Die Liquiditätsverbesserung liegt dadurch bei ca. 4 Mio. DM mit einer Zinseinsparung von ca. 1/2 Mio. DM/Jahr.

- O Der drastisch reduzierte Montagedurchlauf schafft dem Vertrieb eine hohe Lieferbereitschaft für alle freigegebenen Baumuster. Damit konnte die Vertriebslagerbevorratung ebenfalls erheblich reduziert werden.

- O Verbesserte Fertigungseinrichtungen und ein klarer Ablauf ließen auch die Qualität der Erzeugnisse spürbar steigen. Das System zwingt erkannte Mängel rasch abzustellen.

- O Trotz höherer und schnellerer Lieferbereitschaft konnte durch die gesicherte, vollständige Materialbereitstellung je Gerät mittels Kommissionierträger eine deutliche Beruhigung in der Montage festgestellt werden.

- O Das montageeigene Bereitstellungslager konnte wegfallen. Neben dem Bereitstellungsplatz konnten Handling und Transport eingespart werden.

- O Der Regieaufwand durch Terminsteuerer und Meister konnte spürbar gesenkt werden.

Im Anschluß an die Ladenwaagenmontage sind noch weitere Werkstätten nach dieser Philosophie umgestaltet worden. Heute arbeiten die Vormontagen, Drucker- und Industriewaagenmontage nach demselben Prinzip, aber verschiedenen Ausprägungen, angepaßt an die Eigenheiten des Geschäftes. Dabei wurden die Montagemodule ständig verfeinert und erweitert und in die CAD-Betriebsmittelkonstruktion übernommen.
Während der letzten 5 Jahre mußten unsere neuen Systeme so manche Prüfung bestehen: Stückzahlenschwankungen (teilweise über 30 %), Produktneuanläufe und -ausläufe, Qualitätseinbrüche und Konstruktionsänderungen.
Die Erfahrung der zurückliegenden Projektarbeit zeigt, daß neuartige und umfassende Lösungen nur nach Anpassung des Umfeldes zu erreichen sind. Das bedeutet, daß mehrere Projekte aus einer Makro-Struktur heraus meist gleichzeitig anzugehen sind. Das jeweils zuständige Management muß kreative Kapazität aus dem nicht zu vernachlässigenden Tagesgeschäft abzweigen, Geldmittel bereitstellen und mit ausstrahlender Überzeugung zielgerichtet die Vorhaben angehen. Gut durchdachte Lösungen überzeugen nach der Realisierung selbst Skeptiker mit starren Denkrastern.

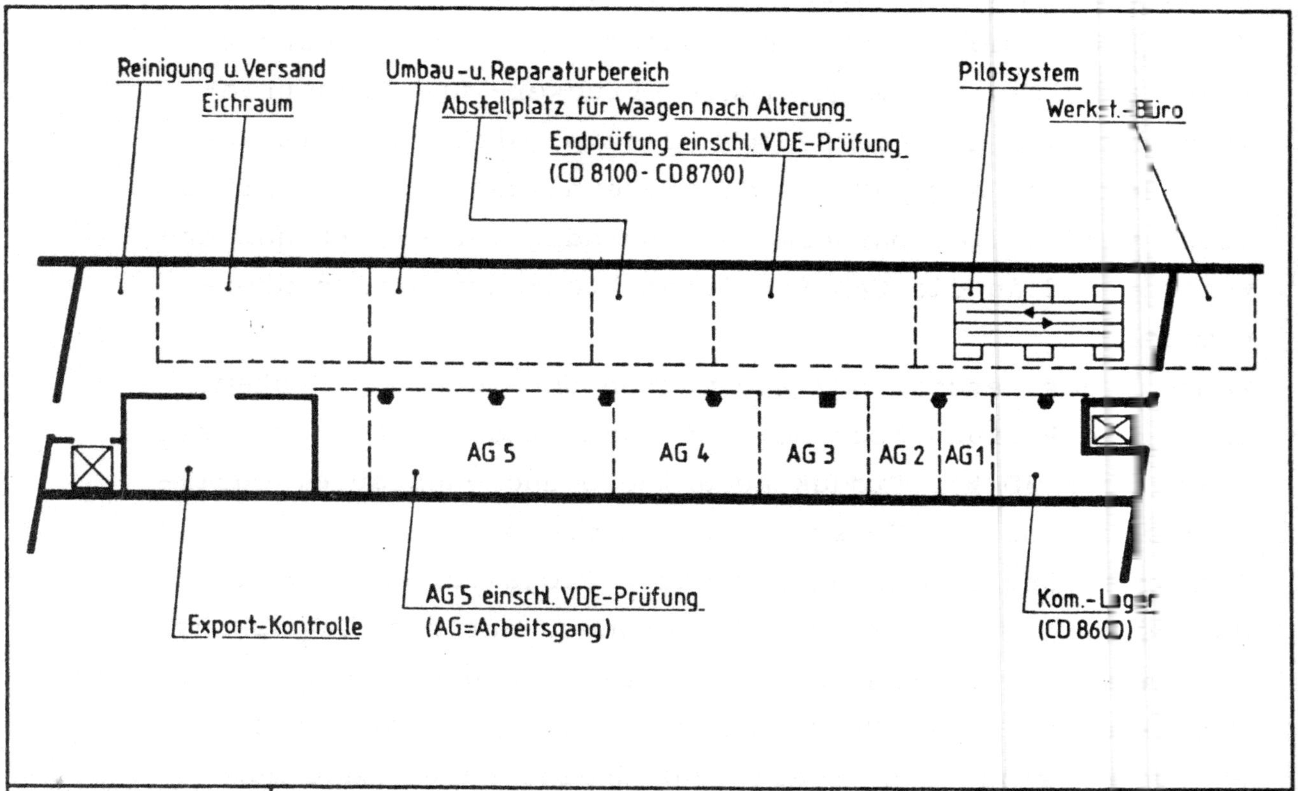

BIZERBA | Flächenbelegung Endmontage – Stand 1982 | Bild

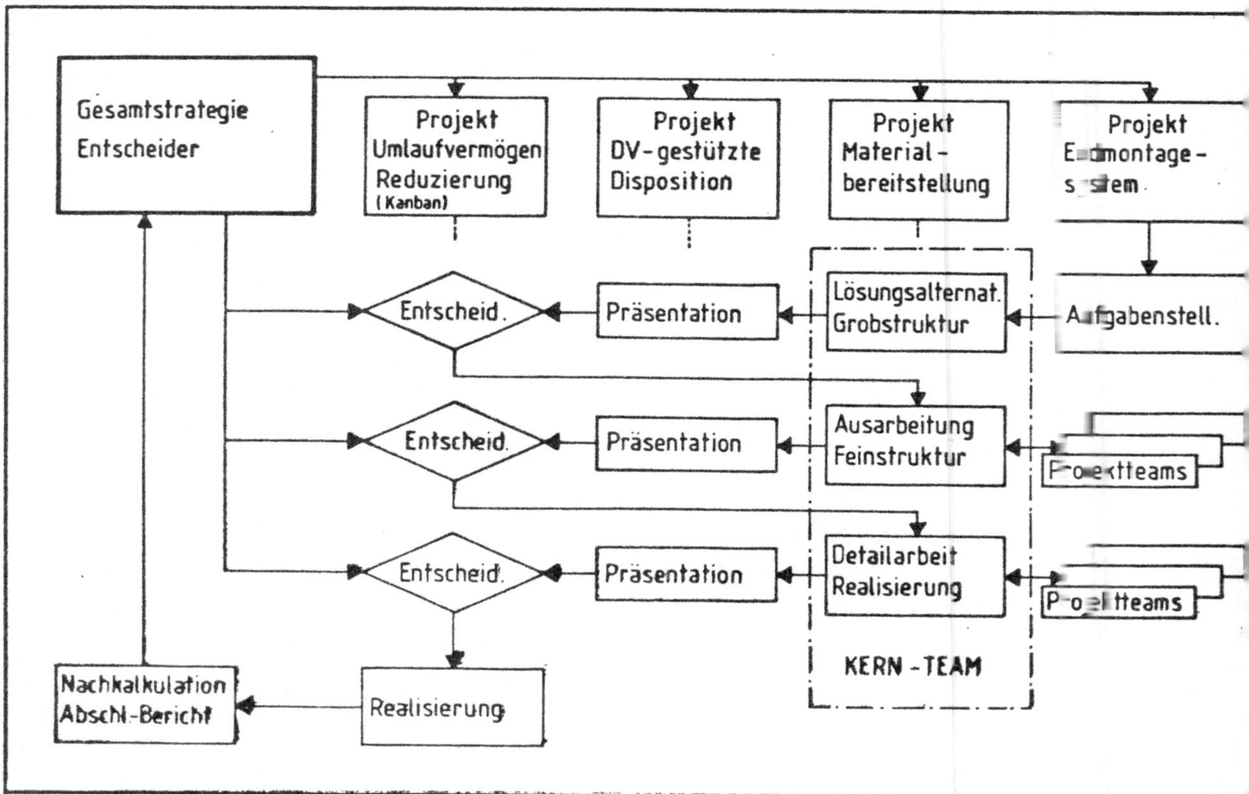

BIZERBA | Projektorganisation – Endmontagesystem | Bild

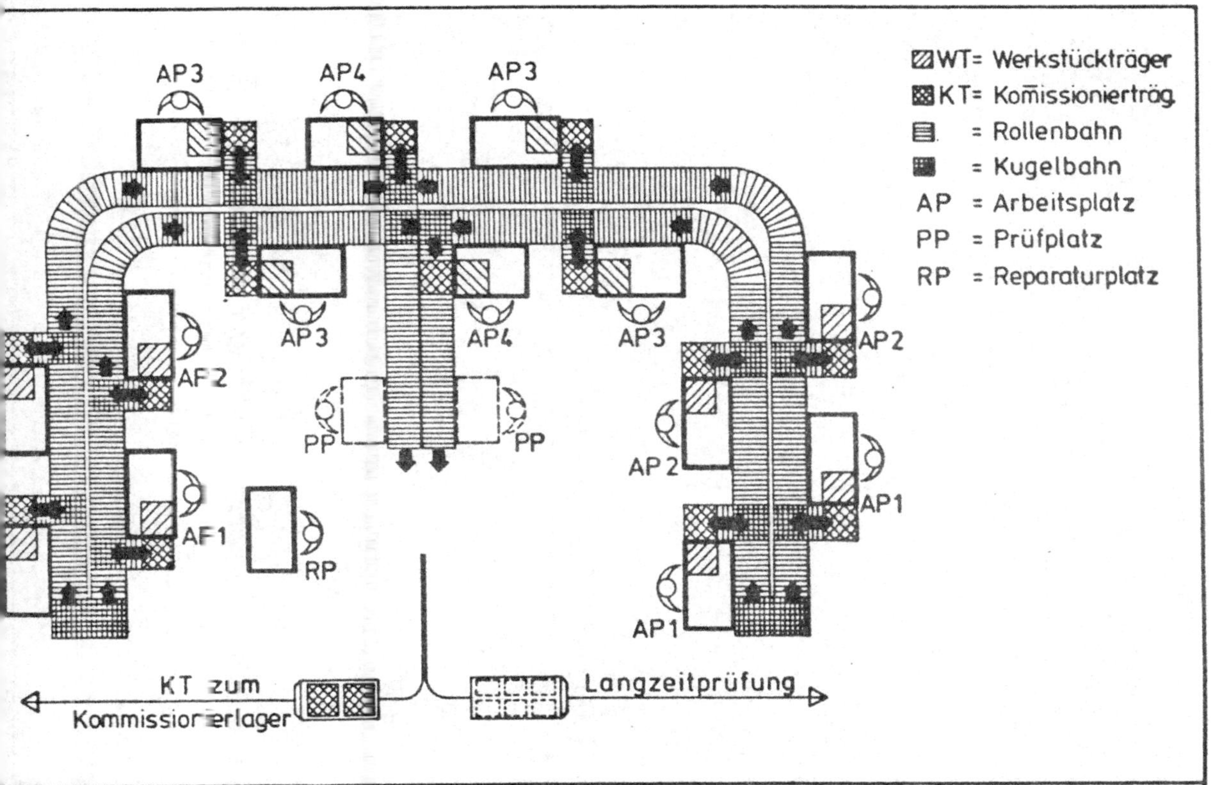

ZERBA | Einzelheiten des Endmontage-Teilsystems | Bild

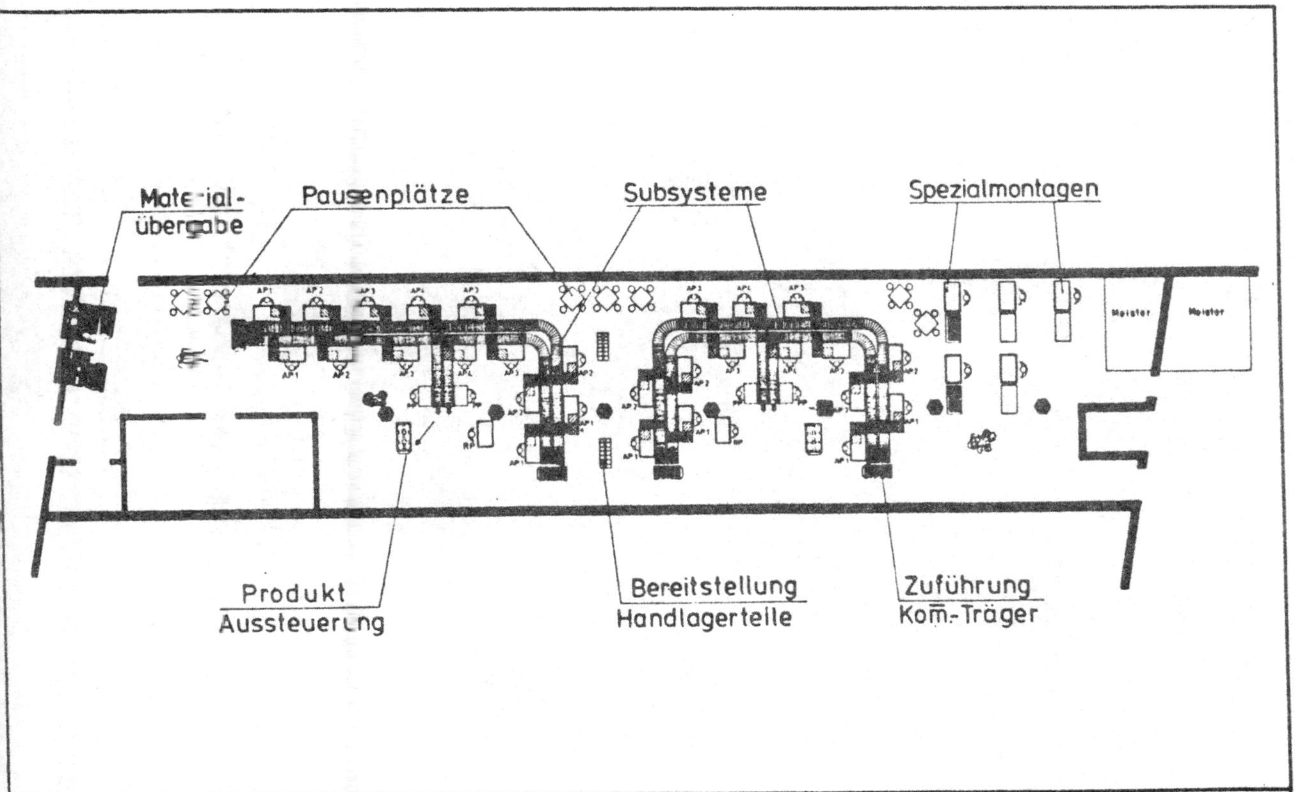

BIZERBA | Endmontagesystem – Stand 1983 | Bild

BIZERBA Steh-Sitz-Montagearbeitsplatz Bild

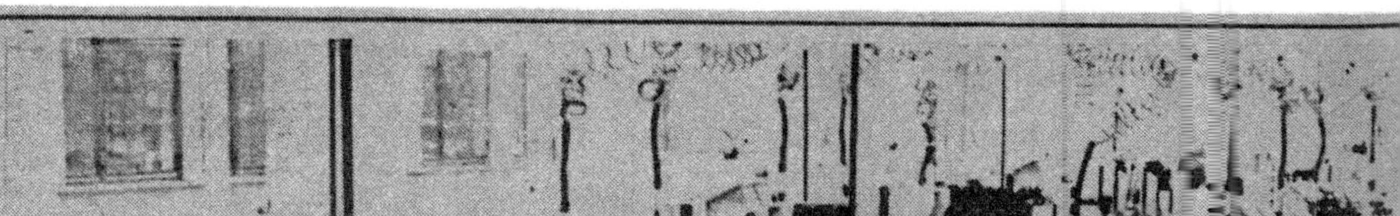

BIZERBA Ansicht mit Pausenplätzen Bild

BIZERBA | Produkt-Aussteuerung | Bild

BIZERBA | Materialzuführung | Bild

BIZERBA | Materialübergabe | Bild

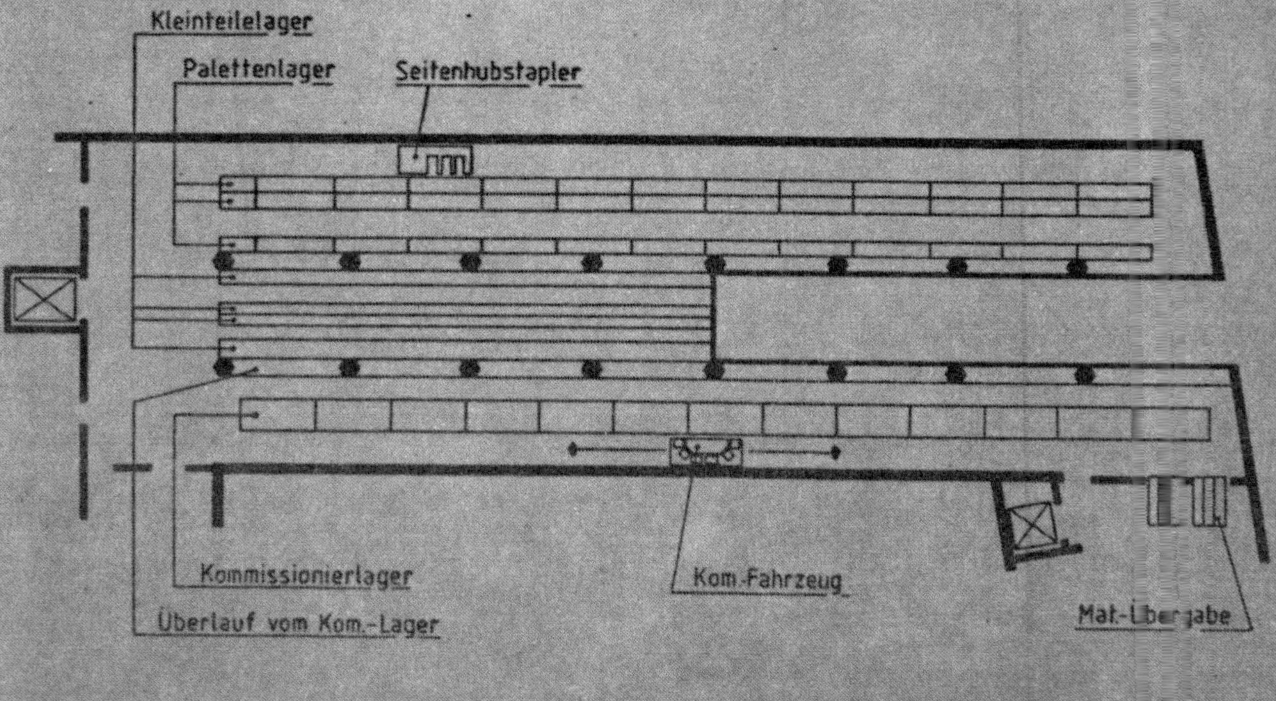

BIZERBA | Teilekommissionierung je Gerät | Bild

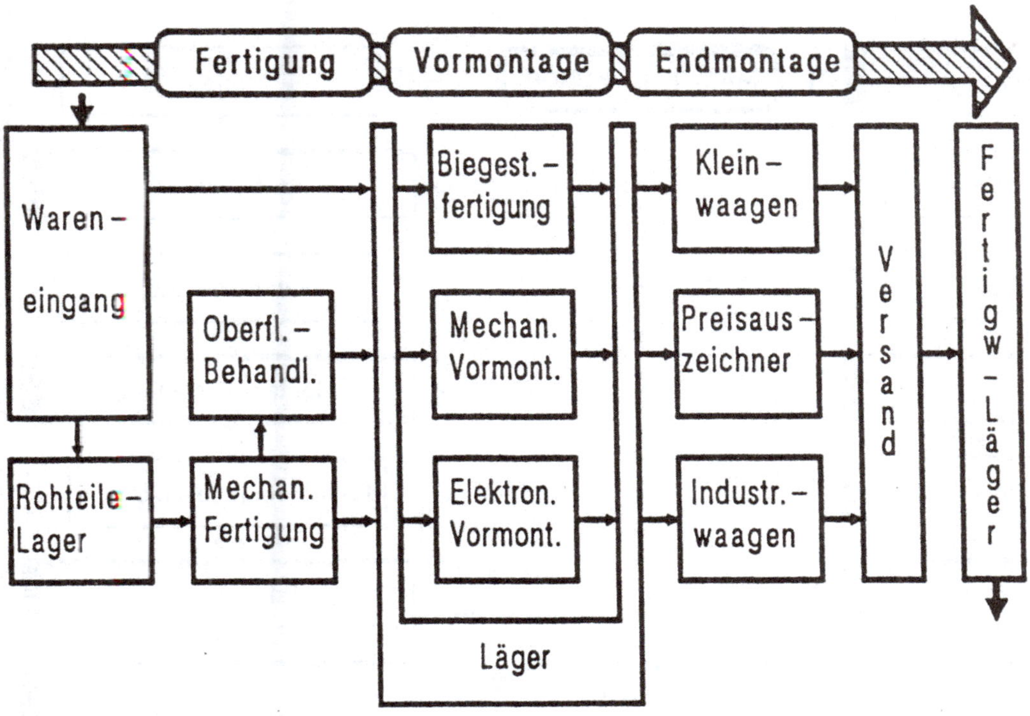

BIZERBA | Materialströme | Bild

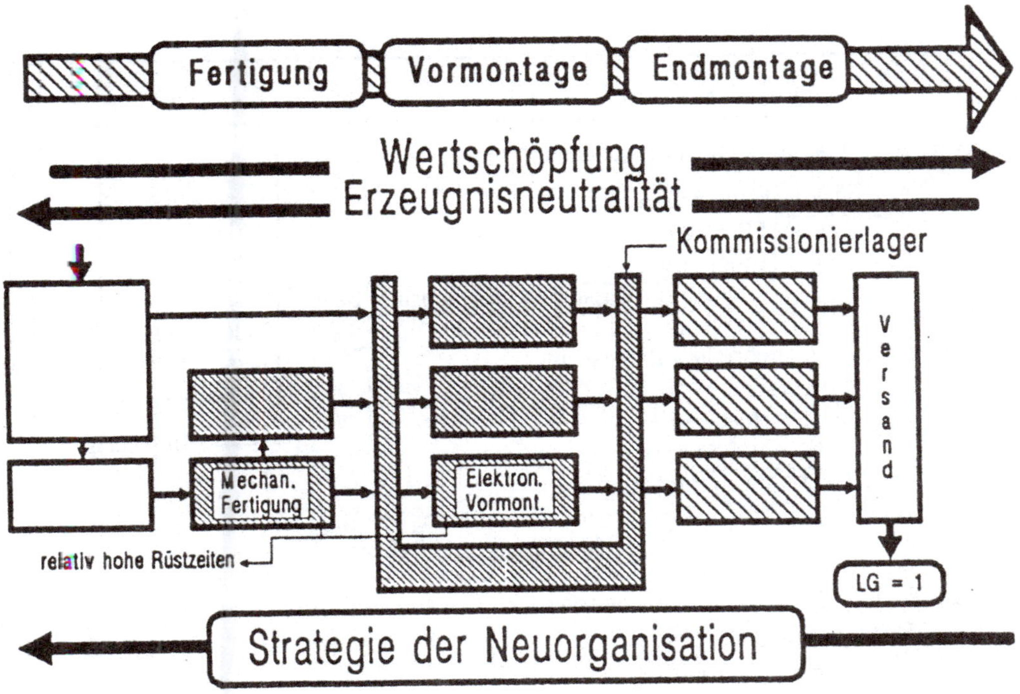

BIZERBA | Erneuerungsstrategie | Bild

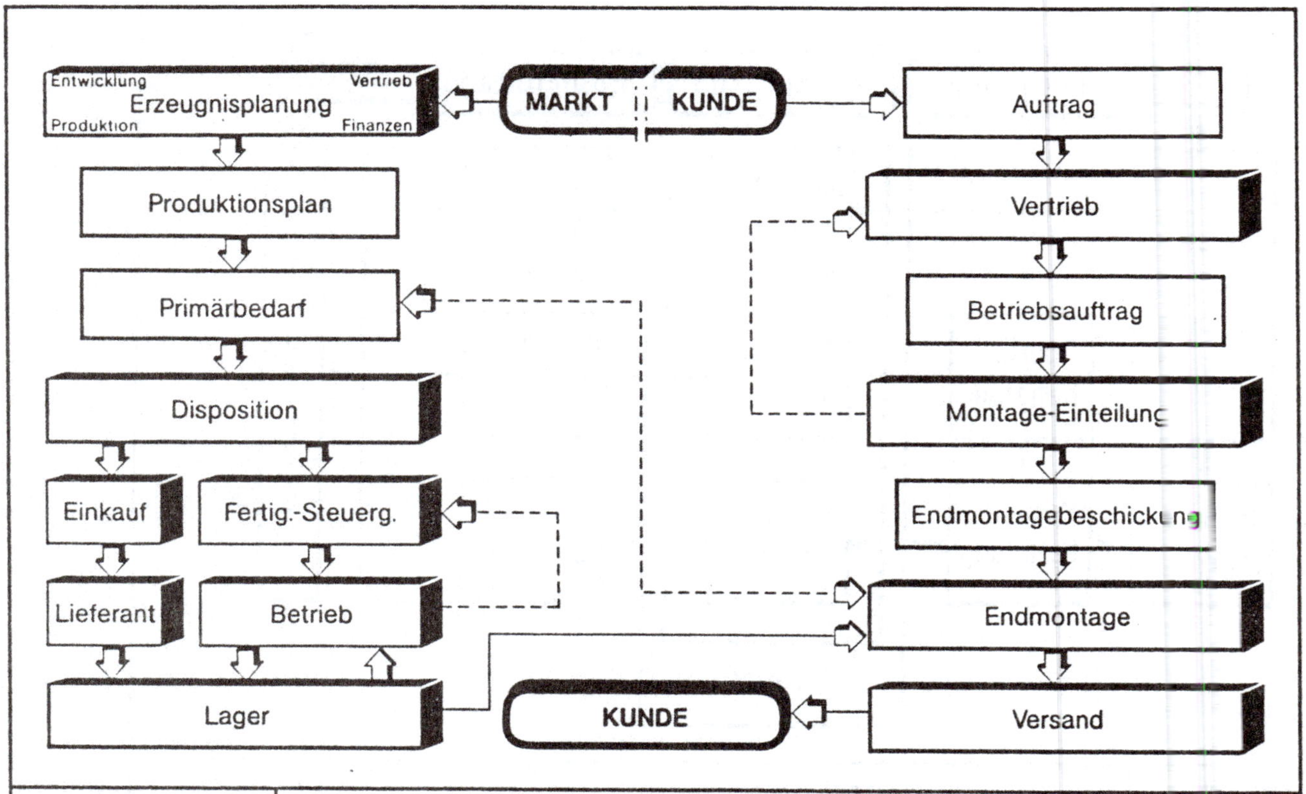

Produktionslogistik Bild

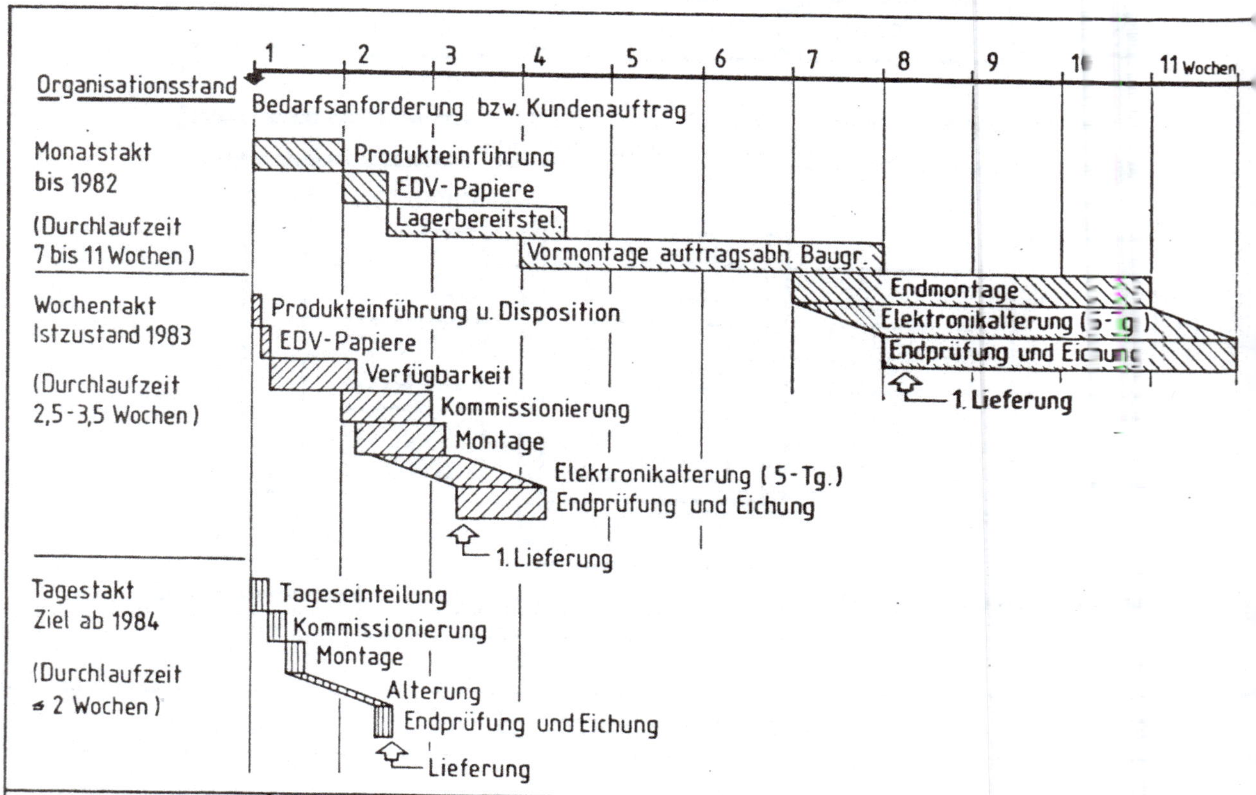

Auftragsdurchlaufzeit – Verkürzung Bild

Flexibilitätssteigerung in der Montage durch den Einsatz von fahrerlosen Transportsystemen

D. Pfeifer

DER EINSATZ VON FTS-SYSTEMEN IN DER MODUL-FERTIGUNGSTECHNIK

Technische und personelle Kriterien zur Einführung der Modul-Fertigungstechnik

Mit der Einführung des OMEGA, Mitte 1986, wurde bereits in der Phase der Vorausplanung mit der Untersuchung und Entwicklung verschiedener Alternativen zum Verringern der taktzeitgebundenen Fließbandmontagen begonnen.

Basierend auf den positiven Erfahrungen mit der Modul-Fertigungstechnik Tür und Cockpit des Kadett-Modelles in unserem Werk Bochum wurde ebenfalls zugunsten dieses Montagekonzeptes entschieden, verbunden mit der Maßgabe, gewisse wirtschaftliche Bedingungen zu erfüllen.

Die Modulmontage verfolgt das Ziel, den Montageinhalt in der Vormontage gegenüber der Fahrzeugfertigmontage zu steigern.

Bei der Fertigung des Omega konnte somit auch eine Verlagerung von komplexen Montagebaugruppen vom Fließband an Einzelarbeitsplätzen erreicht werden.

Darüber hinaus war es möglich, durch Zusammenfassung der Einbaukomponenten zum Cockpit das Stirnwandblech mit einzuschließen sowie einen automatischen Einbau der Einheit in die Karosserie zu realisieren.

Die ständige Ausweitung der Ausstattungsvarianten - besonders im Elektronikbereich der Automobile - hatte zur Folge, daß eine taktgerechte Zuteilung der Arbeit selbst bei rechnergestützter Einsteuerung der Karosserien in das Montageband kaum noch erreicht werden konnte.

Hohe Ausgleichszeiten (d. h. Lohnkosten auf ablaufbedingten Wartezeiten) mußten kreditiert werden.

Mit der Zunahme der Ausstattungsvarianten war auch eine entsprechende Zunahme der Zulieferungen an Montagematerialien zu verzeichnen.
Eine auf die Tätigkeit des Montagepersonals optimal abgestimmte Zuordnung der Materialien war kaum noch möglich. Lange Wegzeiten der Montageperson zu den Materialbehältern waren die Folge.

Der Einführung von zukunftsorientierten, automatisierten Montageanlagen waren durch das kontinuierlich laufende und nicht in der X-Y-Z-Richtung geführte Fördersystem Grenzen gesetzt.

Den arbeitswissenschaftlichen Erkenntnissen folgend galt es, die durch kontinuierlich laufende Montagebänder bedingten kurzen Taktzeiten im Minutenbereich zu eliminieren und dem Montagepersonal Tätigkeiten mit höheren Arbeitsinhalten zuzuweisen, um somit das Verantwortungsbewußtsein zu erhöhen und qualitativ höherwertige Arbeitsergebnisse zu erzielen.
Des weiteren lassen längere Taktzeiten mehr individuellen Freiraum zu, woraus höhere Arbeitszufriedenheit resultieren kann.

Die in der Fließbandmontage durchzuführenden Montagearbeiten bedingen teilweise ungünstige ergonomische Arbeitsverhältnisse - wie z. B. Überkopfarbeit, wodurch das körperliche Wohlbefinden der Mitarbeiter belastet wird.

Durch die Verbesserung der Arbeitsbedingungen durch Außerbandmontagen und damit verbundene günstigere Möglichkeiten zur ergonomischen Arbeitsgestaltung können z.B. die Abwesenheitsrate und die Qualität verbessert sowie die Fluktuation und die Anzahl der Falscheinbauten und damit verbundene Nacharbeit verringert werden.

Anforderung an die Produktkonstruktion

Eine montagegerechte Gestaltung des Produktes ist die wichtigste Voraussetzung für den wirtschaftlichen Einsatz der Modulfertigungstechnik.

Hierzu wurde bereits in der Entwicklungsphase ein Projekt-Team gebildet, da derartige Entwicklungen nicht ausschließlich von der Fahrzeugkonstruktion zu verwirklichen sind.

Die Anforderungen an die Produktgestaltung waren:
- montagegerechte Abgrenzung vormontierbarer Baugruppen
- geordnete Zuführbarkeit der Montageteile
- Eigenzentrierung von Montageteilen
- automatisierungsfreundliche Fügbarkeit der Teile
- gleichartige Verbindungstechnik in gewissen Stationen und Arbeitsinseln
- Freiräume für Werkzeuge und Greifelemente

Des weiteren wurde es ebenfalls notwendig, auch für die Zulieferprodukte in Haus- und Auswärtsherstellung verstärkt auf strikte Einhaltung der zeichnungsgerechten Fertigung zu achten.

Kriterien der Wirtschaftlichkeit des Montagesystems

Nach der grundsätzlichen Entscheidung zum Verwirklichen der Fertigungssysteme Tür- und Cockpitmodul war es für die Planungsabteilungen, die bereits konkrete Vorstellungen sowohl über das Montagekonzept als auch über die einzelnen Realisierungsschritte hatte, notwendig, ein Montagesystem zu finden, das in seinem Kosten- und Leistungsverhältnis die vorgegebene Senkung der Herstellkosten erreicht sowie den Faktor der Humanisierung des Arbeitsplatzes berücksichtigt.

Ebenfalls wurde untersucht, inwieweit automatische Montagen in der Karosserie-Fertigmontage mittels Roboter oder Sondermaschine bzw. mit der bestehenden Peripherie, wie Bau, Montageband, Materialbereitstellung, Zubringerförderer, ausgeführt werden könnten.

Man war sich bald klar, daß zur Bewältigung der gestellten Aufgaben eine Umstrukturierung der peripheren Einrichtungen notwendig wurde

Nach den in diesem Bild dargestellten Kriterien der Wirtschaftlichkeit wurde aus den verschiedensten Montagesystemen das fahrerlose Flurförderfahrzeug-Transportsystem ausgewählt. Die wesentlichen Vorzüge dieses Systems sind seine zukünftige Automatisierbarkeit, die stationären Einzel-Arbeitsplätze, die gute Werkzeug- und Materialzuordnung, die sehr gute ergonomische Arbeitsplatzgestaltung sowie ein niedriges Geräuschniveau.

In Zusammenarbeit mit namhaften Herstellern von Fertigungs- und Fördereinrichtungen wurden Systeme ausgewählt, die in ihrer Positionsgenauigkeit, Verfahrgeschwindigkeit, Tragfähigkeit, ergonomischen Gestaltung und Wirtschaftlichkeit den gestellten Aufgaben gerecht wurden.

Cockpit-Modul

Das Cockpit-Modul besteht im wesentlichen aus folgenden Komponenten:
Bremskraftverstärker / Heizungsgebläse / Gas-/Kupplungs-/-Bremspedal / Steuergeräte / Kabelsätze / Schalterplatte mit Schaltern / Radio / Kassettenbox / Lautsprecher / Uhr / Bordcomputer / Instrumente / Lenksäule / Lenkrad / Scheibenwischanlage / Handschuhkasten

Tür-Modul

Das Tür-Modul ist im wesentlichen eine komplette vormontierte Tür bestehend aus folgenden Einbauteilen:
Türschloß / Türbetätigung / Außenspiegel / Türabdichtung / Fallfenster / Zentralverriegelung / Türinnenverkleidung / elektrische Ausrüstung

Aufbau und Funktion der Modul-Aufbaulinien

Aus dem Puffer der Lackiererei werden die Karosserien nach einem vorgegebenen Modellmix auf den Bodenförderer der Fertigmontagelinie aufgesetzt.

In den Modul-Aufbaulinien werden für diese Karosserien Türen und Cockpits nach Auftrag aufgerüstet.

An einem Erfassungspunkt werden die Karosserien über ein Lesesystem identifiziert und an einen Produktions-Informations-Steuerrechner gemeldet. In diesem Rechner erfolgen die Auftragsverwaltung und die Steuerung der gesamten Produktion.

Entsprechend der am Erfassungspunkt vorbeilaufenden Karosserien werden die karosseriespezifischen Montageauftragsdaten vom Produktions-Informations-Rechner an die Prozessleitrechner der Modul-Aufbausysteme übermittelt und ausgedruckt. Anhand der Montageaufträge werden die verschiedenen Türen und Cockpits montiert.

Die Modul-Aufbausysteme sind auf einer Fläche von ca. 20.000 m^2 installiert, auf der sich die ca. 480 Flurförderfahrzeuge bewegen. Die Kapazität ist mit 90 Wagen/h netto vorgegeben.

Die Modul-Aufbaulinien weisen verschiedene Montageinseln sowie mechanische und elektrische Inspektion und Reparaturinseln auf.

Die einzelnen Inseln bestehen wiederum aus mehreren parallel angeordneten Arbeitsplätzen. Die jeweilige Anzahl der Arbeitsplätze wird aus dem Verhältnis von Produktionsmenge, d. h. der Taktzeit, und der Einzelarbeitszeit gebildet.

Jeder Arbeitsplatz ist in seiner Funktion gleichrangig ausgerüstet, so daß keine Unterscheidung nach einzelnen Typen erfolgen muß.

Die Fahrzeugverteilung erfolgt entsprechend den jeweiligen Belegzuständen in die einzelnen Arbeitsplatzspuren.

Jedem Arbeitsplatz ist eine Warteposition für die Flurförderfahrzeuge vorgeschaltet. Durch diese Anordnung werden die Wartezeiten für das Montagepersonal ausgeschlossen, da der vorgeschaltete Warteplatz mit einem FTS belegt ist, das nach dem Starten des FTS auf dem Arbeitsplatz automatisch auf diesen frei gewordenen Arbeitsplatz vorzieht.

Im Dialog mit dem Prozessleitrechner der Modulaufbaulinie können einzelne Arbeitsplätze geschlossen bzw. geöffnet werden. Durch diese Maßnahme kann bei vorgegebenem Modellmix aufgrund unterschiedlicher Ausstattungsgrade und der daraus resultierenden Montagezeiten, die Modulaufbaulinie den jeweiligen Produktionsanforderungen angepaßt werden.

Nach der paarweisen Übernahme der an der Karosseriefertigmontagelinie ausgebauten Rohtür verbleiben diese während des gesamten Durchlaufes auf dem FTS. Am Systemeingang der Modulaufbaulinie erfolgt die zentrale Zurüstung der Anbauteile direkt auf das FTS gemäß ausgedrucktem Montageauftrag.

In der Arbeitsposition werden die zugerüsteten Montageteile sowie diverse Kleinteile montiert.

Die Forderungen der ergonomischen Arbeitsplatzgestaltung wurden besonders berücksichtigt.

Das Montagepersonal hat eine optimale Zugänglichkeit zum Montagegut. Die Höhe der Montageplattformen auf den FTS-Fahrzeugen kann durch eine automatische Hubvorrichtung per Dialog am Terminal vorgegeben werden. Die Montagewerkzeuge sind griffgünstig über dem Montagegut aufgehängt.

Nach beendeter Montage wird das FTS auf Knopfdruck des Werkers rechnergesteuert vom Arbeitsplatz abgerufen und in die nächste Montageinsel gesteuert.

Nach Durchlaufen der letzten Arbeitsinsel werden die FTS in eine Übergabestation gesteuert, in der das komplettierte Türpaar vollautomatisch in ein Staurollenförderersystem übernommen wird.

Die vermischt ankommenden Türpaare werden sortiert und entsprechend der Liniensequenz zum Einbau an eine der beiden Karosseriefertigmontagelinien transportiert.
Der Einbau erfolgt dort manuell mittels Manipulatoren

In Steuerungstechnik, Auslegung der Flurfördererfahrzeuge und Gestaltung der Arbeitsplätze entspricht die Cockpitmodul-Aufbaulinie dem beschriebenen Türmontagesystem.

Die Montagen erfolgen in 63 Arbeitsplätzen, aufgeteilt auf 7 Arbeits- und 2 kombinierte Inspektions- und Reparaturinseln.

Im gesamten Montagekreislauf sind ca. 230 FTS-Fahrzeuge im Einsatz.

Die Materialzurüstung erfolgt auch hier manuell. Das FTS befindet sich dann in Langsamfahrt auf den entsprechend ausgewiesenen Materialzurüststrecken zwischen den Montageinseln.

Das Cockpitmodul besteht im wesentlichen aus den beiden Unterzusammenbauten Stirnwand und Armaturentafel.

Aus diesem Grund war es erforderlich, für jeden dieser Unterzusammenbauten einen separaten Montagekreislauf, wie auf dem Flußdiagramm dargestellt, zu installieren.

Gemäß den sequentiell übermittelten Daten des übergeordneten Produktions-Informations-Systems wird jeweils ein stirnwand- und armaturentafelspezifischer Montageauftrag gedruckt.

Im Stirnwandkreislauf werden in 2 Arbeitsinseln die komplette Pedalerie, Isolationen, Bremskraftverstärker und die Bowdenzüge montiert.

Der Aufbau der Armaturentafel mit Kabelsätzen, Heizungs- und Belüftungssystem sowie verschiedenen Elektrokomponenten erfolgt im zweiten Kreislauf.

Nach Beendigung dieser Montagen werden das Stirnwand-FTS und das dazugehörige Armaturentafel-FTS in einem Sorter zusammengeführt und anschließend mittels Manipulator zu einem Cockpitmodul zusammengefügt.

Das Cockpitmodul verbleibt auf dem FTS des Stirnwandkreislaufes, wohingegen das leere FTS des Armaturentafelkreislaufes zum Systemeingang zurückfährt, um eine neue Armaturentafel im Empfang zu nehmen.

Das Cockpitmodul durchläuft weitere Arbeitsinseln zur Montage der Lenksäule, des Instrumentes, des Handschuhfaches und weiterer Einbauteile.

Nach Fertigstellung erfolgt eine 100 % mechanische und elektrische Inspektion.

Die elektrische Prüfung des Cockpitmodules erfolgt durch ein rechnergesteuertes Prüfsystem. Diese Einrichtung empfängt die Daten des Montageauftrages durch den Prozeßleitrechner der Modulaufbaulinie. Entsprechend dieser Daten wird das individuelle Prüfprogramm erstellt.

Die Prüfung selbst erfolgt im Dialogverfahren manuell durch eine Kontrollperson, wobei das Cockpit über zwei Steckverbindungen an die Prüfanlage adaptiert wird. Über eine Displayzeile in der Bedientastatur wird die Kontrollperson aufgefordert, die einzelnen Funktionen des Cockpits durchzuschalten. Fehler werden protokolliert, gegebenenfalls repariert und anschließend nochmals geprüft.

Durch die elektrische und mechanische Kontrolle der Module wird garantiert, daß nur OK-Zusammenbaue zur Montagelinie abgegeben und aufwendige Kontrollen und Nacharbeiten an den fertigen Karosserien vermieden werden.

Nach diesem Kontrollabschnitt fährt das FTS in eine Übergabestation, wo das fertige Cockpit vollautomatisch in eine Elektrohängebahn übernommen wird.

Das leere FTS-Fahrzeug fährt anschließend zum Systemeingang zurück, um neue Montageaufträge zu empfangen.

Während des Systemdurchlaufes wird die Batteriekapazität der Fahrzeuge überwacht und bei Bedarf in den Arbeitsstationen bzw. in einer separaten Nachladezone aufgeladen.

Die von der Modulaufbaulinie vermischt abgegebenen Cockpits werden im Förderersystem der Liniensequenz zugeordnet und zur Einbaustelle transportiert.

Der Einbau des Cockpitmodules erfolgt vollautomatisch durch die Frontscheibenöffnung der Karosserie.

Erkenntnisse und Erfahrungen

Das beschriebene Anwendungsbeispiel zeigt, daß bei sinnvollem Projektmanagement umfangreiche Vormontageaufgaben in der Modulmontagetechnik in Verbindung mit einem Modellwechsel oder einer größeren Produktänderung rationalisiert und komplizierte Montagevorgänge automatisiert werden können.

Nachdem das neuartige Montagekonzept etwa 20 Monate in Betrieb ist, können wir sagen, daß die vorgegebenen Ziele hinsichtlich wirtschaftlicher und ergonomischer Arbeitsweise voll erreicht wurden. Es konnten Einsparungen allein im Bereich Cockpit von ca. 20 % gegenüber dem Vorgängermodell erzielt werden.

Hierzu waren aber Voraussetzungen notwendig, die in ihrer Auswirkung auf die Funktionsfähigkeit der Fertigungssysteme nicht unterschätzt werden sollten.

Es ist eine Auswahl von geeignetem Personal - sowohl bei der Aufsicht als auch bei der Montage - zu treffen. Die betrieblichen Vorgesetzten in der Produktion müssen über Ziele, Ablauf, technischen Aufbau sowie Funktionsfähigkeit der Systeme umfassend informiert werden. Schulungsprogramme des Montagepersonals zur Beherrschung der Arbeiten in den 10-Minuten-Bereichen pro Arbeitstakt sind unbedingt durchzuführen.
Instandhaltungs- sowie Anlagenüberwachungspersonal muß in ausreichender Anzahl zur Verfügung stehen.
Auch hier sind Qualifikation und Kenntnis der Anlagen unbedingte Voraussetzung. Von den Anlagenherstellern müssen über das übliche Maß hinaus detaillierte Anlagenschulungen durchgeführt, umfassende Wartungsprogramme aufgestellt und der Anlagenservice intensiviert werden.

Nicht zuletzt sollte erwähnt werden, daß eine sehr enge Zusammenarbeit aller Fachbereiche mit Einbeziehung des Anlagenherstellers eine Voraussetzung ist, die gesteckten Ziele zu erreichen.

KRITERIEN DER WIRTSCHAFTLICHKEIT VON SYSTEMEN

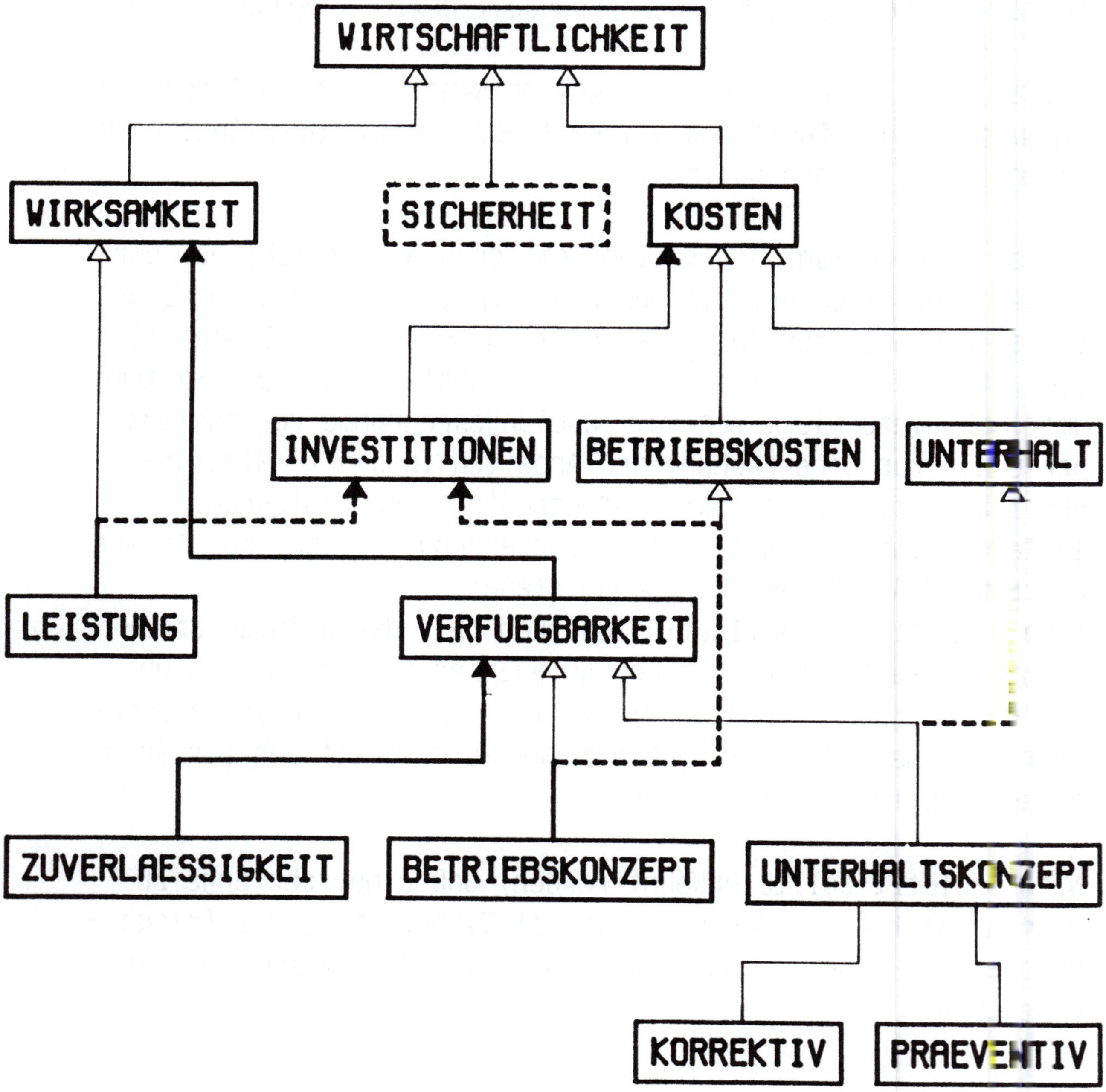

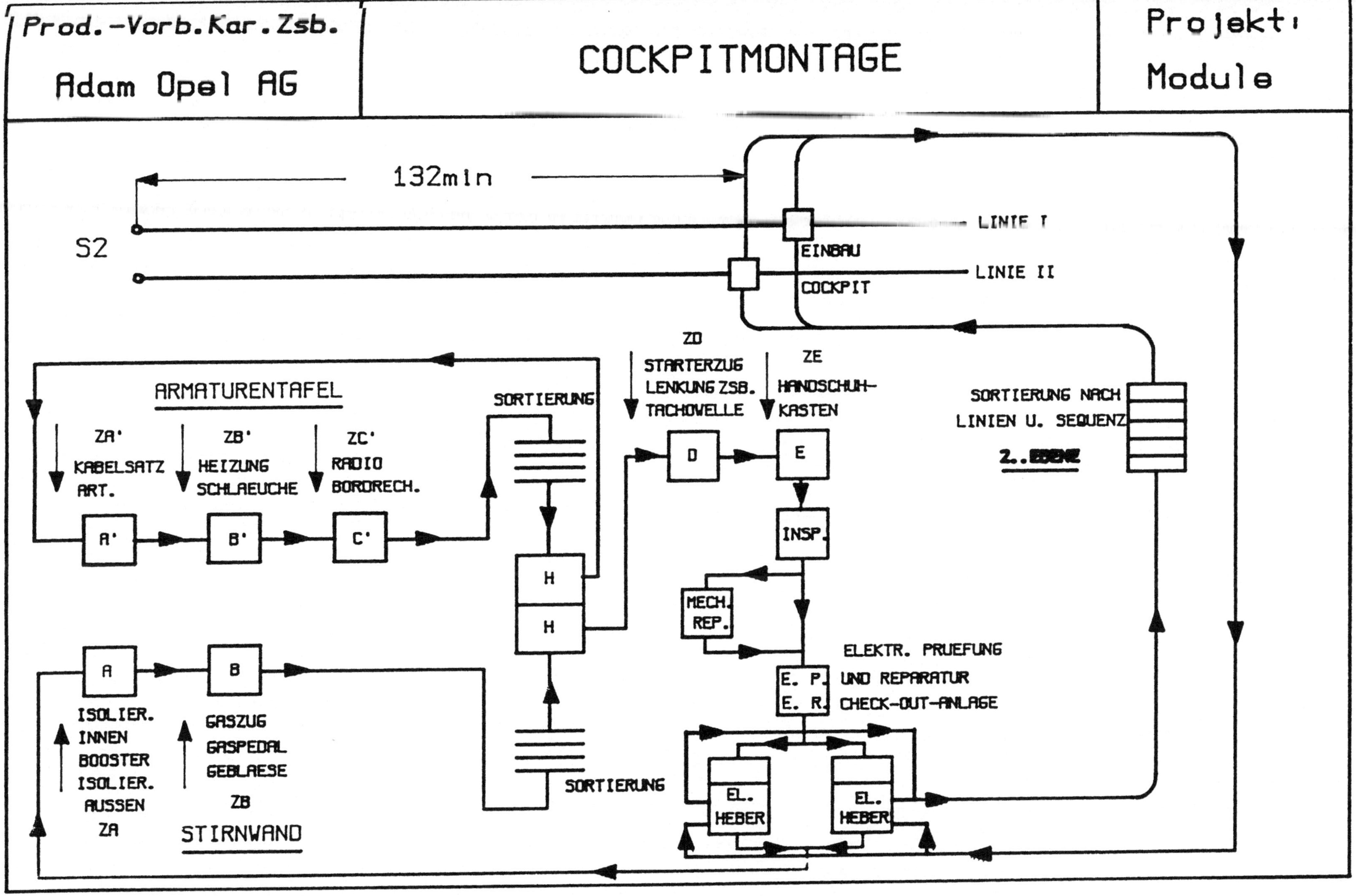
Prod.-Vorb.Kar.Zsb.
Adam Opel AG
COCKPITMONTAGE
Projekt:
Module
132min
S2
LINIE I
LINIE II
EINBAU
COCKPIT
ZD
STARTERZUG
LENKUNG ZSB.
TACHOWELLE
ZE
HANDSCHUH-
KASTEN
SORTIERUNG NACH
LINIEN U. SEQUENZ
ARMATURENTAFEL
ZA'
KABELSATZ
ART.
ZB'
HEIZUNG
SCHLAEUCHE
ZC'
RADIO
BORDRECH.
SORTIERUNG
A'
B'
C'
H
H
D
E
INSP.
MECH.
REP.
ELEKTR. PRUEFUNG
UND REPARATUR
CHECK-OUT-ANLAGE
E. P.
E. R.
A
B
ISOLIER.
INNEN
BOOSTER
ISOLIER.
AUSSEN
ZA
GASZUG
GASPEDAL
GEBLAESE
ZB
STIRNWAND
SORTIERUNG
EL.
HEBER
EL.
HEBER

Einsatz von Automatisierungskomponenten bei Montage und Handling in Reinräumen

E. Edinger, B. Schneider

1. Grundsätzliche Überlegungen zur Montage in Reinräumen

WARUM REINRÄUME?

Daß bei high-tech-Produkten vor allem in der Halbleitertechnik u
im Präzisions-Gerätebau Strukturen und Toleranzen bis in den Sub
µ-Bereich beherrscht werden, gilt heute fast schon als selbstver
ständlich.
Welche Probleme aber bei der Fertigung solcher Produkte allein a
Sicht der Partikel-Kontamination bewältigt werden müssen, wi
deutlich, wenn man sich vor Augen führt, daß in einem Kubikmete
normaler Raumluft mehrere Millionen Partikel größer als 0,5
verteilt sind.

Wenn sich bei hochsensiblen Produkten nur ein einziges dieser Par
tikel an einer kritischen Stelle anlagert, kann dies Ausbeut
"Null" bedeuten oder zur Zerstörung wichtiger Teilkomponenten füh
ren.
Schon in den sechziger Jahren begann man daher in speziellen Fäl
len, die Fertigung von partikelgefährdeten Produkten in damal
noch "primitive" Reinräume zu verlegen.

REINRAUMDEFINITION

Im Lauf der Jahre mußten infolge des Fortschritts in der Minia
turisierung die Anforderungen an die Qualität solcher Räume dra
stisch erhöht werden.
Bild 1 gibt einen Überblick über Reinraumklassen nach US-Federa
Standard ("US-FS").
Die Grenzkurven nach "US-FS" 209b (Bild 1a) wurden in Europa i
modifizierter Form übernommen und z.B. in Deutschland in der VDI
Richtlinie 2083 festgelegt.
Verschärfte Anforderungen, vor allem in der Chip-Fertigung, un
eine verbesserte Meßtechnik führten zur Definition neuer Reinraum
Klassen analog zum "US-FS" mit einem kleineren Grenzpartikeldurch
messer, z.B. 0,3 µm bzw. 0,1 µm (Bild 1b).

WARUM AUTOMATISIERUNG IN REINRÄUMEN?

Waren in Fertigungen mit der Reinraumklasse 1000 und 100 manuelle Operationen durch das Tragen geeigneter Schutzanzüge seitens der Mitarbeiter noch möglich, so ist für Fertigungsanlagen mit Reinraumklasse 10 oder sogar 1 der Aufenthalt des Menschen in diesen Räumen problematisch.
Dies verdeutlichen die Partikelemissionen von Personen bei verschiedenen Bewegungsarten (Bild 2) sehr anschaulich.
Aus diesen Fakten leitet sich die Forderung ab, möglichst den gesamten Herstellungsprozeß im Reinraum zu automatisieren.
Der Mensch ist jedoch nicht der alleinige Grund für die Forderung, Prozesse in Reinräumen möglichst nur automatisch ablaufen zu lassen.
Komplexe Werkstücke und Geräte deren Fertigung hohe Umgebungsreinheit erfordert, sind in der Regel schon aufgrund enger Toleranzen und empfindlicher Oberflächen hochsensibel und erfordern daher präzise gesteuerte, konstante automatische Fertigungsabläufe.

REGELN FÜR FERTIGUNGEN IN REINRÄUMEN

Ausführlich ist dieses Thema behandelt in einem IPA-Aufsatz von Prof. Warnecke und J. Geißinger mit dem Titel "Automatisierte Handhabung im Reinraum, 10 Regeln der Anwendungstechnik".
Die wichtigsten Regeln für die Automatisierung im Reinraum, die wir aus Versuchen in unserem Hause abgeleitet haben, sind in Bild 3 kurz zusammengefaßt.
Wenn diese Regeln beachtet werden, ist nach Messungen bei der Montage von Festplattenlaufwerken eine Reduzierung des Partikelanfalls im Reinraum Klasse 100 gegenüber Handmontage um den Faktor 5 erreichbar.

2.Einsatzuntersuchungen an Automatisierungs-Komponenten für Reinräume

Schon seit Ende der 60er Jahre wurden in unserem Hause Montag von hochempfindlichen Relais in Reinräumen durchgeführt. Dies j doch mit speziell entwickelten Fertigungseinrichtungen.
Der Trend zu flexiblen Fertigungseinrichtungen, verkettet dur Transportsysteme, machte es erforderlich, entsprechende Kompone ten in Reinräumen zu testen und sie für den Einsatz in Reinräum zu modifizieren bzw. neue reinraumtaugliche Komponenten zu entwi keln.
Anfang der 80er Jahre haben wir deshalb begonnen Messungen durc zuführen an Komponenten für flexible Fertigungen, wie

- Pneumatikzylinder
- Elektrische Antriebe
- Transportsysteme
- Schraubautomaten
- Programmierbare Achsen
- Industrie-Roboter

FÖRDERBAND

Die Meßergebnisse an einem handelsüblichen Förderband der Fir RNA zeigt Bild 4.
Die Messungen haben ergeben, daß bei einer Förderbandgeschwindi keit von 4cm/s in diesem konkreten Fall auch eine handelsüblic Transporteinrichtung in Reinräumen bis zur Reinheitsklasse 1 verwendbar ist. Bei höheren Geschwindigkeiten emittiert das Ba zwischen 200 und 300 Partikel, so daß es für Reinraumklasse 1 nicht einsetzbar ist.

PROGRAMMIERBARE ACHSE

Eine ähnlich starke Abhängigkeit von der Laufgeschwindigkeit h sich bei einer programmierbaren Achse des Modularen Handhabungs Systems (MHS) unseres Werkzeug- und Maschinenwerkes gezeigt. W aus Bild 5 hervorgeht ist bei entsprechend niedriger Laufgeschwin digkeit diese Achse in Reinräumen der Klasse 10 noch einsetzbar.

Wir haben mit einer solchen 3-achsigen, leicht modifizierten Einheit das Magazin-Handling an einem Elektronenstrahl-Lithographie-System automatisiert. Es läuft seit ca. 3 Jahren in unserer IC-Maskenfertigung unter den Bedingungen der Reinraumklasse 10 (Bild 6).

GELENK-ROBOTER

Der erste Einsatz von Industrie-Robotern im Reinraum der Klasse 100 wurde bei uns mit einem Seriengerät *manutec* r15 unter Beachtung der oben angegebenen Regeln realisiert. Kritischer Bereich bei diesem 6-achsigen Gelenk-Roboter ist die 6. Achse. Die Partikel-Meßergebnisse für dieses Gerät zeigt Bild 7.
Deutlich wurde jedoch bei diesen Untersuchungen auch, daß für höhere Reinheitsanforderungen das Gerät modifiziert werden mußte.
Zusammen mit dem Hersteller, der Siemens Tochter *manutec*, wurden an dem Roboter die im Bild 8 angeführten Konstruktionsänderungen durchgeführt.
Es entstand ein Roboter, der als Grundgerät (ohne eventl. nachteilige Einflüsse durch Greifer) bis Reinraumklasse 1 einsetzbar ist.

ÜBERTRAGBARKEIT DER VERSUCHSERGEBNISSE

Eine wichtige Erkenntnis bei diesen Untersuchungen war, daß die unter speziellen Versuchsbedingungen ermittelten Partikelemissionen nicht mit Sicherheit auf andere Anordnungen übertragbar sind.
Es kann deshalb nur empfohlen werden, bei hohen Reinheitsanforderungen die Komponente sorgfältig auszuwählen und für die jeweilige Anordnung genaue Messungen durchzuführen.

3. Beispiel einer Präzisionsmontage im Reinraum

PRODUKT UND AUFGABENSTELLUNG

Beim Hochleistungs-Festplattenspeicher "MEGA-FILE" (Bild 9) mi einer Speicher-Kapazität von 310 Mega Byte ist der Plattenstape auf der Achse zu montieren.
Bei dieser Präzisionsmontage sind Fügetoleranzen von ± 10 µ einzuhalten.
Daß die Montage im Reinraum erfolgen muß, verdeutlicht die Tatsa che, daß die Flughöhe der Schreib/Leseköpfe über der Plattenober fläche nur ca. 0,25 *µm* beträgt.
Insgesamt sind 7 Speicherplatten, 6 Zwischenringe und ein Decke auf eine Achse zu montieren und mit der Nabe zu verschrauben (Bi 10).

LÖSUNG DER MONTAGEAUFGABE

Als Teil einer weitestgehend automatischen Prozeßlinie wurde ei Montagezelle (Bild 11) entwickelt, in der ein *manutec*-Roboter de Plattenstapel vollautomatisch montiert.
Die Einzelteile - das sind die 7 Speicherplatten, 6 Zwischenringe Achse mit Nabe sowie der Deckel - werden in Werkstückträgern üb das Transportsystem zugeführt, vom Roboter in eine Bereitstel lungseinheit gebracht und danach zusammengefügt. Verschraubt wi der Stapel in einer zur Montagezelle gehörenden separate Schraubstation. Bei Wiederholgenauigkeiten des *manutec* r15 von 0,1 mm und erforderlichen Fügetoleranzen des Plattenstapels im Be reich von 10 *µm* waren besondere Maßnahmen für diese Präzisionsmon tage im Roboter-Greifer und in der Peripherie erforderlich.
Die Montagezelle läuft seit 1985 in unserem Werk für Geräte i München. Die wesentlichste Verbesserung im Montageablauf war, da sich die Partikelkontamination an den kritischen Stellen de Speichergeräte gegenüber der Handfertigung ca. um das fünffach verringert hat.

4. Schwerpunkte zukünftiger Automatisierung in Reinräumen

Zukünftige Einsatzfälle für Automatisierungs-Komponenten in Reinräumen werden schwerpunktmäßig in den Halbleiterfertigungen mit ihren Randgebieten liegen. Neben der Nutzung des sehr teuren Equipments möglichst 24 Stunden an 6-7 Tagen pro Woche, ist im Halbleitersektor das Ausschalten menschlicher Störeinflüsse zur Qualitätsverbesserung und damit zum Erzielen wirtschaftlicher Ausbeuten eine Überlebensfrage.
Auch sind unter diesen Aspekten die doch erheblichen Investitionen für reinraumtaugliche, funktionssichere Automatisierungs-Komponenten wirtschaftlich von geringerer Bedeutung.

Beispiel für eine Automatisierung im Reinraum ist das automatische Maskenhandling im Umfeld eines ca. 13 Mill DM teuren Elektronenstrahl-Lithographie-Systems, das wir mit Hilfe eines *manutec* r15 Roboters, der auf einer translatorischen Achse montiert ist, realisiert haben (Bild 12).
Diese Anlage läuft seit Juli '87 in unserer Maskenfertigung in München, z.Z. wird eine 2. Linie aufgebaut, die im Vorfeld des Elektronenstrahl-Lithographie-Systems das Maskenhandling vollautomatisch durchführen wird.
Beide Einrichtungen werden über entsprechende Schnittstellen von einem Zellenrechner gesteuert, der wiederum mit einen Leitrechner verbunden ist.
Mit Projekten in Reinsträumen dringt die Automatisierungstechnik in neue Dimensionen vor. Dies nicht deshalb, weil etwas grundsätzlich Neues entwickelt werden muß, sondern weil höchste Anforderungen an Umgebungsreinheit und Zuverlässigkeit zu stellen sind.
Wir müssen perfekter werden.

SIEMENS

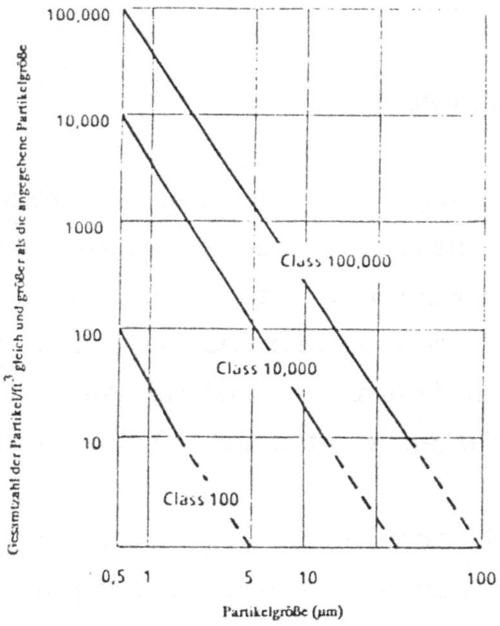

1a Summenhäufigkeit der Partikel und Definition der Reinraumklassen nach US FS 209b. Bezugsvolumen: 28 Liter

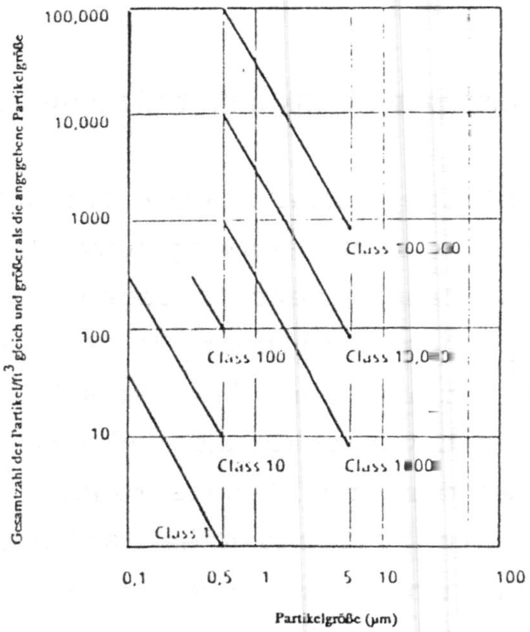

1b Summenhäufigkeit der Partikel und Definition der Reinraumklassen nach erweiterter US FS 209b Bezugsvolumen: 28 Liter

Bild 1: Reinraumklassen

SIEMENS

Partikelemission in Millionen pro Minute (>0,3µm)	Bewegungsarten
0,1	Stehen oder Sitzen - ohne Bewegung
0,5	Sitzen mit leichter Kopf-, Hand- oder Unterarmbewegung
1	Sitzen mit mittlerer Körper- und Armbewegung und etwas Fußbewegung
2	Aufstehen mit voller Körperbewegung
5	Langsames Gehen - ca. 3,5 km/h
7,5	Gehen - ca. 6 km/h
10	Gehen - ca. 9 km/h
15 bis 30	Freiübungen und Spiele

Bild 2: Durch Personen freigesetzte Partikel

IN DER NÄHE PARTIKELGEFÄHRDETER OBERFLÄCHEN

- dürfen keine Abrieb erzeugenden Bauelemente verwendet werden bzw. nicht über dem Werkstück angeordnet sein

- darf die Geschwindigkeit größerer Teile 5 cm/sec nicht übersteigen, um Luftturbulenzen zu vermeiden

- müssen die Bewegungen der Geräte weich und stoßfrei ablaufen

- müssen die verwendeten Fertigungseinrichtungen zuverlässig und wartungsfrei arbeiten

- muß die Reinigung einfach möglich sein

Bild 3: Regeln für die Automatisierung im Reinraum

SIEMENS

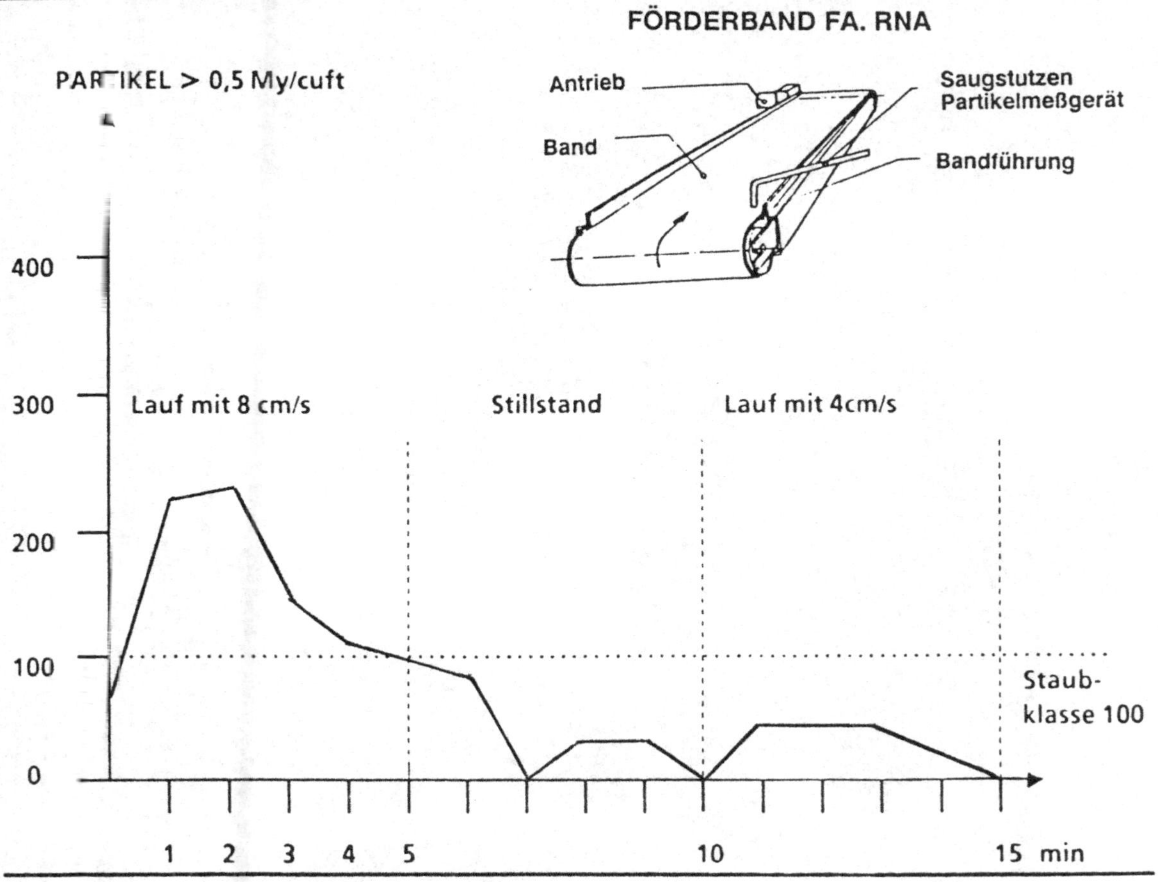

Bild 4: Reinraumversuche an einem RNA-Förderband

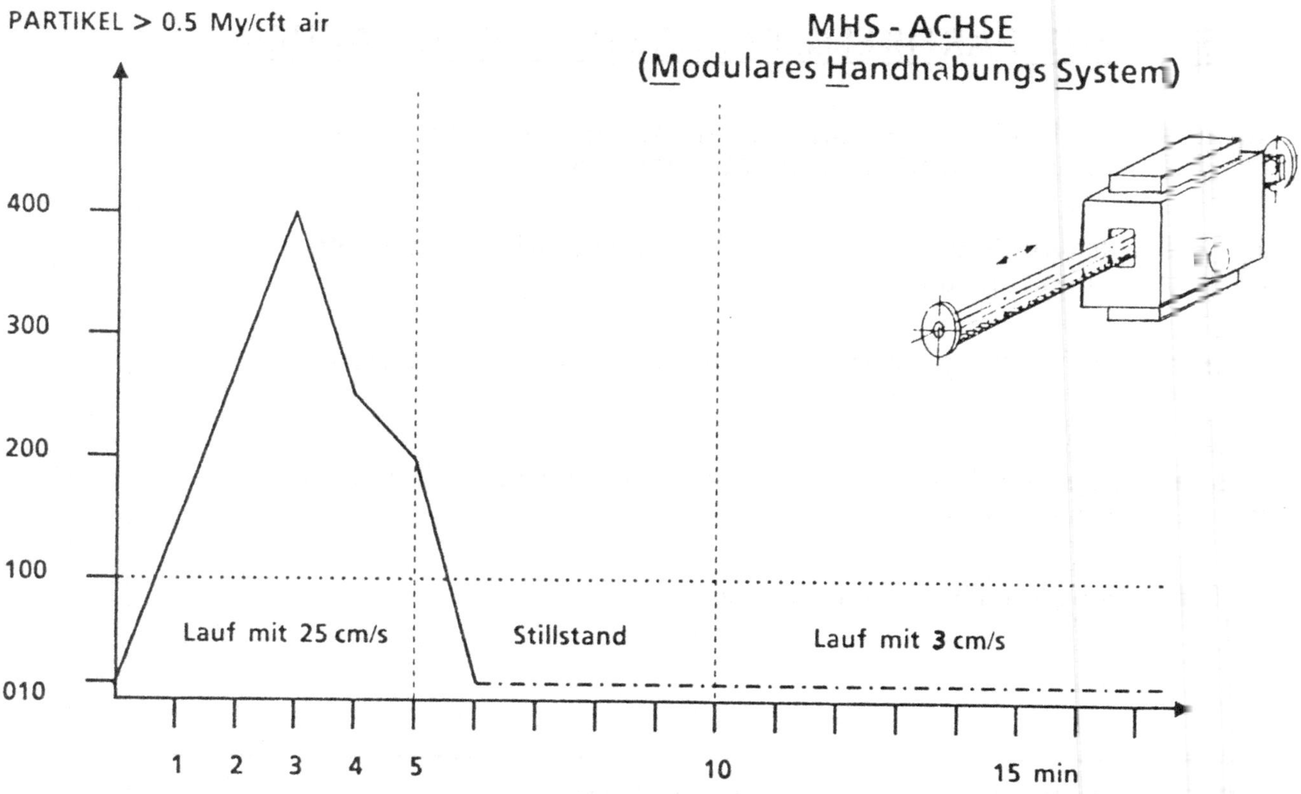

Bild 5: Reinraumversuche an einer MHS-Achse

Bild 6: Be- und Entladeeinheit am Maskenbelichtungssystem

SIEMENS

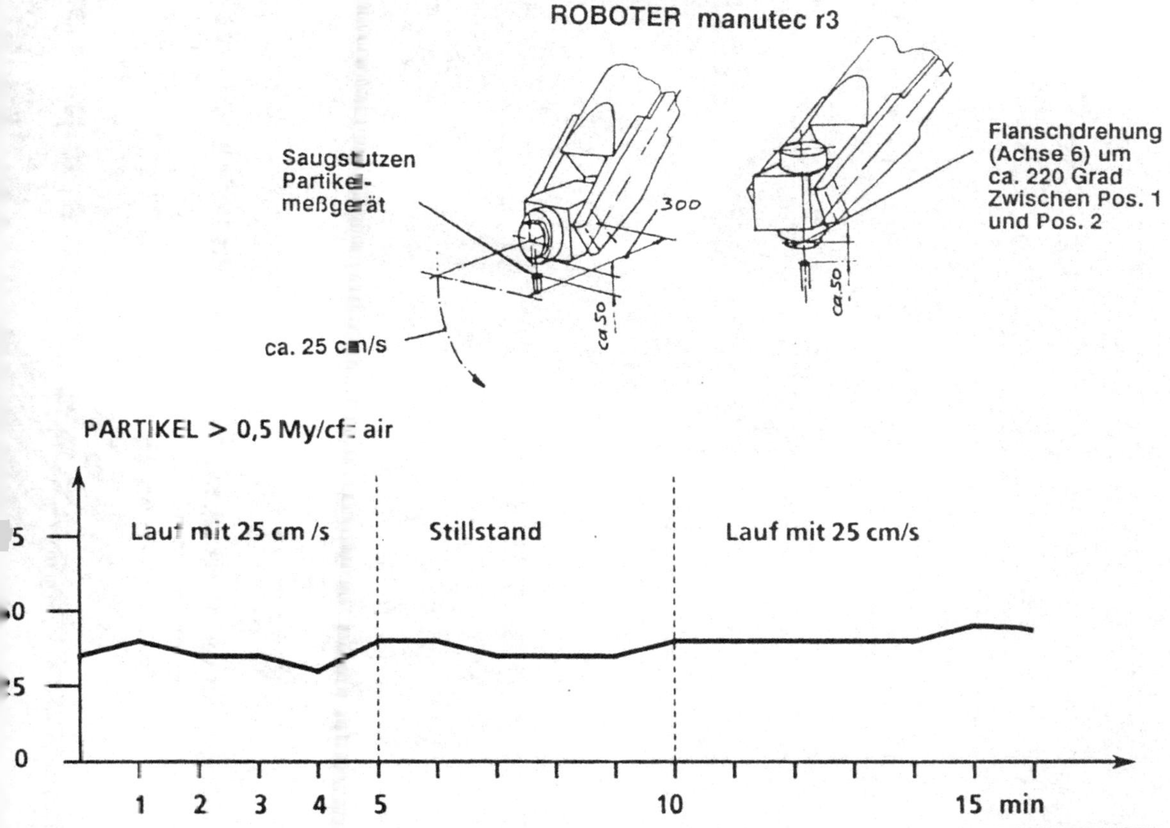

Bild 7: Partikel-Messungen am manutec r15-Roboter

SIEMENS

MANUTEC r15
6 - achsiger Gelenkroboter

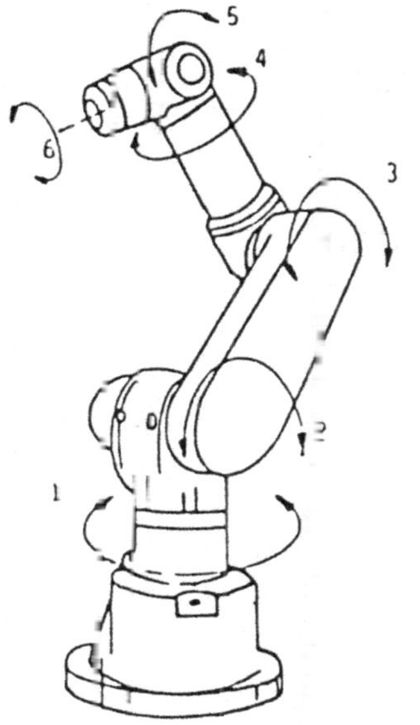

max. Arbeitsabstand : 1340 (-1640) mm
max. Traglast : 15 kg

Modifikationsmaßnahmen für den Reinraumeinsatz

- Absaugung aller Hohlräume
- Einsatz von Labyrinthdichtungen für Achse 1 - 4
- Einsatz von Ferrofluidic - Dichtungen für Achse 5 - 6
- Erhöhter Korrosionsschutz aller Außenoberflächen des IR
- Abdichtung von Abdeckblechen mit plastischem Dichtmaterial

Bild 8: manutec r15-Modifikation zum Einsatz im Reinraum

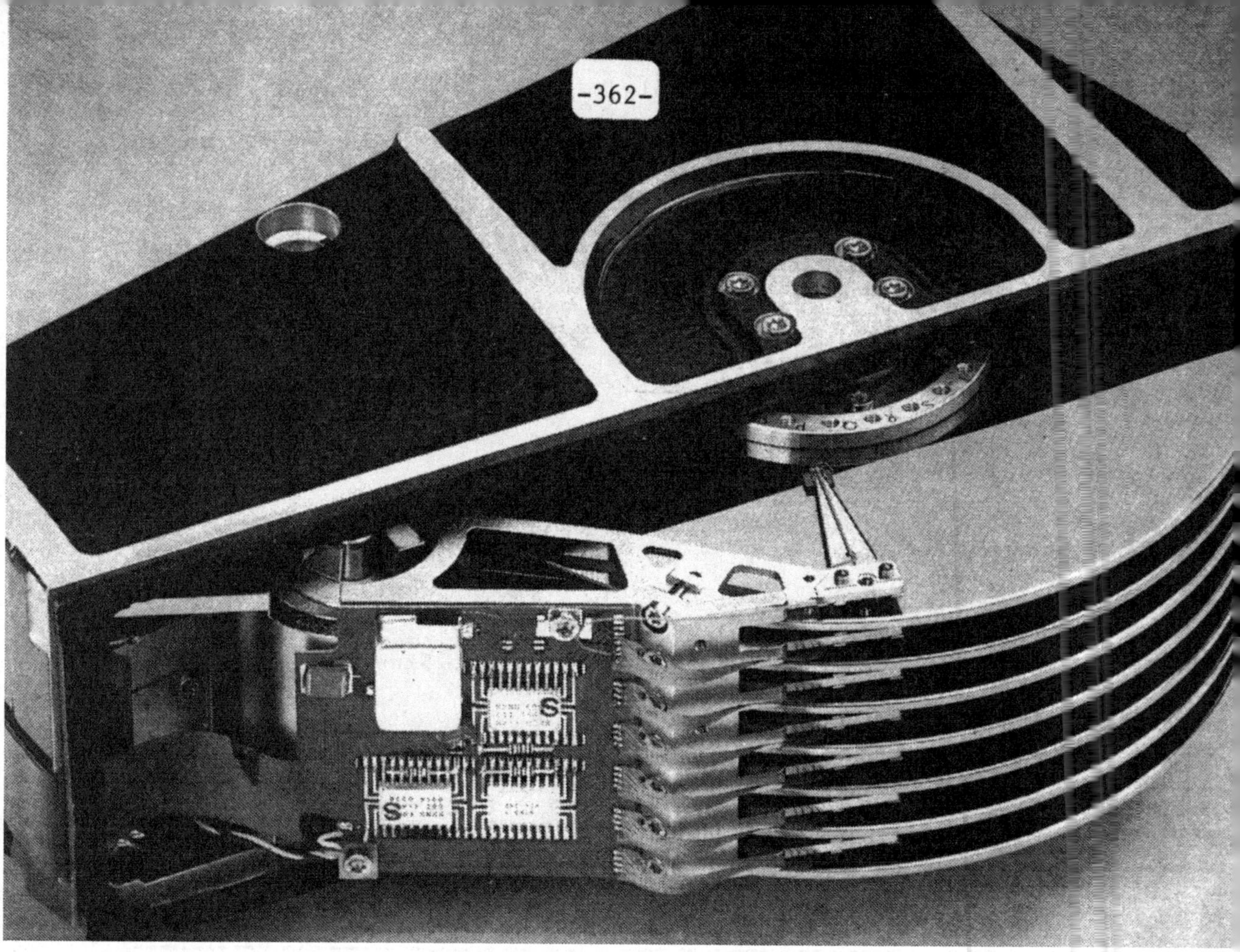

Bild 9: Hochleistungs-Festplattenspeicher "MEGA-FILE"

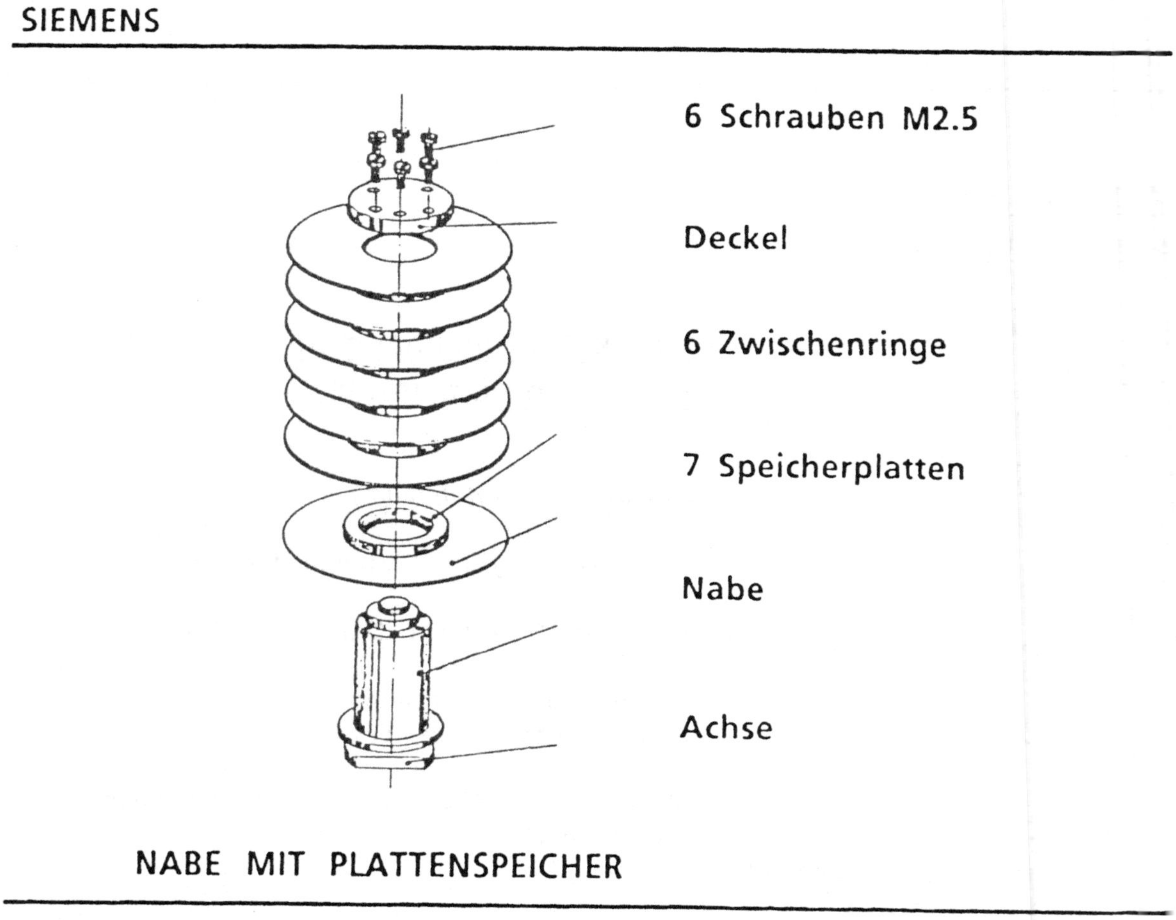

Bild 10: Aufbau des "MEGA-FILE"-Plattenstapels

Bild 11: Montagezelle für "MEGA-FILE"-Plattenstapel

Von der Kabelverarbeitung zur automatisierten Kabelbaummontage

M. Koch

Der industrielle Einsatz der Elektrotechnik war zugleich der Startpunkt für die Kabelverarbeitung. Besonders die Automobil-, Haushaltgeräte- und Elektroindustrie benötigen für die vielen elektrischen Verbindungen in ihren Produkten eine Vielzahl von Kabeln. Die Kabelverarbeitung umfasst ein weites Gebiet aus Techniken, Werkzeugen und Fertigungseinrichtungen. Die einzelnen Fertigungsschritte bei der Kabelverarbeitung sind während des langen Entwicklungsprozesses im Prinzip gleich geblieben. Die Kabel müssen abgemessen, abgelängt, abisoliert, bedruckt, verdrillt, verzinnt oder an Stecker ein- oder beidseitig angeschlagen werden. Zur Herstellung von Kabelbäumen erfolgt anschliessend das Verlegen der verschiedenen Kabeln, die Montage in mehrpolige Steckergehäuse, das Abbinden, Prüfen Verpacken, usw.. Während der langen Zeit bis ca. 1975 bestanden die Kabelverarbeitungsproduktionsmittel aus einer Vielzahl von Handwerkzeugen und meist rein mechanisch-pneumatisch gesteuerten Maschinen. Die hohen Umrüstzeiten dieser ersten Maschinengeneration ermöglichte jedoch keine flexible Fertigung in der Kabelverarbeitung. Die Einführung der Mikroprozessor- und Robotertechnologie eröffnete dem Maschinenbau neue Wege, anstehende Entwicklungsprobleme zu lösen. Der erste mikroprozessorgesteuerte Crimpvollautomat mit Bildschirm-Dialogbedienung, kurzen Umrüstzeiten sowie einer hohen Verarbeitungsqualität setzte 1981 den Anfang einer neuen Maschinengeneration.

Bild 1

Mit den heutigen Fertigungseinrichtungen sind die Arbeitsschritte des Ablängens, Abisolierens und Crimpen in den meisten Branchen weitgehend teil- oder vollautomatisiert. Gemäss einer Umfrage vom Dezember 1986 des Institutes für Produktion und Automation (IPA) der Fraunhofer Gesellschaft zeigen die beiden folgenden Balkendiagramme eine Uebersicht über den heutigen Automatisierungsgrad bei der Herstellung von Kabelbäumen.

Bild 2 und Bild 3

Der Automatisierungsgrad bei der industriellen Herstellung von Kabelbäumen ist bis zum heutigen Zeitpunkt recht bescheiden. Das Verlegen, die Steckermontage, das Bündeln und Abbinden sowie das Prüfen der Kabelbäume wird noch heute weitgehend manuell durchgeführt. Die hohen Personalkosten, der Wunsch nach "just in time-Produktion" mit möglichst kleinen Lagerkosten, die ständig steigenden

Produktvarianten und die hohen Fehlerquoten bei der manuellen Montage zwingen uns zur Entwicklung neuer Fertigungsmittel. Bemühungen, weitere Arbeitsschritte in der Kabelbaummontage zu automatisieren, scheiterten in der Vergangenheit aus folgenden Gründen:

- Kabel sind als biegeschlaffe Teile schwer handbar
- Kabelbäume enthalten eine grosse Typen- und Variantenvielfalt von Einzelteilen wie Kabel, Kontakte, Stecker
- Bei der Montage von Kabelbäumen werden komplexe Arbeitsschritte durchgeführt, wie z.B. das Verlegen, Anschlagen und Bündeln
- Die für eine flexibel automatisierte Kabelbaummontage benötigten Komponenten wie Industrieroboter und Werkzeuge waren bisher nur unzureichend geeignet oder nicht verfügbar
- Aufgrund der kurzen Produktelebenszeiten und der grossen Variantenvielfalt der Kabelbäume eignen sich starre Montageautomaten nicht für eine wirtschaftliche Automatisierung

Anlässlich der letzten Fachausstellung Productronica in München vom November 1987 konnte die Firma Komax AG zwei neue Maschinensysteme erstmals der Oeffentlichkeit vorstellen, die auch ein überaus grosses Interesse in Fachkreisen weckten:

- das Kabelverarbeitungszenter Komax 50 für die Herstellung von Kabelbaummodulen in Crimptechnik
  Bild 4
- der Kabelbaumroboter für die komplette Herstellung von Kabelbäumen in Schneid-Klemmtechnik
  Bild 5

Die Crimp- und Schneid/Klemmtechnik bilden zusammen die hauptsächlisten Verbindungsarten in der Kabelverarbeitung. Bei der Crimptechnik wird das Kabel abisoliert und anschliessend in ein Steckerelement mit einer Presse angeschlagen. Bei diesem Vorgang entsteht eine Kaltverschweissung zwischen dem Kabel und dem Stecker, die gasdicht und von hoher Qualität ist.

Bild 6 und Bild 7

Bei der Schneid-Klemmtechnik wird das Kabel nur abgelängt und ohne Absolieren direkt in einen Doppel V-Schlitz eines Schneid-Klemmkontaktes eingepresst. Vier Kontaktpunkte bilden dabei die Verbindung.
Ein grosser Vorteil dieser Verbindungstechnik liegt in der grossen Automatisierungsfreundlichkeit. Die beiden nachfolgenden Diagramme (IPA) geben eine Uebersicht von der Häufigkeit der verschiedenen Verbindungstechniken in den verschiedenen Branchen. (Bild 8 und 9) Da die beiden meistverbreiteten Verbindungstechniken sich wesentlich unterscheiden, haben wir für beide Verfahren ein entsprechendes Automatisierungssystem entwickelt, das ich im folgenden näher vorstellen möchte: Das Kabelverarbeitungszenter Komax 50 (siehe Bild 4) ist ein voll elektronisch gesteuertes flexibles Transfersystem, das mittels einer Vielzahl von Handlingsmodulen die Kabel mit hoher Verarbeitungsgeschwindigkeit parallel verarbeitet. Ablängen, Abisolieren, Crimpen, Doppelcrimpen, Verdrillen, Verzinnen, Verformen, Bestücken von Gummitüllen und ein- oder mehrpoligen Steckergehäusen sind mit diesem neu entwickelten Verarbeitungszenter möchlich. Ein im System integrierter Kabelsequenzer ermöglicht den automatischen Kabelwechsel von bis zu 36 verschiedenen Kabeln mit unterschiedlichen Farben und Querschnitten. Abisolierlänge und Kabelquerschnitteinstellung erfolgt über die programmierbare Abisolierstation vollautomatisch. An beiden Kabelenden sind mehrere parallel gesteuerte Verarbeitungen möglich. Auf das Maschinensystem Komax 50 lassen sich Crimppressen der verschiedenen Hersteller leicht aufbauen. Die Verarbeitungsstationen sind auf Schnellwechselplatten mit integrierter stufenloser Höhen- und Lagenpositionierung aufgebaut. Das Umrüsten ist deshalb sehr einfach und schnell. Für die Herstellung von Kabelbaummodulen lassen sich ein oder zwei Bestückungsanlagen an die Komax 50 ansetzen für die automatische Bestückung von Gehäusen unterschiedlichster Form und Fabrikat.(Bild 10) Die Maschinentaktzeit liegt bei ca. 2 Sekunden. Programmänderungen lassen sich innert wenigen Minuten über einen PC durchführen. Das nachfolgende Bild zeigt die Maschinenübersicht der Komax 50 (Bild 11)

Als Besonderheit dieser Maschinenanlage sind das Kabelspeicher- und Drehmodulsystem zu erwähnen.

a) Kabelspeichersystem

   Jedes Kabel wird einzeln in einem Behälter gespeichert. Ein bestmöglicher Kabelschutz durch den Verarbeitungstransfer und eine optimale Kabelentsorgung wird dadurch ermöglicht.

b) Drehmodulsystem

Das Kabelübergabetransfer kann optional mit Drehmoduleinheiten bestückt werden zur Nutzung aller Verarbeitungsstationen für beide Kabelenden. Ueber die PC Dateneingabe wird das jeweilige Kabelende an die richtige Verarbeitungsstation geführt. (Bild 12)

Mit dem Kabelverarbeitungszenter lassen sich somit Kabelbaummodule in Crimptechnik automatisch herstellen. Die Kabelbaummodule werden anschliessend noch manuell zu einem ganzen Kabelbaum zusammengefügt.
Der Kabelbaumroboter Komax R 800 (siehe Bild 5) eignet sich für die Herstellung von Kabelbäumen in der Schneid-Klemmtechnik. Der von Komax in Zusammenarbeit mit dem Fraunhofer Institut für Produktions-Technik und Automatisierung (IPA) entwickelte Montageroboter ist für die vollautomatische Fertigung von Kabelbäumen in Schneid-Klemmtechnik ausgelegt. Das Konzept zeichnet sich durch eine gesamtheitliche Lösung aus, beginnend bei der rechnergestützten Konstruktion des Kabelbaumes bis hin zur vollautomatischen Montage des Produktes.
Maschinenübersicht (Bild 13)

Der Kabelbaumroboter Komax R 800 lässt zwei Fertigungsarten zu:

a) Herstellung von Kabelbäumen in kleinen Losgrössen (Bild 14)

Für die Fertigung von Kabelbäumen in kleinen Losgrössen werden zunächst die Steckergehäuseaufnahmen und die Verlegehilfen gemäss der gewünschten Kabelbaumkonfiguration auf der Magnetspannplatte (500x1200 mm), positioniert. Die Magnetspannplatte wird programmgesteuert durch die Industrierobotersteuerung eingeschaltet, sodass die Steckergehäuseaufnahmen und die Verlegehilfen während des gesamten Arbeitsprozesses sicher in Position gehalten werden. Nach der Konfiguration aller Komponenten werden die Steckergehäuseaufnahmen mit den bereitgestellten Schneidklemmverbinder bestückt.
Im nächsten Arbeitsschritt werden die Kabel verlegt. Durch die Konstruktion der Steckergehäuseaufnahmen ist es möglich, mit dem Verlegevorgang an jeder beliebigen Stelle zu beginnen und auch zu enden. Das Abbinden der Kabelstränge mit Nylon-Kabelbindern an den vom Konstrukteur definierten Punkten erfolgt mit Hilfe eines automatischen Abbindewerkzeuges. Beim Anschlagen der Klemmschneidverbinder werden die überstehenden Kabelenden abgelängt, die Kabel in die Schneidklemmverbinder eingepresst und kontaktiert.

b) Herstellung von Kabelbäumen in grösseren Losgrössen (Bild 15)
Für die Serienfertigung wird ein kabelbaumspezifisches Schnellwechsel-Verlegebrett (500x1200 mm) verwendet. Auf diesem Brett sind die Verlegehilfen und Steckeraufnahmen mit Kontaktstiften eingebaut, so dass zudem das Prüfen von jedem Kabelbaum automatisch ermöglicht wird. Ein Förderband mit anschliessender Weiche sortiert die fehlerhaften Kabelbäume in einen entsprechenden Behälter. Dadurch wird die Ausschussrate im Fertigungsbehälter vollständig eliminiert und eine entsprechende Qualitätssicherung erreicht.

Leistungs-Daten
Für die Herstellung eines Kabelbaumes mit fünf Steckern und 18 Leitungen wurden folgende Werte ermittelt:

5.2s	für die Positionierung von einer Verlegehilfe
4.9s	für die Positionierung von einer Steckeraufnahme
4.5s	für die Bestückung einer Steckeraufnahme
500 mm/s	Durchschnittliche Verlegegeschwindigkeit
2.3s	für einen Abbinder
3.4s	für einen Anschlagvorgang
3 s	für einen Saug- und Auswurfvorgang
4 s	für einen Werkzeugwechsel
210s	Sekunden beträgt die Zeit für die Fertigung eines kompleten Kabelbaumes

Die Off-Line programmierbare Kabelbaum-Montage
Der Montage-Roboter wird an einem CAD-Arbeitsplatz Off-Line programmiert. Die geometrischen und technologischen Daten des zu konstruierenden Kabelbaumes werden graphisch interaktiv in den Rechner eingegeben. Diese Eingaben werden vom Programm auf Plausibilität und Machbarkeit überprüft. Nach der CAD-unterstützten Konstruktion des Kabelbaumes wird vom Rechner ein für die Robotersteuerung interpretierbares Quellprogramm erstellt.
Die Parameter-Datei wird über eine V-24-Schnittstelle an die Robotersteuerung überspielt und dort in den Maschinencode übersetzt.
Durch die vollständige Generierung des Ablaufprogrammes ausserhalb der Robotersteuerung ist es möglich, während der Produktion neue Kabelbäume zu konstruieren. Durch die Implementierung dieser Konstruktionssoftware auf einem Personal Computer ist der wirtschaftliche Einsatz gewährleistet.

Die Programmierung mit dem CAD-System ist Dank einem farbgraphischen Dialogprogramm äusserst einfach und bedienungsfreundlich.
Bild 16
Hard- und Softwarekonfiguration: Aus der Kabelbaumgeometrie und den Daten der Montagezellen wird das Montageprogramm Off-Line erstellt und an den Roboter übertragen.
Bild 17

Mit dem Kabelbaum-Roboter R 800 ist es möglich, Kabelbäume beliebiger Geometrie in Schneidklemmtechnik herzustellen. Eine wirtschaftlich optimale Lösung der Montagezelle hängt von der Variantenvielfalt der Einzelteile und Kabelbäume ab.
Neben den wirtschaftlichen Gesichtspunkten sprechen auch Qualitätsgründe für den Einsatz des Kabelbaumroboters, da hierbei die hohe Ausschussrate, die bei der manuellen Montage auftritt, vollständig eliminiert werden kann.

Die beiden vorgestellten Maschinensysteme bilden erst den Anfang einer neuen dritten Generation von Fertigungssystemen in der Kabelverarbeitung und Montage. Der Erfolg solcher Systeme hängt auch wesentlich davon ab, dass die Typen und Variantenvielfalt der Einzelteile von Kabelbäumen reduziert werden und die Steckersysteme automationsgerecht konstruiert werden.

Bild 1

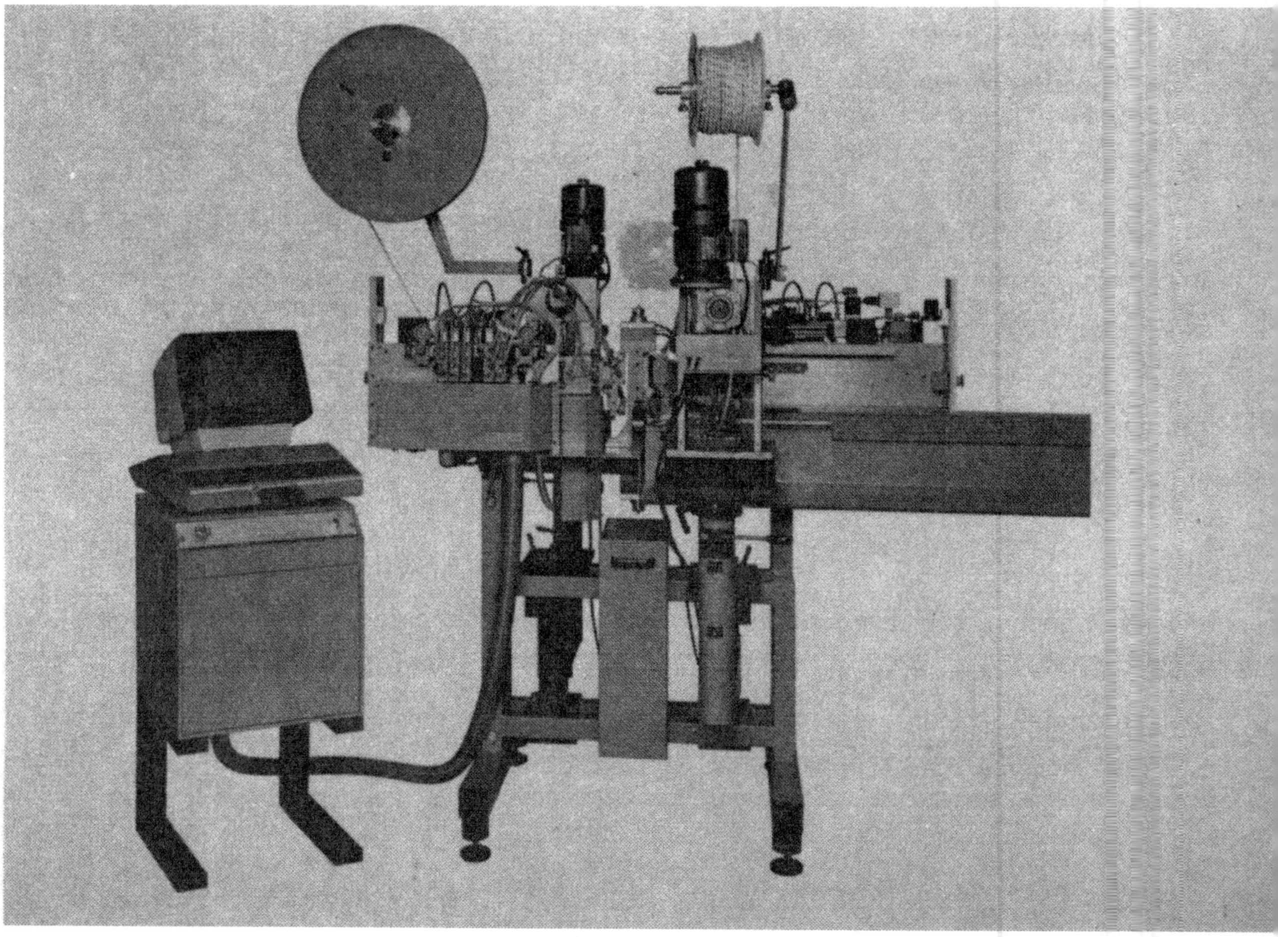

Crimpautomat Komax 40

Bild 2

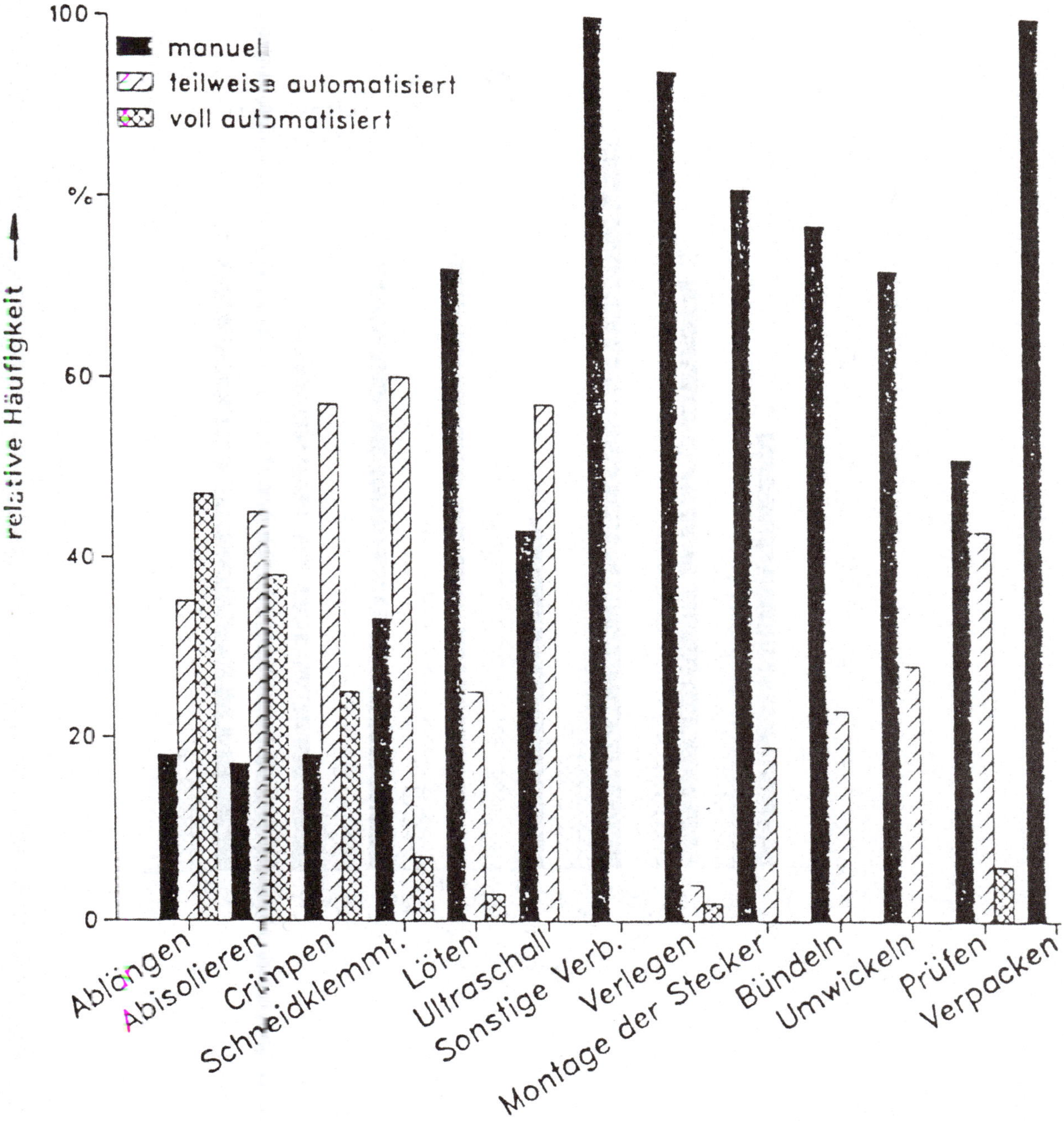

Automatisierungsgrad der verschiedenen Arbeitsgänge bei der Herstellung eines Kabelbaumes

Bild 3

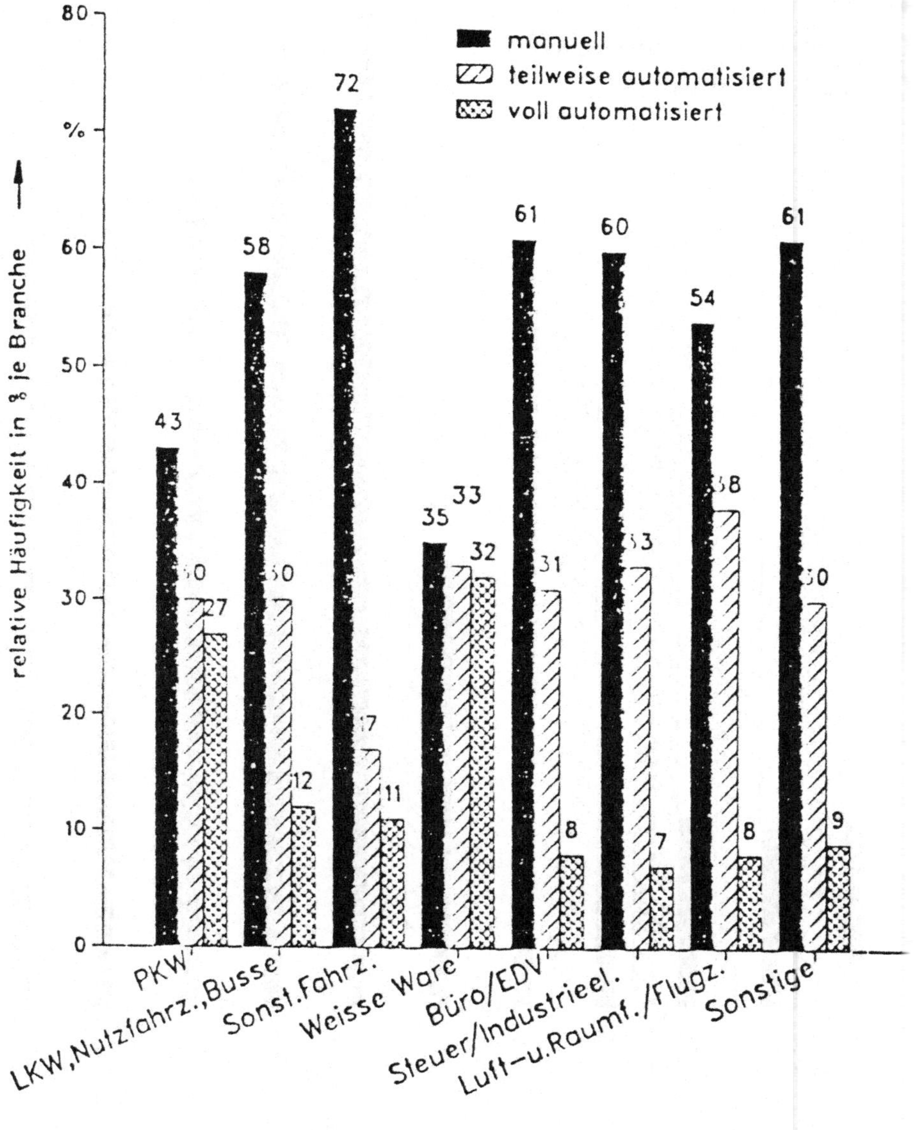

Automatisierungsgrad in den verschiedenen Branchen

Bild 4

Kabelverarbeitungszenter Komax 50

Bild 5

Kabelbaumroboter Komax R 800

Bild 6 / Bild 7

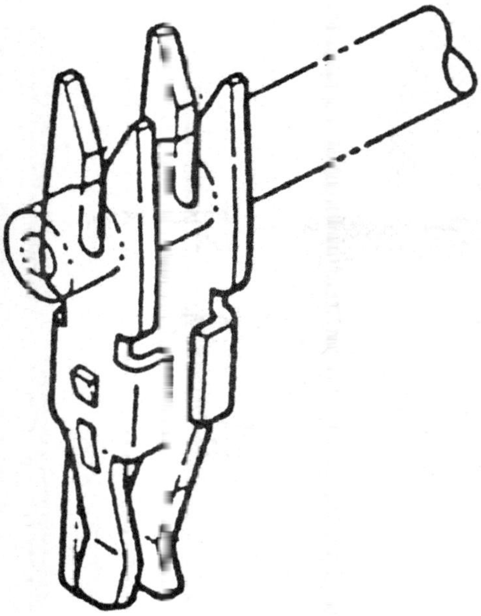

Schneid-Klemmtechnik

Crimptechnik

Bild 8

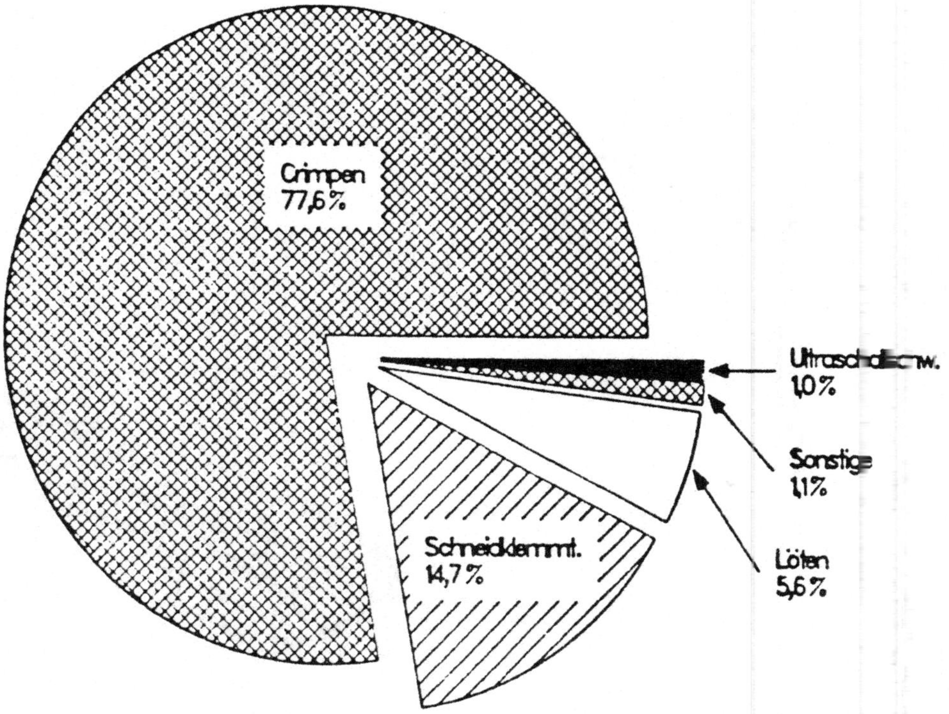

Häufigkeit der eingesetzten Verbindungstechniken

Bild 9

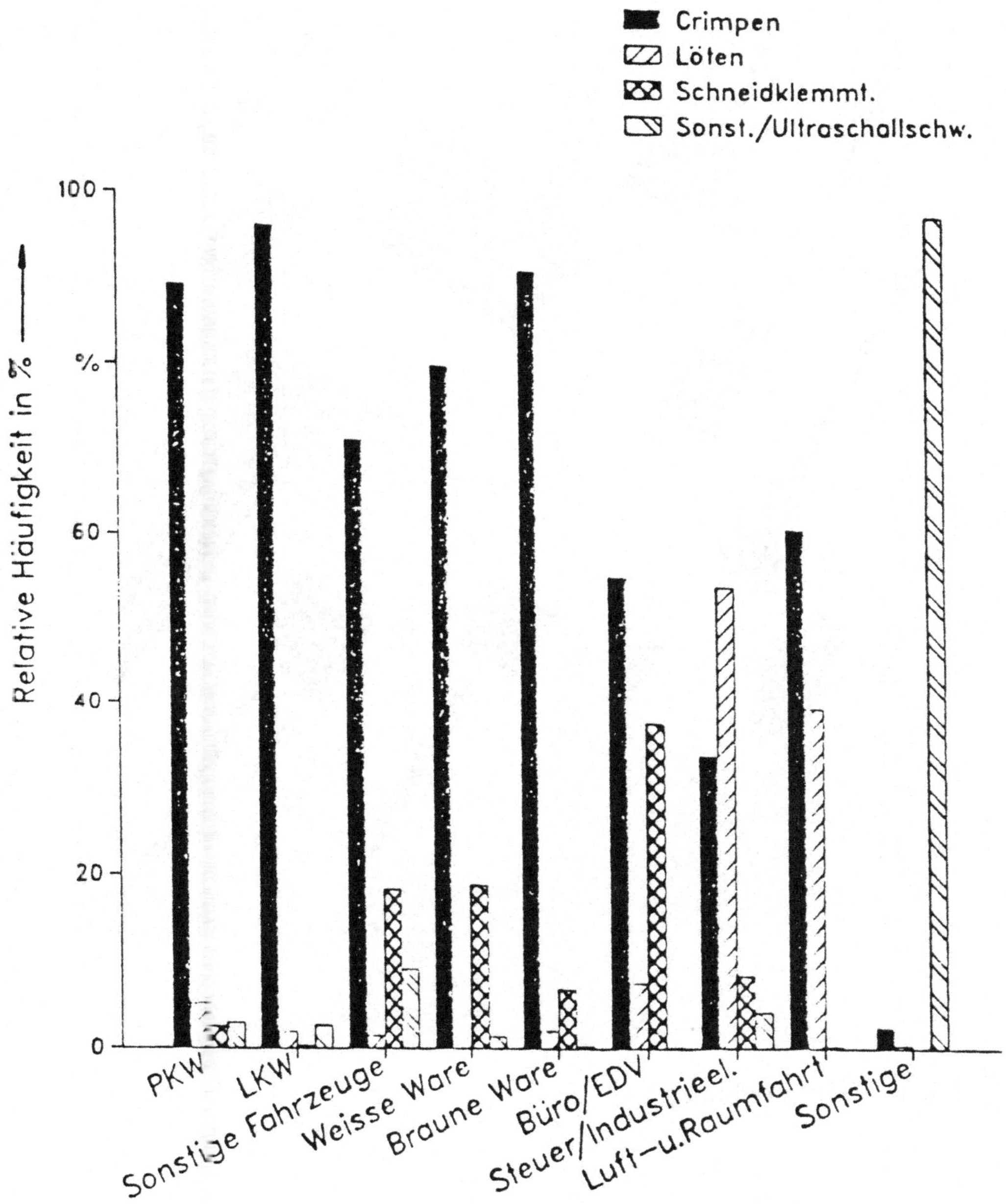

Häufigkeit der in den verschiedenen Branchen eingesetzten Verbindungstechniken

Bild 10

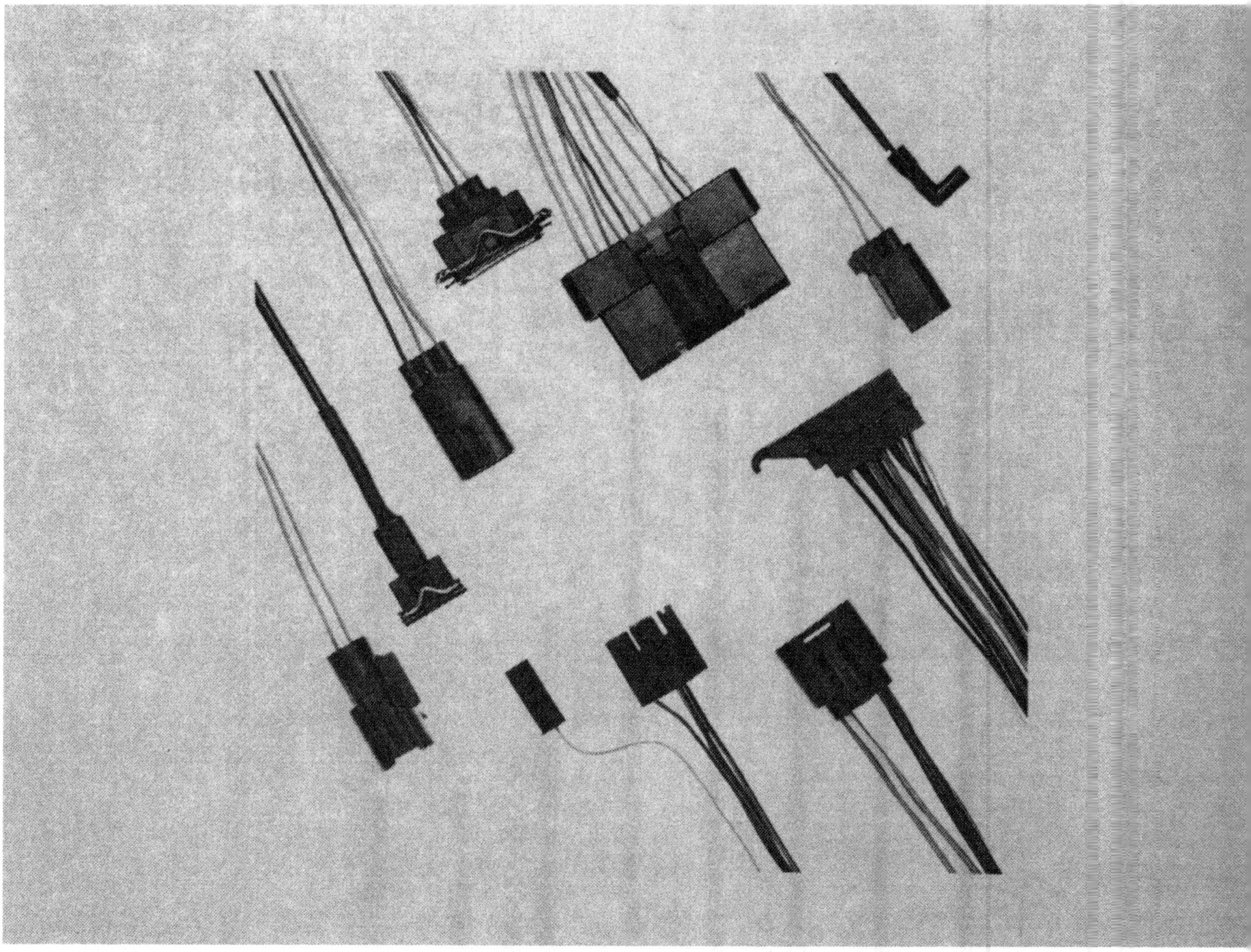

Kabelsätze in Crimptechnik

Bild 11

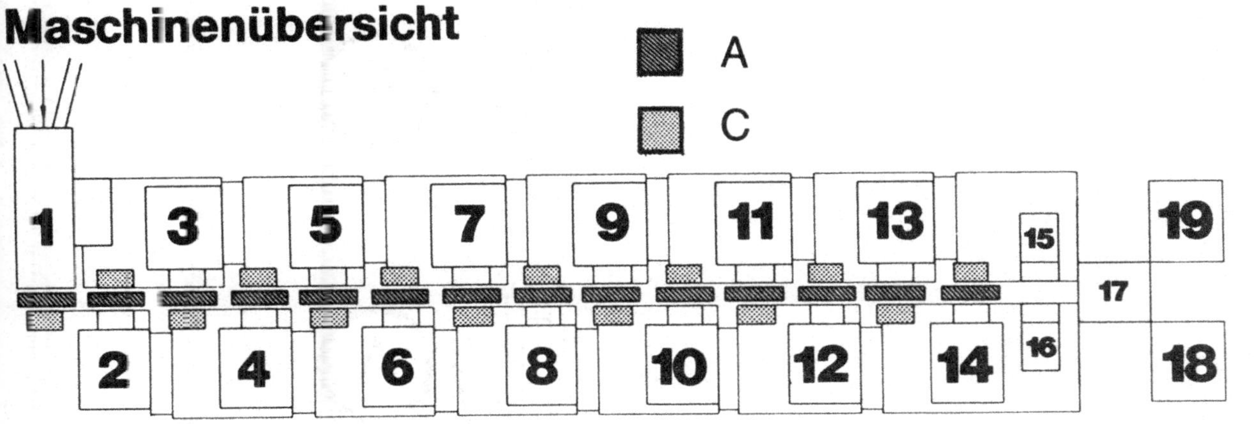

Komax 50 Maschinenübersicht

Station 1	Kabelsequenzer mit Transport- und Mess einheit
Station 2/3	Programmierbare Abisolierstation
Station 4 - 14	Verarbeitungsstationen (z.B. Pressen) mit Schnellwechsel-adapterplatten
Station 15/16	Prüfstationen (z.B. Durchgangsprüfung)
Station 17	Kabelsammelspeicher für Bestückungsstationen
Station 18/19	Bestückungsstationen für mehrpolige Gehäusebestückung
A	Kabelspeichersystem
C	Prüfstationen (z.B. Crimphöhenprüfung)

Bild 12

Besonderheiten

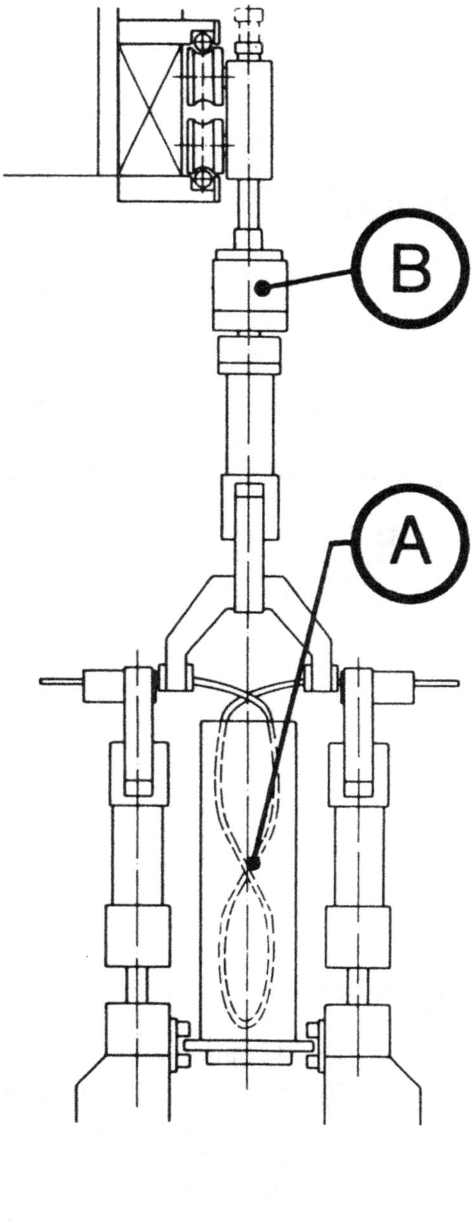

A) Kabelspeichersystem
B) Drehmodulsystem

Bild 13

Kabelbaumroboter Komax R 800 - Uebersicht

Zentrale Komponente ist ein 4-achsiger Montageroboter, der mittels Handhabung verschiedener Werkzeuge und Vorrichtungen die Fertigung eines kompletten Kabelbaumes realisiert.

Dabei werden folgende Arbeitsgänge verwirklicht:

- Steckeraufnahme und Verlegehilfen sezten
- Bestücken der Aufnahmen mit Steckern
- Kabel verlegen (unterschiedliche Farben oder Querschnitte möglich)
- Kabelbaum abbinden
- Stecker anschlagen
- Kabelbaum prüfen
- Kabelreste absaugen
- Kabelbaum aus dem Verlegebereich entfernen und über ein Förderband und eine Weiche in einen Gut- bzw. Schlechtteilbehälter sortieren.

Bild 14

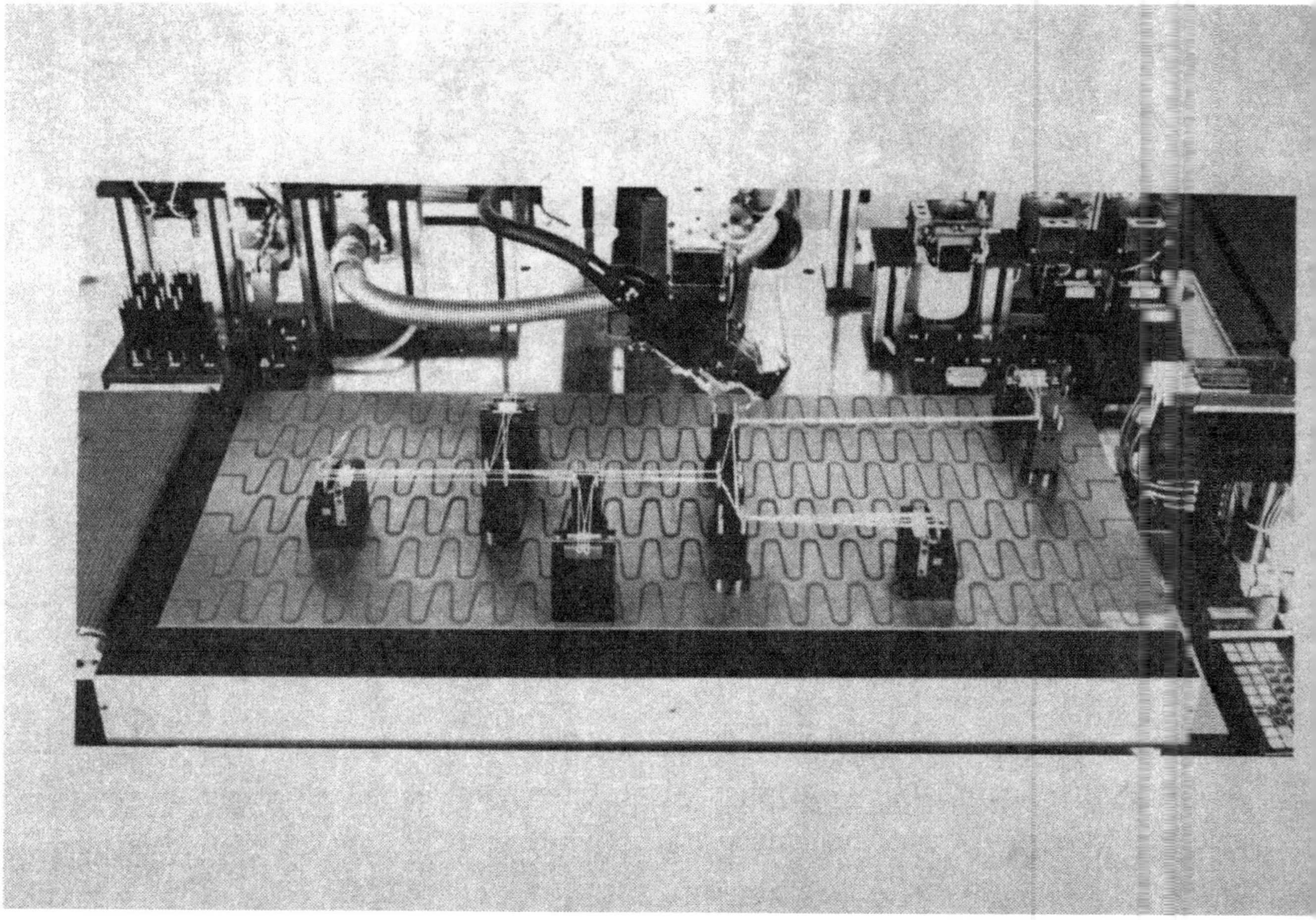

Herstellung von Kabelbäumen in kleinen Losgrössen

Bild 15

Herstellung von Kabelbäumen in grösseren Losgrössen

Bild 16

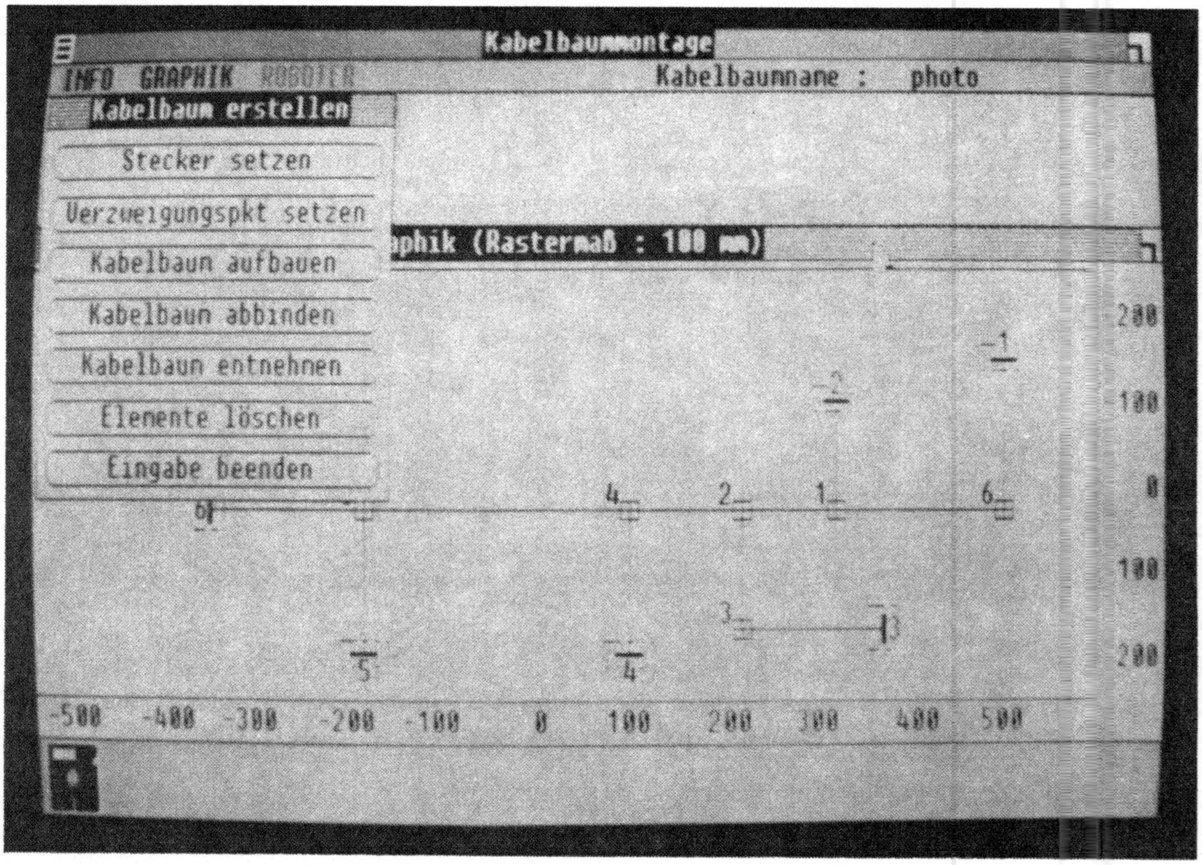

CAD gestützte Erstellung der Kabelbaumgeometriedaten

Bild 17

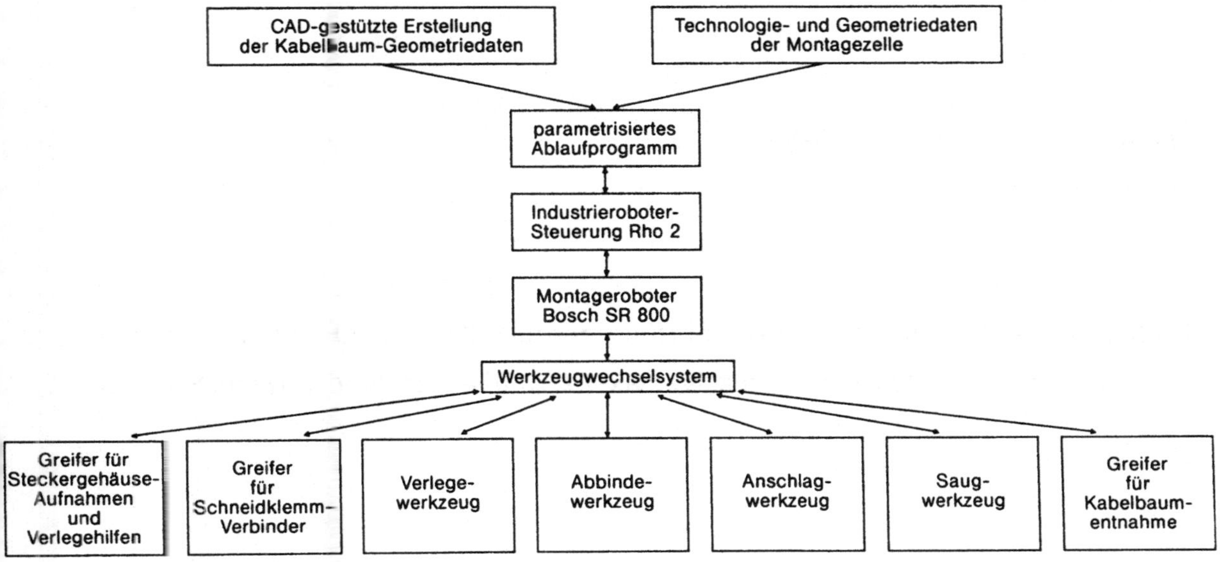

Projektübersicht Komax R 800

Anhang

Literaturverzeichnis

Repräsentationsumfrage zur Erstellung einer Marktübersicht für Kabelbäume
Fraunhofer Institut für Produktionstechnik und Automatisierung (IPA), Stuttgart
Dipl. Ing. G. Schlaich
Dipl. Ing T. Schmaus
cand.rer.pol. N. Ehrler

Zeitschrift Productronic, 9-85,
Verlag Hüthig

Techn. Datenblatt des Kabelverarbeitungszenters Komax 50 und Kabelbaum-roboters Komax R 800 der Firma Komax AG, 6036 Dierikon-Luzern/Schweiz

Neue Anwendungsgebiete für Industrieroboter durch Sensoreinsatz in der Montage - Visionsysteme

J. Bosse

In der ersten Phase der Automatisierung hat man mit primitiven Robotern einfache und monotone Aufgaben der Montage erfolgreich gelöst. Die sichtbaren Erfolge haben aber auch die Hersteller von Handlingsgeräten, Pneumatiker und pfiffige Leute in eigenen Betrieben nicht ruhen lassen. Plötzlich wurden mit Handlingsgeräten Lösungen erreicht, die früher nicht denkbar waren. Die einfachen Roboter haben also die überall vorhandene aber nicht geweckte Kreativität wiederbelebt und man hat mit viel Engagement für die einfachen Montageprobleme wirkungsvolle Lösungen mit noch einfacheren Mitteln gefunden. Hohe Kosten entstanden nur bei der mühsamen Inbetriebnahme. Schaut man sich heute in der Montage um, so findet man wenige Roboter und viele Speziallösungen.

In der zweiten Phase sind nun Roboter für schwierigere Montageprobleme gefragt. Überwiegend wird bei diesen Aufgaben größter Wert auf eine gleichzeitige Qualitätskontrolle gelegt. Das Ziel ist die Gewährleistung der richtigen Funktionen des Produktes. Bauelementetoleranzen und Fehler aus der Vorfertigung sind zu berücksichtigen. Nachprüfungen und Nacharbeit gilt es einzusparen.

Welcher technische Fortschritt ermöglicht uns heute eigentlich die Lösung schwieriger Montageaufgaben?

- Direktantrieb
- Parallelverarbeitung bis zu sieben Programmen
- Leitrechner-Kommunikationsfähigkeit
- Integriertes Visionsystem bis zu acht Kameras auswertbar
- Übergeordnete, menuegesteuerte Software für die selbsttätige Programmerstellung unter Einbeziehung von Datenbanken.

Die Roboter sind schneller und sehr viel zuverlässiger geworden. An der grundsätzlichen Kinematik des Sechsachsers oder des horizontalen Scara-Roboters mit vier bis fünf Achsen hat sich aber nichts geändert. Bei neuen Robotern, wie dem ADEPT, wurde der Direkt-Drive eingeführt; d.h., es gibt keine Getriebe mehr im Roboter, die Motoren treiben die Achsen direkt an. Dadurch wird Getriebelose vermieden, ein excellentes dynamisches Verhalten erreicht und die Lebensdauer ist für 10 Jahre, zwei Schichten ausgelegt. Die Montage von Baugruppen mit Taktzeiten zwischen ein bis zwei Sekunden ist durch den Direktantrieb möglich geworden.

...

Die wirklich großen Fortschritte wurden aber in den Robotersteuerungen erreicht. In der Vergangenheit waren es in den seltensten Fällen die fehlenden Sensoren, die eine höhere Automatisierungsstufe unmöglich machten. Es waren die Unfähigkeit der Robotersteuerung komplexe Sensorsignale parallel zu verarbeiten. Eine leistungsfähige Robotersteuerung muß in der Lage sein, während der Bewegung des Roboterarmes in parallel dazu ablaufenden Hintergrundprogrammen die Sensorinformationen zu verarbeiten. Aufgrund der Sensorinformationen wird die gerade laufende Bewegung korrigiert und die nächsten Bewegungsabläufe werden geplant.

Die wichtigste Voraussetzung für Roboteranwendungen der zweiten Phase ist die Fähigkeit, eine größere Anzahl paralleler Prozesse in Echtzeit zu verarbeiten. Dieses gilt besonders für im Roboter integrierte Visionsysteme. Beim ADEPT Roboter können bis zu acht Kameras parallel zum Bewegungsablauf und parallel zu der Bearbeitung der sechs Hintergrundprogramme sehr schnell nacheinander ausgewertet werden; zweites Bild nach 50 ms!

Die Hintergrundprogramme für Parallelverarbeitung

- verarbeiten die Sensorinformationen
- führen Optimierungsrechnungen durch
- steuern die Peripherie mit bis zu 512 I/O's
- verarbeiten die bereits ausgewerteten Kamerainformationen, oft auch zur selbsttätigen Fehlerbehebung, z.B. an verhakten Schwingförderteilen.
- führen die Statistik und Trendanalysen kritischer Toleranzen durch
- fordern rechtzeitig den Teilenachschub an
- informieren den Vorarbeiter über die noch abzuarbeitenden Teilemengen und die noch verbleibende Zeit bis zur Abarbeitung des laufenden Auftrages
- kommunizieren mit Leitrechnern und nachgeordneten Stationen
- verwalten das Hauptprogramm und laden rechtzeitig das nächste Programm für den neuen Typ des zu montierenden Produktes und stellen die Peripherie auf neue Varianten um.

Die enorme Leistungssteigerung der Robotersteuerung geschah praktisch ohne Preiserhöhung. Nach wie vor kostet ein guter Montageroboter ca. 100.000,-- DM.

...

Die Leitrechnerkommunikation ist problemlos über die zahlreichen seriellen Schnittstellen mit bis zu 19.200 Baud durchführbar. Die Vorbereitung der nachfolgenden Stationen auf weitergereichte Baugruppen mit genauen Informationen über Toleranzen und Abweichungen vom Normalzustand bietet ein großes Rationalisierungspotential. Die daraus erwachsenden Vorteile können weit größer sein als die Personaleinsparungen am eigentlichen Montageplatz.

Visionsysteme für Montageroboter können nur dann leistungsfähig sein, wenn sie voll in die Robotersteuerung integriert sind; dazu gehört

- parallele Bildverarbeitung während der Roboterbewegung
- Bedienung durch die gleiche Robotersoftware einschließlich Koordinatentransformationen, insbesondere für die am Roboterarm befestigten Kameras, die mitbewegt werden
- Grauwertverarbeitung
- Maßpfeil-Algorithmen zur Vermessung der Teile und Positionen (Ruler)
- Auflösung ca. 512 x 512 Bildpunkte (Pixel)
- Grauwertinterpolationsfähigkeit zwischen den Pixeln zur Steigerung der effektiven Meßgenauigkeit auf das ca. Dreifache an Kanten der Teile
- Verarbeitung von bis zu acht Kamerasignalen sehr schnell hintereinander (50 ms)
- Erkennung von überlappenden und halbverdeckten Teilen
- automatische Helligkeitsanpassung.

Die einfache Teileerkennung spielt bei der Montage nur eine geringe Rolle. Bei 85 % unserer Anwendungen mit Kameras dominieren die viel genaueren Maßpfeil-Routinen (Ruler). Mit ihnen lassen sich die Teilelagen zueinander exakt vermessen und kritische Maße werden nicht auf den Schwerpunkt des Teils sondern auf die dafür vorgesehenen Referenzpunkte bezogen. Mit dem ADEPT Roboter können leicht 100 Ruler pro Sekunde ausgewertet werden. Auch biegeschlaffe Teile werden damit in ihrer Lage und Form schnell und zuverlässig vermessen.

Mit den beschriebenen Leistungssteigerungen der Montageroboter einschließlich der Visionsysteme haben wir nun fast alles in der Hand um die komplexen Montage- und Funktionsprobleme für die zweite Automatisierungsphase zu lösen.

...

Von Sonderfällen abgesehen fehlt es auch nicht an Sensoren. In der Meßtechnik wird fast alles mit Interface geboten was man benötigt. Es fehlt auch nicht an MAP, CIM und einfachen Robotersimulationsverfahren um Robotereinsätze zu planen und ihre Leistung abzuschätzen. Weit wirkungsvoller als die Robotersimulation ist jedoch das gut eingerichtete Labor und ein schneller Vorversuch mit den echten Teilen. Fügeprobleme und die Tücke des Objekts erkennt man nicht in der Simulation. Die Simulation kann aber interessante Anhaltspunkte für die Auslegung der Peripherie, den Teilefluß und die Einbindung in größere Anlagen bieten.

Was in der Fertigung fehlt, sind die frei verfügbaren Ingenieure und Techniker mit Erfahrung in der Programmierung und Inbetriebnahme von Robotern, und Vorarbeiter, die die ursprüngliche Software und Peripherie im betrieblichen Alltag weiter pflegen und anpassen können. Großfirmen verfügen in Zentralabteilungen über geeignetes Personal für die Planung und Inbetriebnahme. Nach mehr oder weniger glücklicher Installation sind die Experten aber schnell verschwunden. Die nächste Anlage fordert ihren Einsatz an anderer Stelle. Zurück bleibt dann oft der überforderte Anwender.

Das ist das Kernproblem; wird es nicht gelöst, werden Montageroboter weiter nur vereinzelt eingesetzt werden können, obwohl die Technik und die Erfahrung vorhanden ist. Übergeordnete, menuegesteuerte Software ermöglicht

- Verwendung von Teiledatenbanken
- Erstellung von im Ablauf transparenten Programmen durch automatische Statusanzeige für alle Betriebsfälle
- systematisches Erstellen von immer wieder verwendbaren Programmmodulen
- verschiedene Mitarbeiter können nach kurzer Abstimmung unabhängig voneinander Module für das Roboterprogramm erstellen
- die Übernahme der Daten von Modul zu Modul erfolgt durch die vom Hersteller mitgelieferte Software selbsttätig
- mit Hilfe des Menues kann in den Datenbanken und in den Modulen "geblättert" werden und damit können leicht Änderungen an der richtigen Stelle eingefügt werden

...

- bei Änderungen an einem Modul wird die Auswirkung auf andere Teile des Programms selbsttätig geprüft und gegebenenfalls veranlaßt
- die Software bleibt wohlgeordnet und ist so transparent, daß sie auch nach Jahren noch von anderen Mitarbeitern verstanden werden kann; dies ist eine unabdingbare Voraussetzung für die weitere Pflege des Programms.

Hier ein praktisches Beispiel aus der Bestückung von Boards mit Oberflächenbauelementen mit bis zu 68 Anschlüssen: Die Aufgabe erfordert die Koordination eines ADEPT Roboters mit drei Kameras und der Fähigkeit zum schnellen Typenwechsel für die vielen verschiedenen Boards und Teile. Die übergeordnete Software besteht aus dem Hauptmenue und der Teiledatenbank, in der alle zu bestükkenden Komponenten mit ihren werksüblichen Bezeichnungen abgespeichert werden. Unter diesen Klartextbezeichnungen tauchen sie auch in allen Programmteilen auf.

In der Bauelemente-Typendatei werden die geometrischen Daten aller verwendeten Bauelemente einmal pro Typ abgespeichert.

Die Greiferdatenbank ordnet die verschiedenen Greifer oder Vakuumsauger für die einzelnen Bauelemente zu.

In der Teilebereitstellungs-Datenbank werden die Eigenschaften, Positionen und Fördergeschwindigkeiten der verwendeten Teileanbieter (Feeder) eingegeben. Wird ein häufig verwendetes Teil in mehreren Teileanbietern geführt, so gibt es auch in dieser Datenbank einen Querverweis und dadurch die automatische Umschaltung von einem Feeder auf den anderen. Auch die Zustandsübersicht über die Teilebereitstellung ist hier festgehalten sowie die vereinbarten Meldungen über Störungen in der Teilebereitstellung und deren weitere Verarbeitung.

Die Board-Datenbank enthält die geometrischen Daten der zu bestückenden Boards. Die Referenzmarken und alle zu bestückenden Positionen sind in X-, Y- und der Drehlage festgelegt. Die Positionen können mit Hilfe des Roboters im Einrichtbetrieb definiert, überprüft und verändert werden.

In der Koordinatensystem-Datenbank sind die verwendeten Koordinatensysteme für das Board, den Roboter bezogen auf seinen Greifer, die Bauelementespender und die Koordinatensysteme der verwendeten Kameras festgelegt. Für unterschiedliche Greifer sind auch eigene Koordinatensysteme abspeicherbar.

...

Die Wegedatenbank gibt Auskunft über Roboterbewegungen zum Bestücken der einzelnen Positionen der Boards. Dazu werden die geometrischen Daten der anderen Datenbanken verwendet. In dieser Datenbank lassen sich auch Ausweichbewegungen, Hindernisse und ähnliches festlegen.

Die Ablaufdatenbank für das Bestücken wird weitgehend automatisch aus den vorhergehenden Datenbanken gebildet und enthält den gesamten Ablauf. Hierin können auch gewöhnliche Roboterprogrammteile, z.B. für das Prüfen oder Justieren von Bauelementen, aufgerufen werden.

Alle diese Datenbanken lassen sich sowohl von externen Datenbanken des CAD-Systems laden oder menuegesteuert mit manuellen Eingaben versehen.
Während des Bestückens werden die Daten für das jeweilige Board und seine Bauelemente in den 2-MByte-Hauptspeicher des Roboters geladen und sind sofort verfügbar. Die Daten für die restlichen Boards bleiben auf der Winchester gespeichert, bis sie bei der Typenumstellung benötigt werden.

Ein bequemes Menue sorgt für Übersicht beim Programmieren und beim Bestükken. Mit diesem Menue kann in allen Datenbanken beliebig "geblättert" werden. Es zeigt aber vor allem auch den Status der Teilebereitstellung und der einzelnen Programmabläufe an. Für jeden Programmabschnitt beim Bestücken können spezifische Reports abgegeben werden. Ebenfalls sind detaillierte Hilfsanweisungen möglich, wenn die Help-Taste gedrückt wird. Damit können sehr konkrete und für den Fall passende Anweisungen für die Fehlerbeseitigung oder richtige Bedienung gegeben werden. Die Verbindung zu Leitrechnern, anderen Datenbanken und möglichen Nacharbeitsstationen kann über fünf serielle Schnittstellen, die softwarekonfigurierbar bis 19.200 Baud serielle Daten übertragen, durchgeführt werden. Für den Bediener ist vor allem die Statusübersicht das wichtigste Hilfsmittel, um kleine Störungen zu beheben. Er kann sich auch in allen Datenbanken informieren. Sie sind übersichtlich und im Klartext verfügbar. Die Möglichkeit, Datenbanken und Ablaufprogramm zu ändern, ist abgestuft nach Ausbildung und Qualifikation über unterschiedliche Softwareschlüssel.
Mit Hilfe dieses Softwaresystems ist der Typwechsel von Board zu Board innerhalb von 10 Sekunden durchführbar.

...

Es ist nicht mehr denkbar, die Bestückungspositionen für einige hundert Boards und Bauelemente noch einzeln einzugeben. Nur ein ausgefeiltes Softwaresystem wie beim ADEPT Roboter ermöglicht die Klartextprogrammierung, wie "Bestücke PLCC68-1927 auf Platz 23 des Boards Digitalfilter". Nur ein transparentes Datenbanksystem kann die notwendige Ordnung und Übersicht erhalten.

Über den wirtschaftlichen Erfolg beim Bestücken von Klein- und Mittelserien entscheidet die mitgelieferte Software.

Die hier nur kurz beschriebene übergeordnete Software AIM in VAL-II von ADEPT ist ein sehr wesentlicher Meilenstein auf dem Weg zur transparenten, leicht bedienbaren Software, die die volle Leistung der Steuerung und der Sensoren für die Lösung komplexer Probleme durch die Techniker in der Montage ermöglicht.

HAUPT MENUE AIM 1.5

Operationen		System Konfiguration	
1	Programm-Start	7	Daten-Verwaltung
2	Programm-Kontrolle	8	Sequenz und Platinen Menue
3	Ein-/Ausgangs-Kontrolle	9	Setzen der Benutzer-Ebene
4	Report	10	Bestückmodul-Justage
5	Hilfe-Infos	11	System-Erstellung
6	Zurück nach VAL-II		

Menue Auswahl:

SETZEN DER BENUTZEREBENE

Bediener: Jürgen   Pass-Wort: ROBOTECHNIK

Die Standard-Bediener-Ebenen sind:

Verantwortlichkeit	Ebene
Bediener	50
Einrichter	100
Betriebs-Ingenieur	150
System-Experte	200

Zugangsebene (0-254): 201

SYSTEM ERSTELLUNG

1	Eingabe Fehler-Meldungen	7	Eingabe Benutzer und Beien-Ebene
2	Eingabe Hilfs-Informationen	8	Linken aller geladenen Sequenzen
3	Eingabe Menues	9	Pausieren Menue-Steuerung
4	Eingabe Sequenz-Grundlage		
5	Eingabe Statements		
6	Eingabe Vision-Definitionen		

Menue Auswahl:

ZUFÜHRUNGS-KONTROLL-ANZEIGE

Zuführungs-Name: p68.feeder   Teil-Name: sab80535

Binäre Kontroll-Signale:

Signal-Name	EIN/AUS	Signal #	Status
Zuführung	EIN/AUS	1009	OFF
Teil bereit	EIN	1010	OFF
Neues Teil zuführen	AUS	2130	ON
Alarm Leere Zuführung	AUS	2140	ON

Nächste Paletten-Position (Reihe/Spalte): 1 / 1

Erstellt: 21-May-87 16:33:46   Letzte Änderung: 21-May-87 16:33:46

PLATINEN-REGISTER

Platinen-Name: bo_y261c   Disk file: asm2.db

Beschreibung:

Board Montage für SMD

Name des 1. Referenz-Rahmen der Platine: smd_board_1137

Name des 2. Referenz-Rahmen der Platine: smd_board_2451

Automatisches Laden der Platine beim System-Start: Y

...

BESTÜCK-MODUL-JUSTAGE

1 Wechsel der Werkzeug-Transformation

2 Teachen der Referenz-Rahmen mit dem Roboter

3 Umbenennung der globalen Referenz-Rahmen

Menue Auswahl :

Referenz-Rahmen mit dem Roboter teachen (Y/N) ?

Letzte Änderung: 21-May-87 16:37:38

REFERENZ RAHMEN

Name: smd_board_2 Roboter: 1

Beschreibung:
Relatives Koordinatensystem 2

Rahmen Wert:

450.69	76.72	0.00	0.000	0.000	-39.728

...

KAMERA

Name: cam_2 Virtuelle Kamera: 1 Roboter: 1

Objekt vom Roboter gehalten: Yes Schwing-Zeit: 0.5

Position: 427.41 -40.74 876.79 0.000 180.000 68.920

Speed: 100 Gerade: Y Relativ: N Fein: Y

Höhe/Break/Speed ANFAHREN: 0 / No / 50 ABFAHREN: 0 / No / 5

PARAMETER

THRESHOLD	49.	2. THRESHOLD	0.
MIN. GRADIENT	20.	MAX. ZEIT	10.00
ERSTE SPALTE	1.	LETZTE SPALTE	509.
ERSTE ZEILE	1.	LETZTE ZEILE	481.
MIN. FLÄCHE	10000.	MAX. FLÄCHE	262144.
MIN. LOCH. FLÄCHE	7000.	KANTEN-DISTANZ	0.
MAX. PIXEL. VAR	1.50	MAX. SUCH. DIST	3.
VERSTÄRKUNG	3.	OFFSET	10.

SOFTWARE-SCHALTER

GEGENLICHT	N	KANTEN
BINÄR	Y	GETEILT
LÖCHER	N	ERKENNUNG
ZEIG KANTEN	N	ZEIG ERKENN
ZEIG SUCHEN	N	STROBE

...

ROBOTECHNIK

SEQUENZ- UND PLATINEN-REGISTER

1 Geladene Sequenzen 3 Definierte Sequenzen

2 Geladene Platinen 4 Definierte Platinen

Menue Auswahl:

PLATINEN-POSITION

Name: p68.1

Position: -21.21 70.08 822.38 0.000 180.000 140.106

Speed: 100 Gerade: Y Relativ: Y Fein: Y Setkfg: N Auto: N Left:

Höhe/Break/Speed ANFAHREN: 12 / Yes / 20 ABFAHREN: 17 / Yes / 60

TEIL-TYP

Name: Trafo_2 Abhol-Routine: rn.ac.standard

Werkzeug: Greifer_4 Einsetz-Routine: rn.in.standard

Geschwindigkeit mit Teil: 60 Auswurf-Routine: rn.rj.standard

Einsetz-Such-Parameter:

	Schritt-Größe	Maximale Auslenkung
X-Achse:	0.05 mm	1.0 mm
Y-Achse:	0.05 mm	1.5 mm
Rot.-Achse:	0.02 deg	3.0 deg
ABFAHREN Höhe:	30 mm	3.0 deg

Wirtschaftlicher Einsatz von Industrierobotern beim Löten - Flexibilisierung der Löttechnik

B. Grünert

WIRTSCHAFTLICHER EINSATZ VON INDUSTRIE-ROBOTERN BEIM LÖTEN

1. Einleitung

Die Automatisierung von Prozessen ist heute ohne den Roboter kaum noch vorstellbar. Ca. 12.400 Geräte wurden bis Ende 1986 in der Bundesrepublik eingesetzt (1). Trotzdem gibt es, wie das Bild zeigt, erhebliche Unterschiede was den praktischen Einsatz von Robotern in unterschiedlichen Industriebereichen angeht, (Bild 1). So ist bekanntermaßen im Automobilbau beim Punktschweißen der intensivste Robotereinsatz zu verzeichnen. Im Gegensatz dazu gibt es Branchen, wo nur zögernd Roboter verwendet werden. Dies liegt u. a. einerseits sicherlich an derzeit noch unüberwindlichen technologischen Schwierigkeiten, andererseits an nicht klar erkennbaren wirtschaftlichen Vorteilen, die sinnvollerweise jede Investition zur Folge haben sollte.

Der Arbeitsprozess "Weichlöten" gehörte bis vor kurzem noch zu den Fertigungsvorgängen, die "roboter-ungeeignet" waren. Das lag nicht an dem Automatisierungsgerät Roboter, sondern vielmehr an der wenig erforschten Technologie des Weichlötens. Literaturhinweise zu diesem Thema sind äußerst spärlich.
Erst seit ca. 2 Jahren existiert ein Lehrstuhl für Weichlötung an der Universität München (2). Trotzdem oder gerade deshalb hat man bei der Firma PILZ ein Pilot-Projekt, das sich mit dieser Problematik befassen sollte, gestartet. Zum Zeitpunkt des Projektbeginns, im Jahre 1984, lagen keinerlei Erfahrungsberichte über das Weichlöten mit modernen flexiblen Automatisierungsmitteln, wie Industrie-Robotern, vor.

Ausgangssituation und Zielvorstellung des Vorhabens werden im Folgenden dargestellt.

...

2. Anforderungen an ein Automatisierungsgerät zum Löten

Um die im folgenden Kapitel erarbeiteten Anforderungen an ein Automatisierungsgerät zum Löten besser beurteilen zu können, muß zunächst kurz auf Struktur und Produktspektrum der Firma PILZ eingegangen werden.

Die Firma PILZ ist ein mittelständisches Unternehmen der Industrie-Elektronik.
Beschäftigt werden z. Z. ca. 240 Mitarbeiter.

Schwerpunkte der Aktivitäten sind

Entwicklung,
Produktion und
Vertrieb von elektronischen Steuerungsgeräten.

Einsatz finden diese Geräte in den Bereichen Maschinen-, Anlagen- und Automobilbau.

Es gibt fünf große Produktfamilien:

- Elektronische Zeitrelais mit fast allen in der Praxis benötigten Funktionen, (Bild 2).

- Elektronische Überwachungsgeräte zur Messung elektrischer Größen, zur Erhöhung der Betriebssicherheit von Maschinen und Anlagen, sowie zum Schutz des Bedienpersonals. Konkrete Beispiele sind u. a.: Strom- und Spannungsüberwachungsgeräte, Wirkleistungsmesser, Motorbelastungswächter sowie Zweihand-Sicherheitsrelais, (Bild 3).

- SPS, die sich in zwei Systemen darstellen, ein System für den unteren Preis/Leistungsbereich, und ein System zur Lösung technisch anspruchsvoller Steuerungsaufgaben, (Bild 4).

...

- Textanzeigesysteme zur Erhöhung der Bedienerfreundlichkeit und der Transparenz des zu steuernden Prozesses. Hierzu einige Schlagworte wie Bedienerführung, Fehlerdiagnose, Störmeldungen, Maschinendaten. (Bild 5).

- Bildschirmsysteme zur Verbesserung der Kommunikation zwischen Mensch und Maschine, (Bild 6).

- IBM-kompatible Rechner-Boards (XT, AT) im Doppeleuropaformat sowie komplette Industrie-PC's, (Bild 7).

Insbesondere bei den Produktgruppen, Zeitrelais und Überwachungsgeräte kommen sehr viele unterschiedliche Ausführungen vor. Ca. 4.000 verschiedene Gerätetypen existieren z. Z.

Diese immense Typenvielfalt stellt nicht nur die Verwaltung sondern im besonderen Maße die Produktion vor Probleme. Obwoh die Zahl der Arbeitsgänge relativ klein ist, wird durch die Vielfalt der Typen und die kleinen Losgrößen die Frage nach der Wirtschaftlichkeit der Produktion immer wieder akut. Verstärkt wird diese Problematik dadurch, daß einige Arbeitsgänge im Produktionszyklus manuell ausgeführt werden müssen. Folgende konstruktive, gerätespezifische Eigenschaften ließen bislang keine Automatisierung zur:

- Äußerst kompakte Bauweise (steigender Funktionsumfang bei gleichbleibender vorgegebener Gehäusegröße).

- Stumpflöten mehrerer Stegplatinen

- Bestückung unterschiedlichster Bauteile, wie beispielsweise hochintegrierte IC's und konventionelle Trafos sowie Relais.

Insbesondere beim Stumpflöten der Stegplatinen und beim Nachlöten von Lötstellen, die nicht im Lötbad bearbeitet werden können, existiert eine Schwachstelle im Produktionsablauf, hervorgerufen durch die manuelle Arbeitsweise.

...

Darüber hinaus birgt jeder manuelle Eingriff in einen Fertigungsprozeß die Gefahr einer Verschlechterung der Produktqualität in sich. Konstante Produktqualität ist im allgemeinen nur durch maschinelle Bearbeitung gegeben. Neben den technischen Nachteilen des manuellen Lötens gibt es auch humanitäre Gründe, die für das maschinelle Löten sprechen. So zählt das herkömmliche Löten mit dem Lötkolben sicherlich zu den besonders monotonen Arbeiten, die außerdem aufgrund der entstehenden Lötdämpfe u. U. die Gesundheit des betreffenden Mitarbeiters beeinflussen können.

Die Notwendigkeit des Einsatzes von Maschinen in diesem Fertigungsbereich ist also offensichtlich.

Bei der Auswahl eines geeigneten Gerätes sind die firmenspezifischen Belange von entscheidender Bedeutung. Unter Berücksichtigung dessen muß ein infrage kommendes Automatisierungsgerät folgende Anforderungen erfüllen:

- Hohe Flexibilität um schnelle und einfache Umrüstung zu erreichen.
- Verbesserung der Prozeßtransparenz
- Leichte Bedienbarkeit
- Einbindung in ein Gesamt-Automatisierungskonzept
- U. U. Übernahme zusätzlicher Arbeitsgänge.

Die Verbesserung der Taktzeit hat hierbei nur untergeordnete Bedeutung. Denn der Prozess "Löten" hat technologisch bedingt eine Zeitvorgabe die unabhängig von dem Gerät eingehalten werden muß. Diese Zeit ist stets erforderlich für die Lötmittelerwärmung und dauert 2,5 - 3 Secunden. Voraussetzung für eine Maschine ist, daß die Taktzeit natürlich nicht schlechter als bei manuellem Löten sein darf.

Diese Kriterien stellen nun die Basis für die Auswahl eines geeigneten Automatisierungsgerätes dar.

...

3. Realisierung des Automatisierungs-Projektes

Bei der Realisierung des Projektes im Hause PILZ war entscheidend, daß aus firmenspezifischen Gründen die Flexibilität die höchste Priorität bei der Beurteilung der Argumente erhielt. Diese Tatsache war zum damaligen Zeitpunkt ausschlaggebend für die Entscheidung, als Automatisierungsgerät einen Industrie-Roboter zum Stumpflöten einzusetzen.

Folgende Kriterien waren für die Auswahl eines geeigneten Gerätes wichtig:

- Roboter mit waagrechtem Knickarm (Scara)
- Reichweite: max. 1 Meter
- Belastung: 2 - 3 kg zur Aufnahme eines Lötwerkzeugs
- Möglichst geringe räumliche Ausdehnung
- Integrationsmöglichkeit in ein Rundschalttisch-System mit eigener SPS und Datenerfassungsstation
- Punkt-zu-Punkt-Steuerung
- Teach-in-Programmierung
- Eingabe zusätzlicher fertigungstechnologischer Parameter
- Kopplung an übergeordneten Rechner
- Optimales Preis/Leistungsverhältnis

Neben der Sepzifikation des Roboters war die Definition eines entsprechenden Lötwerkzeuges notwendig.

Es gab zum damaligen Zeitpunkt kaum Applikationen von Robotern im Fertigungsbereich "Löten". Demnach waren auch keine aussagekräftigen Erfahrungsberichte vorhanden, auf die man sich hätte stützen können. Löten mit Robotern war fertigungstechnisches Neuland. Demzufolge war die Entwicklung eines speziellen Lötwerkzeuges notwendig.

...

Das IPA, mit dem das Gesamtprojekt im Jahre 1984 begonnen wurde, stellte folgendes Pflichtenheft für ein robotergeeignetes Lötwerkzeug auf:

- Gewicht: $\leq$ 2 kg
- Federnde Lagerung des Werkzeugs um Tolleranzen auszugleichen
- Automatische Lötdrahtzuführung
- Automatische Reinigung der Lötspitze in einer speziellen Reinigungsposition
- Automatisches Wegklappen der Lötspitze zum Zweck der Reinigung
- Kraftsensor zur Prüfung, ob eine Leiterplatte vorhanden ist.

Damit war die Auflage im Detail präzisiert. Die aus dem Pflichtenheft resultierende Lösung eines Industrie-Rototers zum Löten ist im folgenden Bild dargestellt, (Bild 8).

Der Roboter ist ein waagrecht Knickarm-Gerät marktüblicher Ausführung mit PTP-Steuerung und Teach-in-Programmierung. Die Archivierung der Programme erfolgt auf Magnetband-Cassette. Das vom IPA entwickelte Lötwerkzeug kann an unterschiedliche Montage-Roboter angepasst werden. Die Anordnung von Lötkolben und Lötdrahtzuführung ist für unterschiedliche Anwendungsfälle veränderbar. Zur automatischen Reinigung der Lötspitze wird diese pneumatisch zur Seite geklappt. Die zur Einhaltung der Lötqualität maßgeblichen Parameter werden durch die Roboter-Steuerung vorgegeben und überprüft, (Bild 9).

...

In Stufen programmierbar sind:

- Anpressdruck der Lötspitze
- Erwärmungsdauer der Lötstelle
- Zeitpunkt der Lötdrahtzuführung
- Zuführgeschwindigkeit des Lötdrahtes
- Lötmenge
- Temperatur der Lötspitze

Die Aufnahme der Werkstücke erfolgt auf einem getakteten Rundschalttisch mit vier Aufnahmestationen. Eine zusätzliche Bedienstation vervollständigt die Anlage.

Das Gesamtsystem ist im folgenden Bild schematisch dargestellt, (Bild 10).

Der Roboter verfügt neben der eigentlichen Steuerung über das Handprogrammiergerät zur Eingabe der Lötparameter und eine Teach-Box zum Teachen der Lötpositionen. Der Rundschalttisch mit den vier Werkstückaufnahmestationen wird durch eine separate firmeneigen PILZ SPS-Pitronic P8 - angesteuert. Beide Systeme Korrespondieren über die digitale Ein-Ausgangsebene miteinander.

Zur Erhöhung der Transparenz des Arbeitsganges "Löten" werden Prozessdaten erfaßt und abgespeichert. Dies geschieht mit Hilfe des PILZ-Bildschirm-Systems "AVISA das ebenfalls über digitale Ein-Ausgänge mit der SPS verbunden ist. Erfaßt werden u. a.

- Gefertigte Stückzahl pro Gerätetype
- Produktionszeit
- Gerätestillstandszeit.

...

Neben der Prozeßdatenerfassung wird das AVISA zur Bedienerführung und im besonderen Maße auch zur Fehlererkennung und Diagnose verwendet.

Das Gesamtsystem ist so konzipiert, daß es jederzeit an einen übergeordneten Rechner angeschlossen werden kann.

Zur Zeit wird die Anlage mit einem Werkzeugwechsel-System ausgerüstet, mit dem Ziel, eine zusätzliche Produktreihe mit dem Roboter bearbeiten zu können. Bisher scheiterte dies an der mechanischen Konstruktion des vorhandenen Lötwerkzeuges. Die beiden Werkzeuge, die automatisch gewechselt werden können, erhöhen wesentlich die Einsatzbreite des Roboters.

Weitere Automatisierungsschritte - um die bestehende Fertigungsinsel herum - sind derzeit in der Planungsphase. Die vorhandene Roboter-Lötstation soll mit einem weiteren Automatisierungsgerät dahingehend erweiert werden, daß bisherige, sich an den Lötvorgang anschließende, manuelle Justagearbeiten ebenfalls automatisch ausgeführt werden können.

Die Einbindung in ein gesamtbetriebliches computerintegriertes Fertigungssystem (CIM) ist vorgesehen.

...

4. Ergebnisse

Das vorgestellte Löt-Roboter-System ist seit Anfang 1986 im praktischen Einsatz. Größere Probleme sind bisher nicht aufgetreten. Technisch gesehen ist das Projekt ein Erfolg. Der Schritt in die moderne Fertigungstechnik unter Verwendung von Industrie-Robotern beim Löten ist gelungen. Die Erkenntnisse hieraus ergeben neue Ansatzpunkte zur Lösung weiterer fertigungstechnischer Probleme. Der Einsatz des Roboters im Bereich der Fertigung elektronischer Geräte ist aus technischer Sicht unbestritten. Die wirtschaftliche Seite ist sicherlich pauschal nicht mit derartiger Bestimmtheit zu beurteilen. Firmenspezifische Eigenschaften spielen heir eine entscheidende Rolle.
Im Falle unseres Projektes stand von vornherein fest, daß der wirtschaftliche Erfolg nicht die erste Priorität hat. Wichtigstes Ergebnis mußte die eindeutige Verbesserung der Fertigungsflexibilität sein. Dieses Ziel wurde erreicht!

Voraussetzung hierfür waren u. a. folgende Eigenschaften des Automatisierungsgerätes:

- Freie Programmierbarkeit
- Abspeicherung von unterschiedlichen Bearbeitungsprogrammen
- Einfache Gerätebedienung
- Kurze Rüstzeiten

Die Flexibilität wird durch die vorher beschriebenen geplanten Ausbaustufen des Systems noch weiter erhöht.

...

Neben fertigungstechnischen Verbesserungen hat der Einsatz des Löt-Roboters natürlich auch wirtschaftlich positive Aspekte gebracht. Es hat sich gezeigt, daß beim Roboter ungefähr dieselben Zykluszeiten erreicht werden, wie bei manueller Lötung. Größere Abweichungen sind meist darauf zurückzuführen, daß beim manuellen Löten der Lötparameter "Erwärmungsdauer" nicht eingehalten wird. Außerdem wird die Reinigung der Lötspitze nicht regelmäßig durchgeführt. Die möglicherweise kürzeren manuellen Zykluszeiten beim Löten müssen also zwangsläufig durch Qualitätseinbußen erkauft werden (3). Demnach ergibt sich also bei gleichen Zykluszeiten eine eindeutig bessere Qualitätskonstanz der Produkte. Die Produktqualität wird außerdem dadurch erhöht, daß je nach Ausführung des Lötpunktes die Lötparameter angepasst, d. h. optimiert und von der Steuerung permanent überwacht werden können.

Aufgrund der zusätzlichen Bildschirmstation ist eine wesentlich bessere Prozeßtransparenz gegeben.
Das aktuelle Erfassen und Protokollieren von Parametern erlaubt jederzeit eine eindeutige Aussage über Auslastung und Effizienz des Gerätes. Das Bildschirmsystem beinhaltet eine umfangreiche Software zur Bedienerführung. Damit wird erreicht, daß Personal unterschiedlicher Qualifikation mit der Bedienung des Gerätes beauftragt werden kann. Die eindeutigen Bedienerhinweise, verbunden mit einer entsprechenden geräteinternen Überprüfung auf Plausibilität, schützen das Gerät vor Fehlbedienung und garantieren äußerst kurze Geräteeinweisungszeit für neues Bedienpersonal. Damit sind auch die Voraussetzungen geschaffen, daß dieser Arbeitsplatz nicht zu einem "Privilegierten-Platz" wird.

...

Neben der Bedienerführung verfügt das AVISA über eine Software zur Fehlererkennung und Fehlerdiagnose. Ausfälle von Gerätekomponenten werden sofort erkannt und auf dem Monitor angezeigt. Dadurch ist eine schnelle und gezielte Reparatur möglich, die Voraussetzung für kurze Gerätestillstandszeiten und damit höhere Effizienz ist.

Personaleinsparungen sind derzeit durch den Robotereinsatz nicht gegeben.Denn vor der manuellen Bestückung des Gerätes ist ein zusätzlicher Montagearbeitsgang nötig, der aus konstruktiven Gründen manuell ausgeführt werden muß. Erst der Einsatz eines zweiten gleichartigen Roboters würde die Einsparung einer Person zur Folge haben, da aufgrund der Löttaktzeit eines Gerätes die Bedienperson Zeit hat, ein zweites Gerät zu bestücken.

Zusammenfassend läßt sich also sagen, daß mit dem hier vorgestellten Gerät deutliche Verbesserungen der Fertigungsflexibilität erreicht wurden. Außerdem sind wirtschaftliche Vorteile, hervorgerufen durch Qualitätsverbesserungen der Produkte und höhere Verfügbarkeit zu verzeichnen. Aufgrund dieser Ergebnisse und des zweijährigen problemlosen praktischen Einsatzes, sowie der generellen innerbetrieblichen Akzeptanz werden weitere Investitionen in derartige Automatisierungsgeräte geplant.

LITERATURHINWEISE

[1]: H. J. Warnecke, R. D. Schraft, G. Würz, IPA
Montage- und Handhabungstechnik - eine Bestandsaufnahme.

[2]: Lötkolben in ROBOTER-Hand
E. Wolf, IPA.

[3]: Löten mit Industrieroboter
WT, IB 7.

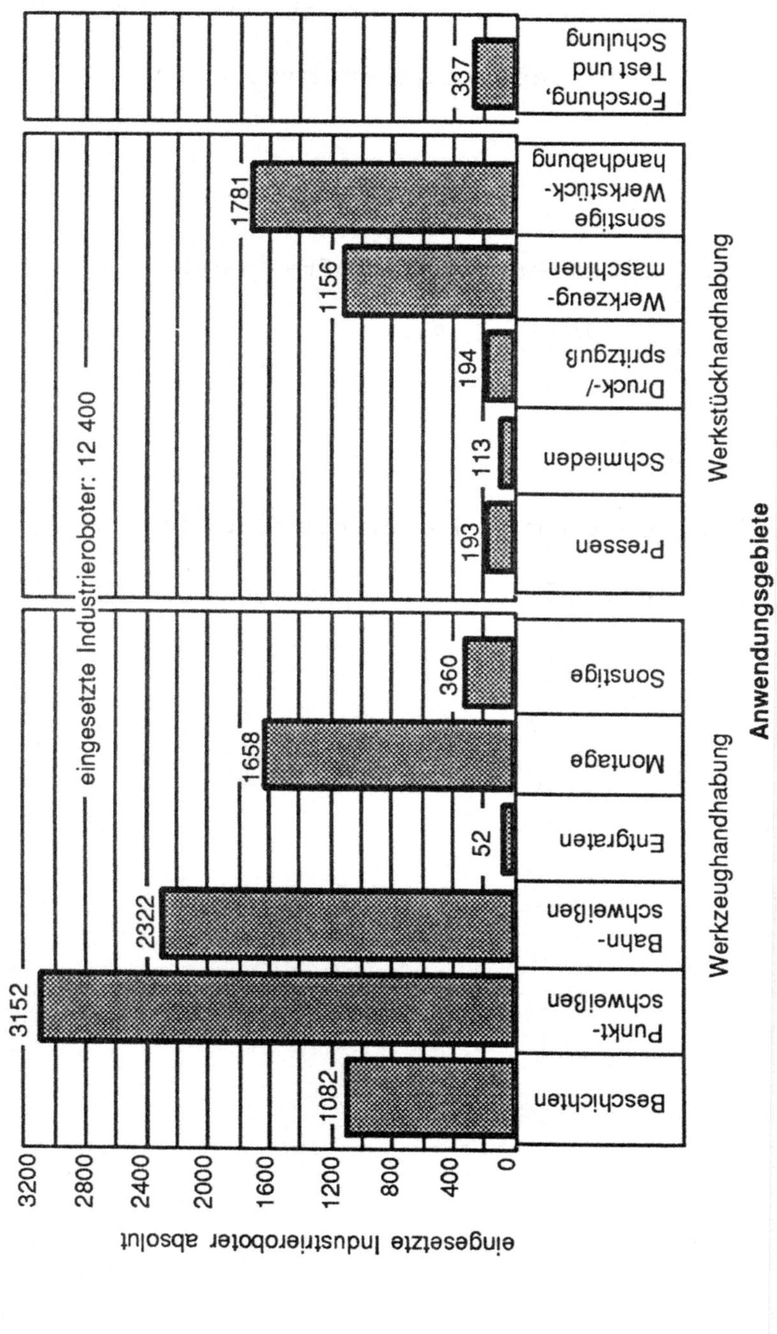
eingesetzte Industrieroboter absolut
3200
2800
2400
2000
1600
1200
800
400
0
eingesetzte Industrieroboter: 12 400
1082
3152
2322
52
1658
360
193
113
194
1156
1781
337
Beschichten
Punkt-schweißen
Bahn-schweißen
Entgraten
Montage
Sonstige
Pressen
Schmieden
Druck-/spritzguß
Werkzeug-maschinen
sonstige Werkstück-handhabung
Forschung, Test und Schulung
Werkzeughandhabung
Werkstückhandhabung
Anwendungsgebiete

BILD 1

BILD 2

BILD 3

BILD 4

Pilz Fluoreszenz
Klartext - Anzeigen

BILD 6

BILD

BILD 8

BILD

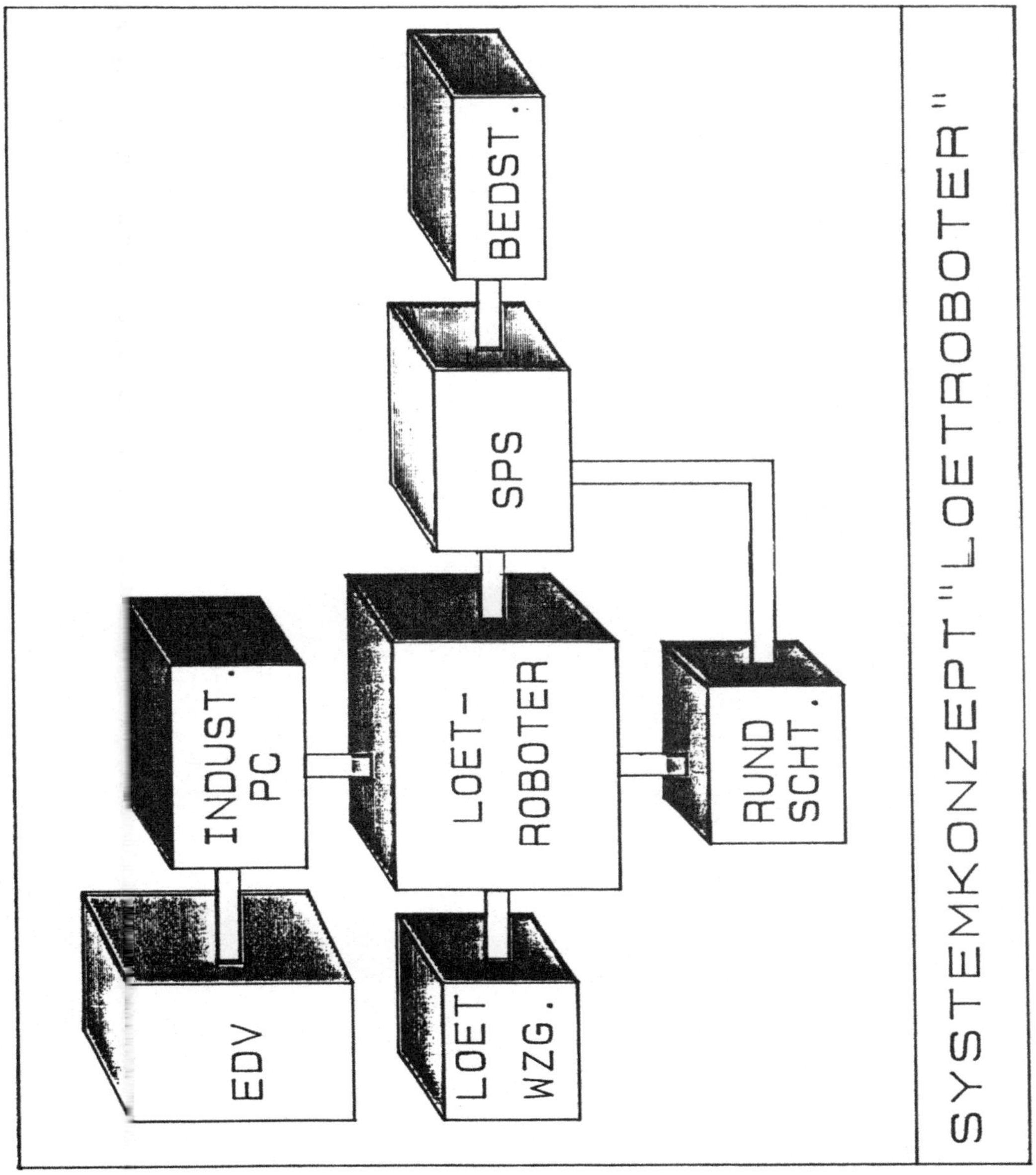
EDV
INDUST. PC
LOET-ROBOTER
SPS
BEDST.
LOET WZG.
RUND SCHT.
SYSTEMKONZEPT "LOETROBOTER"

BILD 10

Erfahrungen und Konsequenzen aus Halle 54

M. Bartl

Die Halle 54 im Volkswagenwerk Wolfsburg stieß während ihres Aufbaus und Anlaufs auf ein breites öffentliches Interesse. Die Inbetriebnahme wurde von der Presse teilweise mit den Schlagworten "japanische Verhältnisse bei VW", "Geisterhalle", "Roboterfertigung" usw. kommentiert **(Bild 1)**.

In der Berichterstattung ist in den letzten Jahren eine Versachlichung eingetreten. Die Publikationen machen den gegenwärtig stattfindenden umwälzenden Strukturwandel im Automobilbau deutlich.

Dieser Strukturwandel ist geprägt von einem allseitig spürbaren Qualitätszuwachs und immer rationellerer, präziserer Fertigungstechnik.

Mit dem Golf der 2. Generation entstand für die VW-AG erstmals ein Fahrzeug, das in seiner Konzeption und seinen konstruktiven Details weitgehend auf eine mechanisierte Herstellung abgestimmt ist.

Gerade dieses Modell verkörpert für uns den drastischen Wandel in der industriellen Praxis.

Nachdem in den Jahren zuvor die Fertigung von Blechteilen und Rohkarosserien fast vollständig mechanisiert wurde, veränderte - mit Anlauf der Halle 54 - modernste Automatisierungstechnik die Fahrzeug-Endmontage.

Dieser Fortschritt verbesserte nicht nur die Produktivität und Wettbewerbsfähigkeit des Unternehmens, sondern ermöglichte gleichzeitig die Einrichtung ergonomisch gestalteter, höherwertiger Arbeitsplatzsysteme.

Die Halle 54 wurde zu einem Symbol für zukunftsweisende Technik im Automobilbau.

Zwänge zur Fertigungsumstrukturierung

Die Halle 54 entstand im Zuge einer tiefgreifenden Fertigungsumstrukturierung in der Montage des Werkes Wolfsburg **(Bild 2)**.

Zum damaligen Zeitpunkt trafen:

- o eine Produktanreicherung in der 2. Golf-Generation und
- o Arbeitszeitverkürzungen als Auswirkung von Tariffestlegungen

auf

- o beengte räumliche Verhältnisse in der Montage
- o mit einer vorhandenen hohen Werkerdichte von mehr als 5 Werkern/Takt.

Die Fortsetzung von Maßnahmen zur Qualitätssteigerung waren dabei eine unabdingbare Zielgröße.

Die daraus abgeleiteten Alternativen:

- o Kapazitätseinschränkungen,
- o Verringerung der Fertigungstiefe,
- o Erhöhung der Werkerdichte

waren nicht akzeptabel.

Die Entscheidung zu Gunsten einer Verlängerung von 5 Montagelinien um je 60 Takte <u>und</u> eines höheren Einsatzes automatisierter Fertigungstechnologien war die Geburtsstunde der Halle 54.

Voraussetzungen für die automatische Montage

Als 1979 die Konzeptionsphase für die automatische Montage des Golf II begann, wurde sehr schnell klar, das auch die hergebrachten Fahrzeugkonzeptionen einer grundlegenden Umgestaltung unterliegen mußten (**Bild 3**).

So war es die enge kooperative Zusammenarbeit zwischen dem Produktentwickler und dem Fertigungsplaner, die ein Fahrzeug entstehen ließ, dessen konstruktive Auslegung und montagefreundliche Teilegestaltung die Konzeptionierung der automatischen Montage erst möglich machte.

Für die vorgelagerten Bereiche der Montage mußten Fertigungstechnologien entwickelt werden, die eine höhere Verarbeitungsqualität und eine unbedingte Einhaltung der eingeengten Maßtoleranzen gewährleisteten.

Die Entwicklung einer gänzlich neuen Schraub- und Clipstechnik war vonnöten, da die Marktangebote den technischen und qualitativen Anforderungen nicht entsprachen.

Mit dem Gesamtkonzept der automatisierten Montagen wurden weiterhin neue Qualitätsüberwachungs- sowie neue Materialleitsysteme und nicht zuletzt eine Neuorganisation der Instandhaltung realisiert.

Chronologie

Mit dem Auftag zur Konzeptplanung 1979 war der Anstoß für die Halle 54 gegeben **(Bild 4)**.

Die Inbetriebnahme der Baustufe 1, d. h. der Anlauf der eingangs erwähnten 5 Montagelinien, erfolgte im Juli 1982. Parallel dazu verlief die Erprobung und Einarbeitung der Fertigungsanlagen für die automatische Montage.

Dessen Inbetriebnahme - die Inbetriebnahme der s. g. Baustufe 2 - startete schließlich im Februar 1983.

Im Mai 1983 war es dann soweit, der Serienanlauf des Golf II begann.

Anlauf

Viele Außenstehende, die das Projekt Halle 54 beobachtend begleiteten, waren über die Jahre der Planung und des Aufbaus nicht sparsam mit skeptischen Kommentaren.

Wie bei jeder Projektierung blieben Restrisiken bis zur Realisierung bestehen.

Trotz der zahlreichen positiven Test- und Probeläufe der Fertigungsanlagen mußten Störgrößen, die der vorgegebenen Anlaufkurve zuwiderliefen, zeitlich in den Ablauf eingebaut werden. Doch mit dem Produktionsbeginn stieg die gefertigte Fahrzeug-Stückzahl entsprechend dieser Anlaufkurve steil an **(Bild 5)**.

Trotz einiger Schwierigkeiten im Jahre 1984

- in diesem Jahr gab es aufgrund der harten Auseinandersetzungen über die Einführung der 35-Stunden-Woche, streikbedingte Ausfälle -

wurde die geplante Stückzahl von 2.400 Fahrzeugen/Tag bereits nach ca. einem Jahr erreicht.

Dieses Ergebnis war nur durch den extremen persönlichen Einsatz aller Beteiligten möglich. Die hohe Motivation für diesen Einsatz wird klar, wenn man bedenkt, daß ein ungünstigerer Anlauf oder gar ein Scheitern starke Auswirkungen auf den Konzern gehabt hätte.

Die Jahre 1985 bis 1987 stellten neue Herausforderungen an die automatisierte Montage.

In diesen Jahren mußten die Fertigungsanlagen ihre Änderungs- und Mengenflexibilität beweisen.

Im Zuge der Einführung von Sondermodellen, Mehrausstattungen und Höhermotorisierungen sowie Neuerungen gesetzlicher Bestimmungen, stieg die zu verbauende Teilevielfalt gegenüber der Planzahl von 1982 zum Teil drastisch an.

Beispiele:	Motorblöcke	von	28 Stück	auf	51 Stück,	
	Federbeine	von	30 Stück	auf	380 Stück,	
	Frontend	von	98 Stück	auf	600 Stück	oder gar
	Triebsätze	von	450 Stück	auf	18.000 Stück.	

Die einfließenden Produktänderungen durften keinen negativen Einfluß auf die Stückzahl-Ausbringung haben, da gleichzeitig aufgrund der großen Marktnachfrage eine laufende Kapazitätserhöhung erforderlich wurde.

Auch hier stellte sich das Gesamtkonzept erfolgreich diesen Herausforderungen, so daß 1987 eine maximale Kapazität von ca. 3.460 Fahrzeugen/Tag bereit stand.

Inhaltliche Darstellung der Halle 54

Der Film "Automatisch montieren" zeigt den Aufbau, die Funktion und die Wirkungsweise der Halle 54 und gibt einen ausführlichen Einblick in die komplexe Technik der mechanisierten Montage.

Film: "Automatisch montieren"

Zielsetzung

Die Zielsetzungen, die zum Zeitpunkt der Projektierung formuliert wurden, lassen sich in 4 Punkten zusammenfassen **(Bild 6):**

1. Steigerung des Mechanisierungsgrades,
2. Senkung der Fertigungskosten,
3. Steigerung der Qualität und
4. Humanisierung.

Doch welche Bilanz kann heute nach fast 5-jährigem Betrieb der Halle 54 in Bezug auf die damaligen Zielsetzungen gezogen werden?

Zum Punkt 1 der Zielsetzung

- Steigerung des Mechanisierungsgrades -

Der Mechanisierungsgrad drückt innerhalb eines Fertigungsbereiches aus, wie hoch der Anteil der mechanisierten Arbeitsinhalte eines Fahrzeuges gegenüber dem Anteil der noch verbliebenen manuellen Arbeitsinhalte ist.

Beim Golf der 1. Generation verteilten sich die Mechanisierungsgrade über die einzelnen Fertigungsbereiche **(Bild 7)**:

Preßwerk	85 %
Rohbau	75 % und
Montage	5 %

Die Diskrepanz von Preßwerk/Rohbau auf der einen Seite und der Montage auf der anderen Seite war deutlich. Wobei verschärfend noch hinzugefügt werden muß, daß die Montage über 50 % der Fertigungszeit und damit auch des Personals gebunden hat.

Aber diese 5 % Mechanisierungsgrad in der Montage waren zum damaligen Zeitpunkt Weltstandard in der Automobilindustrie. Gleichzeitig waren diese 5 % natürlich eine permanente Herausforderung an den Montageplaner, wenn er den Vergleich mit dem Preßwerks- bzw. Rohbauplaner zog.

Mit dem Golf der 2. Generation - sprich Anlauf der Halle 54 - verteilten sich die prozentualen Anteile der Mechanisierungsgrade wie folgt:

Preßwerk	90 %
Rohbau	80 % und
Montage	25 %

Das Preßwerk und der Rohbau konnten trotz bereits hoher Anteile den Mechanisierungsgrad noch um je 5 %-Punkte steigern.

Es wird aber deutlich, daß aus der Zielsetzung "Steigerung des Mechanisierungsgrades" in der Montage ein gewaltiger "Sprung des Mechanisierungsgrades" wurde.

Eine wesentliche Steigerung des Mechanisierungsgrades in der Montage ist dann nur noch mit einer neuen, anders gearteten Fahrzeugkonzeption erreichbar.

- Eine Aufgabe und neue Herausforderung für Entwickler und Produktionstechniker in den nächsten Jahren -

Zum Punkt 2 der Zielsetzung

- Reduzierung der Fertigungskosten -

Die prognostizierten hohen Absatzzahlen und damit verbundene Kapazitätserhöhungen sowie die gleichzeitig einfließenden werterhöhenden Produktmaßnahmen zeigten einen stark steigenden Personalbedarf auf.

Die Fertigungszeiteinsparungen, erreicht durch die Mechanisierung, liefen diesem Prozeß entgegen.

Die Einsparungen betrugen in der

- o Baustufe 1 - manuelle Montage : ca. 1 Stunde,
- o Baustufe 2 - mechanisierte Montage : ca. 2 Stunden.

Diese Entwicklung bewirkte für die Montage des Golf II einen um ca. 1.000 Personen geringeren Personalbedarf.

Zu Punkt 3 der Zielsetzung

- Steigerung der Qualität -

Die Zuverlässigkeit eines Automobils ist nicht nur durch die Zuverlässigkeit der Einzelteile bestimmt, sondern gleichermaßen durch die Güte einer fehlerlosen Montage.

In der konventionellen - sprich manuellen - Montage bedeutet dies überwiegend "Werkerstolz", der natürlich individuell ausgeprägt ist.

Automatisierte Montage erfordert Komponenten von hoher Genauigkeit und Gleichmäßigkeit. Abweichungen führen unausweichlich zu einer Störung in der automatisierten Montage. Um solche Störungen zu reduzieren, müssen die zu verarbeitenden Komponenten strikt innerhalb der vorgeschriebenen Toleranzen gehalten werden. Dies wird durch den massiven Einsatz von Lehren und Prüfeinrichtungen im Rohbau wie auch in den einzelnen Vormontagen erreicht. Dieser Zwang verbessert natürlich im Gegenzug die Gleichmäßigkeit und damit auch die Qualität des fertigen Produktes **(Bild 8)**.

Das Beispiel im Bild 12 zeigt deutlich, wie stark die Toleranzen zum Beispiel im Rohbau eingeengt werden mußten.

Um die Bauabweichungen während des gesamten Fertigungsprozesses zu minimieren, werden die gleichen Aufnahmepunkte vom Einzelteil im Preßwerk bis hin zum fertigen Endprodukt in der Montage verwendet. Damit wird eine exakte, reproduzierbare Positionierung in jeder einzelnen Fertigungsstufe erreicht.

Der Schraubvorgang ist der letzte Schritt im eigentlichen Fertigungsablauf. Deshalb läßt sich die Güte des gesamten automatisierten Prozesses in den Verschraubungsergebnissen ablesen.

In dieser Tatsache liegt die Hauptbegründung für die hohe Bedeutung und den großen Aufwand, den Volkswagen bei der Überwachung der Verschraubungen und Erfassung der Verschraubungsdaten betreibt.

In der automatisierten Montage des Golf II wurden zu Beginn des Produktionsanlaufes ca. 360 Schraubverbindungen automatisch hergestellt. Heute liegt die Zahl bei ca. 420.

Sämtliche Schraubverbindungen werden mit einem drehmomentgesteuerten, drehwinkelkontrollierten Hochgenauigkeitsschrauber hergestellt **(Bild 9)**.

Der Schraubvorgang wird bei Erreichung des vorbestimmten Drehmomentwertes abgeschaltet. Der Drehwinkel wird dabei gleichzeitig überwacht. Im Normalfall liegen die Meßwerte für Drehmoment und Drehwinkel dann innerhalb der festgelegten Toleranz von $< \pm 5$ % und die Verbindung ist damit akzeptiert.

Liegt einer der Werte außerhalb der Toleranz, wird die Karosserie in einer nachfolgenden "Reservestation" angehalten und über einen Bildschirm wird dem Straßenführer der Nacharbeitsumfang angezeigt

Der dazu notwendige Datentransport erfolgt über mobile Datenspeicher (MDC), die an dem Fahrzeuggehänge befestigt sind. Diese mobilen Datenspeicher kommunizieren mit autonomen Kleinrechnern in den Arbeits- und Reservestationen, die im Verbund mit den jeweiligen Schraubersteuerungen stehen.

Jedem Fahrzeug ist somit ein bestimmter Datenspeicher zugeordnet. Er sammelt nun während eines Produktionsdurchlaufes alle angefallenen produktions- und qualitätsbezogenen Daten.

Es hat sich herausgestellt, daß der eigentliche Vorteil dieser Technik, neben der Dokumentation der Verschraubungsergebnisse in den Fahrzeugbegleitpapieren, in deren statistischer Auswertung zur Erhöhung der Prozeßsicherheit liegt.

Alle Aktivitäten zur Verbesserung der Prozeßfähigkeit basieren auf diesen Daten.

Mit diesem Hilfsmittel waren wir in der Lage, die "In Prozeß-Fehler" und Abweichung deutlich zu reduzieren und so die Qualität unserer Fahrzeuge und die Effektivität der Fertigung zu erhöhen.

Alle bisherigen Erfahrungen zusammengefaßt kann festgestellt werden, daß die automatische Montage eine bisher nicht gekannte Präzision und Wiederholgenauigkeit bietet.

Zum Punkt 4 der Zielsetzung

- Humanisierung -

Im gesamten Bereich der Halle 54 wurde der Humanisierungsgedanke - Entfall der "Überkopfarbeit" - in die Tat umgesetzt. Dabei entstand eine Unterflurmontage, die durchgehend mechanisiert ist. Das Personal hat dort eine reine Überwachungsfunktion.

Die verbleibenden Arbeitsplätze in den Fertigungs- und Materialumschlagsbereichen wurden nach den neuesten ergonomischen Erkenntnissen gestaltet. Auch entfiel die Taktbindung für die Mitarbeiter an den Fertigungsstraßen und den Vormontagen durch vorgelagerte Puffersysteme.

Die Aufgaben der Anlagenführer wurden neben dem Bedienen und Überwachen auf das Beseitigen von Störungen und Fehlern erweitert. Hier wurde eine intensive interne Schulung der Betroffenen in die neue Anlagentechnik durchgeführt.

Vor ca. einem Jahr wurde dieser Personenkreis von der arbeitsmedizinischen Abteilung im Werk Wolfsburg nach der persönlichen Zufriedenheit über spezielle Gegebenheiten ihres Arbeitssystems befragt **(Bild 10)**.

Das Ergebnis zeigt eine grundsätzlich positive Tendenz.

Überraschend für uns Produktionstechniker war, daß die Frage nach den Arbeitsbedingungen relativ zum Gesamtspektrum abfällt, auch wenn graduell Zufriedenheit konstatiert werden kann.

Hier muß im Einzelfall geprüft werden, ob nicht einem Belastungsabbau auf der einen Seite, wie durch die Umsetzung der neuesten arbeitswissenschaftlichen Erkenntnisse in der Halle 54 geschehen, eine Belastungszunahme auf der anderen Seite gegenübersteht.

Dies zu untersuchen und die bestehenden Gestaltungsspielräume im Sinne der Gesundheit und Zufriedenheit der Mitarbeiter auszufüllen, ist Aufgabe der weiteren Planungen.

Wirtschaftlichkeit der Halle 54

Die Errichtung der Halle 54 stand natürlich unter der Prämisse

- Wirtschaftlichkeit -

(Bild 11)

Die Summe der Gesamtinvestitionen betrug 550 Mio. DM.

Die Investitionsdifferenz zu Alternativlösungen und die übrigen Faktoren der kalkulatorischen Ansätze führten zu einer Amortisationszeit von ca. 2,7 Jahren.

Mit der zur Zeit erreichten kumulierten Fahrzeugstückzahl von 2,7 Mio. Stück, wurde die Grenzstückzahl von ca. 1,5 Mio. Stück bereits überschritten.

Die permanente Überbietung der Kapazitäts-Planzahl läßt somit eine tendenziell weiter steigende Rendite erwarten.

Die genannten Daten zeigen somit deutlich auch den betriebswirtschaftlichen Erfolg, den die Halle 54 im Unternehmen verbuchen kann.

Verfügbarkeit und Produktivität

Ausschlaggebend für die Wirtschaftlichkeit von Fertigungssystemen ist ihre Produktivität, die im entscheidendem Maß von der Verfügbarkeit abhängt **(Bild 12)**.

Der Planungsansatz, bei dem eine Verfügbarkeit von 80 % veranschlagt wurde, bezog sich auf 600 Fahrzeuge/Straße/Schicht bei einer Taktzeit von 1,8 Fahrzeugen/min.

Dieser Ansatz wurde zunächst bei einer Taktzeit von 1,56 Fahrzeugen/min. mit dem Einsatz von Springern erreicht.

Bei dem Produktionsanstieg in den letzten Jahren auf 692 Fahrzeuge/ Straße/Schicht konnte dabei die technische Verfügbarkeit auf max. 92 % gesteigert werden. Eine stolze Zahl, die sicherlich noch steigerungsfähig ist, wenn man bedenkt, daß in einer Ausnahmesituation bereits 771 Fahrzeuge/Schicht auf einer Fertigungsstraße gefahren werden konnten. Restriktionen ergeben sich dabei allerdings aus dem Umfeld.

Ausblick für zukünftige Montagefertigungen

Die Halle 54 war der Beginn einer neuen Ära in der Montagetechnik.

Viele Wettbewerber haben in den letzten Jahren vergleichbare Produktionsanlagen entwickelt und in Betrieb genommen. Doch in ihrer technologischen Komplexität bleibt die Halle 54 weiterhin beispielhaft.

Entwicklungen in der Produktionstechnik hängen ursächlich mit den Entwicklungstrends in der Gesamtwirtschaft, und zwar sowohl auf dem Arbeitsmarkt als auch auf dem Absatzmarkt zusammen.

So werden zukünftige Montagekonzepte einen deutlich höheren Mechanisierungsgrad, bei wesentlich stärkerer Flexibilität aufweisen. Aus der Rückkopplung des Produktionsfortschritts entsprechend der Forderung nach einem höheren Mechanisierungsgrad erwachsen dem Produktentwickler und -Designer neue, immer zwingender werdende Aufgaben.

Das modulare Auto als Fahrzeugkonzept ist hier der richtungsweisende Gedankenansatz aus Sicht des Produktionstechnikers.

Die Notwendigkeit zu stärkerer Flexibilität resultiert aus dem Zwang einer besseren Kapitalnutzung der fertigungstechnischen Anlagen. Bei Volkswagen unterscheiden wir nach den Flexibilitätskategorien:

- o Mengenflexibilität,
- o Typenflexibilität,
- o Änderungsflexibilität und
- o Störungsflexibilität.

Die Erklärungen hierzu ergeben sich aus den produktseitigen und fertigungsplanerischen Einflußgrößenänderungen, die von den Produktionsanlagen der Zukunft mit einem minimierten Kapitaleinsatz kompensiert werden müssen **(Bild 13)**.

Für die Halle 54 bedeutet dies eine weitere nachhaltige Bewährungsprobe während des nächsten Generationswechsels vom Golf der 2. Generation zum Golf der 3. Generation.

Die Adaption hochflexibler neuer Montagetechniken in die vorhandenen Fertigungsanlagen bei gleichzeitig laufender Produktion des Golf II ohne Kapazitäts- und Stückzahlverluste ist hierbei erklärtes Ziel der Produktionsplanung.

Das zu erwartende höhere Fertigungspotential des Golfs der 3. Generation, verbunden mit der Fertigungsflächenrestriktion, wird die Integration von größeren Arbeitsinhalten und damit die Komplexität der einzelnen Stationen in der automatischen Montage steigen lassen.

Der Roboter und dessen konsequenter Einsatz werden hier eine zentrale Funktion übernehmen.

A N H A N G

Bildteil

VW – der beste Förderanlagen-Hersteller, den es zur Zeit gibt ?

Als erster Autohersteller der Welt setzt das Volkswagenwerk Roboter bei der Endmontage des neuen Golf ein.

In der Golf-Montage in Halle 54 arbeiten hundertmal mehr Menschen als Roboter

Automaten bauen Autos

Kollege Roboter kennt keine Pause

Das Ende einer Legende

Den Sprung vom Bandarbeiter zum Roboter-Aufseher

Montage unter dem Auto. Früher renkten sich hier Monteure die Arme aus – heute ein Griff für »Robbi«

Automobilbau im Wandel

Golf-Fertigung mit neuen Technologien

Kommentar

Für das Vorbild fehlt der Maßstab

Das Unsichtbare in Halle 54

Manuelle Montage wird mechanisiert

Innovative Automobil-Fertigung setzt automatisierungsgerechte Konstruktion voraus

Die flexible Halle 54 ist das Gegenteil der starren Detroit-Automation

Die vergessenen 50 Prozent

AUTO-INDUSTRIE

Nichts Vergleichbares

Zwänge zur Fertigungsumstrukturierung

- Produktanreicherung in der 2. Golf-Generation
- Arbeitszeitverkürzung
- beengte räumliche Verhältnisse
- hohe Werkerdichte von mehr als 5 Werkern / Takt
- Fortsetzung von Maßnahmen zur Qualitätssteigerung

19.11.87

Bild 2

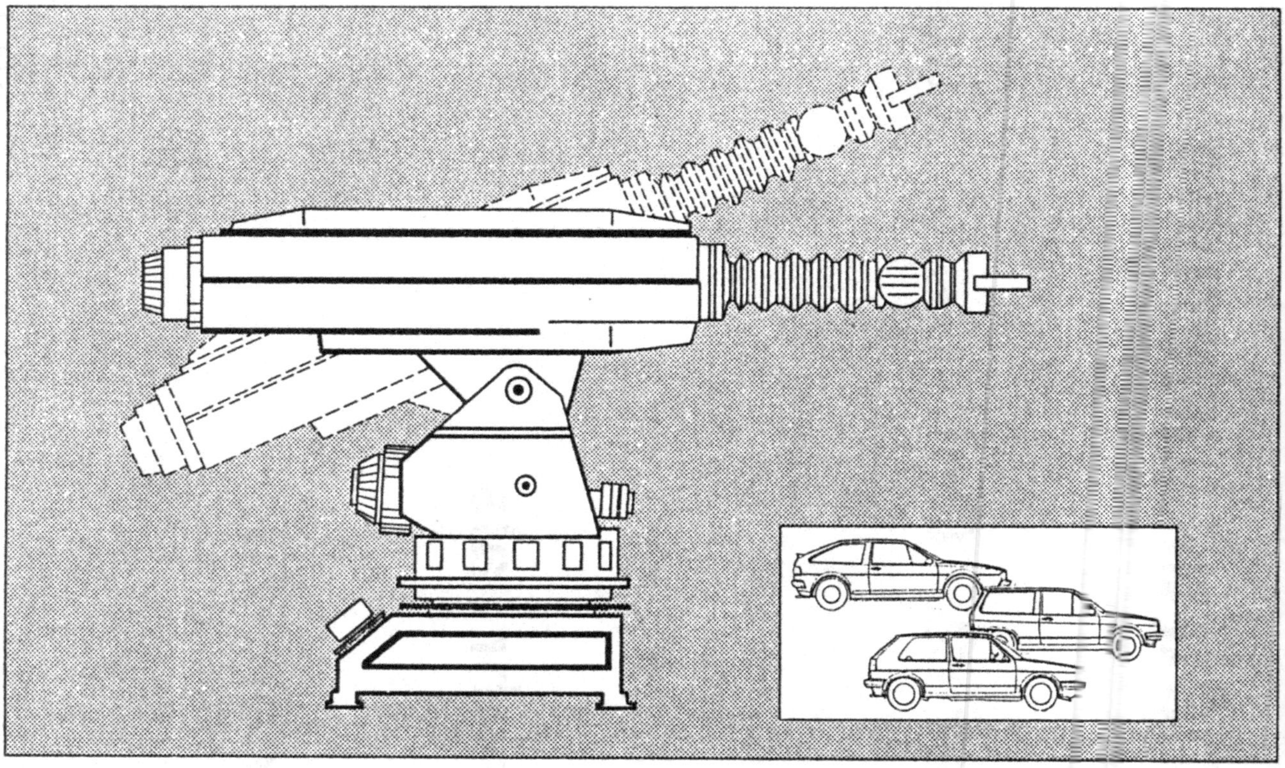

Voraussetzungen für die automatische Montage

- Konstruktive Auslegung des Fahrzeuges
- Montagefreundliche Teilegestaltung
- Absolute Maßeinhaltung im vorgelagerten Bereich
  - Preßwerk , Rohbau , Kaufteile
- Entsprechende Verarbeitungsqualität in vorgelagerten Bereichen
  - Lackiererei , Karosseriemontage
- Montagegerechte Schrauben / Clipse
- Geeignete Schraub- und Cliptechnik
- Qualitätsüberwachungssysteme
- Neues Materialflußkonzept
- Überlegungen zur Instandhaltung

Bild 3

Terminübersicht

- ▶ Baubeginn der Halle 54 : Dezember 1980
- ▶ Inbetriebnahme Baustufe 1 : Juli 1982
- ▶ Inbetriebnahme Baustufe 2 : Februar 1983

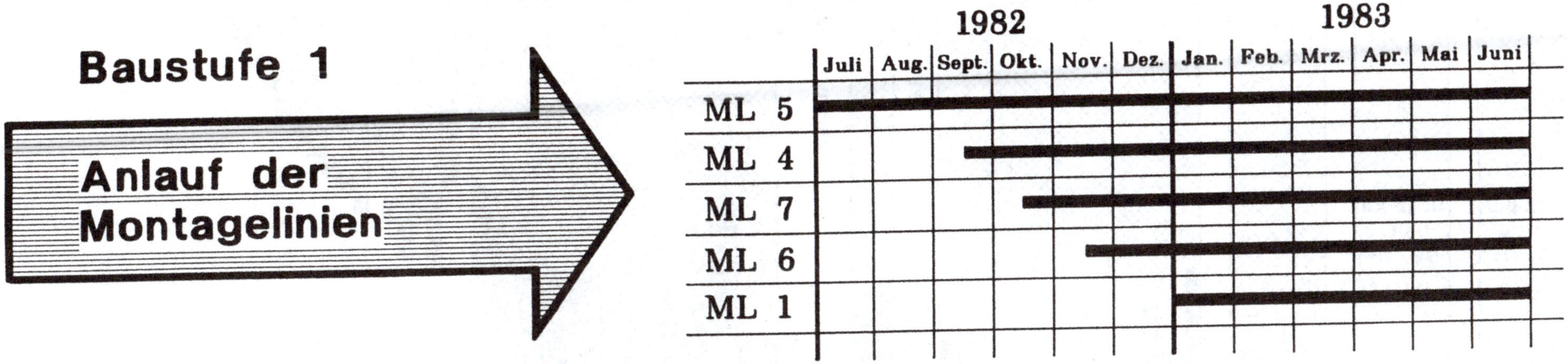

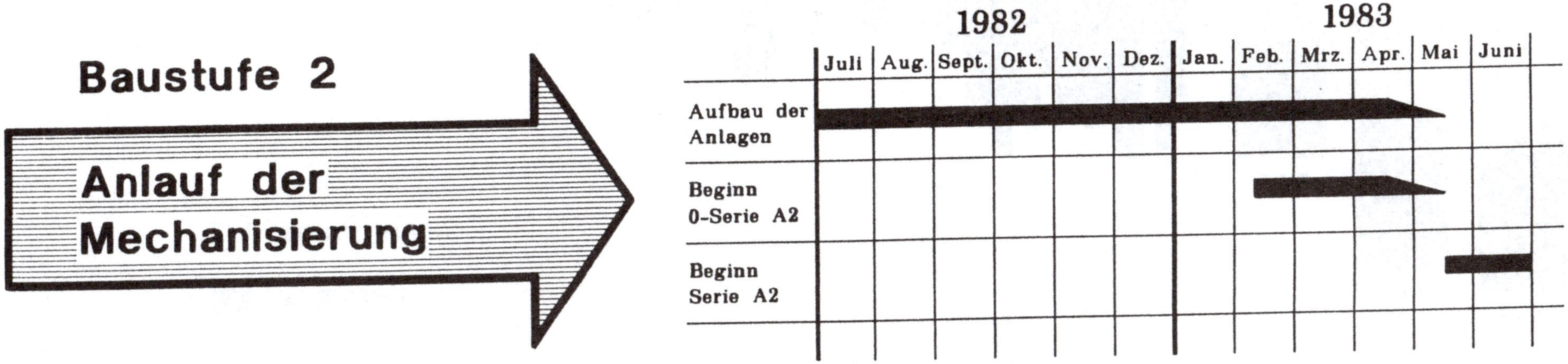

Bild 4

A n l a u f   A 2

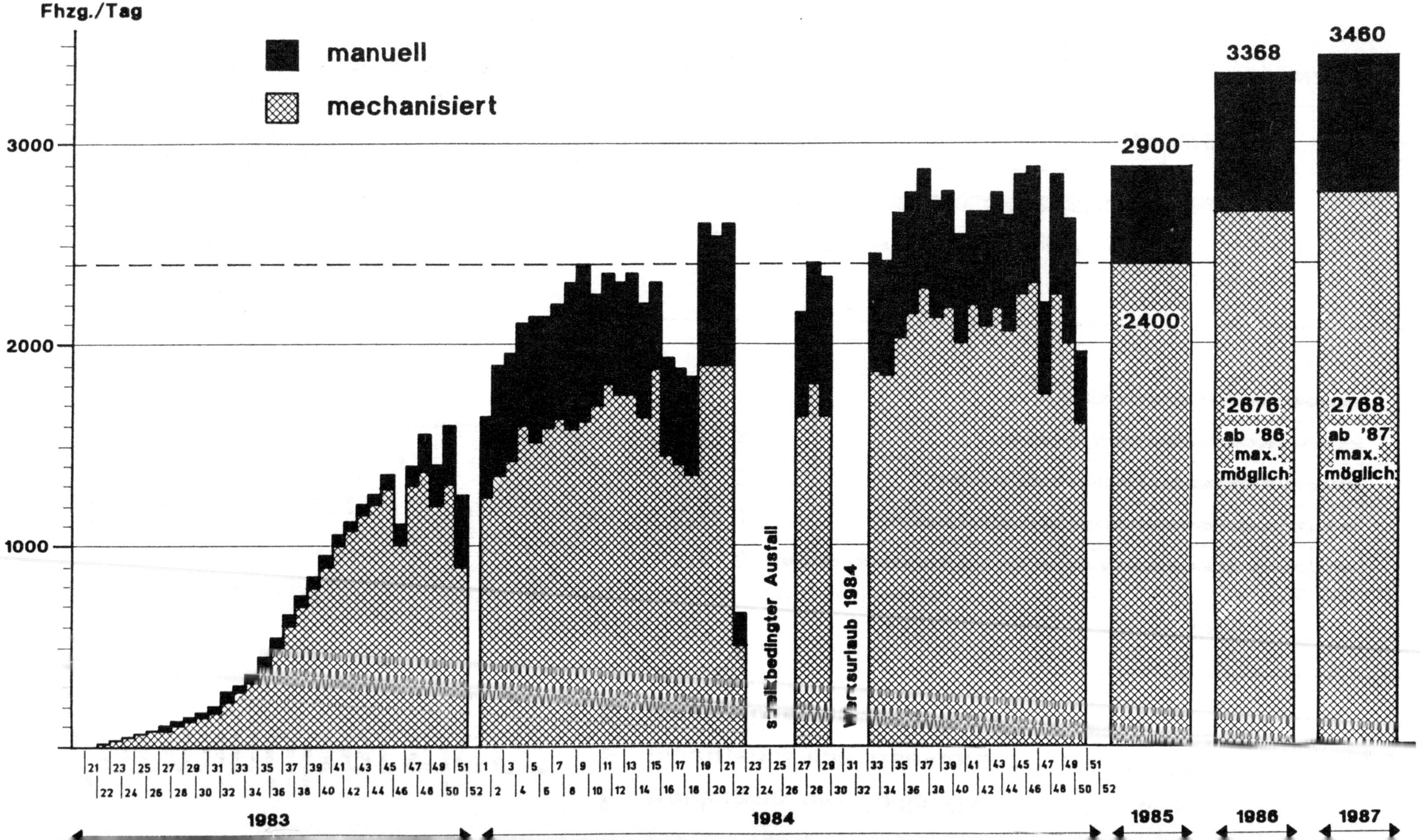
Fhzg./Tag
manuell
mechanisiert
3000
2000
1000
2900
2400
3368
2676
ab '86
max.
möglich
3460
2768
ab '87
max.
möglich
bedingter Ausfall
urlaub 1984
21 23 25 27 29 31 33 35 37 39 41 43 45 47 49 51
22 24 26 28 30 32 34 36 38 40 42 44 46 48 50 52
1 3 5 7 9 11 13 15 17 19 21 23 25 27 29 31 33 35 37 39 41 43 45 47 49 51
2 4 6 8 10 12 14 16 18 20 22 24 26 28 30 32 34 36 38 40 42 44 46 48 50 52
1983
1984
1985
1986
1987

Zielsetzung

- Steigerung des Mechanisierungsgrades
- Reduzierung der Fertigungskosten
- Steigerung der Qualität
- Humanisierung

19.11.87

Mechanisierungsgrad
Golf 1.Generation / Golf 2.Generation

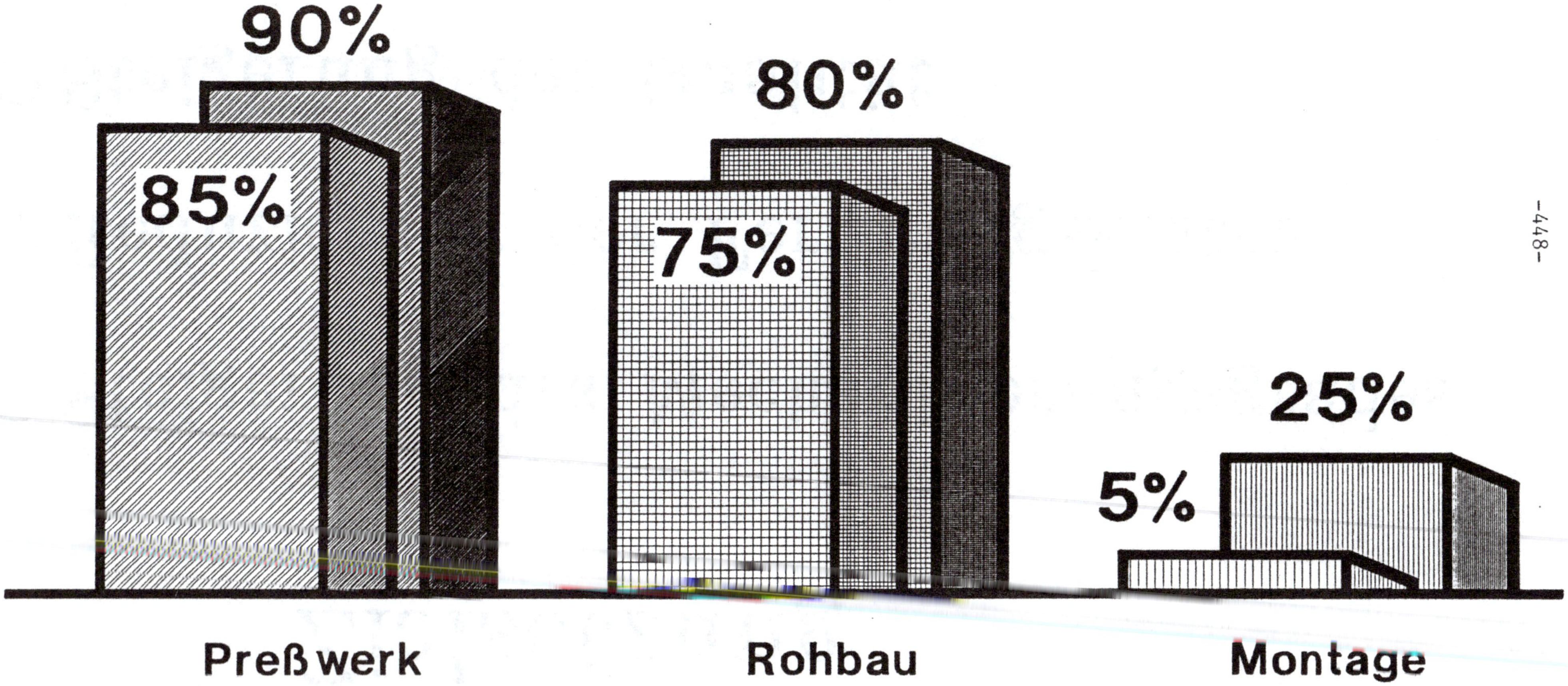

Bild 8

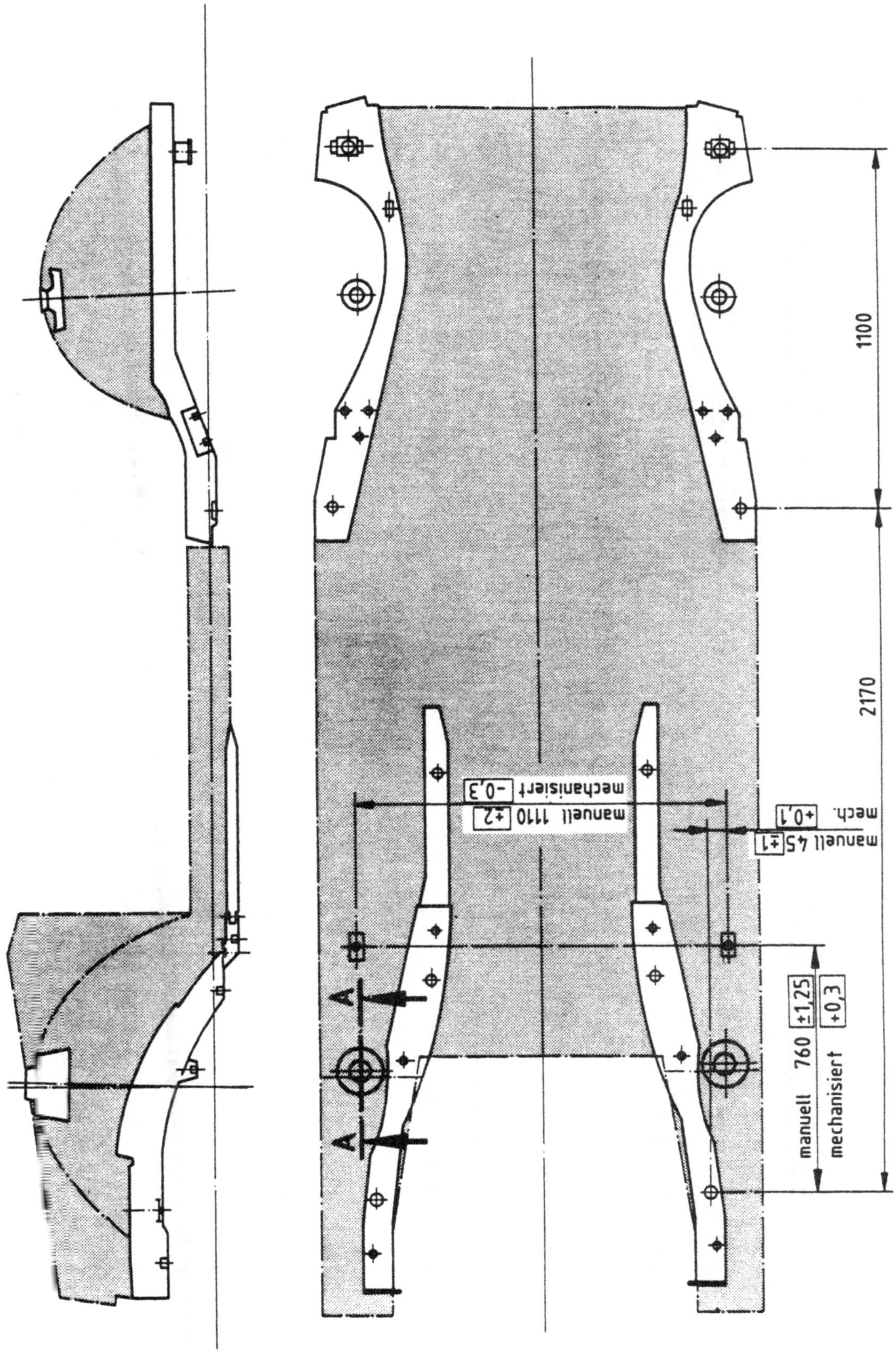

19.11.87

Arbeits-Station und Reserve-Station für Nacharbeit

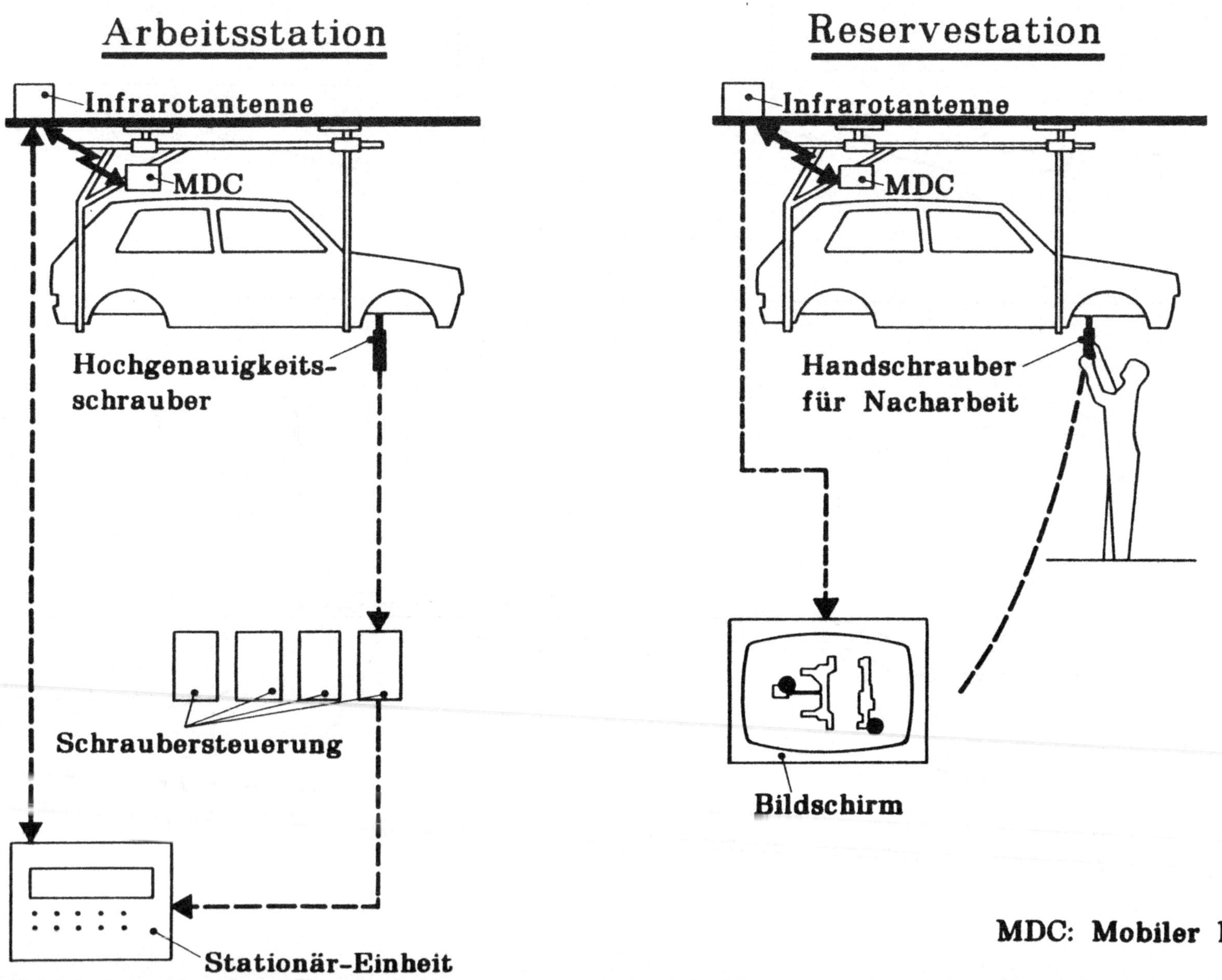

MDC: Mobiler Daten Speicher

Tendenz der Arbeitszufriedenheit bei den Anlagenführern der Halle 54

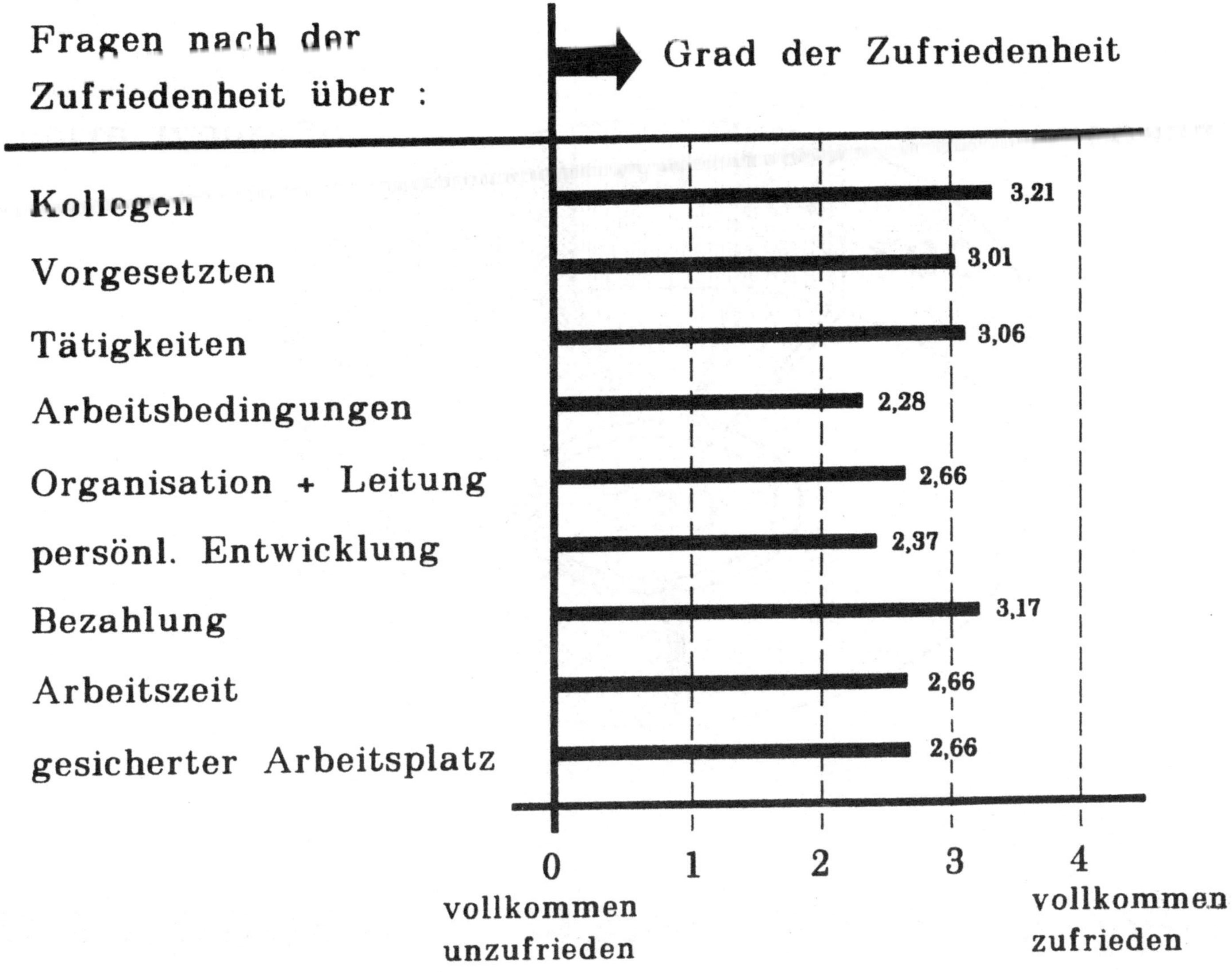

19.11.87

Bild 10

Investitionen - Halle 54 - in Mio. DM

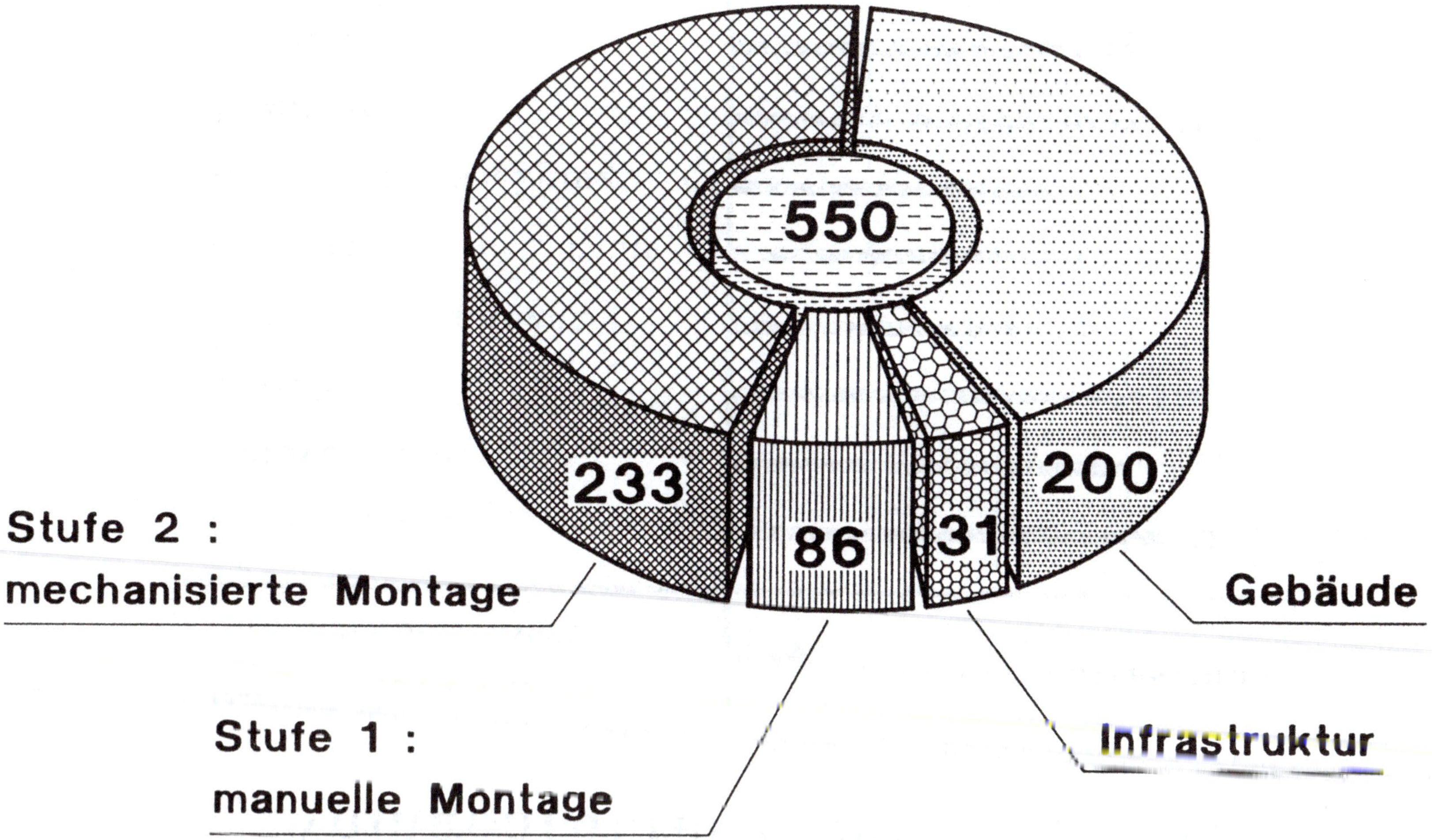

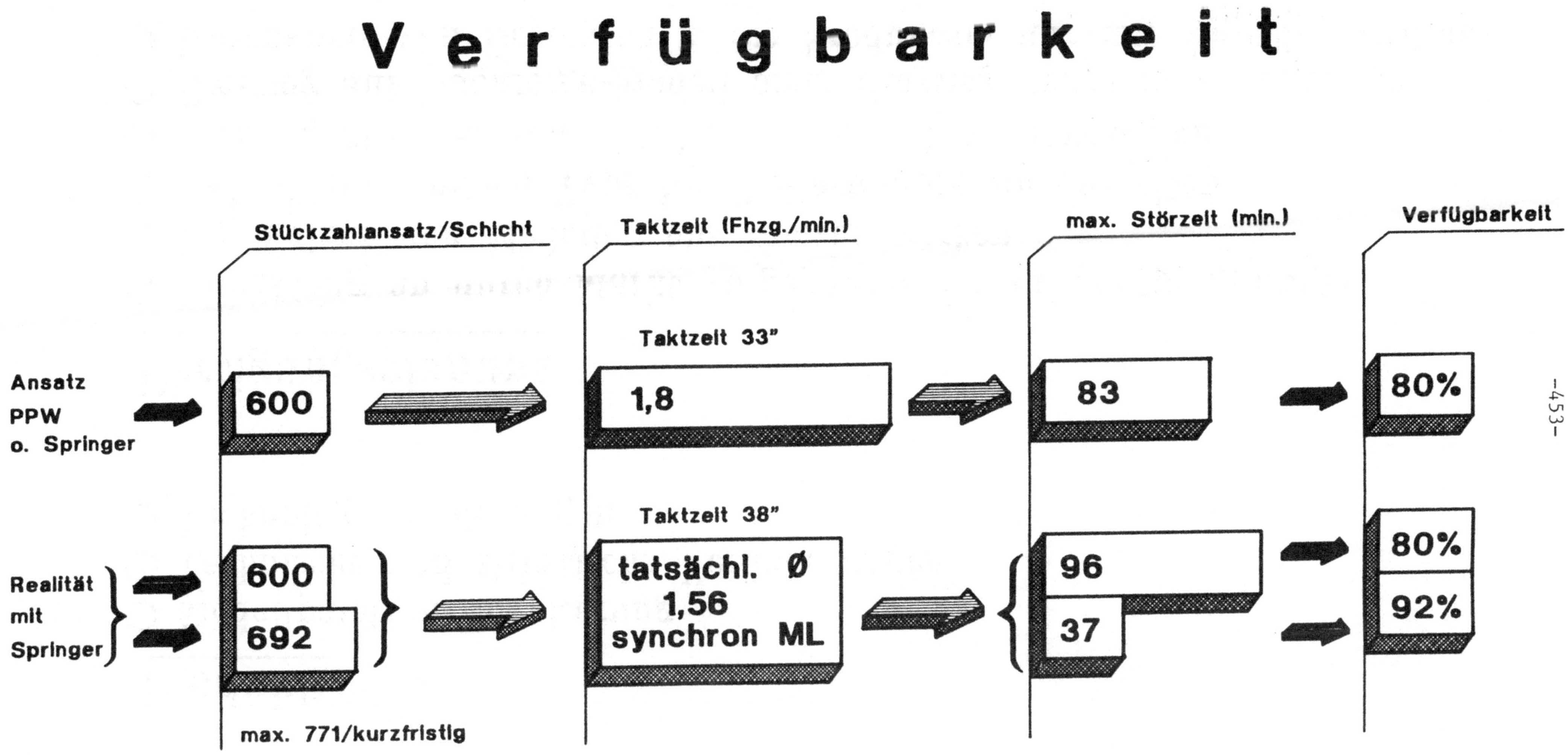

Bild 12

19.11.87

Notwendigkeit der Flexibilität

Produkt:

- Modellpaletten-Erweiterung
- Technische und stilistische Veränderungen
- Technologie-Änderungen

Fertigungsplanung:

- Anpassung an durch Markt vorgegebene Produktionsprogramme
- Übernahme von Modellen aus Konzernwerken
- Anlauf eines neuen Typs bei Weiterproduktion des alten
- Umstieg auf Nachfolge-Modell nur mit Anpaßinvestition
- Umstieg auf Nachfolge-Modell ohne Umstiegsfläche in kürzerer Zeit
- Übernahme von Derivaten in die Produktion nur mit Anpaßinvestition

Referentenverzeichnis

E. Abele	Dr.-Ing., Leiter der Fertigungstechnischen Entwicklung, Andreas Stihl, Waiblingen
R. Bäßler	Dipl.-Ing., Gruppenleiter im Bereich Automatisierung, Fraunhofer-Institut für Produktionstechnik und Automatisierung (IPA), Stuttgart
M. Bartl	Dipl.-Ing., Bereichsleiter der Produktionsplanung, Volkswagen AG, Wolfsburg
H. Bertuleit	Ministerialrat Dipl.-Ing., Referatsleiter im Bundesministerium für Forschung und Technologie, Bonn
J. Bosse	Dipl.-Ing., Geschäftsführer, ROBOTECHNIK GmbH, Puchheim
H.J. Breuer	Ing., Betriebswirt VWA, Bergisch-Gladbach
E. Edinger	Dipl.-Ing, Fachgruppenleiter ZT ZFA AUT 12, Siemens AG, München
E. Gottschalk	o. Prof. Dr. sc. techn. Dr.-Ing., Lehrstuhl Produktionsprozeßsteuerung, Technische Universität "Otto von Guericke", Magdeburg
E. Grünert	Dr.-Ing., Geschäftsführer, Pilz GmbH & Co., Ostfildern
W. Jacobi	Direktor, Technischer Werkleiter, Daimler Benz AG, Sindelfingen
R. Jünemann	Prof. Dr.-Ing., Leiter des Fraunhofer-Instituts für Transporttechnik und Warendistribution (ITW), Dortmund
M. Koch	Dipl. El. Ing. ETH, Geschäftsinhaber/Geschäftsführer, Komax AG, Dierikon-Luzern
P. Konold	Dipl.-Ing., Systemberatung, Robert Bosch GmbH, Waiblingen
J. Milberg	Prof. Dr.-Ing., Leiter des Instituts für Werkzeugmaschinen und Betriebswissenschaften (IWB), München
E. Neumann	Dipl.-Ing., Produktionsdirektor, Bizerba GmbH & Co.KG, Balingen
D. Pfeifer	Dipl.-Ing. (FH) M. Sc., Hauptabteilungsleiter, Adam Opel AG, Rüsselsheim
U. Schmidt-Streier	Dr.-Ing., Bereichsleiter Qualitätswesen Automatisierung, Nixdorf Computer AG, Paderborn

G. Schupp	Dipl.-Ing. (FH), Direktor, Bereichsleiter Montagesysteme, KUKA Schweißanlagen + Roboter GmbH, Augsburg
J. Walther	Dr.-Ing., Leiter Technische DV und Softwareentwicklung, Robert Bosch GmbH, Waiblingen
H. J. Warnecke	o. Prof. Dr.-Ing., Geschäftführender Direktor des Instituts für Industrielle Fertigung und Fabrikbetrieb (IFF) der Universität Stuttgart, Leiter des Fraunhofer-Instituts für Produktions-technik und Automatisierung (IPA), Stuttgart

GPSR Compliance

The European Union's (EU) General Product Safety Regulation (GPSR) is a set of rules that requires consumer products to be safe and our obligations to ensure this.

If you have any concerns about our products, you can contact us on ProductSafety@springernature.com

In case Publisher is established outside the EU, the EU authorized representative is:

Springer Nature Customer Service Center GmbH
Europaplatz 3
69115 Heidelberg, Germany

Batch number: 10855649

Printed by Printforce, the Netherlands